受限空间油气爆炸数值模拟研究

杜扬　欧益宏　梁建军　编著

中国石化出版社

内 容 提 要

《受限空间油气爆炸数值模拟研究》由七章组成，包括绪论、受限空间油气蔓延数值模拟、受限空间油气热着火数值模拟、狭长受限空间油气爆炸数值模拟、容积式受限空间油气爆炸数值模拟、受限空间油气爆炸被动安全控制数值模拟、油气爆炸主动安全控制模拟研究。主要内容为该教学科研团队围绕受限空间油气爆炸防控关键过程近十年进行的研究所取得的部分应用基础研究成果组成。

本书作为专业性较强的专著，一方面介绍解放军后勤工程学院油气安全与防护工程研究团队在油气爆炸防控数值模拟研究方面近十年的部分研究进展；另一方面，该书可作为油气安全与防护方向研究生有关学位专业课辅助教材，也可作为相关专业研究生教学的辅助教材，还可作为该领域科研与工程技术人员的参考书。

图书在版编目(CIP)数据

受限空间油气爆炸数值模拟研究 / 杜扬，欧益宏，梁建军编著. —北京：中国石化出版社，2015.7
ISBN 978-7-5114-3420-3

Ⅰ.①受… Ⅱ.①杜… ②欧… ③梁… Ⅲ.①油气-爆炸-数值模拟-研究 Ⅳ.①TE88

中国版本图书馆 CIP 数据核字(2015)第 160927 号

中国石化出版社出版发行

地址：北京市东城区安定门外大街 58 号
邮编：100011　电话：(010)84271850
读者服务部电话：(010)84289974
http://www.sinopec-press.com
E-mail:press@sinopec.com
北京科信印刷有限公司印刷
全国各地新华书店经销

*

787×1092 毫米 16 开本 15.25 印张 359 千字
2016 年 1 月第 1 版　2016 年 1 月第 1 次印刷
定价:60.00 元

前　　言

近年来油气爆炸事故不断发生，青岛“11・22”东黄输油管道泄漏爆炸特别重大事故、台湾高雄气爆事故等都是受限空间油气爆炸事故的典型案例。石油、成品油与天然气均为易燃易爆品，无论在开采、冶炼、储存与运输、加注与使用等各个环节中，无论在民用与军用不同工程应用背景下，其爆炸、火灾安全防护均是摆在首要地位的工作。随着现代科学技术的飞速进步以及社会发展的迫切需求，人们认识到，需要大力推进油料爆炸科学的发展作为实现油料爆炸防控有效性和经济性的科学统一的支撑。而油气爆炸数值模拟是油料爆炸防控科学体系的重要组成部分。

现代科学基础与技术研究的飞速进展以及社会发展的迫切需求，使油气爆炸科学与控制技术的研究能够深入进行，其科学体系逐步形成，数值模拟研究成果不断出现。《受限空间油气爆炸数值模拟研究》一书作为研究受限空间油气蔓延、油气热爆炸发生、爆炸发展以及防控数值分析研究的专著，主要内容由七章组成，包括绪论，受限空间油气蔓延数值模拟、受限空间油气热着火数值模拟、狭长受限空间油气爆炸数值模拟、容积式受限空间油气爆炸数值模拟、受限空间油气爆炸被动安全控制数值模拟、油气爆炸主动安全控制模拟研究。主要内容为该科研教学团队近十年的应用基础涉及数值模拟研究成部分果。参与本书撰写(或整理)工作的有杜扬(第一、第四、第五、第六章)、欧益宏(第三章)、梁建军(第二、第七章)。全书由杜扬整理、修改完成。

本书作为专业性较强的专著，一方面借该书较集中介绍作者科研团队的近十年涉及油气爆炸防控数值模拟研究部分成果，作者希望与该领域科研人员一起共同推进油气爆炸防控科学体系的研究进展；另一方面通过该书主要章节较系统介绍了受限空间油气蔓延、爆炸及控制理论知识、数值分析模型及研究结果，可以为油气安全与防护工程方向研究生提供一本具有参考价值的专业课教材；另外，该书还可作为相关专业研究生教学的辅助教材，也可为该领域工程技术人员提供一定的工作参考。

需要说明的是，受限空间油气爆炸技术及工程问题涉及多学科交叉，科学问题复杂。本书只是涉及该科学理论体系涉及受限空间油气爆炸数值分析一小部分；由于本书主题的限制，介绍的具体研究进展也只是本科研教学团队近十年整体科研成果一部分内容(涉及理论、实验、技术与装备等其他研究可参考作者已出版的《油料火灾科学导论》、《油气爆炸与控制(第一卷)》，以及后续即将出版的其他专著)。出版本书之意愿，全在于抛砖引玉，使人们更加关注油气爆炸安全防护问题、关注油气爆炸与控制数值模拟研究的进展，支持该领域更快发展。

借该书出版之际，作者首先要衷心感谢国家自然科学基金委、总后勤部军需物资油料部、重庆市科委等部门多年来对该领域科研工作的重视和支持。其次，对多年来在油气安全与防护方向上努力工作的科研教学团队和为本书科研成果作出贡献的已毕业和在读的博士和硕士表示最真挚感谢!

前言

目　　录

第1章　绪　　论

1.1　受限空间气体爆炸

爆炸是自然界中物理或化学能量极为迅速释放的一种现象。目前一般意义上的爆炸现象有物理爆炸、化学爆炸和核爆炸现象三类。在物理爆炸过程中，系统只发生物理状态的变化。例如，蒸汽锅炉或高压气瓶的爆炸。化学爆炸过程中，既有物理状态的变化又有化学的变化。例如，甲烷、乙炔、轻质油料气体或蒸气以一定比例与空气混合所产生的爆炸。核爆炸则是指因原子核的裂变(如^{235}U的裂变)或聚变(如氘、氚、锂的聚变)引起的爆炸。气体爆炸是化学爆炸中一种常见的爆炸形式。对气体爆炸而言，爆炸发生环境的受限条件也对爆炸载荷产生重要影响。因受限条件的不同，主要有敞开空间和受限空间的区分。在我们的研究工作中，又将受限空间分为容积式受限空间、狭长受限空间和复杂结构受限空间(例如，具有支坑道的狭长受限空间、具有上下结构的复杂受限空间等)。在其他条件完全相同的条件下，受限空间的气体爆炸载荷要比敞开空间气体爆炸载荷大得多。本书主要涉及受限空间气体爆炸，且主要是油气爆炸。如不另加说明，以后谈及的爆炸均指气体爆炸或油气爆炸。其他爆炸现象可查阅有关论著。

气体爆炸是工业生产和生活领域爆炸灾害的主要形式之一。以油气(包括石油、成品油和天然气)为例，据统计，在石油化工、天然气等行业，可燃气体爆炸在事故总数中所占的比例分别高达46%和60%，每年发生的油气爆炸事故多达数百甚至数千起，造成巨大的财产损失和人员伤亡，且单次事故所造成的人员伤亡和财产损失也大大高于其他事故。例如，震惊世界的2013年青岛市“11·22”东黄输油管道泄漏爆炸特别重大事故，造成62人死亡，136人受伤，7.5亿元直接经济损失。再例如，2014年7月31日在台湾高雄发生的气爆事故，造成2人死亡，200多人受伤，直接与间接经济损失巨大。仅近几年来国内外就发生了几十起重大油气爆炸事故，如伦敦邦斯菲尔德油库大爆炸事故、美国得克萨斯州“得克萨斯城”炼油厂大爆炸事故、俄罗斯外贝加尔斯克边疆区炼油厂大爆炸事故、辽宁省大连市大孤山新港码头输油管道爆炸事故、甘肃兰州市石化公司石油化工厂爆炸事故、辽宁沈阳市新民原油储罐爆炸事故、重庆井口天然气输气管爆炸事故、湖南兴旺加油站油罐爆炸事故、辽宁省盘锦市油井天然气爆炸事故等。近十年来，这些油气重大爆炸事故数不胜数，不仅带来重大的人员伤亡、直接与间接经济损失，还带来一次次严重的生态危机。已有研究和一系列事故原因调查都表明，由于石油与天然气的特殊性，油气爆炸要么直接形成灾难性事故，要么引发火灾事故或由于火灾中多次后续爆炸促成了重大火灾事故的发生。油气爆炸一般发生在储油气罐、管道、地下油料储库等大量建筑、系统与设备中，也可能发生在油气泄漏的任何环境特别是受限空间中。需要说明的是，受限空间油气爆炸安全问题涉及多学科交叉，问题复杂。由于研究投入大、实验技术受限等多种原因所致，其研究也落后于相关火灾消防的研究。油气爆炸防控技术标准及规程、技术与装备等都远远滞后于社会及工程实际需求，成为气体爆炸事故特别是油气爆炸事故损失惨重的原因之一。在基层，甚至常常将火灾消防与爆炸防控混为一谈，在此基础上形成的应急技术及措施造成许多不必要的生命和财产损失的案例举不胜举。

可燃性气体重大爆炸事故(包括以上所举例子)一般都发生在受限空间中，特别是狭长与复杂组合受限空间中。自1875年英国发生城市煤气管道爆炸以来，人们已经开始关注可燃性气体爆炸方面的研究。特别是20世纪70年代以来，随着社会和科学的进步，为了防止或减少可燃性气体爆炸事故所带来的巨大损失，无论在气体爆炸发生、爆炸发展机理与规律等基础研究，还是在爆炸防控技术与装备等方面都取得了重要进展。油气爆炸系统、深入的实验研究则相对落后，在90年代开始快速发展。油气爆炸数值模拟研究在探索油气爆炸发生、发展规律及重要影响因素，研究油气爆炸防控技术、进行有关装备研发优化设计和安全工程设计等方面都有特别重要的且不可替代的辅助作用。对推动油气爆炸防控科学与技术研究快速发展做出了重要贡献。

1.2 受限空间气体爆炸科学与技术的发展

如上所述，自1875年英国发生城市煤气管道爆炸以来，许多学者就开始了对气体爆炸的研究工作，并取得了一定的研究成果。经典气体爆炸理论是气体爆炸科学发展的基础。经典气体爆炸理论的基本思想是在一定的假设前提下(如定常或准定常、无耗散或物性变化较为简单等)进行线性化和(或)解耦处理，力求通过解析的方法或简单的数值积分运算获得爆炸流场的参数分布。因此经典理论研究得到的爆炸理论模型往往又被称为爆炸解析研究模型。著名的C-J爆炸模型是经典理论研究的代表。该模型首次对气体爆炸过程进行了系统的概述。C-J模型按火焰传播机制的不同爆炸波可以分为爆燃波和爆轰波。爆燃波被描述为由无限薄的火焰面和在火焰前方的前驱压力波系构成，此时火焰的传播主要依靠热传导，为亚音速火焰；如果爆炸波进一步发展，火焰由于某种扰动加速，火焰面会逐渐追上前驱压力波系(可能发展为冲击波)，当二者合而为一时火焰传播机制就会发生根本性的变化，未燃气体中化学反应的触发完全靠冲击波完成，火焰成为超音速火焰，此时的爆炸波即为爆轰波。以此为代表，经典模型还包括ZND模型、Riemann波模型、Lie群方法、奇异摄动法、Whitham方法、CCW理论等，尽管各理论模型具体的处理方法和过程存在较大差异，但基本都以较为简单的解析形式来描述爆炸过程中的参数变化情况和爆炸的基本规律。后来的研究表明：C-J爆炸模型，包括后来的ZND模型对气体爆炸过程所作的描述是基本正确的。正是这些经典理论的建立和发展才奠定了气体爆炸科学体系发展的基础。关于这些理论研究工作冯·卡门等都作了详细的总结。但是这些分析模型有其先天的不足，首先气体的爆炸过程是高度非线性，物性变化复杂，有难于解耦的复杂过程，对其进行线性化求解只能是一种大体的近似；其次该类模型只能研究相当简单条件下的气体爆炸，不能合理描述边界等制约条件。因此在对气体爆炸的研究中，被局限在物性变化简单、边界条件比较理想条件下的纯理论分析范围内，工程价值较小。

经典气体爆炸理论的研究奠定了气体爆炸力学的基础，但是往往不能满足工程应用的要求。对复杂爆炸流场的非线性耦合控制方程组进行数值求解又存在计算量大的实际困难。伴随着计算机技术的发展，数值模拟研究为复杂气体爆炸分析求解开辟了新的途径。数值模拟研究的关键之一是气体爆炸分析模型的建立。这一方面需要流体力学、热力学、传热传质学、燃烧学等交叉学科知识的支撑；另一方面，需要基于实验去探索气体爆炸发生、发展演变机理、破坏作用及不同技术防控作用原理等。而同时，分析模型与计算方法的验证都需要实验的不断进步去完成。从此意义上分析，气体爆炸数值分析研究的进展也主要基于或体现在以下三方面：一是实验技术的进步和实验室建设的发展；二是计算机技术的进步；三是人才队伍的规模和水平的提高。社会的发展与科学技术的进步，如同其他工程领域一样，使解决实际工程复杂科学与技术问题成为安全领域科学研究的主要目标。为此，气体爆炸数值分析模拟研究的作用地位进一步提升，成为有关理论分析的主要方法，进而，也将逐步成为性能化设计、工程设计、装备优化设计等主要手段。

气体爆炸研究的最终目的是控制爆炸的发生与发展，以求最大限度地减少爆炸事故带来的损失。气体爆炸是涉及流体流动、传热传质和化学反应及其相互作用的复杂燃烧过程，由于其本身是一个极为复杂的物理化学过程，其中包含了高温、高压、高速等极端条件下的复杂流体力学现象，为提出科学的爆炸防治技术、完善爆炸理论，研究工作往往需要采用实验、数值模拟以及理论分析的综合方法。

爆炸抑制，包含传播火焰的抑制，也包含对爆炸波的抑制和衰减，同时还涉及火焰和爆炸波之间的相互耦合过程。另外，这些现象都会影响到整个抑爆流场的变化。所以实验研究的内容较复杂。气体爆炸发生与发展规律、抑爆机理等都是爆炸抑制的基础。与灭火机理的研究相比，抑爆机理研究的起步比较晚。

与爆炸控制研究(包括数值模拟研究)的需求相适应，各国相继建设了不同规模的实验室，特别是针对煤矿瓦斯爆炸以及瓦斯煤尘爆炸灾害的防治需要。前苏联、波兰、美、英、日以及前联邦德国等主要工业国家都相继建成了具有实际规模的大型实验管道或坑道，如波兰巴尔巴拉爆炸实验巷道长400m、断面7.5m^2，我国也于20世纪80年代初在针对瓦斯爆炸建成了大型瓦斯煤尘爆炸实验巷道，全长896m、断面7.2m^2。作者所带领的课题组也在近年建成直径达2m的室内油气爆炸及控制研究实验装置。在这些大型实验设施中，各种爆炸灾害过程及其防治技术都进行了大量的实验模拟和研究，数值分析模型也经过这些实验得到更多的验证。同时，在这些实验装置上一般都具有可视化研究功能，可燃气爆炸发生与发展特殊及关键现象、控制机理等研究成果不断涌现。

抑爆阻爆是阻止和减少爆炸危害和损失的重要手段，长期以来，人们一直非常重视这方面的研究。已有的研究表明，油气在受限空间中一旦形成稳定爆轰时火焰面和冲击波将紧密结合在一起，此时要加以抑爆、阻爆和扑灭已是非常困难。尤其是狭长受限空间中传播的爆炸压力波破坏力大、衰减慢，常规泄压门几乎起不到泄压抑爆的作用，造成的破坏往往是严重的、大范围的。此时，必须采用有效的主动安全防护技术进行削弱和扑灭。研究还表明在受限空间油气爆炸初期以及爆燃转爆轰(DDT)的演化过程中存在可控的条件，但这需要更进一步深入、细致和系统的研究。近年来对诸如煤矿开采、大型坑道气体爆炸控制来说，一直是国内外煤矿生产、油气储运及安全科学与技术领域关注的焦点，研究的重点。特别是近十年来，我国对复杂受限空间中气体爆炸与控制技术及理论的研究都取得了很大进展，在瓦斯爆炸与控制实验研究、瓦斯防治理论研究、瓦斯爆炸与控制过程理论与数值模拟等方面涌现一批学术与科技水平高、应用前景好的研究成果。

在抑爆领域，人们最早进行的是密闭容器中爆炸的研究(指无激波生成的容器爆炸)，已取得了大量的研究成果。如 Bartknech 对封闭容器内的可燃气体爆燃进行了大量的实验研究，探讨了容器体积对可燃气体爆燃强度的影响，提出了立方根定律。该定律已被国际标准 IS06184 Explosion Protection System 所采用。在国外，对固气液态灭火抑爆剂对气体爆炸控制的研究进行了大量的实验研究工作。这些实验研究工作不仅确定了这些灭火剂抑制爆炸的性能，还研究了影响抑爆性能的主要因素。如已有实验研究表明，颗粒直径的减少或密度的增加可以抑制可燃气的爆炸过程。对一些抑爆效果差的抑爆剂，当颗粒粒径小于一个极值时会变成好的抑爆剂；同时，随着可燃气体配比的变化，爆轰速度也随之变化，所需的抑爆剂的量也随之变化，在压力波传播速度最大处并不一定需要最多的抑爆剂。再如对阻燃粉尘作为抑爆剂的实验研究表明，某些阻燃剂不但不能抑制爆炸，相反具有助爆作用。另外，对水剂抑爆剂的实验研究也取得了一定的进展。但是，由于气体爆炸实验研究需要解决的问题太多，对于满足气体爆炸控制技术与安全工程发展的需求而言，对实现安全防治技术研发的科学性、有效性、经济性统一的目标而言，实验研究还有很长的路要走。正是由于不同抑爆介质抑爆机理的复杂性或实验研究难度大、深入的实验研究不够，使得数值模拟研究也相对滞后或研究成果相对较少。在本书中，也涉及了抑爆过程数值模拟研究，但总的来说，还处于探索阶段。

在国内外，不同研究者在和抑爆有关的应用基础研究以及不同抑爆剂抑制爆炸性能等方面进行了大量的实验研究工作。如在应用基础研究方面，火焰与爆炸波的加速现象、火焰诱导激波现象、不同水雾条件下的气体火焰传播现象等。这些研究中还对抑爆剂抑制机理进行了研究，如对不同水雾条件下的气体火焰传播现象的实验研究表明：水雾对气体爆炸火焰传播的抑制是由于水雾作用于火焰阵面反应区，降低了反应区内火焰温度和气体燃烧速度，减缓了火焰阵面传热与传质的进行，从而使传播火焰得以抑制；而水雾对气体爆炸火焰传播的抑制效果与水雾通量、雾区浓度、水雾区长度以及火焰到达水雾区的火焰传播速度有关。再如，不同抑爆剂抑制爆炸性能等方面，被动式粉尘云和水雾对爆炸波的抑制作用研究，不同抑爆剂种类、浓度、粒度等抑爆剂参数下对甲烷空气混合物爆炸的抑爆效果，固态抑爆剂对液化石油气和甲醇裂解气(主要成分为 CO)爆炸的抑爆效果以及干粉剂用量、干粉分散均匀度和抑爆系统干粉喷散作动时间对抑爆效果的影响的实验研究，等等。这些研究涉及具体结构等参数，也得到了一些基于实验的半经验公式，当然也不可避免涉及对抑爆机理的探索或讨论。如多层丝网结构对管内气体爆炸抑制的实验，研究了多层丝网结构和平行狭缝结构对管内传播的爆燃火焰的淬熄能力，提出了临界淬熄量的重要概念，得到了临界淬熄速度、临界淬熄压差、临界淬熄量(临界淬熄速度与临界淬熄压差之积)与丝网层数、丝网目数、金属丝径等几何参数之间关系的经验公式，同时也得出了多层丝网结构对压力波的抑制效果。值得一提的是本书作者及研究团队从 1996 年起对油气爆炸开展了较广泛的实验研究，基于实际应用的需求，对涉及油气爆炸控制机理、技术等进行了大量的实验研究工作，为油气爆炸及其抑制科学与技术的进一步研究和发展以及数值模拟仿真研究的进一步深入奠定了良好的基础。

已有气体抑爆实验研究表明：抑爆过程十分复杂，对影响其效果的各种因素极为敏感，包括压力波与火焰之间的相互耦合作用、抑爆流场、几何边界条件、抑爆剂种类、粒子直径和空间分布状态、抑爆装置的工作方式，甚至抑爆场的空间约束状态等都会影响到抑爆效果。一般来说，实验研究成果的局限性较大，特别是和不同实际工程背景相结合的抑爆技术及实验研究仍然还有大量的研究工作需要进行。

近年来，人们还研究了火焰与爆炸波的加速现象、火焰诱导激波现象，在大型激波管内基于碳酸钙和水型抑爆剂被动式粉尘云和水雾对爆炸波的抑制作用等。还在直径0.7m、长25m大型爆炸实验管中充入浓度为8%~10%的甲烷空气混合物，采用电雷管起爆5g TNT起爆方式，对粉尘抑爆现象进行了实验再现，并对不同抑爆剂种类、浓度、粒度等抑爆剂参数下产生的抑爆效果进行了实验研究。另外，还采用复合爆炸抑制系统，对液化石油气和甲醇裂解气(主成分为CO)进行了抑爆效果实验，研究了干粉剂用量、干粉分散均匀度和抑爆系统干粉喷散工作时间对抑爆效果的影响。尽管这些工作比较全面地考虑了抑爆过程中不同因素的影响效果，但是由于其研究的可燃气体种类比较单一，不同抑爆剂有着不同的缺陷，缺少性能更加优异、应用前景更好的抑爆工质，没有以实际工程场所的结构形式为参照，与我们所研究的实际抑爆流场之间存在较大差异等原因，很难直接应用于实际。人们还在全程透明的火焰加速管系统和细水雾实验系统中，对不同水雾条件下的气体火焰传播现象进行了实验研究，得到了一些有价值的实验研究成果。由于其研究采用的是全程透明的有机玻璃管，其流场比较理想和规范，几何边界条件简单，受外界扰动较小，与实际的地下坑道各种分支及壁面粗糙度等情况相差较远，研究结果实用性欠缺。一些研究者还针对管道内的预混可燃气体爆炸，进行了多层丝网结构对管内气体爆炸的抑制研究。也得到了一些具有参考价值的结论。但已有研究比较适合于小直径气体输运管道的爆炸抑制，难适用于具有特殊结构及用途的大型坑道，其应用具有一定的局限性。针对这些方面的数值模拟研究显然处于和实验同步的探索阶段。

在如前所述的已建成的一些大型实验设施中，各种爆炸灾害过程及其防治技术都进行了大量的实验模拟和研究。而目前，基于计算机技术的限制，实际工程规模的数值模拟研究的普遍开展还有相当大的困难。

1.3 可燃气体爆炸数值模拟研究进展

可燃气体的爆炸(以下简称气体爆炸)过程是受流动(包括湍流)、传热传质和化学反应控制的极其复杂的物理化学过程。长期以来，对于燃烧爆炸的研究主要依靠大量使用和传统的经验和半经验方法进行。随着计算机技术和计算流体力学、计算燃烧学等理论的发展，数值仿真已经成为研究爆炸、火灾等安全事故过程的重要手段之一。在国内外，著名的商业软件FLUENT、STAR—CD、PHOENIVCS等已经成为大家熟悉的燃烧爆炸过程数值模拟软件，在热能、航空航天、化工、冶金、交通、安全等领域得到了广泛应用。而且各个公司、研究所和高校还有自行研制的特色软件。在气体爆炸过程的研究中，数值仿真不仅具有快速、经济的优点，还可以完整地给出气体爆炸的详细流场结构，某些流场信息甚至是目前实验手段所不能观察到的。因此，数值仿真是研究油气爆炸过程极为有效的方法。

如前所述，经典气体爆炸理论的研究奠定了气体爆炸力学的基础，但是往往不能满足工程应用的要求；对复杂爆炸流场的非线性耦合控制方程组进行数值求解又存在计算量大的实际困难。直到计算机技术的出现才使气体爆炸数值模拟研究成为可能。

气体爆炸的数值模拟，它以电子计算机为手段，根据反映实际问题的数学模型，通过计算机数值计算和图像显示的方法，在时间和空间上定量描述流场的数值解，从而达到对物理问题和工程问题研究的目的。

气体爆炸的数值模拟包括以下过程：

(1) 根据爆炸理论，建立反映实际问题本质的数学模型，即建立反映实际问题各变量之间的方程及其定解条件，这是数值模拟的基础。

(2) 选择合适、高效的数值计算方法。数值方法包括微分方程的离散化方法及求解方法、贴体坐标的建立、边界条件和初始条件的处理等。

(3) 程序的编制和计算。包括计算网格的划分、初始条件和边界条件的设定等。这一部分是数值模拟的主题工作，随着计算机软、硬件技术的进步和数值计算方法的完善，解决一个实际问题时编程的工作量越来越浩大。因此，在进行可燃气体爆炸的数值模拟时，一些重要的商业 CFD 软件成为人们重要的选择。

(4) 数据的提取和图像的显示。数值计算完成后，得出的数据一般通过图像显示出来，人们可以根据研究需要提取数据。

气体爆炸过程的数值研究中，模型的建立是最重要的工作。目前模型及数值模拟研究重要进展主要集中在两方面。一是爆炸模型的不断丰富，这与激光诊断、高速摄影等技术的发展密不可分，这些现代技术的发展开辟了燃烧爆炸理论发展史上的一个新纪元。使人们有可能用非接触法测量有燃烧、爆燃(炸)条件下的气体速度、温度和气体组分浓度。如今国内外对火灾爆炸过程所作的实验研究中，广泛地采用了高灵敏度的光电传感器和压力传感器，还通过高速摄影、纹影仪记录热爆炸过程中各种复杂行为。这些技术不但丰富了实验数据，同时也推动了燃烧爆炸理论模型向更细节、更反映实际的方向发展。二是模拟结构更加复杂。随着计算机的迅猛发展，云计算的出现，技术能力、数据储存能力不断加强，能反映实际工况的复杂结构的模拟成为可能。这无疑对模拟复杂环境中气体火灾爆炸模拟研究是有利的。下面简要介绍这两方面的工作：

1) 激光诊断等技术的发展

典理论模型可以对一些简化条件下的燃烧爆炸问题得到较为客观的计算结果。随着实验和计算手段的发展，尤其是激光诊断技术的发展，使气体燃烧爆炸模型不断得到完善和发展。1955 年，Langwell 和 Weiss 首次对全混流反应器中的燃烧过程从详细化学动力学和流体动力学与热力学相互耦合角度建立了数学模型，并进行了数值计算，分析了火焰稳定性。进而，Taylor 和 Tankini 也在 1958 年首次计算了平面和球形爆燃波的参数，指出爆燃转爆轰过程，即 DDT 过程，存在一个临界爆燃速度，一旦火焰速度超过此值，容器约束条件对火焰传播就不再发生影响。这些理论成果已为后来的实验所证实。近十年来，纹影仪、高速摄影仪和烟迹技术等被广泛用于气体燃烧爆炸的实验研究中，基于这些先进的实验设备和测试手段，许多学者针对不同条件下的燃烧爆炸问题开展了许多卓有成效的研究，极大地丰富了燃烧爆炸理论并取得了丰硕的成果。其中 Thomas 及其实验室的研究最具代表性，他们不仅直接观察了爆轰波的详细结构，还对 DDT 过程进行了许多细致的研究，以直观的方法完善了爆炸理论，尤其是爆轰波理论。图 1.1 给出了 Thomas 观测到的爆轰波详细结构。Nishimuraa 等人以折叠火焰理论研究了点火源位置对爆炸压力的影响，并进行了相应的实验研究，图 1.2 是其得到的折叠火焰照片。Sergey 等在实验中拍摄到了火焰、边界和边界层相互作用的纹影仪照片，并提出爆炸过程中火焰与边界在一定条件下会形成郁金香型火焰，见图 1.3。Kleine、Timofeev、Takayama 等对实验室尺度下的爆炸波的光学实验进行了积极探索，得到了许多优美的爆炸波光学照片，见图 1.4。Ciccarelli 等在一长 1.22m，宽 76mm，高 152mm 的水平管道中，布置一层 12.7mm 的陶瓷氧化颗粒，实验研究了陶瓷氧化颗粒对甲烷空气混合物爆炸特性的影响，得到了火焰前锋和压力波结构图，如图 1.5 所示。在国内，一些研究者用高速投影仪捕捉了瓦斯火焰传播过程中的细节特征（典型实验结果见图 1.6），分析了火焰速度与压力波对火焰结构的干涉作用。还要的研究者采用高速摄影仪拍摄了瓦斯爆炸、瓦斯粉尘混合物的抑爆过程，分析了粉尘热特性对爆炸传播的影响等。

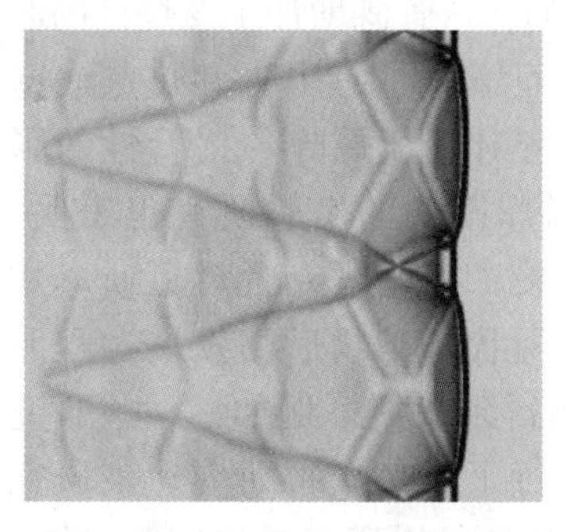

图 1.1　二维爆轰波纹影结构

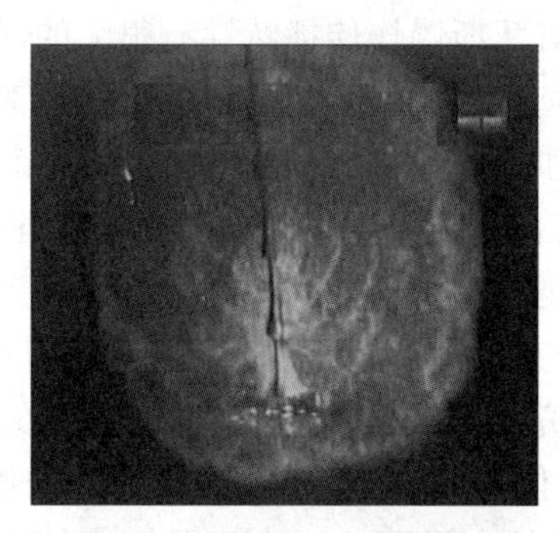

图 1.2　实验拍摄的折叠火焰

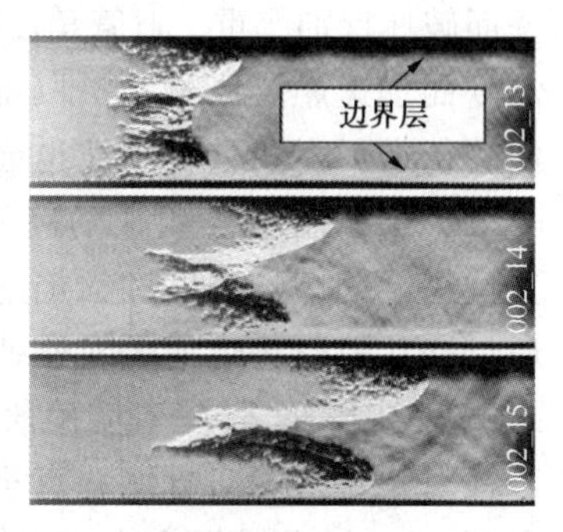

图 1.3　爆炸波与边界的相互作用

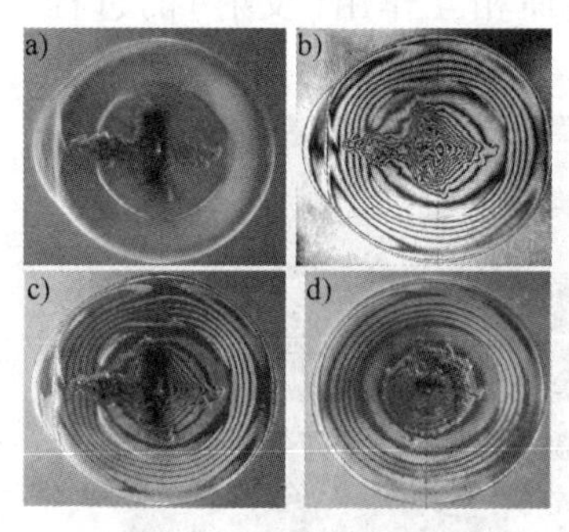

图 1.4　H. Kleine 等得到的爆炸波光学照片图

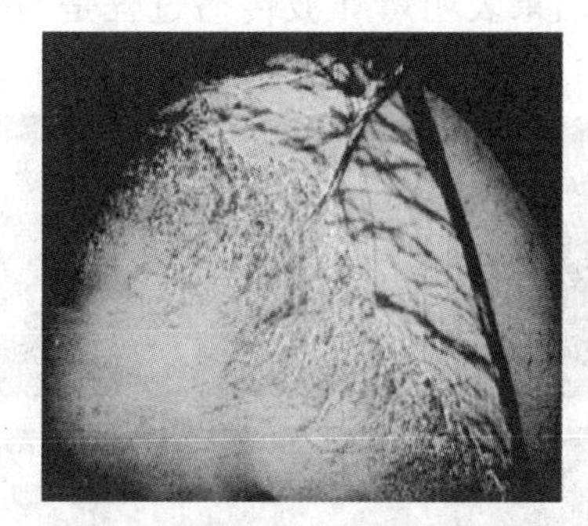

图 1.5　Ciccarelli 等得到的火焰锋面和压力波结构图

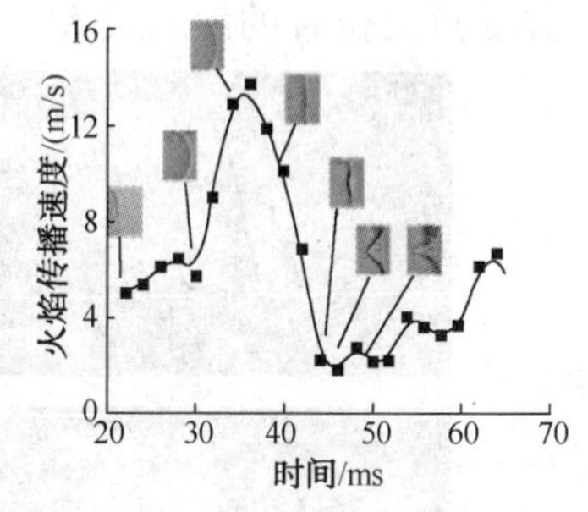

图 1.6　瓦斯火焰传播过程中的细节特征

2）复杂结构模拟研究进展

燃烧爆炸理论指出，爆炸强度（即最大压力上升速率）与容器体积的立方根成反比，可见容器自身与气体爆炸特性有密切的联系。而容器的结构和形状也会对燃烧爆炸过程中的热输运和组分输运等过程产生影响，可燃气体在不同结构、不同形状的容器中的紊流度和流动形态也可能不同，而流动形态对燃烧爆炸特性有显著的影响，湍流的正反馈机制是爆燃向爆轰发展的主要原因之一。因此，受限空间结构和尺度必然对气体燃烧爆炸特性产生影响。在这一方面国内外一些学者已开展了一些有价值的研究工作。

在国外，1992 年人们开始研究弯管等结构扰动对气体爆炸发展的影响。研究发现开口管道的丙烷-空气混合气火焰速度在通过 90°弯管后增加了约 24%；在闭口条件下，与直管道相比，瓦斯爆炸通过 90°弯管使火焰速度增加了 5 倍，这种情况和有一开度为 80%的阀门影响相当。进而对丙烷、乙烯和氢气爆炸通过 90°弯管和阀门的研究也表明，弯管对火焰速度和超压的影响与 80%~90%开度阀门的影响相当。对支坑道泄流的管道爆炸压力、火焰速度作的研究表明：在压力-时间曲线中存在5个压力峰值；这5个压力峰值由于泄流口位置的不同，不一定全部出现。除开口处位于管道中部外，末端开口处的压力均比管道中开口产生的压力大，开口位于中部产生的压力与末端开口产生的压力大小相当，火焰速度随开口与点火位置之间距离增大而增大。国内的一些研究者也进行了该方向的研究。U型管道中气体爆炸的实验研究表明，弯曲管道会强化气体爆炸强度，在管道转弯处爆炸的传播是爆炸波，火焰和复杂流场的相互作用。还有的研究指出，在拐弯处的瓦斯爆炸传播过程是一个压力波、火焰、复杂流动场相互作用的过程，压力波超压、火焰传播速度迅速增大，对拐弯处的壁面破坏特别严重。弯管角度对瓦斯爆炸传播特性有很大的影响，弯管既增加了燃烧区的湍流度而加速燃烧产生能量以推动加速传播，同时也因为拐弯而增大了总阻力和热量向壁面的传递，弯角处膨胀波也会抑制瓦斯爆炸的传播，管道拐弯对瓦斯爆炸传播特性的影响取决于抑制因素和激励因素的综合作用。支管道对瓦斯爆炸影响的实验研究也表明，支坑道会使爆炸强度和火焰速度增大，强度与支管道长度有关。一些研究者对瓦斯爆炸通过网状障碍物也做了实验研究，得到了瓦斯火焰锋面遭遇网状障碍物后的发展过程照片，见图1.7。伴随着实验研究的进展，数值模拟研究也必然得到发展。例如，一些研究者针对长管道内对管壁和点火位置对爆炸波的传播的影响进行了数值模拟研究。该研究以Youngs技术捕捉产物与空气的交界面，以人工黏度来捕捉激波，采用了拉格朗日-欧拉(Lagrange-Euler)计算方法。结果表明爆炸波传播过程是与壁面相互作用(反射)的过程，并受点火位置的影响较大。

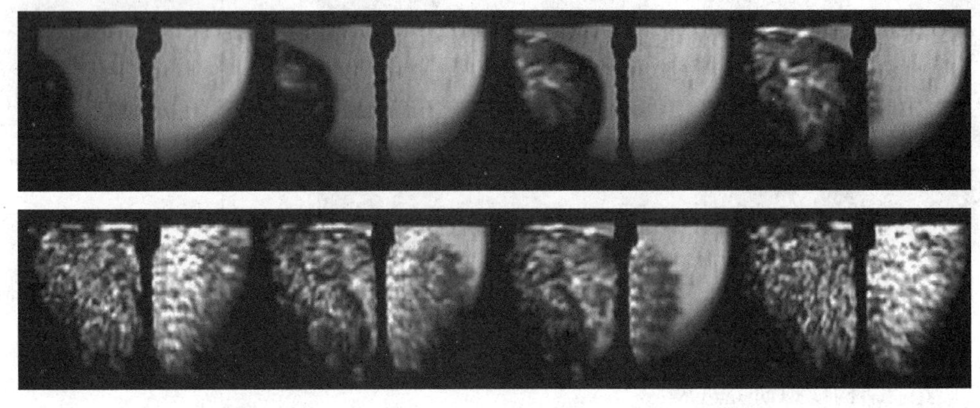

图1.7　瓦斯火焰锋面遭遇网状障碍物后的发展过程

以上研究一般没有涉及轻质油料气体与空气的混合物及油气介质。从1997年开始，解放军后勤工程学院对该方面进行了较系统的研究，包括复杂结构油气爆炸实验和数值模拟研究。在复杂结构油气爆炸特征参数演变规律、可视化与支配机理研究、数值模拟分析等方面都取得了进展，得到了一些有理论和应用价值的成果。但是需要指出的是，虽然已有的研究表明取得了较大进展，如借助高速摄影仪、纹影仪等高科技设备得到了某些特定条件下火焰结构、形状，压力波结构及与边界相互作用的照片数据资料，油气爆炸的“细节”研究得到深化；一些特殊过程(如热爆燃)中复杂的化学动力学过程已得到详细描述，还建立了相应的传热传质学模型和详细的化学动力学模型等。但是，复杂结构中油气爆炸的实验和数值模拟研究还远远不够。首先，目前积累的实验数据还相当有限。这将会阻碍油气爆炸和抑制模型的建立和发展。其次，不同的可燃气体具有不同的燃烧爆炸特性，然而从已有的气体爆炸文献来看，涉及的工质大多关注瓦斯、粉尘(如煤粉)、氢气、丙烷等工业可燃气体的一元空气混合物的爆炸，由于油气混合物成分复杂，化学组分多，其参与爆炸化学反应过程的各种化学机理和物理作用还没有完全认识，油气爆炸相关物理模型和理论模型上还存在很多不足。最后，受限空间边界条件对爆炸传播影响显著，但大多的研究集中在障碍物、泄爆过程对火焰和压力波传播影响的研究上，涉及受限空间形状、结构等对火焰和压力波发展传播规律的研究相当少，只有少数几篇文献报道了简单弯曲管道，如L型、U型和T型管道的气体爆炸，但对其爆炸的发生、发展、衰减的内在机理、条件、形式等还缺乏系统的研究和完善的理论，特别是爆炸火焰传播特性与复杂固体边界相互作用关系还没有完整的总结，因此，复杂结构的受限空间中气体爆炸的相关机理和规律还有待进一步深入研究。尤其是针对具有复杂结构的受限空间的油气爆炸的实验与数值模拟研究还需加强。

目前根据数值模拟所用模型的不同，主要分为场模拟和区域模拟。

(1) 气体爆炸场模拟研究　计算流体力学(CFD)理论的发展使数值求解复杂非线性耦合方程组成为可能。相应地基于数值求解非线性耦合控制方程组的各种气体爆炸模型被提出，并被广泛运用到存在可燃气体环境的安全科学和爆炸力学的研究中。场模拟的基本思想是通过求解复杂的非线性流场控制方程组得到爆炸流场的详细参数，其特点是以欧拉方程或*N-S*方程为基础，并耦合以化学反应方程等，对爆炸过程的流场进行数值模拟研究。这类模型是真正意义上的场仿真模型，无论对爆炸的初期发展、DDT、爆轰的研究都是有效的。场模拟常用到的主要流场控制方程是*N-S*方程和时均湍流模型，燃烧释放的反应能量通过在流场能量方程中加入源项进行耦合。此类模型能完成场模拟意义上的气体爆炸流场分析，给出许多爆炸过程的细节和完整的爆燃、爆轰波结构，进而完善爆炸理论体系，提高爆炸事故的防治水平。因此，场模拟是目前应用最多，也是最有效的模型。用该类模型进行气体爆炸过程的仿真，并对结果进行分析已经成为爆炸过程理论研究的主要方法。

(2) 气体爆炸区域模拟研究　区域模拟模型的特点是在区域化压力分布假设的条件下，通过积分简化的守恒方程得到气体爆炸的压力、温度等基本参数。该类模型应用最多之处在于指导工业场所的抑爆泄压设计，对爆炸空间的压力作零维或准维假设，对火焰给出燃速公式作为补充方程，并且引入准稳态等熵压缩方程组成封闭的解耦方程组，进而利用数值积分法进行求解。此类模型与补充的经验火焰速度方程相结合能较好地预估简单几何形状爆炸场所爆炸压力上升速率、最大压力等参数，同时考虑了气体爆炸场所部分边界(主要考虑泄压口)的影响，提出了泄压口设计的工程方法并可以通过计算得出合理的泄压面积和位置。因此，该类模型经常用于简单几何形状场所爆炸灾害的防治工作和泄压效果评价等方面的研究。但是，用此类模型进行数值计算依赖于经验拟合的燃速、物性关系、湍流影响因子、有效泄放系数等参数；而且该类模型不能对复杂边界条件、前驱压力波(冲击波)、湍流强度等影响爆炸发展的重要因素作定量的描述；更为重要的是如果爆炸场所长径比较大，或空间整体尺度较大，气体爆炸过程经过充分发展，爆炸空间的区域假设往往给出不正确的结果。所以用此类模型难于得到制约爆炸过程的因素，不能满足复杂结构油气受限空间安全与防护科学研究的要求。

目前，在气体爆炸数值模拟研究方面以下两方面工作备受研究者关注：一是由强点火源驱动的爆燃转爆轰(DDT)过程以及爆轰波传播过程的数值模拟(由于主要研究爆轰波的行为，因此可以称之为爆轰过程模拟)；二是由弱点火爆炸引起的弱爆燃发展到强爆燃直至

DDT 整个过程的数值模拟(可以称之为爆炸发展过程模拟)。前者着重研究强冲击波和火焰的作用、爆燃和爆轰的相互转换以及爆轰波的稳定；后者着重研究爆炸发展过程中爆炸波由弱到强的演化过程和发展机理。由于后者不仅要考虑爆炸过程中各种复杂的波行为，还要考虑湍流等流场结构对爆炸发展的影响，因此进行数值模拟的难度远远大于前者。

在国外，对直接驱动的气体爆炸 DDT 过程数值模拟结果表明：前压力波与爆炸火焰面之间存在正反馈，二者间的相互加强是促使爆炸向爆轰发展的主要因素之一。还有研究者对前驱压力波与爆炸火焰之间的作用进行了进一步的研究，将正反馈机制归纳为加速的火焰为压力波提供更多的能量，加强压力波；压力波增加未燃气的初始温度、压力，进而又使火焰加速，最终完成爆炸的 DDT 过程。利用数值研究手段，对障碍物、反射面对气体爆炸 DDT 的影响也取得进展。一些文献将这种影响归结为压力波的反射、衍射和冲击波会聚的作用，但对湍流燃烧的作用没有作细致的量化工作。国内对爆炸流场的模拟也作了大量的工作，研究文献对模拟的方法进行了探讨，有些甚至研究了惰性颗粒的抑爆过程，得出了颗粒粒度、浓度与抑爆效果的关系。目前，国内外对气体爆炸场的数值模拟一般采用 N-S 方程直接耦合燃烧模型进行数值仿真，化学反应模型通常使用平均反应模型；对诸如 CH_4-O_2、H_2-O_2 等的简单反应体系也有使用完全基元反应方程的爆炸模型。数值算法采用冲击波捕捉能力较好的总变差减小(TVD)格式，少数用到本质无震荡(ENO)格式。此方向的模拟研究的爆炸过程集中在气体爆炸的爆轰状态附近，而且基本都忽略爆炸过程中的湍流影响，因此也仅适用于充分发展的强爆炸过程的研究。

对于大多数工程场所而言，弱点火引起的爆炸由弱到强地发展，进而发生 DDT 是气体爆炸灾害的主要形式，同时爆炸发展初始阶段也是抑制爆炸的有利爆炸阶段，因此对爆炸发展过程的研究越来越引起人们的重视。由于众多的研究表明：湍流在爆炸过程，尤其是弱点火气体爆炸发展过程中往往起到不可忽略的重要作用，因此湍流的影响必须加以考虑，但湍流爆炸流场模拟的难度较大，国外内对爆炸发展过程的数值模拟研究工作仍然处于起步与发展阶段。国内外不少学者应用湍流模型研究了障碍物对爆炸火焰的加速过程，但所用的燃烧模型一些为直接的 Arrhenius-EBU 模型。由于模型为一般燃烧模型，对化学动力学机制几乎没有考虑。同时，数值计算中采用的 SIMPLE 算法根本不能准确捕捉到冲击波。有些研究工作考虑了流场的可压缩性修正，但同样没有解决燃烧模型和冲击波的计算问题，从其与实验的对比更明显地反映了算法的缺陷。目前大多数研究文献对爆炸发展过程的研究以 Spalding 的有限反应速率的湍流燃烧 Arrhenius-EBU 模型为爆炸燃烧模型，并采用传统的 SIMPLE 算法，因此对爆炸发展机理的数值模拟研究往往不全面。此外，这些理论研究在爆炸过程的模拟中过于将注意力集中在障碍物引起的湍流影响燃烧的研究中，没有将爆炸过程中压力波、湍流以及火焰的行为进行综合的考虑，因此对爆炸过程中火焰、压力波的发展规律以及影响因素缺乏整体的了解。这也使爆炸理论中爆炸发展动力、驱动机理以及湍流加速火焰、压力波和火焰的耦合机制等问题都未得到圆满的解决。在本书作者和合作研究者完成的相关研究工作中，探索了基于火焰和压力波的耦合作用机制下爆炸发展的分析模型。在场模拟研究中，直接爆燃转爆轰(DDT)的数值模拟研究相对成熟，目前与工程爆炸事故最为接近的爆炸发展过程的数值模拟中对湍流爆炸燃烧过程的描述以及捕捉湍流流场中冲击波的有效数值算法的建立仍然是需要深入研究的问题。

前已阐述，气体爆炸研究的最终目的是控制爆炸的发生与发展，且涉及固液气抑爆介质实施气体爆炸防控科学问题复杂。所以，针对气体爆炸发生与发展，特别是涉及气体爆炸抑制技术领域，气体爆炸数值模拟研究还有太多的科学问题需要深入、系统研究，如果说要达到直接应用与工程实际，更是还有很长的路要走。同时也需要更多的研究者为此付出辛勤的劳动，推动该领域研究快速发展，尽早为解决工程实际问题或成为技术创新研究工具作出贡献。

1.4 受限空间油气爆炸数值模拟研究中的术语和概念

(1) 受限空间　指气体爆炸发生、发展的三维空间环境中，介质流动受到二维或三维限制的空间。在本书的研究工作中，将受限空间分为容积式受限空间、狭长受限空间和复杂结构受限空间(指具有支坑道的狭长受限空间和具有上下结构的复杂受限空间等)。受限空间是对相应建筑的抽象描述。这样的建筑在我国比比皆是，如地铁、人防工程、地下商场、地下车库、地下物资储存库、城市排水渠、输油气管道、地下油库等。这些建筑在我国快速发展且占据着国民经济和国防建设中的重要地位。

(2) 油气爆炸科学　是研究油气爆炸发生、发展及其防控的机理和规律的应用性基础研究。它包括研究各类爆炸的共性问题，如着火、爆炸发展、燃烧化学动力学、爆炸对人的危害、爆炸的防控等；也研究不同条件油气爆炸中的特殊问题，如油气扩散与蔓延、复杂条件下油气爆炸极限、惰化下油气着火、不同抑爆介质抑制油气爆炸发展机理等。

(3) 模拟研究　是在某种近似条件下的研究，包括实验模拟和计算机模拟。实验模拟研究是计算机模拟研究的基础。爆炸发展过程遵循一定的规律，这个规律既可在模拟实验中再现，也可以抽象为控制爆炸发展过程的数学方程，这就是爆炸过程模拟研究的科学依据。

(4) 模拟实验　是指在几何、物理或化学条件等方面引入近似的一类实验。如由中国科技大学完成的油罐火灾扬沸机理与规律的实验研究是在几何近似的条件下的模拟实验。由解放军后勤工程学院完成的山洞油库火灾发展变化规律的实验研究也是在几何、边界、环境条件近似下的模拟实验研究。再例如，用盐水在清水中的运动模拟烟气运动也是属于模拟实验的范畴。模拟实验在油气爆炸科学的研究地位非常重要，特别是地下储油库的爆炸研究。它可以完成现象(包括特殊与关键现象)、归纳公式、揭示新的机理和规律，又可为理论研究(包括计算机模拟)提供实验数据。

(5) 计算机模拟　利用计算机的计算、数据库、图形和图像等功能对爆炸进行的研究称之为计算机模拟。它主要分为专家系统(经验模拟)、半经验半理论的模拟(半物理模拟)和场模拟(也称物理模拟)三种。专家系统是各种经验公式与计算机相结合的产物。鉴于其实用性和计算机的普及，这种系统比较容易进入应用领域。场模拟将气体爆炸过程描述为由连续方程、动量方程、能量方程、组分方程和辅助方程组成的数学问题，该数学问题通常由偏微分方程和定解条件(包括边界和初始条件)组成。由于气体爆炸过程的复杂性以及计算机能力的限制，场模拟的研究方法的应用受到种种限制。半经验半理论的模拟使目前既兼顾了场模拟科学性、理论性，同时兼顾了专家系统的实用性、可行性的较好模拟方法。

(6) 计算流体动力学(Computation Fluid Dynamics)　是通过计算机数值计算和图像显示，对包含有流体流动和热传导等相关物理现象的系统所做的分析。其基本思想归结为：把原来在时间和空间域上连续的物理量的场，用一系列有限个离散点上的量变值的集合来代替，通过一定的原则和方式建立起关于这些离散点上场变量之间关系的代数方程组，然后求解代数方程组获得场变量的近似值。

(7) 有限体积法(Finite Volume Method)　是近年来发展非常迅速的一种离散化方法，其基本思路是：将计算区域划分为网格，并使每个网格点周围有一个互相不重复的控制体积，将待解微分方程组对每一个控制体积分，从而得到一组离散方程。本书采用的计算流体力学方法主要是有限体积法。

第 2 章　受限空间油气蔓延数值模拟

2.1　引言

由于实验研究往往受到模拟实验台架的装置尺寸、外部不确定流场扰动、系统测量精度和人身安全等条件的制约，因此现有的模拟实验结果只能通过对固定检测点的油气浓度变化规律来反映狭长受限空间油气扩散蔓延的总体变化趋势。鉴于模拟实验研究的这些不足，本章将在模拟实验研究的基础上对山洞油库油气扩散蔓延过程进行数值模拟，进一步深入研究油气扩散蔓延的细节特征及基本规律，直观地、全面地反应山洞油库狭长受限空间中油气扩散蔓延的过程。

计算流体力学(Computational Fluid Dynamics，简称 CFD)是利用计算机对流体流动、传热等物理问题进行数值计算分析与数字图像处理。随着数值模拟模型和 CFD 基本理论的逐步完善，随着计算机软、硬件技术的飞速发展，以商用 CFD 软件为代表的计算机数值模拟已经成为目前各种流体流动与传热问题的研究热点，并且越来越广泛应用于能源工程、环境工程、安全工程、海洋工程、石油化工、动力能源、机械工程等相关领域。目前常用的 CFD 软件有 PHOENICS、Fluent、CFX 等，其中 Fluent 商用 CFD 软件在美国的市场占有率约为 60%。与实验研究相比，应用 CFD 软件进行计算机数值模拟不仅具有降低研究成本、使研究更快速高效等优点，还可以形象地再现流体运动过程中的细节特征及规律。因此它是研究山洞油库狭长受限空间中油气扩散蔓延规律及机理的有力工具。

2.2　受限空间油气扩散蔓延分析模型概述

2.2.1　基本假设及控制方程

山洞油库是一个典型的复杂狭长受限空间，在这种受限空间内油气扩散蔓延过程是一个典型的瞬态传质扩散过程。为简化数值仿真模型和减小仿真计算工作量，需对狭长受限空间中油气扩散蔓延过程作以下假设和简化：

(1) 在受限空间内气体都认为是不可压理想气体，遵循理想气体状态方程；

(2) 狭长受限空间中初始气体分布均匀、无流动，气压为标准大气压；

(3) 狭长受限空间内温度与外界环境温度保持一致，无传热、对流、辐射等形式的能量交换；

(4) 将油气的复杂组分简化为单一的 $C_{16}H_{29}$ 组分气体，且油气在扩散蔓延过程中不与周围空气发生化学反应；

(5) 忽略壁面与气体流动的流固耦合作用，壁面为刚性、无渗透；

(6) 在扩散蔓延过程中油气泄漏源的泄漏速率保持不变。

基于以上的简化和假设，可以认为狭长受限空间内油气扩散蔓延过程是无化学反应的瞬态单相多组分扩散问题。因此，需要根据质量守恒、动量守恒、能量守恒和组分传输守恒四项定律建立起油气扩散蔓延的基本控制方程组。狭长受限空间内油气扩散蔓延的基本控制方程组为式(2.1)~式(2.6)。

质量守恒方程：

$$\frac{\partial \rho}{\partial t}+\mathrm{div}(\rho\vec{u})=0 \tag{2.1}$$

动量守恒方程：

$$\frac{\partial(\rho u)}{\partial t}+\mathrm{div}(\rho u\vec{u})=\mathrm{div}[\mu\cdot\mathrm{grad}(u)]-\frac{\partial p}{\partial x}+S_{\mathrm{Mx}} \tag{2.2}$$

$$\frac{\partial(\rho v)}{\partial t}+\mathrm{div}(\rho v\vec{u})=\mathrm{div}[\mu\cdot\mathrm{grad}(v)]-\frac{\partial p}{\partial y}+S_{\mathrm{My}} \tag{2.3}$$

$$\frac{\partial(\rho w)}{\partial t}+\mathrm{div}(\rho w\vec{u})=\mathrm{div}[\mu\cdot\mathrm{grad}(w)]-\frac{\partial p}{\partial z}+S_{\mathrm{Mz}} \tag{2.4}$$

能量守恒方程：

$$\frac{\partial(\rho T)}{\partial t}+\mathrm{div}(\rho\vec{u}T)=\mathrm{div}\left[\frac{k}{c_{\mathrm{p}}}\cdot\mathrm{grad}(T)\right]+S_{\mathrm{T}} \tag{2.5}$$

组分传输守恒方程：

$$\frac{\partial(\rho c_{\mathrm{s}})}{\partial t}+\mathrm{div}(\rho\vec{u}c_{\mathrm{s}})=\mathrm{div}[D_{\mathrm{s}}\cdot\mathrm{grad}(\rho c_{\mathrm{s}})]+S_{\mathrm{s}} \tag{2.6}$$

式中：ρ 为气体组分的密度；u、v、w 分别为气体组分在 x、y、z 方向上的速度；p 为气体压力；μ 为气体动力学黏度；S_{M}为动量广义源项；T 为气体组分的温度；c_{p}为气体组分的定压比热容；k 为气体组分的传热系数；S_{T}为因内热源和黏性产生的耗散项；c_{s}为组分 s 的体积分数；D_{s}为组分 s 的对流扩散系数；S_{s}为气体组分质量源项。

由于上述方程组中未知数个数大于方程个数，因此该方程组并不封闭。且在狭长受限空间内油气扩散蔓延过程中，由于泄漏源进气口等初速度比较大，在进气口附近会形成较强的局部湍流流动。因此，除了上述的基本控制方程外，还需选择合适的湍流模型来对控制方程组进行补充。

2.2.2 湍流模型

湍流流动是一种高度非线性的复杂脉动流动。目前多采用时均法来处理湍流脉动，即将湍流运动看作时均流动加上瞬时脉动流动。将脉动流动分离出来并引入雷诺(Reynolds)平均法，可以得到关于脉动的雷诺时均 Navier-Stokes 方程(简称 RANS)，求解该方程时会发现方程里面多出了与$-\rho\overline{u'_iu'_j}$有关的项，定义该项为雷诺应力，即：$\tau_{ij}=-\rho\overline{u'_iu'_j}$。由于引入了雷诺应力使得方程组未知数个数多于方程个数，这样方程组不封闭，所以需要加入新的方程组(即湍流模型方程)来让方程组封闭。

湍流的数值模拟方法基本可以分为直接模拟(DNS)和非直接模拟两类。DNS 是对瞬时湍流控制方程进行直接求解；非直接模拟通过对湍流作某种程度的近似与简化间接地对湍流的脉动特性进行计算。由于 DNS 对计算机性能要求极高，因此多用于简单经典问题的理论模拟，无法在实际工程中推广应用。而在实际工程中主要还是采用非直接模拟方法来对各种复杂工况进行数值模拟，应用较多的有大涡模拟(Large Eddy Simulation，简称LES)、统计平均法和雷诺平均法。在非直接模拟方法中，大涡模拟对计算机内存空间及计算运算速度的要求仍然较高，因此目前雷诺平均法是被最广泛应用的一种湍流数值模拟方法。湍流模型是为雷诺应力建立起表达式，把湍流的时均值和脉动值联系起来。目前湍流模型主要分为雷诺应力模型和黏涡模型两大类。黏涡模型根据 Boussinesq 涡黏假定引入湍流黏度(Turbulent Viscosity)和涡黏系数(Eddy Viscosity)，建立湍动黏度 μ_t 与这两个参数之间的函数关系，再确定雷诺应力项。目前常用的涡黏模型有零方程模型、一方程模型和两方程模型，而在实际工程上应用最多的是 $k-\varepsilon$ 两方程模型及其改进形式。由于本书研究涉及两种狭长空间内油气扩散蔓延的情况，因此针对各自不同的工况应当采用不同的湍流模型。对于主坑道内油气扩散蔓延的情况由于在进气口处速度矢量较大，且存在较强的旋转流动，因此宜采用 Realizable $k-\varepsilon$ 模型。而地下排水管沟内油气扩散蔓延情况，由于不涉及到旋转流动、均匀剪切流动、含有射流和混合流的自由流动等，因此宜采用标准 $k-\varepsilon$ 模型，即可以满足计算精度要求。

标准 $k-\varepsilon$ 模型通过 k 和 ε 两个方程建立起了湍动能和湍流耗散率与湍动黏度 μ_t 之间的函数关系，该模型是目前工程上最广泛的湍流模型。k 与 ε 的数学定义式为：

$$k=\frac{u'_i u'_i}{2}=\frac{1}{2}(\bar{u}'^2+\bar{v}'^2+\bar{u}'^2) \tag{2.7}$$

$$\varepsilon=\frac{\mu}{\rho}\overline{\left(\frac{\partial u'_i}{\partial x_k}\right)}\overline{\left(\frac{\partial u'_i}{\partial x_k}\right)} \tag{2.8}$$

式(2.7)和式(2.8)中上标“-”和“′”分别表示物理量的平均值和脉动值。

由于湍流黏度 μ_t 是空间坐标的函数，它取决于流动状态而非物性参数，所以湍流黏度可改写为：$\mu_t=\rho C_\mu \dfrac{k^2}{\varepsilon}$，其中 C_μ 为经验常数。标准 $k-\varepsilon$ 模型中输运方程 k 方程和 ε 方程的具体表达式如下：

$$\frac{\partial(\rho k)}{\partial t}+\frac{\partial(\rho k u_i)}{\partial x_i}=\frac{\partial}{\partial x_j}\left[\left(\mu+\frac{\mu_t}{\sigma_k}\right)\frac{\partial k}{\partial x_j}\right]+G_k+G_b-\rho\varepsilon-Y_M+S_k \tag{2.9}$$

$$\frac{\partial(\rho\varepsilon)}{\partial t}+\frac{\partial(\rho\varepsilon u_i)}{\partial x_i}=\frac{\partial}{\partial x_j}\left[\left(\mu+\frac{\mu_t}{\sigma_\varepsilon}\right)\frac{\partial\varepsilon}{\partial x_j}\right]+C_{1\varepsilon}\frac{\varepsilon}{k}(G_k+C_{3\varepsilon}G_b)-C_{2\varepsilon}\rho\frac{\varepsilon^2}{k}+S_\varepsilon \tag{2.10}$$

式中，G_k 是由平均速度梯度导致的湍动能 k 的产生项，；G_b 是由浮力作用而引起的湍动能 k 的产生项；Y_M 代表可压湍流中脉动扩张的贡献；$C_{1\varepsilon}$、$C_{2\varepsilon}$ 和 $C_{3\varepsilon}$ 为经验常数；σ_k 和 σ_ε 分别是与湍动能 k 和湍动耗散率 ε 对应的 Prandtl 数；S_k 和 S_ε 是用户定义的源项。

式(2.9)和式(2.10)中各项具体计算式为：$G_k=\mu_t\left(\dfrac{\partial u_i}{\partial x_j}+\dfrac{\partial u_j}{\partial x_i}\right)\dfrac{\partial u_i}{\partial x_j}$，对于不可压流体 G_b 为 0，Y_M 为 0，$C_{1\varepsilon}=1.44$；$C_{2\varepsilon}=1.92$；通常 $C_{3\varepsilon}=0.09$，当主流与重力方向平行时 $C_{3\varepsilon}$ 可以取值为 1，当主流与重力方向垂直时 $C_{3\varepsilon}$ 可以取值为 0；$\sigma_k=1.0$；$\sigma_\varepsilon=1.3$。因此式(2.9)和式(2.10)可以改写为：

$$\frac{\partial(\rho k)}{\partial t}+\mathrm{div}(\rho k u)=\mathrm{div}\left[\left(\mu+\frac{\mu_t}{\sigma_k}\right)\cdot\frac{\partial k}{\partial x_j}\right]+G_k-\rho\varepsilon \tag{2.11}$$

$$\frac{\partial(\rho\varepsilon)}{\partial t}+\mathrm{div}(\rho\vec{\varepsilon u})=\mathrm{div}\left[\left(\mu+\frac{\mu_t}{\sigma_\varepsilon}\right)\cdot\frac{\partial\varepsilon}{\partial x_j}\right]-\rho C_{2\varepsilon}\frac{\varepsilon^2}{k}+C_{1\varepsilon}G_k\frac{\varepsilon}{k} \tag{4.12}$$

其中：$\mu_t=\rho C_\mu\dfrac{k^2}{\varepsilon}$；$G_k=\mu_t\left\{2\left[\left(\dfrac{\partial u}{\partial x}\right)^2+\left(\dfrac{\partial v}{\partial y}\right)^2+\left(\dfrac{\partial w}{\partial z}\right)^2\right]+\left(\dfrac{\partial u}{\partial y}+\dfrac{\partial v}{\partial x}\right)^2+\left(\dfrac{\partial u}{\partial z}+\dfrac{\partial w}{\partial x}\right)^2+\left(\dfrac{\partial v}{\partial z}+\dfrac{\partial w}{\partial y}\right)^2\right\}$；$C_\mu$、$\sigma_k$、$\sigma_\varepsilon$、$C_{1\varepsilon}$、$C_{2\varepsilon}$为常数，一般工程上常用的一组为0.09、1.00、1.30、1.44、1.92。

Realizable k-ε 模型认为湍流黏度关系式中的系数 C_μ 并非常数，而是与应变率相关，该假设更符合于湍流的物理特征定律，可以约束正应力，从而克服标准 k-ε 模型在时均应变率较大时可能产生负的正应力的情况。Realizable k-ε 模型中，湍动能 k 方程和湍动耗散率 ε 方程如下：

$$\frac{\partial(\rho k)}{\partial t}+\frac{\partial(\rho k u_i)}{\partial x_i}=\frac{\partial}{\partial x_j}\left[\left(\mu+\frac{\mu_t}{\sigma_k}\right)\frac{\partial k}{\partial x_j}\right]+G_k-\rho\varepsilon \tag{2.13}$$

$$\frac{\partial(\rho\varepsilon)}{\partial t}+\frac{\partial(\rho\varepsilon u_i)}{\partial x_i}=\frac{\partial}{\partial x_j}\left[\left(\mu+\frac{\mu_t}{\sigma_\varepsilon}\right)\frac{\partial\varepsilon}{\partial x_j}\right]+\rho C_1 E\varepsilon-\rho C_2\frac{\varepsilon^2}{k+\sqrt{v\varepsilon}} \tag{2.14}$$

其中：$\sigma_k=1.0$，$\sigma_\varepsilon=1.2$，$C_2=1.9$，$C_1=\max\left(0.43,\ \dfrac{\eta}{\eta+5}\right)$，$\eta=(2E_{ij}\cdot E_{ij})^{1/2}\dfrac{k}{\varepsilon}$，$E_{ij}=\dfrac{1}{2}\left(\dfrac{\partial u_i}{\partial x_j}+\dfrac{\partial u_j}{\partial x_i}\right)$。对于 $\mu_t=\rho C_\mu\dfrac{k^2}{\varepsilon}$ 中的系数 C_μ 按照下式进行计算：$C_\mu=\dfrac{1}{A_0+A_S U^* k/\varepsilon}$，其中 $A_0=4.0$，$A_S=\sqrt{6}\cos\varphi$，$\varphi=\dfrac{1}{3}\cos^{-1}(\sqrt{6}W)$，$W=\dfrac{E_{ij}E_{jk}E_{kj}}{(E_{ij}E_{ij})^{1/2}}$，$E_{ij}=\dfrac{1}{2}\left(\dfrac{\partial u_i}{\partial x_j}+\dfrac{\partial u_j}{\partial x_i}\right)$，$U^*=\sqrt{E_{ij}E_{ij}+\overline{\Omega}_{ij}\overline{\Omega}_{ij}}$，$\widetilde{\Omega}_{ij}=\Omega_{ij}-2\varepsilon_{ijk}\omega_k$，$\Omega_{ij}=\overline{\Omega}_{ij}-\varepsilon_{ijk}\omega_k$。上式中的 $\overline{\Omega}_{ij}$ 是从角速度为 ω_k 的参考系中观察得出时均转动速率的张量，对于无旋流场，上面 U^* 计算式中的根号中的第二项为零。U^* 是表示旋转影响大小的项，该项的引入也是 Realizable k-ε 模型的特点之一。

2.2.3 控制方程的通用形式

式(2.1)～式(2.5)、式(2.11)～式(2.14)共同组成了狭长受限空间内油气扩散蔓延的总控制方程。为了方便计算机编程计算，将总控制方程组表示为如下通用形式：

$$\frac{\partial(\rho\Phi)}{\partial t}+\mathrm{div}(\rho\vec{u}\Phi)=\mathrm{div}(\Gamma\mathrm{grad}\Phi)+S \tag{2.15}$$

式(2.13)中各项依次表示瞬态项、对流项、扩散项和源项。针对不同的控制方程，Φ、Γ、S 拥有各自的固定形式，表2.1给出了各微分方程中 Φ、Γ、S 对应的具体含义。

表2.1　控制方程通用形式中各项的含义

方　程	Φ	Γ	S
连续性方程	1	0	0
动量方程	u_i	μ	$-\dfrac{\partial p}{\partial x_i}+S_i$
能量方程	T	$\dfrac{k}{c}$	S_T
组分方程	c_s	$D_s\rho$	S_s

续表

方　程	Φ	Γ	S
标准 k 方程	k	$\mu+\frac{\mu_t}{\sigma_k}$	$G_k+\rho\varepsilon$
标准 ε 方程	ε	$\mu+\frac{\mu_t}{\sigma_\varepsilon}$	$\frac{\varepsilon}{k}(C_{1\varepsilon}G_k-C_{2\varepsilon}\rho\varepsilon)$
Realizable k 方程	k	$\mu+\frac{\mu_t}{\sigma_k}$	$G_k-\rho\varepsilon$
Realizable ε 方程	ε	$\mu+\frac{\mu_t}{\sigma_\varepsilon}$	$\rho C_1E\varepsilon-\rho C_2\frac{\varepsilon^2}{k+\sqrt{v\varepsilon}}$

2.2.4　模拟仿真的数值方法

2.2.4.1　数值计算方法

计算机在求解偏微分方程时，首先要将连续的计算区域进行网格划分，得到有限数量的网格，然后将控制方程在各划分的网格上进行数值离散，并将偏微分方程转化为各网格上的代数方程组。目前 CFD 的数值离散方法主要有：有限差分法、有限元法、有限体积法和边界元法。

有限差分法利用差商替代控制方程中的导数，得到各网格节点处的差分方程组，从而求解偏微分方程，它实际上是运用泰勒级数对控制方程做了一种数学上的近似处理。有限元法在微元上构造插值函数，然后通过极值原理将控制方程处理成各微元上的有限元方程组，求解该方程组从而得到了各微元的待求函数值，其应用了有限差方法和变分计算法。有限体积法首先划分网格节点与控制体积，然后在控制体积上对微分方程进行积分，从而得到离散方程组，它实际上是结合了子域法和离散法的一种数值离散方法。边界元法是用边界积分方程将求解域的边界条件与域内任意一点的待求变量值联系起来，然后求解边界积分方程即可得出整个求解域的值。由于有限差分法和有限元法没有体现出偏微分方程的物理意义，仅仅是对偏微分方程进行了数学上的的近似处理，因此这两种方法可能会出现计算结果与实际物理过程相矛盾，从而产生计算上的失真现象。而边界元法对于复杂情况的流动，在导出边界方程时非常困难，基本找不到对应的权函数算子，因此边界元法的应用条件也受到了很大的限制。有限体积法由于在控制体积上对微分方程进行积分处理，可以表示离散方程中的各项通量平衡，因此具有十分明确的物理意义，同时它在处理流体和传热问题时具有较高的计算精度和计算效率，因此在 CFD 领域中绝大部分都是应用有限体积法。

2.2.4.2　有限体积法离散原理和过程

前面介绍了四种在 CFD 计算中比较流行的数值计算方法，及各种离散方法的相应特点。由于有限体积法具有有限元和有限差分的优点，而且获得的离散方程各项都有明确的物理意义，因此适用于解决流体流动和传热问题。因此，对于狭长受限空间内油气扩散蔓延过程的数值计算，本书采取有限体积法来实现对控制方程的求解，下面介绍网格生成过程及采用相应的离散格式对控制方程进行离散。

有限体积法对整个求解区域进行网格划分，并确定相应的控制体积。网格划分后得到节点(Node)、控制体积(Control Volume)、界面(Face)、网格线(Grid Line)。图 2.1 及图 2.2 分别给出了一维和二维问题有限体积法的结构计算网格。

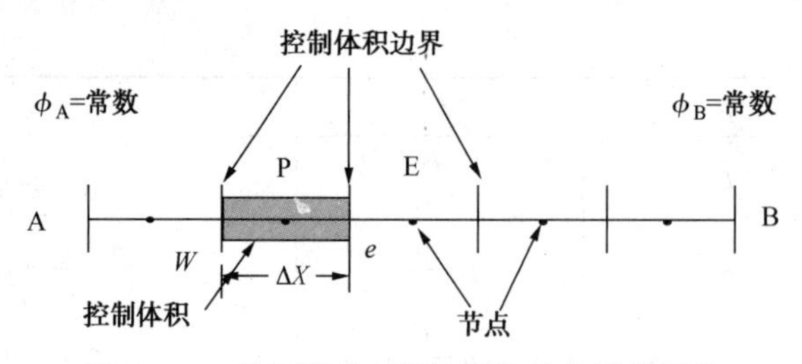

图 2.1　一维问题的有限体积法结构计算网格

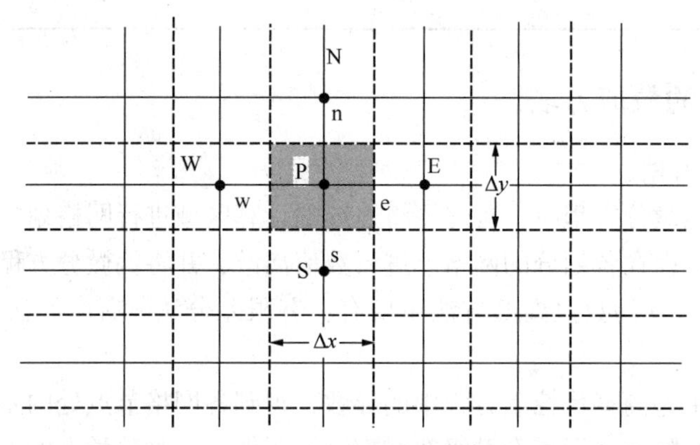

图 2.2　二维问题的有限体积法结构计算网格

狭长受限空间油气泄漏过程的几何模型比较规则简单，可抽象为一个规则的柱体，所以宜采用结构网格。而油气泄漏过程的几何模型就比较复杂，主坑道结构设计到支坑道、进气口等不规则的几何结构，因此不能采用结构网格，而应当采用适应性更强的非结构网格，如图 2.3 所示。非结构网格在复杂边界条件的流体和传热问题的计算过程中具有很强的适应性和优势。

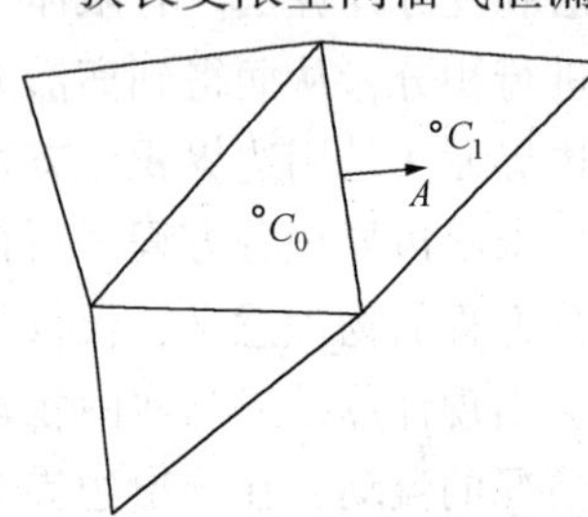

图 2.3　二维问题有限体积法非结构计算网格

由于狭长受限空间油气扩散蔓延问题属于非稳态流动问题，因此在离散求解区域后，有限体积法的下一个关键步骤是在控制容积内对控制微分方程式(2.15)进行积分，再在一定的时间间隔 Δt 内对其进行积分，即：

$$\int_t^{t+\Delta t}\left[\int_{\Delta V}\frac{\partial(\rho\Phi)}{\partial t}\mathrm{d}V\right]\mathrm{d}t+\int_t^{t+\Delta t}\left[\int_{\Delta V}\mathrm{div}(\rho\vec{u}\Phi)\mathrm{d}V\right]\mathrm{d}t$$
$$=\int_t^{t+\Delta t}\left[\int_{\Delta V}\mathrm{div}(\Gamma\mathrm{grad}\Phi)\mathrm{d}V\right]\mathrm{d}t+\int_t^{t+\Delta t}\left[\int_{\Delta V}S\mathrm{d}V\right]\mathrm{d}t \tag{2.16}$$

利用奥氏公式将对流项和扩散项的体积分转换为控制容积表面积分，并将时间项的时间积分与体积分顺序调换，有：

$$\int_{\Delta V}\left[\int_t^{t+\Delta t}\frac{\partial(\rho\Phi)}{\partial t}\mathrm{d}t\right]\mathrm{d}V+\int_t^{t+\Delta t}\left[\int_A\vec{n}\cdot(\overrightarrow{\rho u\Phi})\mathrm{d}A\right]\mathrm{d}t$$
$$=\int_t^{t+\Delta t}\left[\int_A\vec{n}\cdot(\Gamma\mathrm{grad}\Phi)\mathrm{d}A\right]\mathrm{d}t+\int_t^{t+\Delta t}\left[\int_{\Delta V}S\mathrm{d}V\right]\mathrm{d}t \tag{2.17}$$

等式(2.17)左端第一项为特征变量 φ 的总量在控制容积 V 内随时间的变化量；左端第

二项是控制容积 V 内由边界对流引起的特征变量 φ 的净减少量；右端第一项为控制容积 V 内特征变量 φ 由边界扩散流动引起的净增加量；右端第二项是控制容积 V 内特征变量 φ 由内源引起的净增加量。

有限体积法在对控制方程进行离散时，需要采用离散格式对控制体积中定义和存储的物理量进行插值。常用的离散格式有：中心差分格式、一阶迎风格式、二阶迎风格式、混合格式、指数格式、乘方格式、QUICK 格式、Hayasa 格式等。其中前 6 种离散格式具有一阶精度，后两种离散格式具有二阶精度。一阶精度的离散格式中容易产生假扩散现象，而二阶精度的离散格式则可以在一定程度上减轻这种假扩散现象。各种离散格式的性能对比如表 2.2 所示。

表 2.2 常见离散格式的性能对比

离散格式	稳定性及条件	计算精度及经济性
中心差分格式	条件稳定 $Pe\leqslant 2$	不具输运特征，且 Pe 较大时数值计算得不出正确解
一阶迎风格式	绝对稳定	Pe 较大时假扩散严重，需加密网格
二阶迎风格式	绝对稳定	较一阶迎风格式计算精度高，但仍有假扩散
混合格式	绝对稳定	性能介于中心差分格式与一阶迎风格式之间
指数格式和乘方格式	绝对稳定	主要用于无源项问题，对非常数源项，Pe 较大时误差也较大
QUICK 格式	条件稳定 $Pe\leqslant 3.7$	可以减少假扩散，主要用于结构网格
Hayasa 格式	绝对稳定	与 QUICK 格式一样，但绝对稳定

注：Pe 为 Peclet 数，用来度量某点处对流与扩散强度比。

本书进行数值模拟采用的是 FLUENT 软件。在该软件的应用中，当使用分离式求解器时，默认所有方程采用一阶离散格式，选择耦合式求解器时，除了连续性方程采用二阶离散格式，其他仍用一阶离散格式。狭长受限空间内油气扩散蔓延是瞬态无化学反应的单相多组分扩散问题。对其控制方程进行数值模拟时，对时间项采用向后差分，该离散格式具有一阶精度；而对于对流项采用中心差分格式，该离散格式具有一阶计算精度；N-S 方程、k 方程、ε 方程和组分输运方程都采用二阶迎风格式，该离散格式具有一阶计算精度。

2.2.5 压力-速度耦合问题的有限体积法

对流扩散问题的压力梯度是引起流体流动的直接动力。在实际流场分析中压力场的求解是必须的，而压力场与速度场之间相互耦合、相互影响，因此两者之间关系密切。用有限体积法求解压力-速度耦合问题时，在计算控制体积界面上的压力值不可避免的要用到临近节点值进行近似计算。如果将速度和压力在同样的个节点上进行定义和储存，则可能将一个高度非均匀的压力场(例如一个二维棋盘压力场)离散得与均匀的压力场的作用一致，这样压力和速度不能准确的在离散的动量方程中表示。同时在求解流体流动和传热问题过程中，常常应用分离式求解法来对流场和温度场等进行求解。由于速度场和压力场是相互耦合的，在分离式求解过程中，应当能够从速度场和压力场的计算结果中得到相应的改进压力场和改进速度场的计算式，以便在下一层次迭代时进行压力场和速度场的改进。但是控制方程组无法直接推导出这种改进，因此可以在数值求解时把压力项归入到 N-S 方程的源项中，而通过连续性方程来描述压力与速度的耦合关系。这样无论是单独求解压力场，还是从速度场结果来改进压力场都十分困难。为解决以上问题，在求解压力-速度耦合问题是应当采用交错网格技术和压力耦合方程的半隐式计算格式(SIMPLE)算法及其改进算法。

2.2.5.1 交错网格技术

交错网格是指将速度与压力值的离散式储存在相互交错的网格体系上。交错网格将压力标量值储存在以控制节点为中心的控制体积中，再根据速度矢量的方向，将速度矢量值存储在与压力控制体积相差半个网格步长的控制体积当中(如图2.4所示)。这样即使出现震荡的压力场或棋盘压力场时也不会出现与均匀压力场离散得到相同的结果，这样就避免了常规网格计算压力-速度耦合问题时的问题。但是使用这种交错网格系统时，不可避免的加大各节点编号及相互协调问题的复杂性。在进行编程和离散方程系数的求解时，由于复杂的网格编号系统会导致在寻址和插值计算时工作量有所增加。

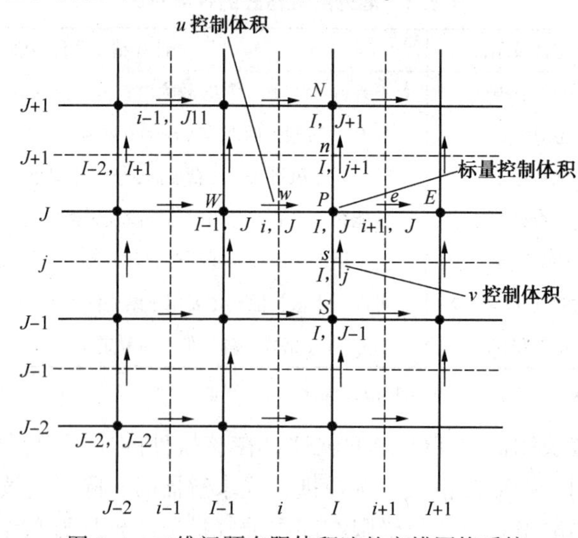

图2.4 二维问题有限体积法的交错网格系统

2.2.5.2 SIMPLE算法

SIMPLE(Semi-Implicit Method for Pressure-Linked Equation)算法，即是指“求解压力耦合方程组的半隐式计算格式”。该方法是由Patankar和Spalding首先提出的针对不可压流动的数值计算格式。SIMPLE算法基本过程如下：首先给定压力场(初值或上一层迭代结果)，通过求解离散形式的N-S方程得到速度场。再根据连续性方程对计算得出的速度场进行修正，得出压力修正值及修正后的压力场。最后再次求解N-S方程得到新的速度场，并检验其收敛性，如果不收敛则用修正后的压力场重复以上过程进行下一层的迭代计算，反复迭代直至得到收敛的解。图2.5给出了SIMPLE算法的计算流程。

SIMPLE算法自从问世以来，在被广泛的应用的同时也有学者对其进行了不同程度的发展和改良，其改进算法中较为著名的有SIMPLER、SIMPLEC和PISO算法。SIMPLER算法与SIMPLE算法的压力修正方程结构上基本相同，只是用伪速度来计算源项。SIMPLER算法虽然在每一层的迭代过程中较SIMPLE算法计算量大，但是总体效率要高。而SIMPLEC算法没有忽略速度修正方程中的项，因此可以不再对压力修正值进行欠松弛处理，加快了流场迭代的收敛速度。本文山洞油库地下排水管沟中油气扩散蔓延的数值模拟由于其过程简单、油气扩散蔓延速度缓慢，因此宜采用简单的SIMPLE算法就可以满足数值模拟的需要。

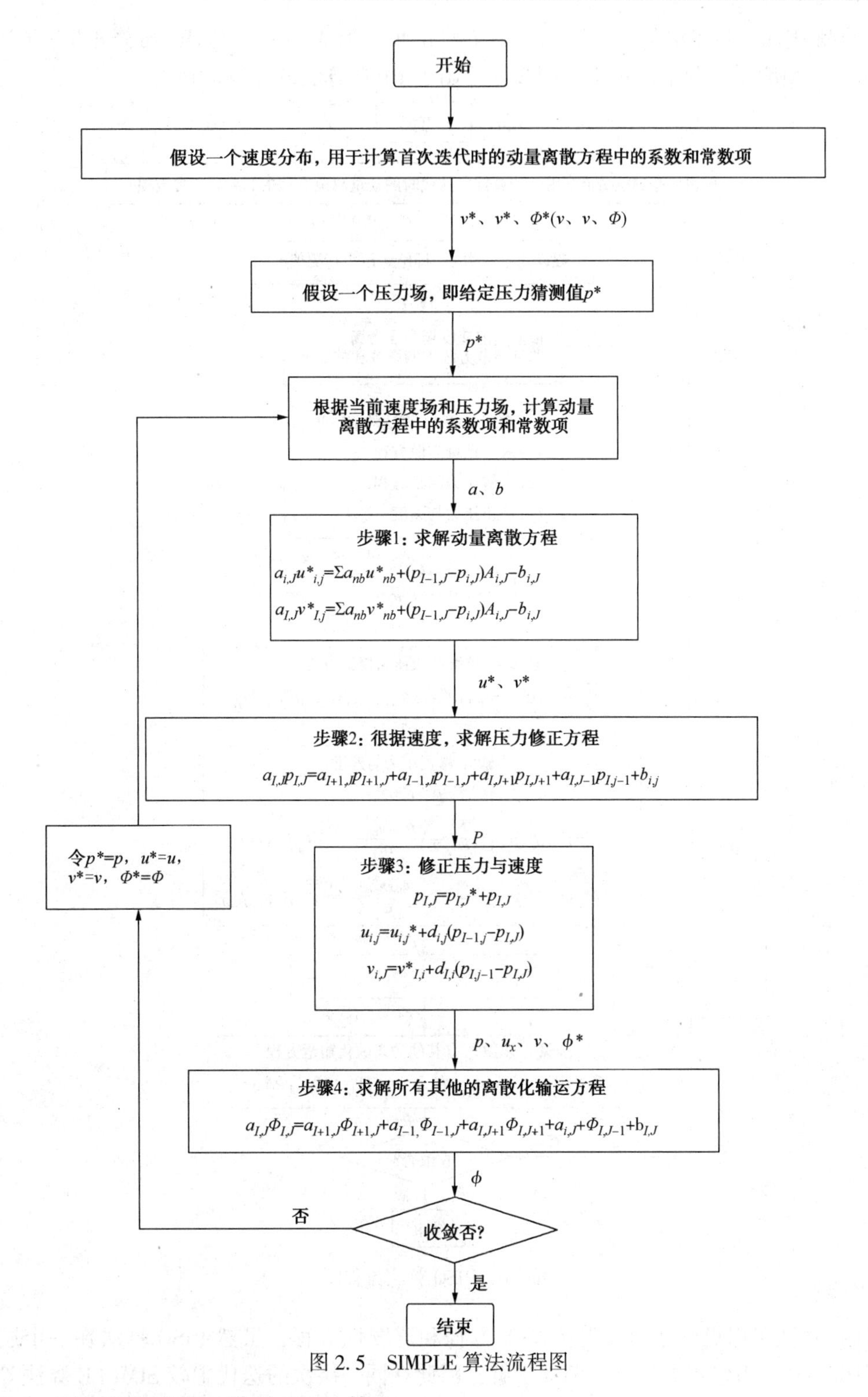

图 2.5 SIMPLE 算法流程图

2.2.5.3 瞬态流场数值计算的 PISO 算法

PISO(Pressure Implicit with Splitting of Operators)算法，即“压力耦隐式算子分割法”是由 Issa 提出的主要针对于非稳态流动而建立的一种压力速度计算格式。PISO 算法在 SIMPLE 算法的"预测-修正"两步法基础上增加了一个修正步，形成"预测-修正-再修正"三步法，即包含了一个预测步和两个修正步。图 2.6 给出了 PISO 算法的计算流程。

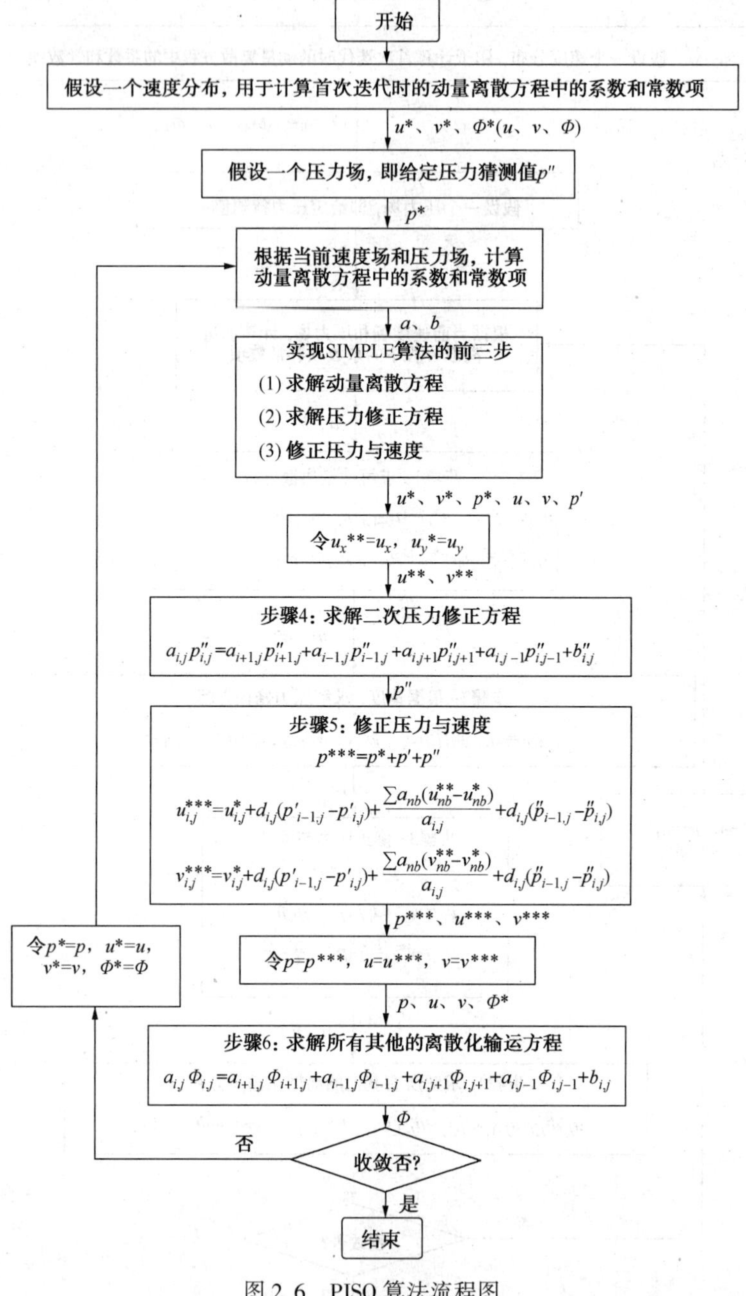

图 2.6　PISO 算法流程图

PISO 算法可以更好地同时满足 $N-S$ 方程和连续性方程，虽然 PISO 算法在一个层次的迭代中需要对压力修正方程进行两次求解，因此在同一层次的迭代中较 SIMPLE 算法等计算量大，但是总体来说其迭代收敛速度快，总体效率高。本文山洞油库模拟主坑道狭长受限空间内油气扩散蔓延的数值模拟是典型的瞬态扩散问题，因此采用了 PISO 算法对离散后的控制方程进行求解更具优势。

2.2.6　小结

本节对狭长受限空间内油气扩散蔓延过程进行了假设和简化，建立起了油气扩散蔓延的控制方程，控制方程包括：质量守恒、动量守恒、能量方程和组分传输守恒方程。此外在不同湍流模型中选取了 Realizable $k-\varepsilon$ 和标准 $k-\varepsilon$ 双方程湍流模型，建立了油气扩散蔓延数值模拟的控制方程组。在对控制方程离散时，对比分析了有限差分法、有限元法、有限体积法及边界元法四种数值计算方法的原理和优缺点。然后选用有限体积法对油气扩散蔓延过程的控制方程进行离散，同时介绍了采用有限体积法的区域离散过程、离散格式等基础理论。针对流程计算中压力-速度耦合问题，介绍了目前应用广泛的流场计算方法 SIMPLE 算法及其改进算法，最后分别选取 PISO 算法和 SIMPLE 算法对离散后的控制方程组进行求解。

经过研究与分析，建立了狭长受限空间内油气扩散蔓延过程数学模型，同时采用相应的数值方法来对控制方程进行离散。

2.3　狭长受限空间油气蔓延分析模型与实验验证

2.3.1　模拟主坑道油气扩散蔓延数值模拟结果与分析

2.3.1.1　建立几何模型

首先，根据前期模拟实验台架装置的实际结构和尺寸，运用 Gambit 软件建立起三维的仿真几何模型。其尺寸为：总长度为 6000mm、内径为 $\Phi370$；支坑道内径为 $\Phi370$，距离开口端长度为 2050mm；进出通风口直径 13mm，距离开口端长度为 1250mm，详见图 2.7 和图 2.8。

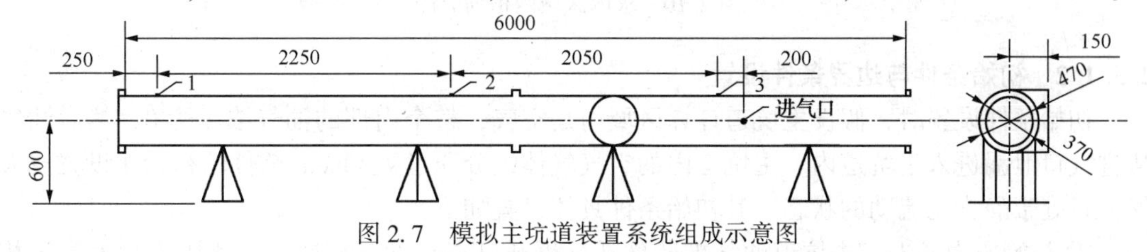

图 2.7　模拟主坑道装置系统组成示意图

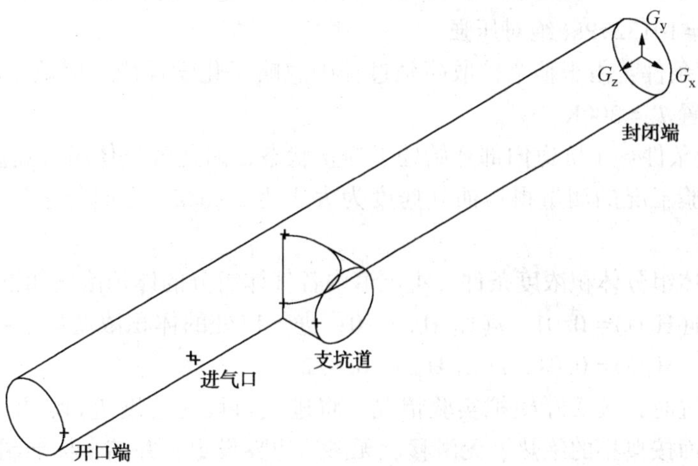

G_y
G_z
G_x
封闭端
支坑道
进气口
开口端

图 2.8　计算几何模型

对于三维问题有限体积法通常采用六面体、四面体、金字塔形和楔形四种网格单元，网格具体形式详见图 2.9。

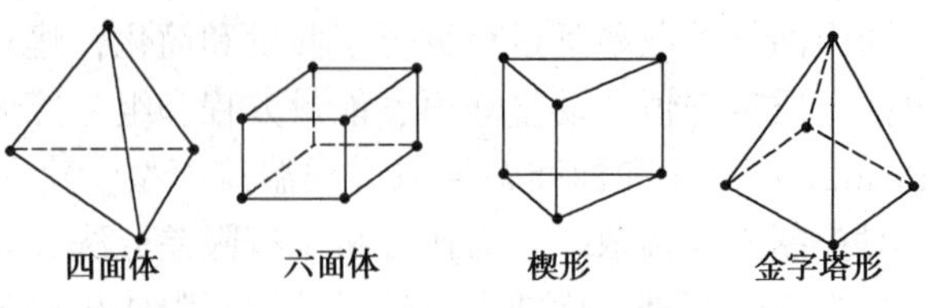

图 2.9　四种网格单元类型

各种网格类型在计算耗时、网格尺寸、网格质量、网格结算模型等特点都不尽相同。对于主坑道三维问题所需建立的几何模型，本文选取了四面体网格作为计算体积基本控制体单元，同时对主坑道的进气口和支坑道附近区域进行了网格加密。几何模型经过 Gambit 软件总共生成了 22056 个节点、99022 个四面体网格。求解区域网格的划分如图 2.10 所示。

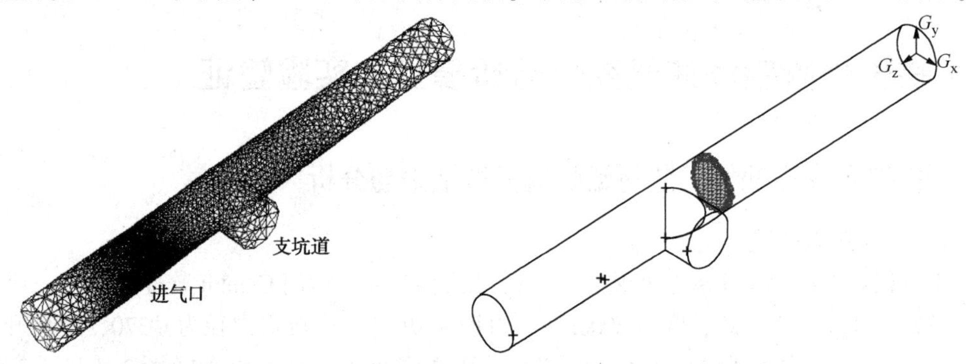

图 2.10　求解区域网格划分图

2.3.1.2　初始条件与边界条件设置

初始条件设置时，假设主坑道计算区域内是空气，整个内部的油气浓度为 0，然后油气从进气口泄漏进入主坑道内。主坑道内的空气气体组分通过被 Fluent 软件的初始化设置成大气，且处于静止无流动的状态。其初始条件具体设置如下：

① 初始压力条件：主坑道油气扩散蔓延过程开口端与大气相通，因此压力与大气压相同，故 $P_0 = 1\mathrm{atm} = 101325\mathrm{Pa}$(绝对压强)。

② 初始温度条件：由于整个扩散蔓延过程中忽略了化学反应，因此主坑道温度与环境温度相同，故设置 $T_0 = 300\mathrm{K}$。

③ 初始速度条件：主坑道内部开始处于静止状态，因此各气体组分速度为 0m/s。进气口处根据实际实验工况的测量得：油气速度为大小为 20m/s，方向与进气口径向平面正交向内。

④以初始气体组分体积浓度条件：主坑道内各气体组分的体积浓度如下：$v(O_2) = 0.21$，$v(CO_2) = 0.01$，$v(H_2O) = 0.01$，$v(C_{16}H_{29}) = 0$；进气口处的体积浓度如下：$v(O_2) = 0.204$，$v(CO_2) = 0.01$，$v(H_2O) = 0.01$，$v(C_{16}H_{29}) = 0.022$。

边界条件设置时，按实际模拟实验情况，将进气口设为速度进口，排气口设为速度出口。对于实验壁面按典型的绝热、无滑移、无渗透边界设定，并结合标准湍流壁面函数方法来具体设置计算边界的参数，在此不再作详细的说明。

2.3.1.3 数值模拟结果与实验结果对比

数值模拟时对封闭端 1 号测量点下部的油气浓度曲线进行计算，得到油气浓度曲线(HC%)详见图 2.11。

整理数值模拟所得的 1 号测量点下部的油气浓度曲线，并将该曲线与 1 号点下部的模拟实验油气浓度曲线绘制在一张图上，得到图 2.12。

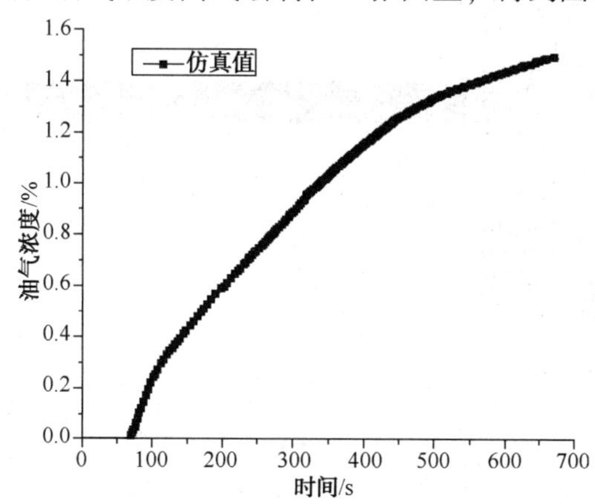

图 2.11 1 号测量点下部数值模拟 HC 浓度曲线

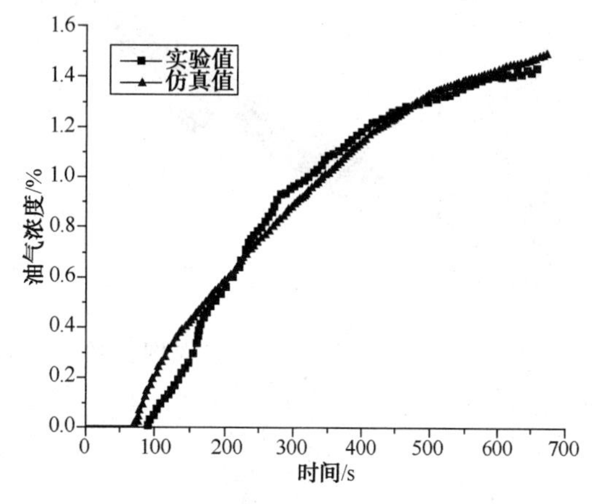

图 2.12 1 号测量点下部实验与仿真的 HC 浓度曲线

由上图可以看出仿真油气浓度曲线与模拟实验数据十分吻合，因此可以认为进行计算机仿真时对控制方程所进行的 6 项假设是合理的，且采用 $C_{16}H_{29}$单一组分来模拟油气的复杂化学组分扩散蔓延过程具有较好的精度。可以认为仿真结果与实验结果基本吻合，因此可以用仿真的结果来对模拟实验过程进行具体分析。

由图 2.11 和图 2.12 可以看出数值模拟所得到的油气浓度曲线与模拟实验所得的油气浓度曲线变化规律一致，两者明显具有油气扩散蔓延的阶段性特征。但是两者也存在细微的差别，数值模拟结果得到的油气浓度曲线变化趋势在整个过程中近似呈现指数形式增长，而并没有像模拟实验油气浓度曲线一样分成四个阶段。这是由于在进行数值模拟时，为了得到描述油气扩散蔓延的控制方程所进行的 6 项基本假设与实际实验过程存在差异。在扩散蔓延初期数值模拟的油气浓度比实验测量值要高。这可能是由于油气在刚进入模拟主坑道时对流项影响作用十分明显，采用二阶迎风格式来离散对流项仍然无法克服扩散蔓延数值计算中所产生的“假扩散”现象，使得数值模拟与实验结果在油气浓度曲线刚开始上升处的吻合差异相对较大。但是随着扩散蔓延过程的进行，两条油气浓度曲线基本一致，这不仅说明本书数值模拟和实际模拟实验较吻合外，也说明了采用 $C_{16}H_{29}$代替油气多组分等假设的合理性。

2.3.1.4 模拟主坑道油气扩散蔓延的数值模拟结果与分析

根据数值模拟结果可以得到模拟主坑道受限空间内油气浓度场与速度矢量场。相应的可以得到各个时间点的油气浓度云图与速度矢量图。

1）模拟主坑道油气浓度场分布云图

为了研究模拟主坑道内油气的流动特性，细化扩散蔓延模拟实验过程，需要对整个模拟主坑道油气的浓度场分布做系统的研究。图 2.13 ~ 图 2.28 分别是 $t=5$s、10s、20s、30s、40s、50s、60s、100s、200s、300s、500s、800s、1000s、1500s、2000s 和 2500s 时刻模拟主坑道内三维与 $X=0$ 平面上的 HC 浓度场的分布云图。（注：图中 6.27e-02 表示 6.27×10^{-2}，全书图表数值均以这种形式表述）。

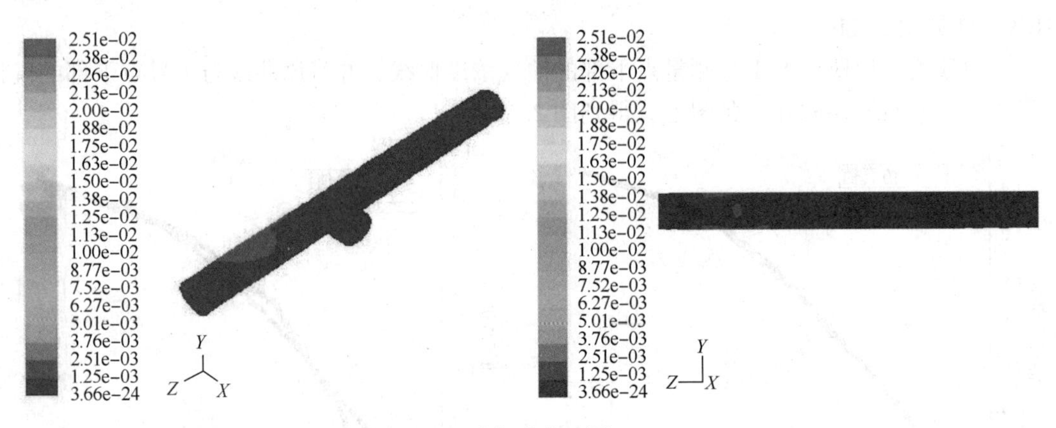

图 2.13　油气浓度云图（$t=5s$）

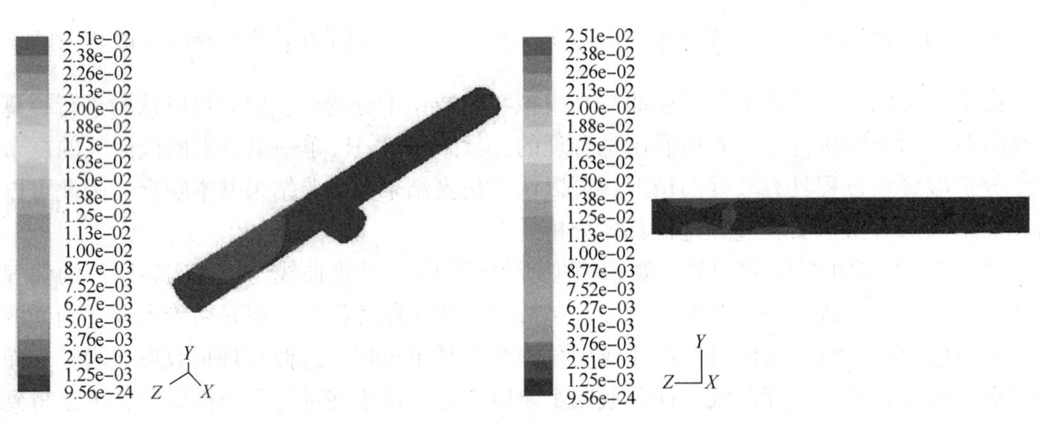

图 2.14　油气浓度云图（$t=10s$）

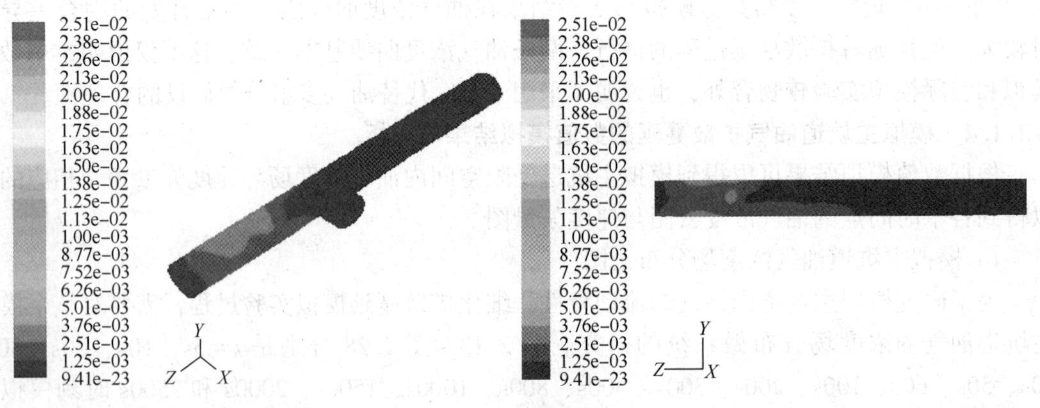

图 2.15　油气浓度云图（$t=20s$）

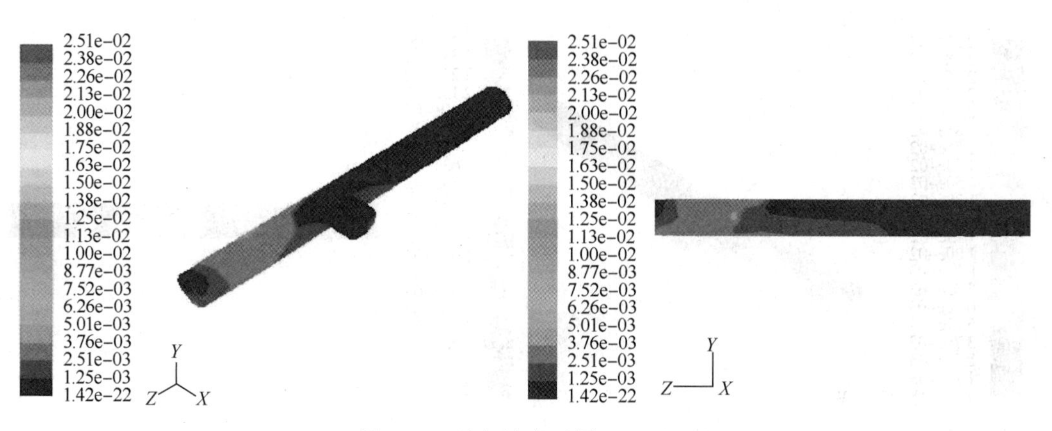

图 2.16 油气浓度云图($t=30$s)

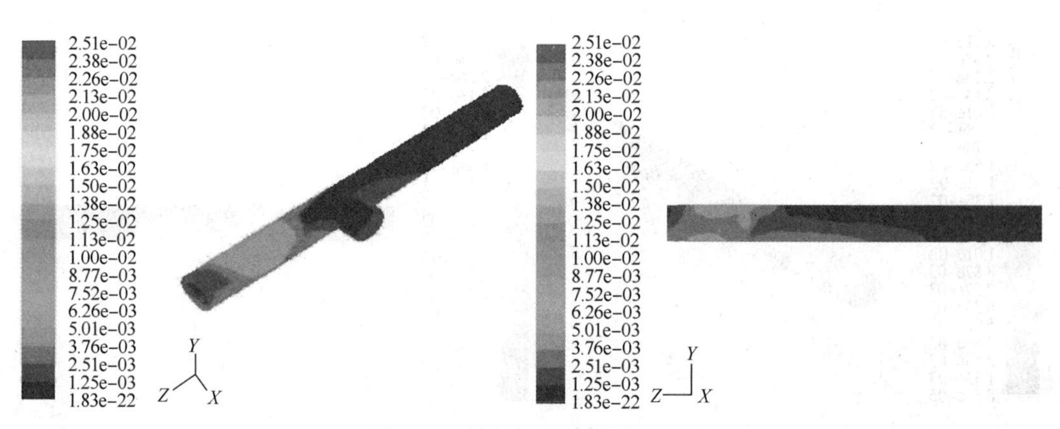

图 2.17 油气浓度云图($t=40$s)

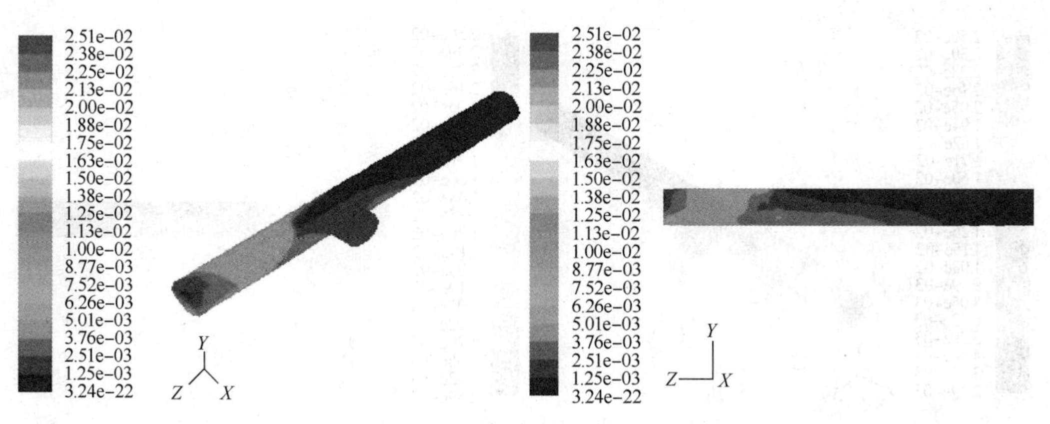

图 2.18 油气浓度云图($t=50$s)

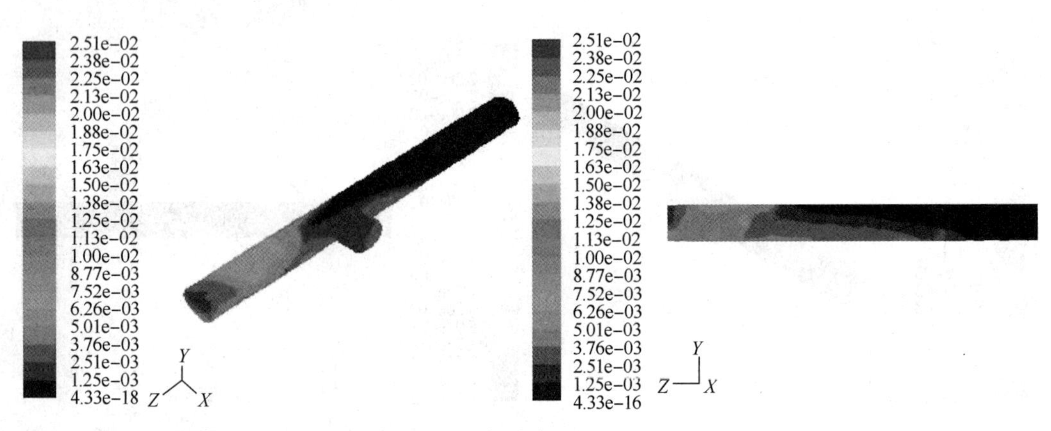

图 2.19　油气浓度云图($t=60s$)

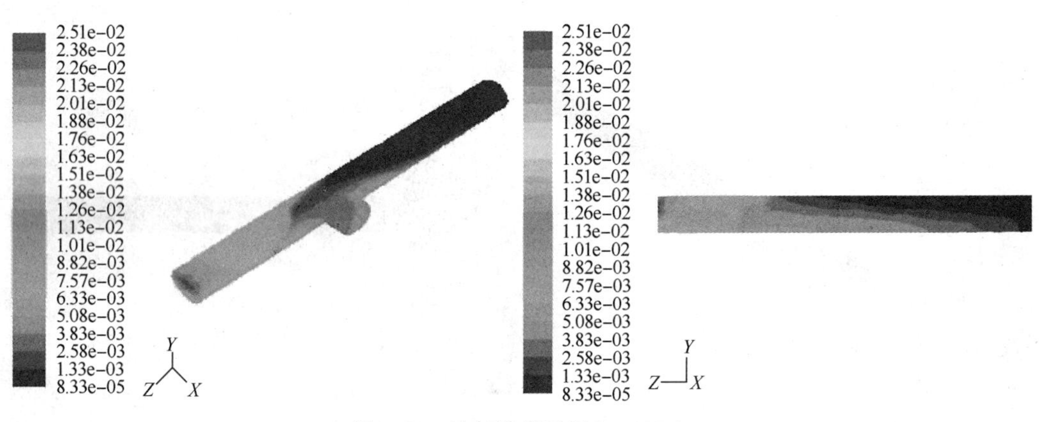

图 2.20　油气浓度云图($t=100s$)

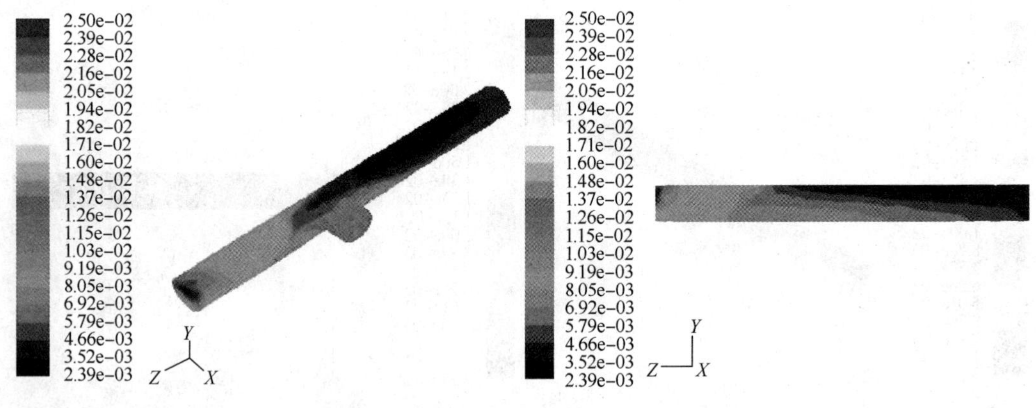

图 2.21　油气浓度云图($t=200s$)

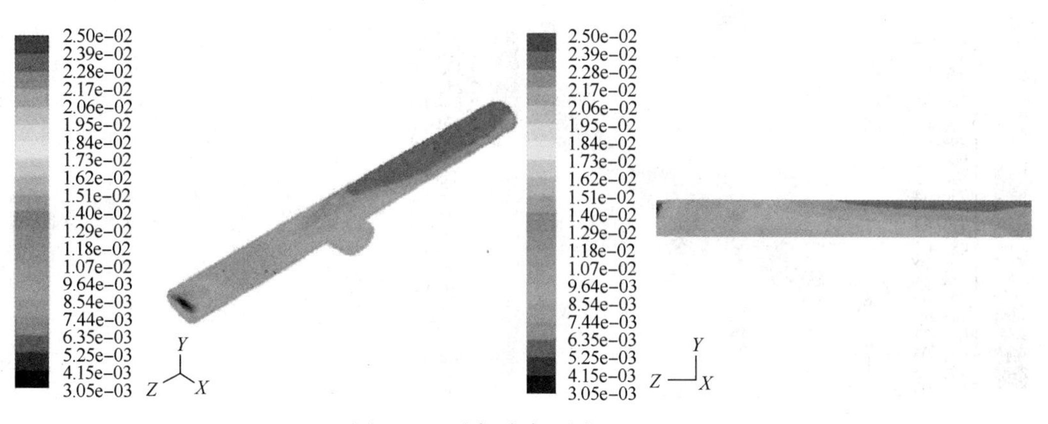

图 2. 22　油气浓度云图($t=300$s)

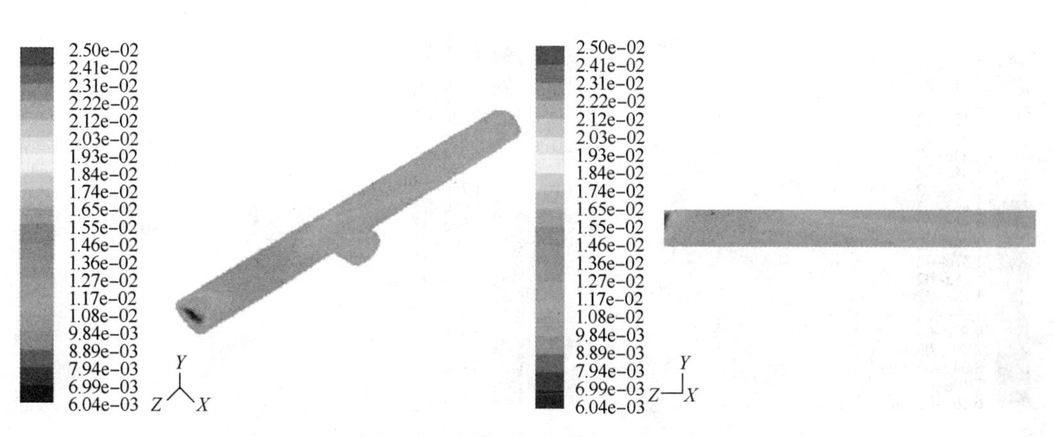

图 2. 23　油气浓度云图($t=500$s)

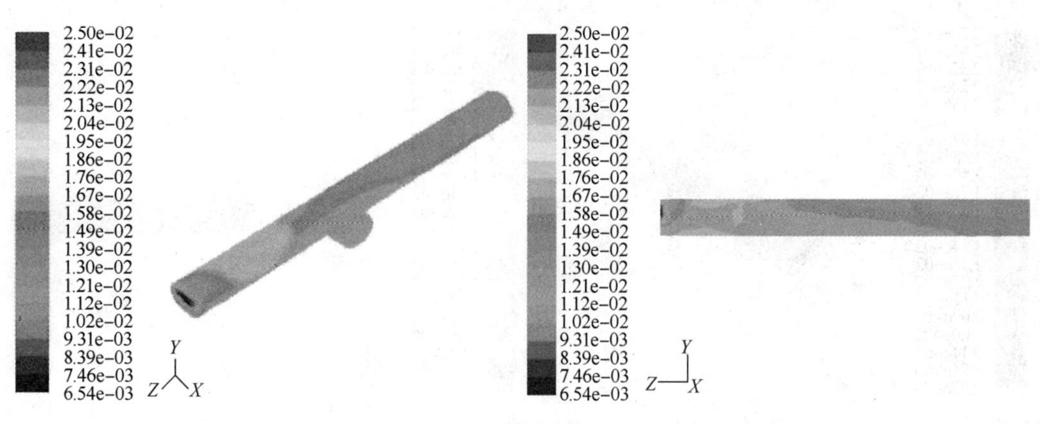

图 2. 24　油气浓度云图($t=800$s)

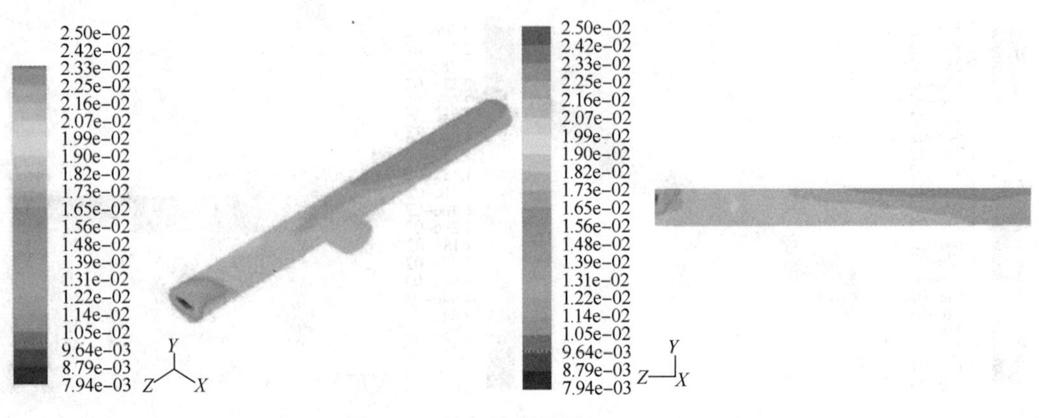

图 2.25　油气浓度云图($t=1000$s)

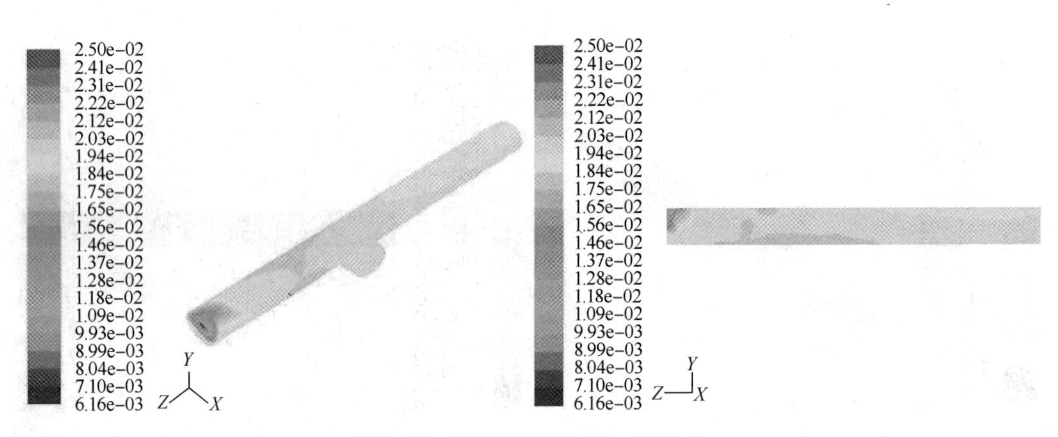

图 2.26　油气浓度云图($t=1500$s)

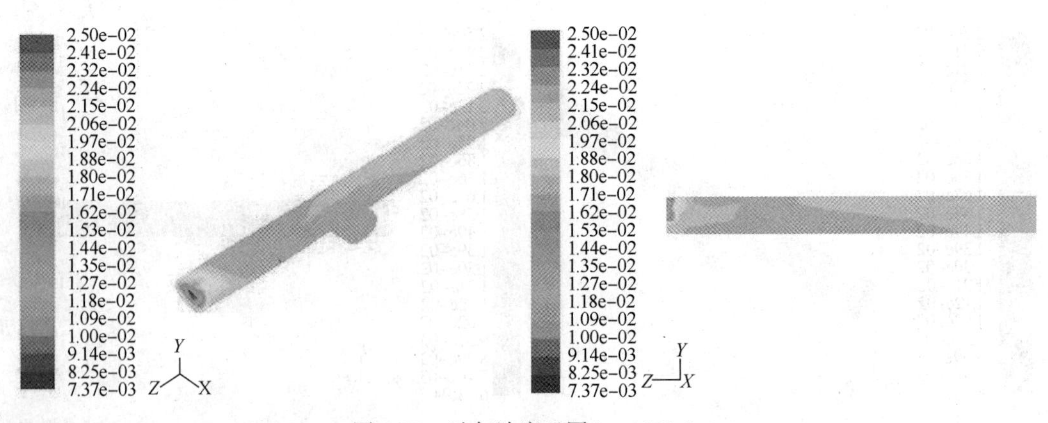

图 2.27　油气浓度云图($t=2000$s)

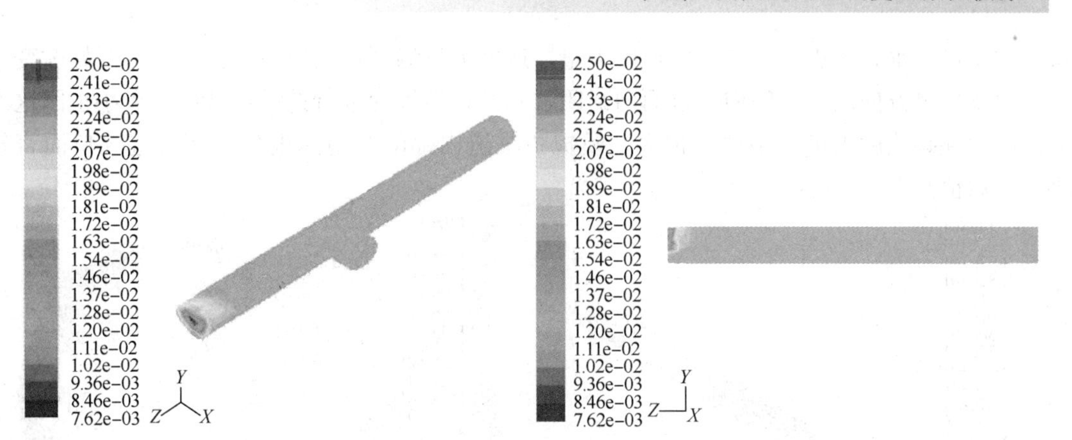

图 2.28 油气浓度云图($t=2500$s)

模拟主坑道的 HC 浓度云图数值模拟结果不仅验证了模拟实验所得出的结论，也进一步证实了在扩散蔓延过程中测量点处油气增长具有阶段性、分层流动和结构性等特征规律。同时模拟主坑道的 HC 浓度云图还进一步反应出模拟主坑道油气扩散蔓延过程的一些时空特点。通过图 2.13～图 2.28 分析，可以得出对于油气在开始泄漏到到达 HC 1.2%时间内，整个模拟主坑道空间中泄漏经历了初始稀释阶段(0～20s)、重力沉降阶段(20～40s)、密度分层阶段(40～100s)和被动扩散阶段(100～300s)四个阶段。图 2.13～图 2.15 的 HC 浓度云图反应了油气扩散蔓延的初始稀释阶段，在该阶段中油气通过进气口进入到主坑道中，与模拟主坑道内部开始并没有油气，因此在分子扩散作用下通入的油气开始在主坑道内部进行稀释，所以进入主坑道油气浓度呈现出向主坑道上下部分稀释扩散的现象。随着油气的逐步稀释扩散，当进气口油气到达一定的浓度以后，在油气自身的重力作用下油气开始向模拟主坑道下部进行沉降，图 2.16～图 2.17 的 HC 浓度云图反应了油气扩散蔓延的重力沉降阶段。当油气在进气口处完成重力沉降过后，由于受到环境流动相互作用油气开始向封闭端进行扩散，同时在重力作用下扩散的油气在竖直方向上出现了密度的分层，紧贴主坑道下部的油气浓度较高，而上部的油气浓度较小，图 2.18～图 2.20 的 HC 浓度云图反应了油气扩散蔓延的密度分层阶段。随着油气的分层形成，在对流扩散和分子扩散的共同作用下，分层的油气逐步向着主坑道的封闭端扩散，使得整个模拟主坑道在一段时间内油气浓度区域稳定在同一浓度 HC 1.2%，此阶段为被动扩散阶段(图 2.21～图 2.23)。此后，随着进气口不断有油气源的通入，在 HC 1.2%到更高的油气浓度 HC 期间，新进入的油气重复以上四个阶段不断的进行重力沉降、密度分层，然后向封闭端被动扩散，最后当整个模拟主坑道内部油气浓度处于一致(等于进气口油气浓度时 HC 2.2%)扩散结束，见图 2.24～图 2.28。

2) 模拟主坑道内流场速度矢量图　为了研究模拟主坑道内的流场特征，对整个模拟主坑道油气的速度场分布做系统的研究，通过数值模拟得到速度场矢量分布。图 2.29 是模拟主坑道三维流场矢量图，图 2.30 是进气口局部的速度矢量图。

由上图可以分析得出：在进气口处速度矢量极大，其速度为 20m/s，进入模拟主坑道后，速度矢量开始下降到 7～14m/s。气体大多沿平行于进气口方向进入模拟主坑道，进气口处几乎没有垂直于进气口方向的速度矢量。速度矢量遇到进气口对面的管壁后开始改变方向，速度矢量方向改为向四周，进而向封闭端和开口端等处进行扩散，其数值大小也因这种方向改变导致速度矢量大小损失很多。模拟主坑道内部的其他速度矢量相对进气口而言较小，其数值基本为 1m/s。

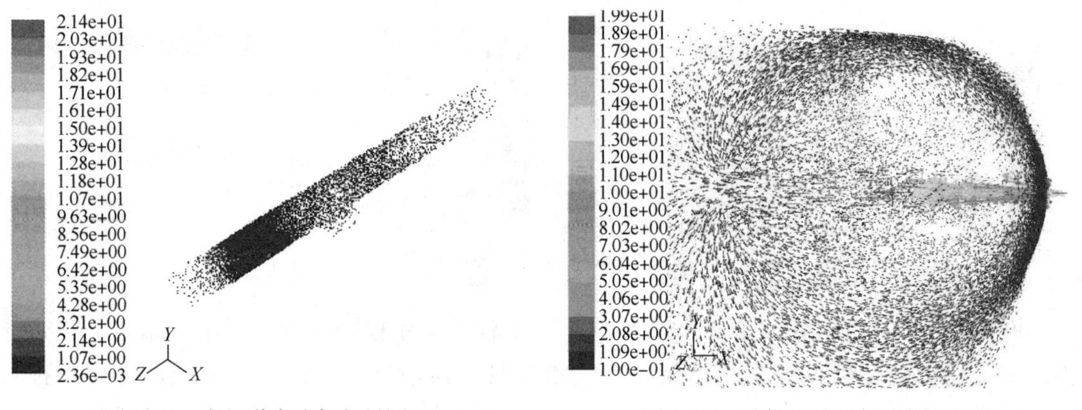

图 2.29　主坑道内流场矢量图　　　　图 2.30　进气口处局部流场矢量图

模拟主坑道内的速度矢量图 2.29 可以很直观地反应整个模拟主坑道内的流场状态，通过分析可以得出：模拟主坑道进气口处速度矢量较大(20m/s)，进入模拟主坑道后由于流体断面的扩大，速度矢量存在一定的降低(7m/s)。速度矢量方向是平行于进气口的，但是当其遇到进气口对面的管壁后，会存在速度方向的改变以及速度大小的减少，此后大部分速度矢量方向向着出口和封闭端两侧；模拟主坑道内部的其他速度矢量相对较小(1m/s)。由进气口局部的速度矢量图 2.30，观察得到在进气口附近区域，速度矢量遇到对面管壁后向周围改变方向，较大数值的速度矢量沿着主坑道轴线平行方向，而存在部分较小数值的速度矢量沿着主坑道轴线垂直方向，油气在这部分较小数值速度矢量的作用下，在进气口附近体现出了近泄漏源的浓度云图分叉现象，该现象在油气初始稀释阶段尤为明显。

观察图 2.13、图 2.16、图 2.19、图 2.22、图 2.23 和图 2.26 中 $X=0$ 平面的进口处油气浓度云图，可以分析得出进气口位置油气向上方和下方的扩散速率要高于沿中部位置扩散速率，表现出图中靠近泄漏源的水平位置油气浓度较上下部位置偏低的现象，该现象反应了油气扩散蔓延时具有近泄漏源分叉现象。近泄漏源分叉现象在扩散蔓延的初期最为明显，但是在离泄漏源较远处开始时沿模拟坑道上方传播的油气向下沉降，从而使得上方的油气浓度迅速降低，进而只能在泄漏源区域附近观察到分叉现象。且随着泄漏继续扩散过程的继续，进气口附近区域的油气浓度整体上升非常迅速，分叉现象不如泄漏刚开始时明显。对比图 2.14 与图 2.27，可以发现随着时间推移近泄漏源分叉现象已越来越弱。

2.3.1.5 主要因素对模拟主坑道油气扩散蔓延的影响

为了进一步了解进气口油气浓度和速度两个主要因素分别对主坑道油气扩散蔓延规律的影响，在模拟主坑道对比实验基础上，应用数值仿真方法分别模拟了不同进气口油气浓度和不同进气口速度的情况下油气在模拟主坑道受限空间中扩散蔓延的过程。

1) 进气口油气浓度对模拟主坑道油气扩散蔓延的影响

仿真时仍然沿用前面的几何模型与网格，对比模拟仿真在设置初始温度条件、初始压力条件、初始速度条件和边界条件时也与之设置相同，只是在设置初始气体组分体积浓度条件时将原来设置的进气口油气浓度体积分数由 $\varphi(C_{16}H_{29})=0.022$，改变为 $\varphi(C_{16}H_{29})=0.045$ 和 $\varphi(C_{16}H_{29})=0.015$，应用 Fluent 软件模拟在此条件下主坑道油气扩散蔓延情况。图 2.31 至图 2.36 是进气口油气浓度体积分数 $\varphi(C_{16}H_{29})=0.045$ 时 $t=60\sim2500$s 时刻主坑道 $X=0$ 平面上的 HC 浓度场的分布云图。

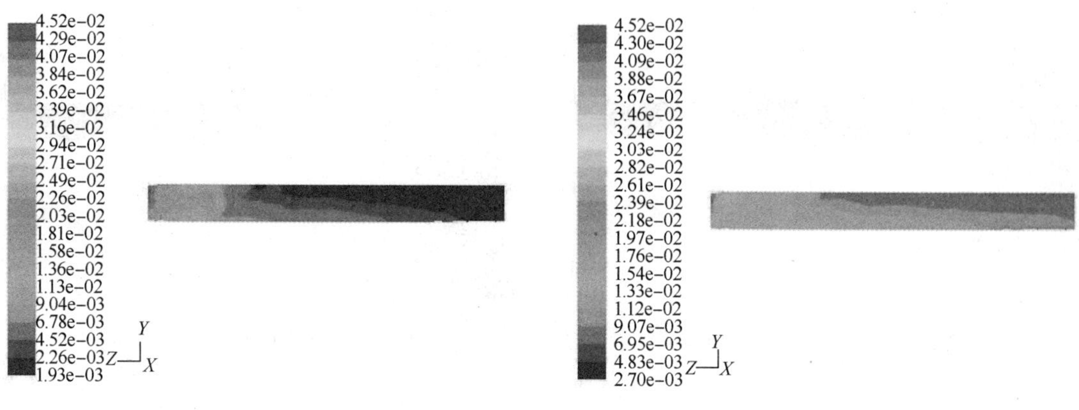

图 2.31 油气浓度云图($t=60$s)

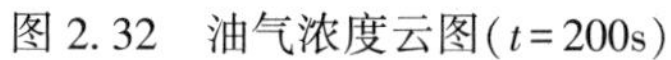

图 2.32 油气浓度云图($t=200$s)

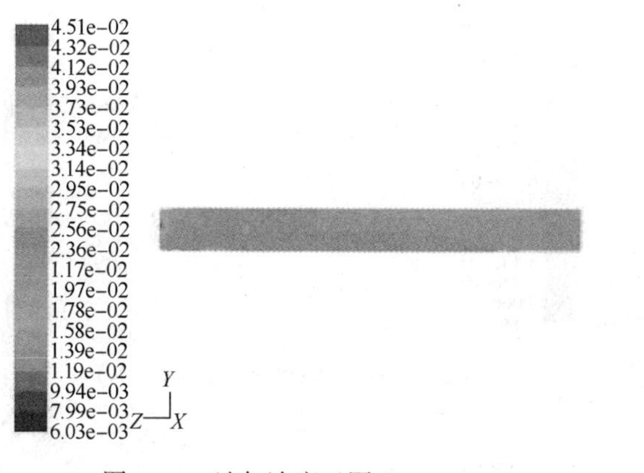

图 2.33 油气浓度云图($t=500$s)

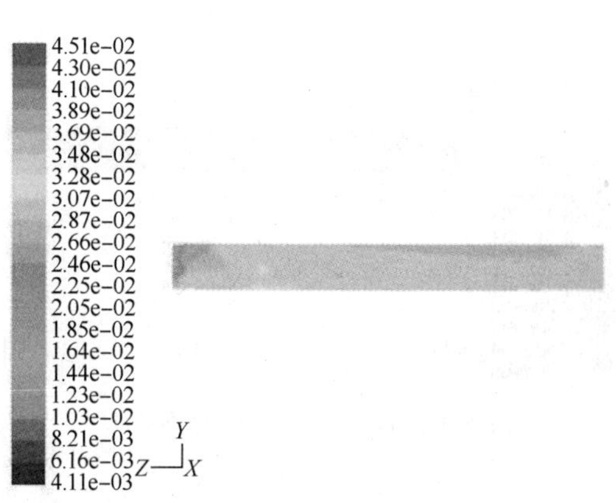

图 2.34 油气浓度云图($t=1000$s)

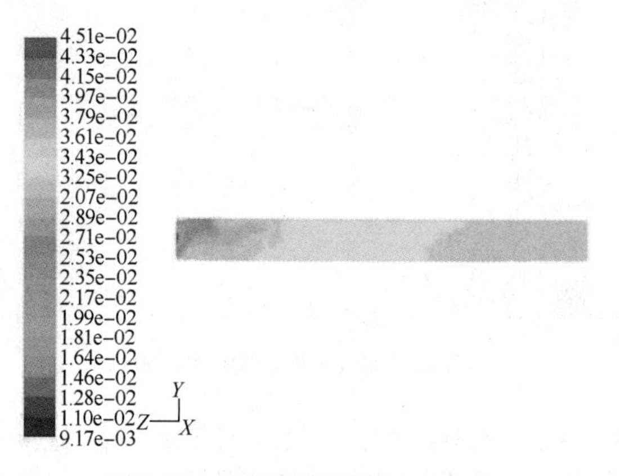

图 2.35 油气浓度云图($t=1500$s)

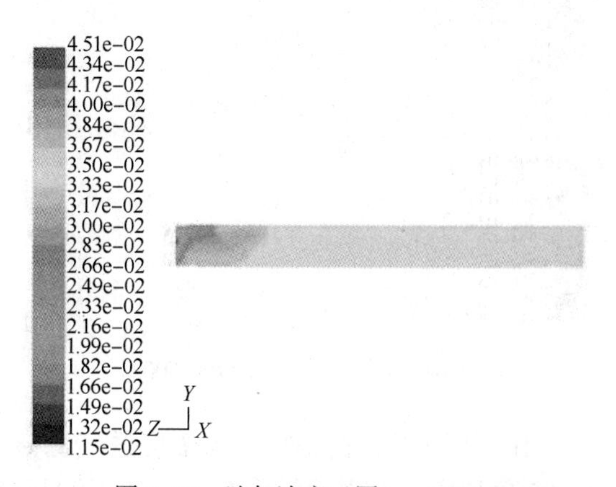

图 2.36 油气浓度云图($t=2500$s)

图 2.37～图 2.42 是当进气口油气浓度体积分数 $\varphi(C_{16}H_{29})=0.015$ 时，$t=60\sim2500s$ 时刻模拟主坑道 $X=0$ 平面上的 HC 浓度场的分布云图。

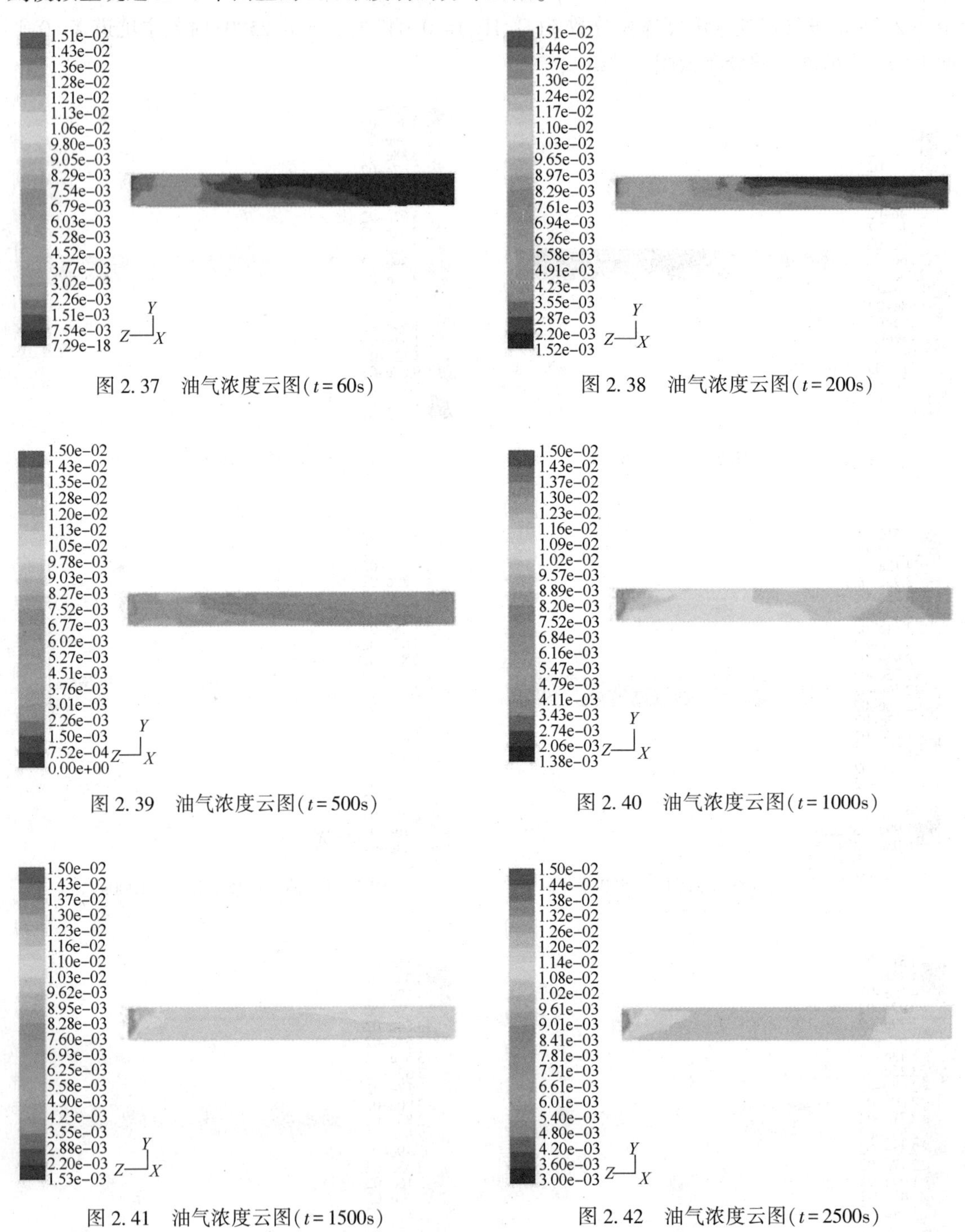

图 2.37　油气浓度云图($t=60s$)

图 2.38　油气浓度云图($t=200s$)

图 2.39　油气浓度云图($t=500s$)

图 2.40　油气浓度云图($t=1000s$)

图 2.41　油气浓度云图($t=1500s$)

图 2.42　油气浓度云图($t=2500s$)

由上图可以分析得出：高浓度进气源 $\varphi(C_{16}H_{29})=0.045$ 时，对比进气源 $\varphi(C_{16}H_{29})=0.025$ 模拟主坑道内油气扩散蔓延速率明显要快很多。在到达相同的油气浓度 HC 1.2%期间，油气扩散蔓延的初始稀释阶段和重力沉降阶段经历时间较极短，在 60s 时油气已经处于密度分层阶段了，到了200s时整个模拟主坑道内部HC 1.6%的被动扩散阶段已经基本完成，此后新进入油气达到相同油气浓度所经历的重力沉降、密度分层、向封闭端被动扩散等阶段所需时间都要较低浓度小很多。500s时模拟主坑道进气口附近油气浓度已经达到了HC 2.2%，1000s左右整个模拟主坑道内油气浓度基本稳定在了HC 3.0%。当扩散时间与进气源 $\varphi(C_{16}H_{29})=0.022$ 相同时(2500s左右)，整个模拟主坑道内油气浓度基本稳定在了HC 3.4%。低浓度进气源 $\varphi(C_{16}H_{29})=0.015$ 时，对比进气源 $\varphi(C_{16}H_{29})=0.025$ 模拟主坑道内油气扩散蔓延速率减慢。在200s时模拟主坑道才经历HC 0.6%的被动扩散阶段，而到500s时模拟主坑道经历HC 0.75%的密度分层阶段，1500s左右左右整个模拟主坑道内油气浓度基本稳定在了HC 1.1%。当扩散时间与进气源 $\varphi(C_{16}H_{29})=0.022$ 稳态时间相同(2500s左右)，整个模拟主坑道内油气浓度才到达HC 1.2%。

对产生这种扩散现象的机理进行分析，可以得出进气口油气浓度对模拟主坑道油气扩散蔓延的影响。模拟主坑道中油气扩散蔓延是对流扩散和分子扩散共同作用的结果。但是在进气口速度矢量极大，对流扩散作用占主导地位，因此随着进气源油气浓度的增大，进气口处的油气浓度曲线上升十分迅速，到达一定油气浓度所经历的初始稀释阶段的时间相应缩短，且在进气口处油气的分叉现象较低浓度更明显，上下部分油气浓度增长变化更快。而在远离进气口的模拟主坑道内扩散过程中由于速度矢量较小，油气扩散蔓延过程中对流扩散和分子扩散作用程度相当。因此随着进气口油气浓度增加，对流扩散明显，油气向封闭端扩散速率加快；同时由于进气口油气浓度增加，分子扩散作用也加强，因此到达一定油气浓度所经历的重力沉降阶段和密度分层阶段相应的时间相应减少，而且在整个油气扩散蔓延至封闭端的被动扩散阶段所经历的时间也相应减少，模拟主坑道在较少时间间隔内就会达到固定的油气浓度。

2）进气口速度对模拟主坑道油气扩散蔓延的影响

仿真时仍然沿用前文的几何模型与网格、初始温度条件、初始压力条件、初始气体组分体积浓度条件和边界条件，只是在设置初始速度条件时将原来设置的进气口泄漏速度由 $\varphi=21m/s$，改变为 $\varphi=42m/s$ 和 $\varphi=15m/s$，应用Fluent软件模拟在此条件下模拟主坑道油气扩散蔓延情况。图2.43~图2.48是进气口速度 $\varphi=42m/s$ 时 $t=50\sim2500s$ 时刻模拟主坑道 $X=0$ 平面上的HC浓度场的分布云图。

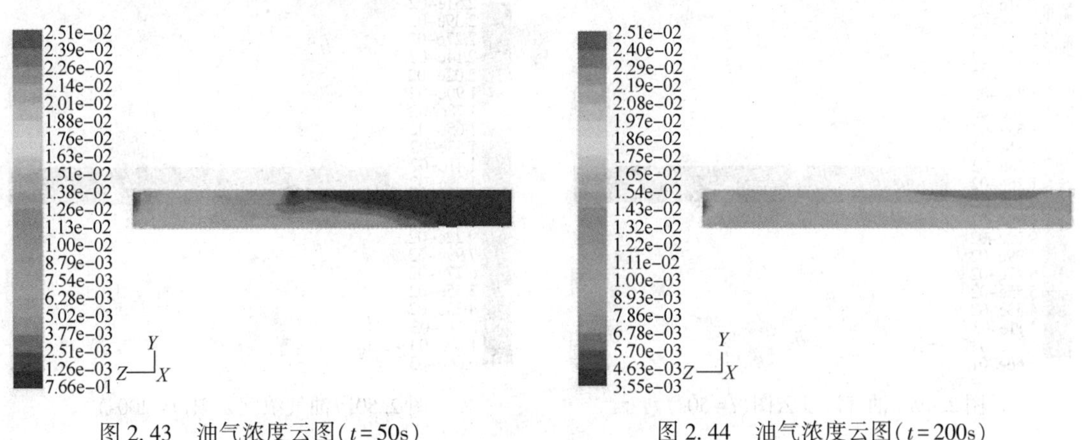

图2.43　油气浓度云图($t=50s$)　　图2.44　油气浓度云图($t=200s$)

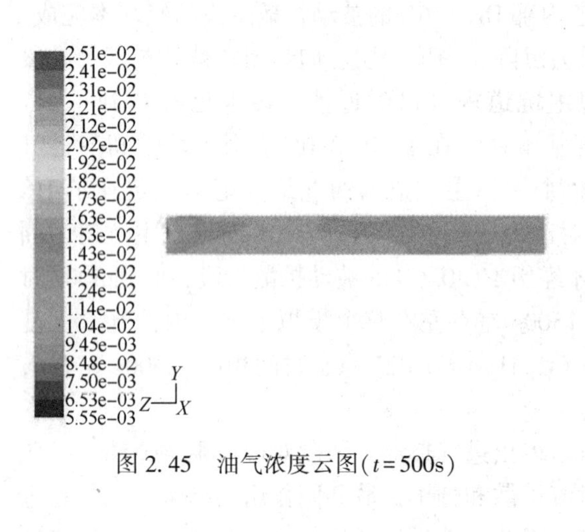

图 2.45　油气浓度云图($t=500$s)

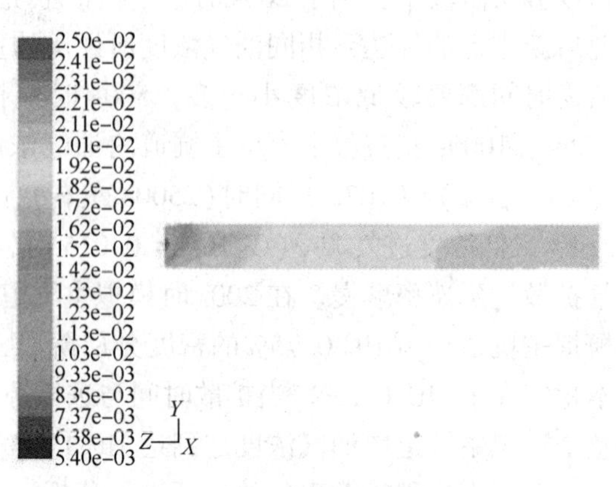

图 2.46　油气浓度云图($t=1000$s)

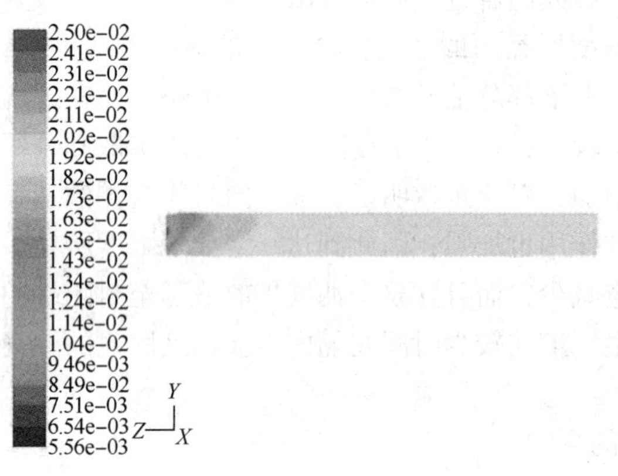

图 2.47　油气浓度云图($t=1500$s)

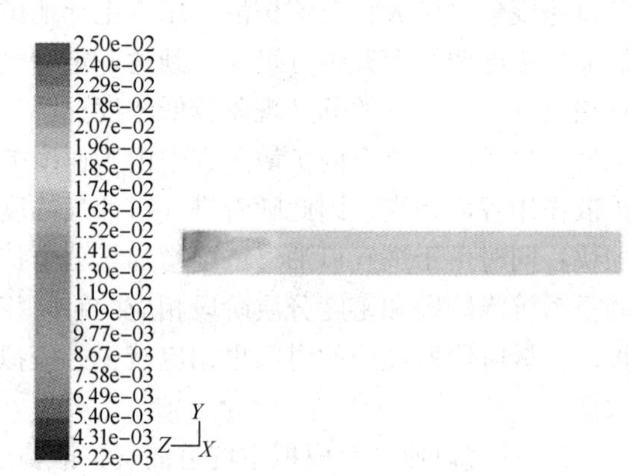

图 2.48 油气浓度云图($t=2500$s)

图 2.49～图 2.54 是进气口速度 $\varphi=10$m/s 时 $t=50\sim2500$s 时刻模拟主坑道 $X=0$ 平面上的 HC 浓度场的分布云图。

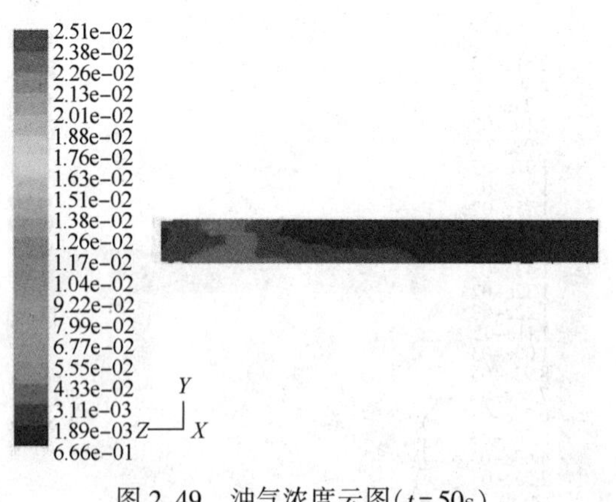

图 2.49　油气浓度云图($t=50$s)

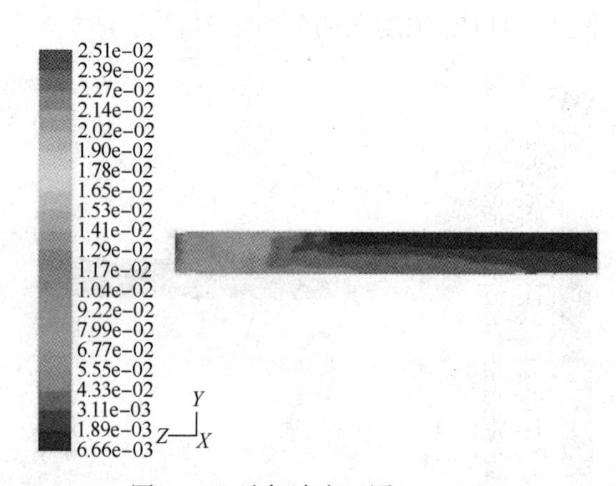

图 2.50　油气浓度云图($t=200$s)

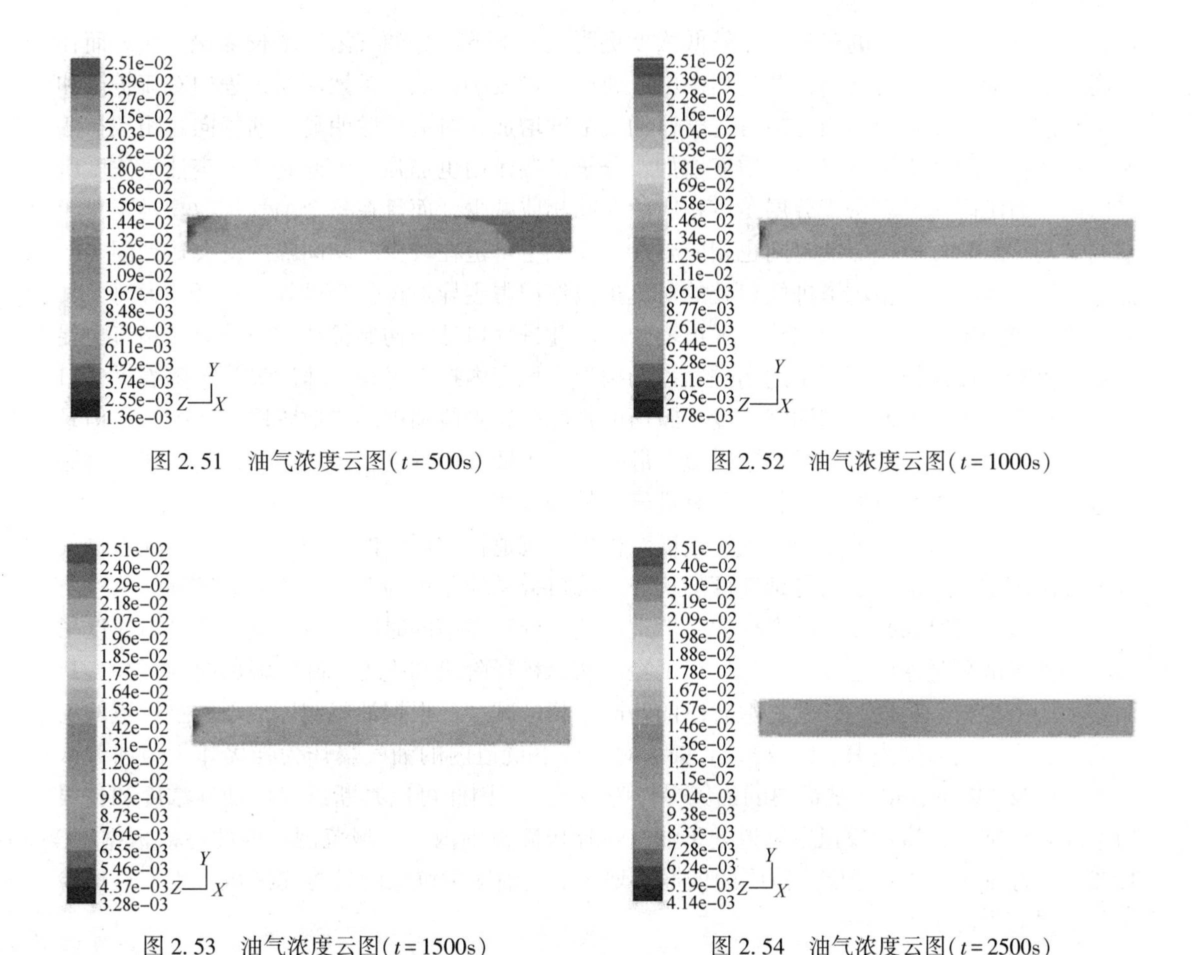

图 2.51　油气浓度云图（t=500s）

图 2.52　油气浓度云图（t=1000s）

图 2.53　油气浓度云图（t=1500s）

图 2.54　油气浓度云图（t=2500s）

由上图可以分析得出：高进气口速度 φ=42m/s 时，对比进气口速度 φ=21m/s 模拟主坑道内油气扩散蔓延过程要明显快很多。在 50s 时油气已经处于浓度 HC 1.0%的密度分层阶段了，到了 200s 时整个模拟主坑道内部 HC 1.22%的被动扩散阶段已经基本完成，因此油气达到相同油气浓度所经历的重力沉降、密度分层、向封闭端被动扩散等阶段所需时间都要较低进气口速度少很多。1000s 左右整个模拟主坑道内油气浓度基本稳定在了 HC 2.0%。经过 1500s 左右，整个模拟主坑道内油气浓度基本稳定在了 HC 2.2%，此时与进气源 φ=21m/s 的 2500s 左右状态相同，因此扩散蔓延明显较快。低进气口速度 φ=10m/s 时，对比进气口速度 φ=21m/s 模拟主坑道内油气扩散蔓延速率减慢。在 50s 时油气还处于浓度 HC 0.6%的初始稀释阶段了，在 200s 时模拟主坑道才经历 HC 1.0%的密度分层阶段，而到 500s 时模拟主坑道经历 HC 1.0%的被动扩散阶段，1500s 左右左右整个模拟主坑道内油气浓度基本稳定在了 HC 1.3%。当扩散时间与进气口速度 φ=21m/s 稳态时间相同（2500s 左右），整个模拟主坑道内才经历 HC 1.5%的初始稀释阶段，漏扩散明显较慢。

对产生这种扩散蔓延现象的机理进行分析，可以得出进气口油气浓度对模拟主坑道油气扩散蔓延的影响。模拟主坑道中油气扩散蔓延是对流扩散和分子扩散共同作用的结果。但是在进气口速度矢量极大，对流扩散作用占主导地位，因此随着进气源油气浓度的增大，进气口处的油气浓度曲线上升十分迅速，到达一定油气浓度所经历的初始稀释阶段的时间相应缩短，且在进气口处油气的分叉现象较低浓度更明显，上下部分油气浓度增长变化更快。而在远离进气口的模拟主坑道内扩散过程中由于速度矢量较小，油气扩散蔓延过程中对流扩散和分子扩散作用程度相当。因此随着进气口油气浓度增加，对流扩散明显，油气向封闭端扩散速率加快；同时由于进气口油气浓度增加，分子扩散作用也加强，因此到达一定油气浓度所经历的重力沉降阶段和密度分层阶段相应的时间相应减少，而且在整个油气扩散蔓延至封闭端的被动扩散阶段所经历的时间也相应减少，模拟主坑道在较少时间间隔内就会达到固定的油气浓度。由于模拟主坑道进气口处的对流扩散作用占主导地位，当进气口速度加大时，其对流扩散作用增强，相应的湍流强度也增大。因此进气口处的初始稀释时间减短，湍流也促进重力沉降阶段加快。而对于远离进气口的模拟主坑道内扩散过程中速度矢量也随着进气口速度增加而增大，因此相同油气浓度下经历的密度分层阶段和被动扩散阶段时间缩短。但是在模拟主坑道内部扩散蔓延过程中对流扩散和分子扩散作用程度相当，因此进气口速度对远离进气口处模拟主坑道的影响相对没有进气口处表现明显。

总之，进气口油气浓度和进气口速度对模拟主坑道扩散蔓延的影响十分显著。随着进气源油气浓度增高，油气扩散蔓延速度加快，进气口分叉现象更为明显，达到一定油气浓度所经历的各个阶段时间减短，整个模拟主坑道内油气到达稳态的时间减少；随着进气口速度增高，油气扩散蔓延速度也加快，进气口处经历初始稀释阶段和重力沉降阶段的时间减少，封闭端经历密度分层阶段和被动扩散阶段的时间也相应减少。根据油料洞库地下原型坑道的实验研究，当油气浓度为 HC 1.72%~1.96%时，地下坑道内的油气爆炸为强爆炸，当油气浓度 HC 1.72%以下，地下坑道内的油气爆炸为弱爆炸。因此可以判断进气口油气浓度和进气口速度的增加将会增加模拟主坑道处于油气爆炸极限范围内的区域范围。因此可以根据 HC 1.72%作为油气扩散蔓延爆炸范围的依据来划分山洞油库主坑道的易爆炸区域，为安全抢险工作提供有力的依据。

2.3.2 地下排水管沟油气扩散蔓延数值模拟结果与分析

2.3.2.1 建立几何模型

首先，根据模拟实验台架装置的实际结构和尺寸，运用 Gambit 软件建立起三维的仿真几何模型。其尺寸为：总长度为 12m，管沟总深度为 18cm，梯形断面场边为 31cm，短边为 19cm，高为 6.5cm；进气口到出口端每隔 2m 的距离端设置一个监控点，共设置 6 个监控点。如图 2.55、图 2.56 所示。

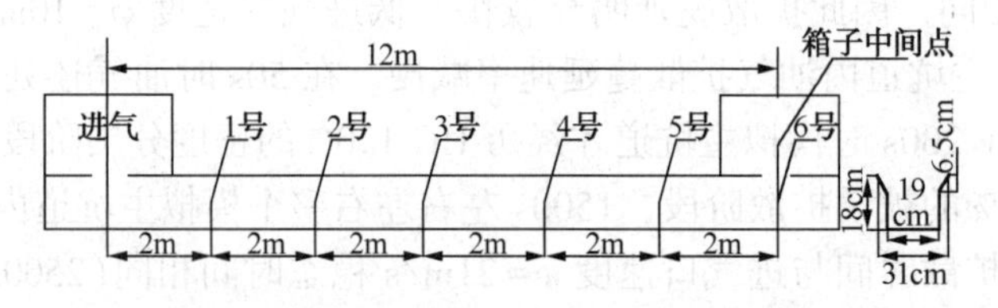

图 2.55 模拟地下排水管沟装置系统组成示意图

对于地下，排水管沟的三维问题所需建立的几何模型，本文选取了六面体网格作为计算体积基本控制体单元，对地下排水管沟进行了整体网格生成。几何模型经过 Gambit 软件总共生成了 94094 个节点、78080 个六面体网格。求解区域网格的划分如图 2.57 所示。

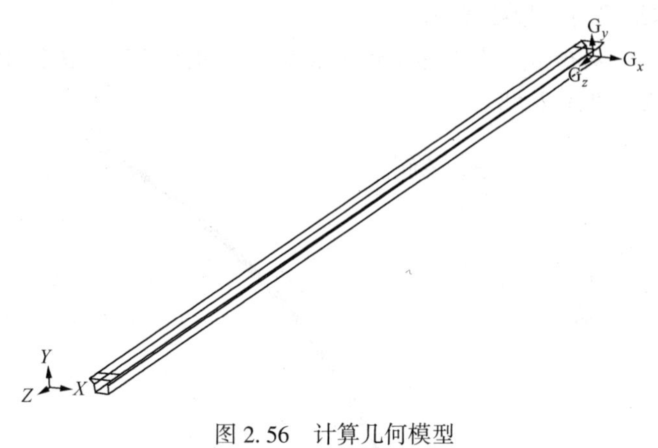

图 2.56 计算几何模型

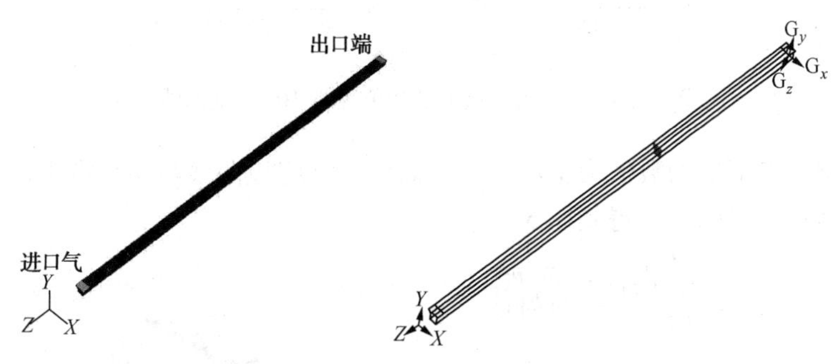

图 2.57 求解区域网格划分图

2.3.2.2 初始条件与边界条件设置

初始条件设置时，假设地下排水管沟计算区域内是空气，整个内部的油气浓度为0，然后油气从进气口泄漏进入地下排水管沟内，经过管沟由出口端通入大气。地下排水管沟内部的空气气体组分通过被 Fluent 软件的初始化设置成标准大气组分，且处于静止无流动的状态。其初始条件具体设置如下：

① 初始压力条件：地下排水管沟开口端和出口端均与大气相通，因此压力与大气压相同，故 $P_0=1\text{atm}=101325\text{Pa}$(绝对压强)；

② 初始温度条件：由于整个扩散蔓延过程中忽略了化学反应，因此地下排水管沟温度与环境温度相同，故设置 $T_0=300\text{K}$。

③ 初始速度条件：地下排水管沟内部开始处于静止状态，因此各气体组分速度为0m/s。进气口处根据实际实验工况的测量得：油气速度为大小为 0.006m/s，方向与进气口平面正交向内。

④ 初始气体组分体积浓度条件：地下排水管沟内各气体组分的体积浓度如下：$\varphi(O_2)=0.21$，$\varphi(CO_2)=0.01$，$\varphi(H_2O)=0.01$，$\varphi(C_{16}H_{29})=0$。进气口处的体积浓度如下：$\varphi(O_2)=0.204$，$\varphi(CO_2)=0.01$，$\varphi(H_2O)=0.01$，$\varphi(C_{16}H_{29})=0.015$。

边界条件设置时，按实际模拟实验情况，将进气口设为速度进口，出口端设为压力出口。对于实验壁面按典型的绝热、无滑移、无渗透边界设定，并结合标准湍流壁面函数方法来具体设置计算边界的参数，在此不再作详细的说明。

2.3.2.3　数值模拟结果与实验结果对比

在数值模拟过程中对排水管沟中部4号测量点下部的油气碳氢浓度(HC%)进行了监控，得到的HC浓度曲线详见图2.58。

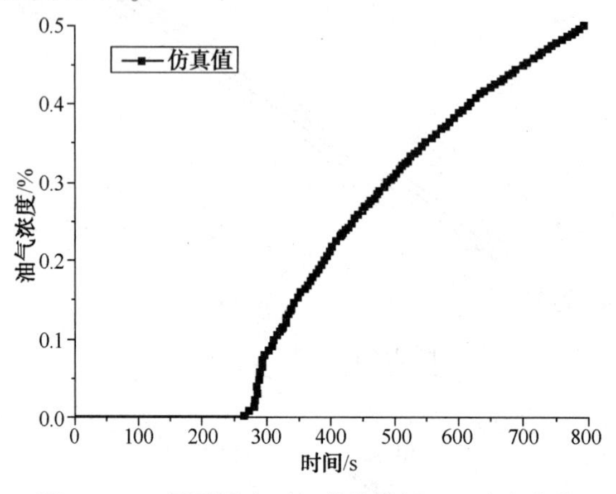

图2.58　4号测量点下部数值模拟HC浓度曲线

整理4号测量点下部的数值模拟油气浓度曲线，并将该曲线与4号点下部的模拟实验油气浓度曲线绘制在一张图上，得到图5.59。

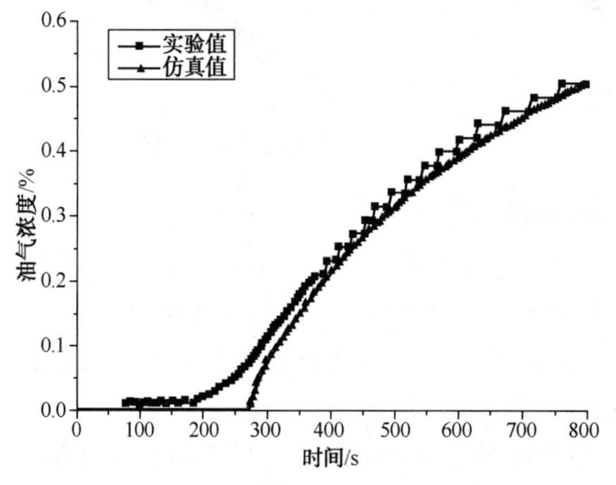

图2.59　4号测量点下部实验与仿真的HC浓度曲线

由图5.59可以看出仿真油气浓度曲线与模拟实验数据十分吻合，因此可以认为进行计算机仿真时对控制方程所进行的逐条假设是合理的，且采用$C_{16}H_{29}$单一组分来模拟油气的复杂化学组分具有较好的仿真精度。仿真结果与实验结果基本吻合，因此通过仿真结果来对模拟实验过程中的细节进行具体分析。

由图5.58和图5.59可以分析得出数值模拟结果与模拟实验所得的油气浓度曲线变化规律一致，两者都呈现出明显的规律特征。油气在地下排水管沟在扩散蔓延主要经历了三个阶段，即重力沉降阶段、贴壁扩散阶段和被动传质阶段。但是两者也存在细微的差别，数值模拟结果得到的油气浓度曲线在300s左右到达4号测量点，而实验值仅为约100s，两者在油气浓度曲线初始上升阶段存在一定差异。引起这种现象的原因是：在进行数值模拟时采用标准的$k-\varepsilon$湍流模型来描述油气这种密度分层流动时会在紧贴排水管沟下壁面处产生比较大的偏差。但是随着油气扩散蔓延的进行，两条油气浓度曲线拟合较好，这不仅说明本文的数值模拟结果与实际模拟实验数据较吻合外，也验证了采用 $C_{16}H_{29}$代替油气多组分等6项假设的合理性。

2.3.2.4 地下排水管沟油气扩散蔓延的数值模拟结果与分析

为了研究地下排水管沟中油气的流动特性，细化扩散蔓延模拟实验过程，需要对整个模拟地下排水管沟中的油气浓度场分布做系统的研究。图2.60至图2.67分别是 $t=20\sim1600$s 时刻地下排水管沟 $X=0$ 平面上的HC浓度场的分布云图。

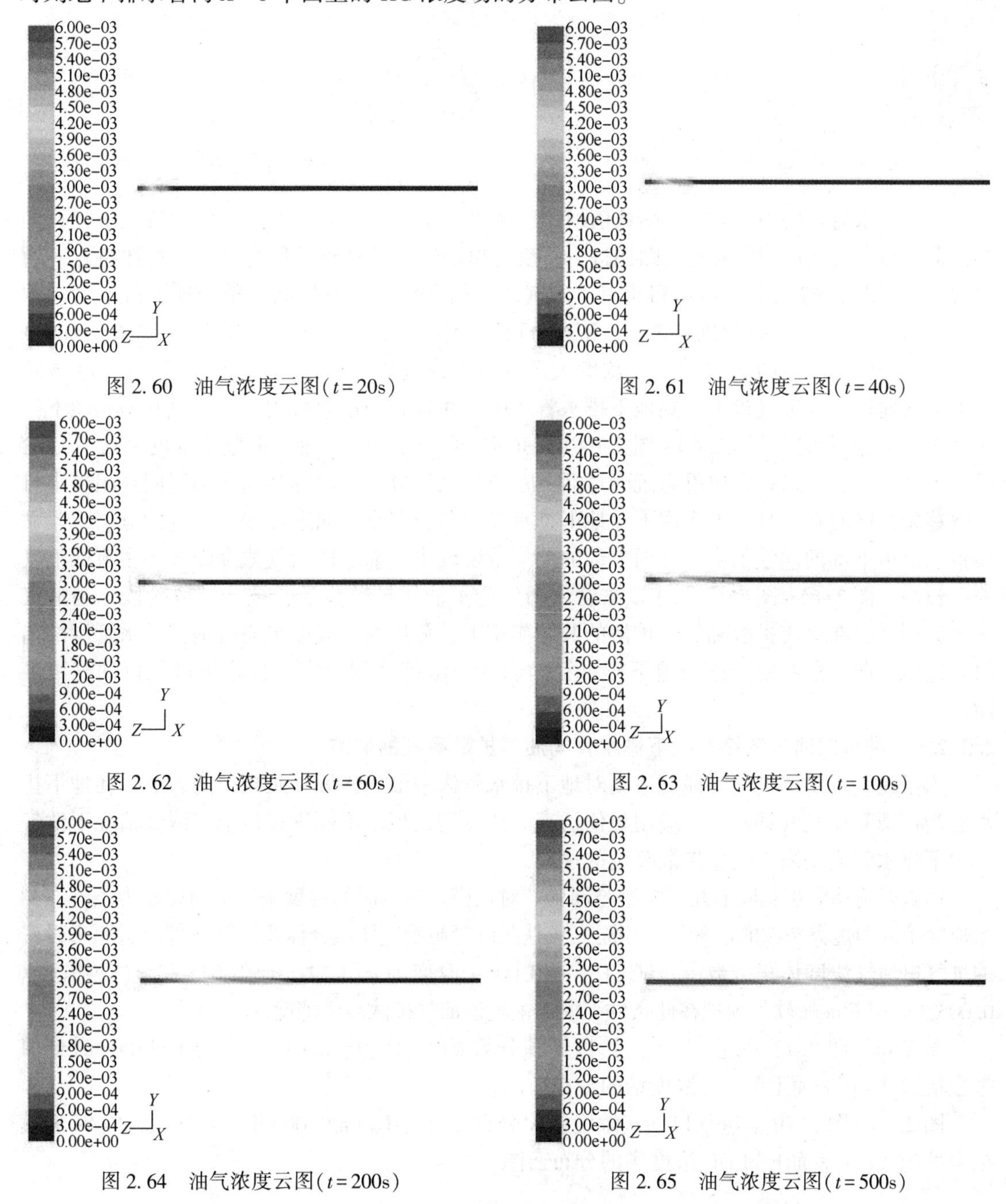

图2.60 油气浓度云图($t=20$s)

图2.61 油气浓度云图($t=40$s)

图2.62 油气浓度云图($t=60$s)

图2.63 油气浓度云图($t=100$s)

图2.64 油气浓度云图($t=200$s)

图2.65 油气浓度云图($t=500$s)

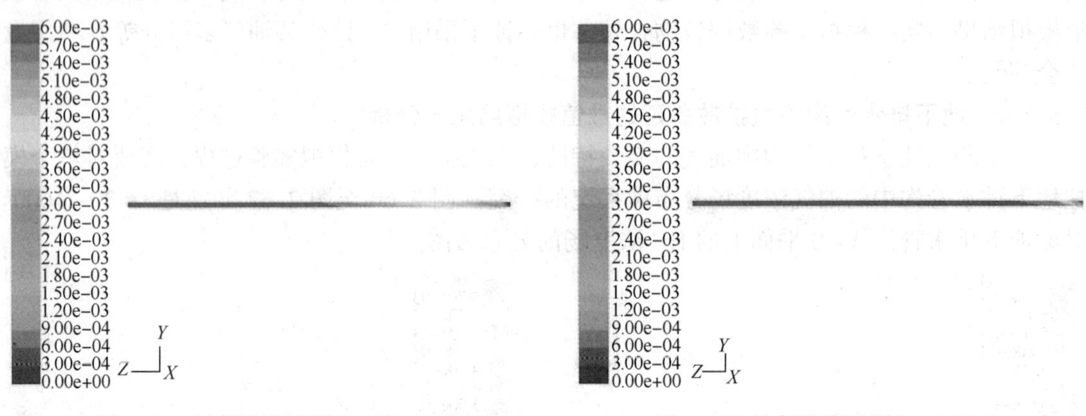

图 2.66　油气浓度云图(t=800s)　　　　图 2.67　油气浓度云图(t=1600s)

地下排水管沟的 HC 浓度云图数值模拟结果进一步证实了油气扩散蔓延的特征规律。同时，地下排水管沟的 HC 浓度云图还进一步反应出油气扩散蔓延过程的另一些规律特点。通过图 2.60~图 2.67 分析，可以得出对于油气从开始泄漏到稳态期间，整个地下排水管沟中泄漏经历了重力沉降阶段(20~60s)、密度分层阶段(60~200s)和被动扩散阶段(200~1600s)三个阶段。图 2.60~图 2.62 的 HC 浓度云图反应了油气扩散蔓延的重力沉降阶段，在该阶段中油气通过上部进气口进入到地下排水管沟中，在自身的重力作用下，油气开始向地下排水管沟下部进行沉降。图 2.63~图 2.64 的 HC 浓度云图反应了油气扩散蔓延的密度分层阶段，当油气在进气口处完成重力沉降过后，在流扩散和分子扩散的共同作用下向封闭端进行扩散蔓延，同时在自身重力作用下在地下排水管沟断面竖直方向上出现了密度的分层，紧贴模拟主坑道下部的油气浓度较高而上部的油气浓度较小，前驱段油气浓度较低而主流端油气浓度较高。图 2.65~图 2.67 的 HC 浓度云图反应了油气扩散蔓延的被动扩散阶段，当油气形成分层后，在对流扩散和分子扩散的共同作用下，分层的油气逐步向着地下排水管沟的出口端进行扩散，最终使得整个地下排水管沟内油气浓度达到稳定，且趋于进气口油气浓度 HC 0.6%。

2.3.2.5　进气口油气浓度对地下排水管沟油气扩散蔓延的影响

为了进一步了解进气口油气浓度对地下排水管沟中油气扩散蔓延规律的影响，在地下排水管沟模拟对比实验基础上，应用数值仿真方法分别模拟了不同进气口油气浓度情况下油气在地下排水管沟受限空间中扩散蔓延的过程。

仿真时仍然沿用相同的几何模型与网格。对比模拟仿真时始温度条件、初始压力条件、初始速度条件和边界条件的设置与之相同，只是在设置初始气体组分体积浓度条件时将原来设置的进气口油气浓度体积分数由 $\varphi(C_{16}H_{29})=0.006$，改变为 $\varphi(C_{16}H_{29})=0.015$ 和 $\varphi(C_{16}H_{29})=0.003$，应用 Fluent 软件模拟在此条件下模拟主坑道油气扩散蔓延情况。

图 2.68~图 2.73 是进气口油气浓度体积分数 $\varphi(C_{16}H_{29})=0.015$ 时 t=50~1800s 时刻模拟主坑道 X=0 平面上的 HC 浓度场的分布云图。

图 2.74~图 2.79 是进气口油气浓度体积分数 $\varphi(C_{16}H_{29})=0.003$ 时 t=50~1500s 时刻模拟主坑道 X=0 平面上的 HC 浓度场的分布云图。

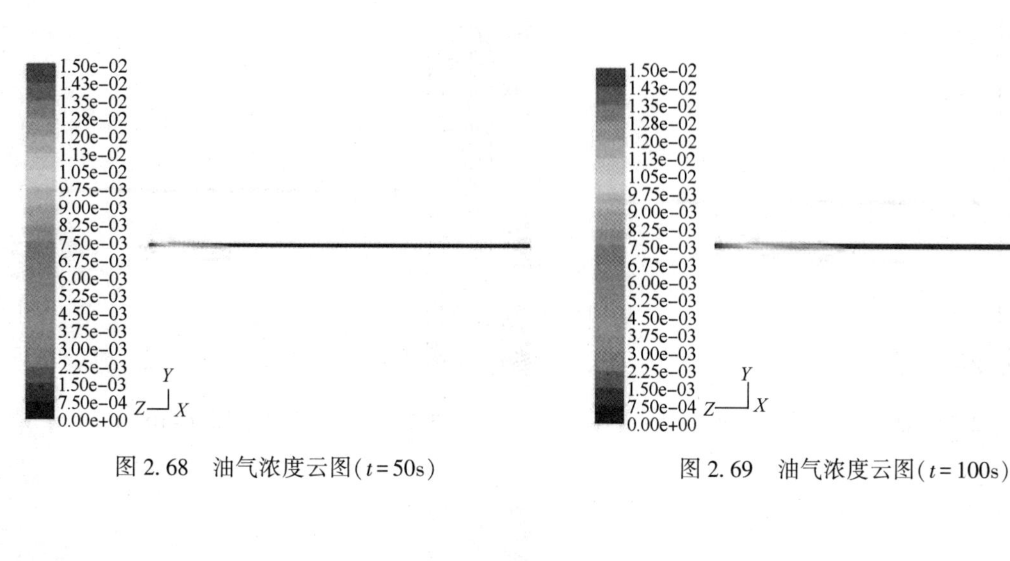

图 2.68 油气浓度云图(t=50s)

图 2.69 油气浓度云图(t=100s)

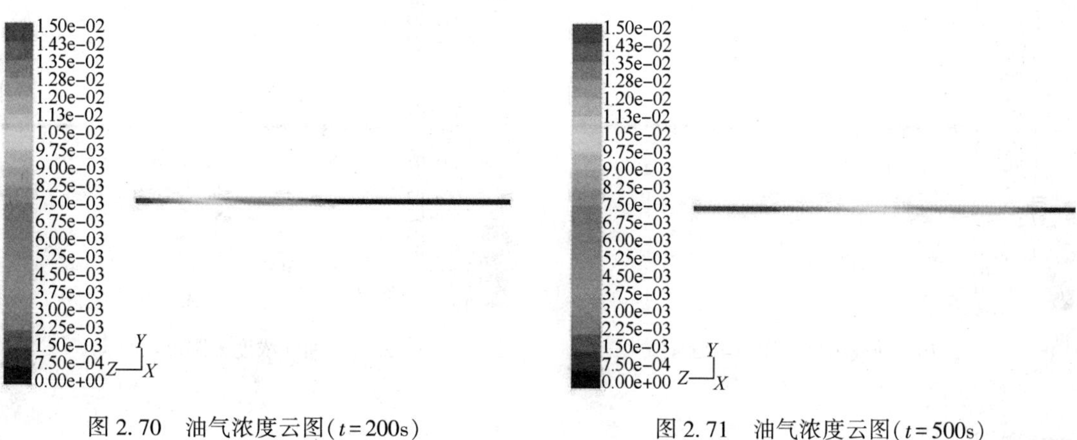

图 2.70 油气浓度云图(t=200s)

图 2.71 油气浓度云图(t=500s)

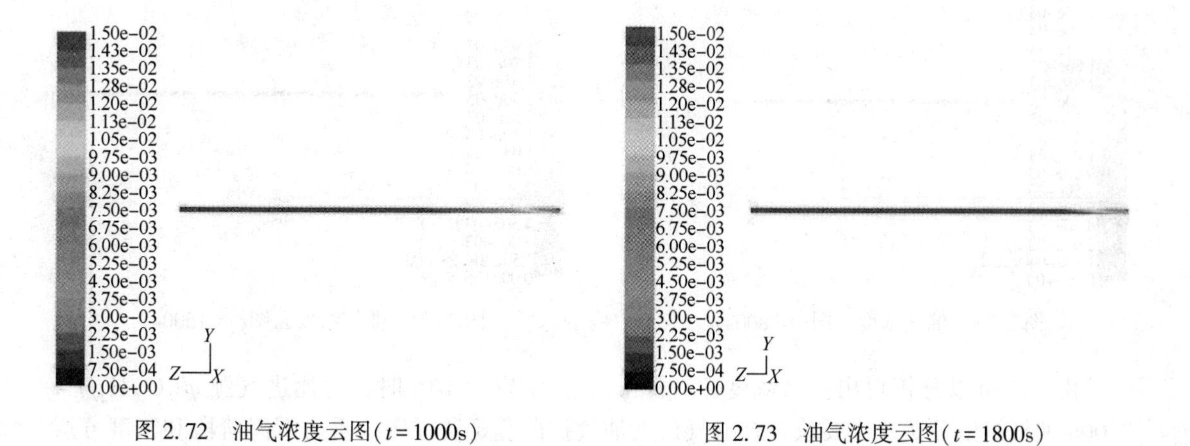

图 2.72 油气浓度云图(t=1000s)

图 2.73 油气浓度云图(t=1800s)

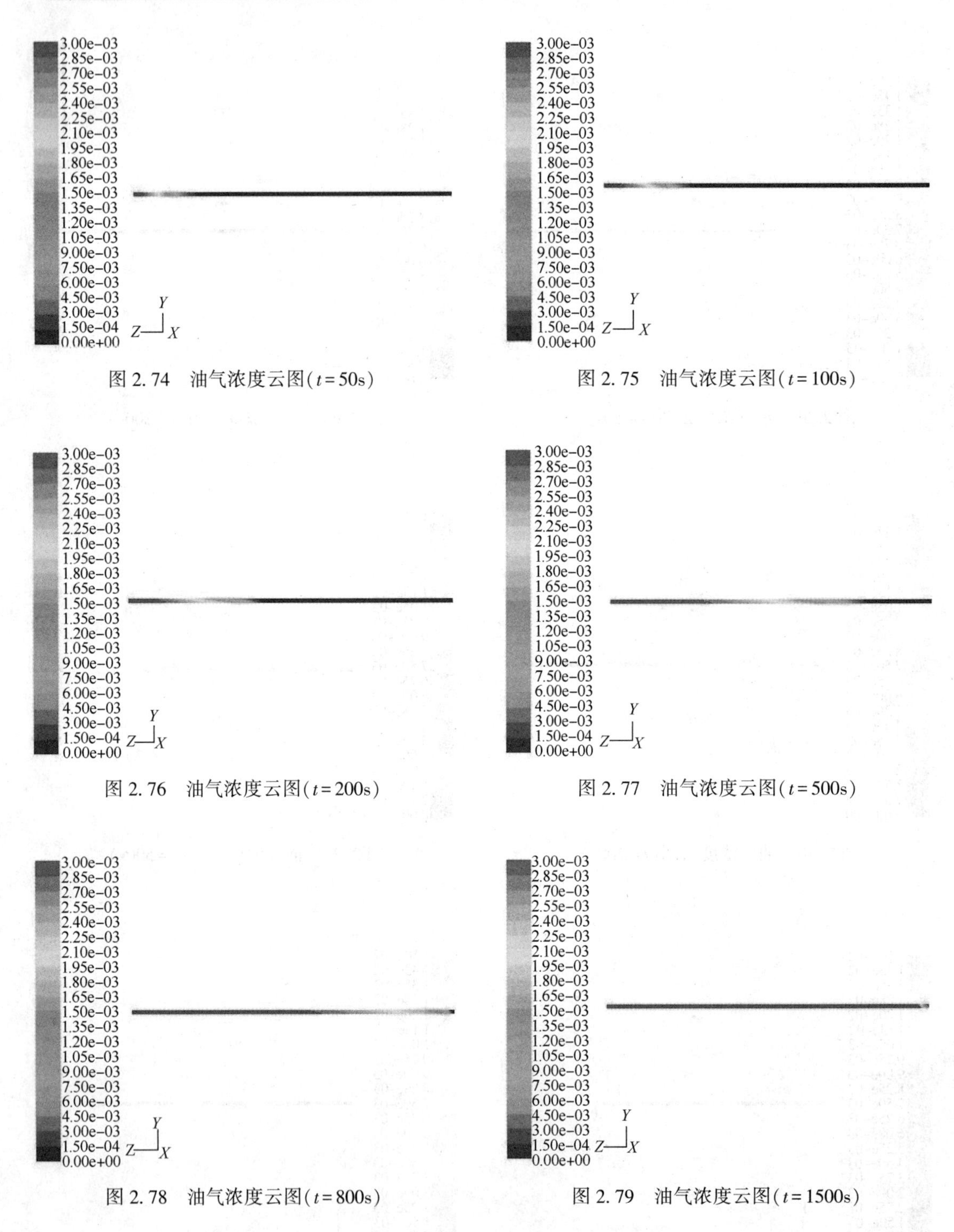

图 2.74　油气浓度云图($t=50$s)

图 2.75　油气浓度云图($t=100$s)

图 2.76　油气浓度云图($t=200$s)

图 2.77　油气浓度云图($t=500$s)

图 2.78　油气浓度云图($t=800$s)

图 2.79　油气浓度云图($t=1500$s)

由上图可以分析得出：高浓度进气源 $\varphi(C_{16}H_{29})=0.015$ 时，对比进气源 $\varphi(C_{16}H_{29})=0.006$ 油气扩散蔓延速率要快。在进气口处油气扩散蔓延所经历的重力沉降阶段和密度分层阶段时间相对较短，在 100s 时油气已经完成了密度分层。此后向出口端的被动扩散阶段的扩散速率较 $\varphi(C_{16}H_{29})=0.006$ 要快。但是当进气源 $\varphi(C_{16}H_{29})=0.015$ 时到达稳态需要时间为 1800s，比进气源 $\varphi(C_{16}H_{29})=0.006$ 达到稳态的 1600s 所需的时间多。低浓度进气源 $\varphi(C_{16}H_{29})=0.003$ 时，对比进气源 $\varphi(C_{16}H_{29})=0.006$ 油气扩散蔓延速率减慢。在进气口处油气扩散蔓延所经历的重力沉降阶段和密度分层阶段时间相对较长。此后向出口端的被动扩散阶段的扩散速率较 $\varphi(C_{16}H_{29})=0.006$ 要慢。但是当进气源 $\varphi(C_{16}H_{29})=0.003$ 时到达稳态需要时间为 1500s，比进气源 $\varphi(C_{16}H_{29})=0.006$ 达到稳态的 1600s 所需的时间少。

对产生这种扩散现象的机理进行分析，可以得出进气口油气浓度对地下排水管沟油气扩散蔓延的影响。在地下排水管沟中油气扩散蔓延是对流扩散和分子扩散共同作用的结果。但是由于该工况模拟储油罐油气泄漏后油气在自身重力作用下于地下排水管沟中扩散蔓延，因此在进气口处油气扩散蔓延的速度矢量极小，在整个扩散蔓延过程中分子扩散作用占主导地位，而分子扩散作用对油气扩散蔓延影响的速度正比于油气浓度梯度。因此随着进气源油气浓度的增大，进气口处的油气浓度曲线上升十分迅速，在进气口处所经历的重力沉降阶段和密度分层阶段的时间相应缩短。而在远离进气口的地下排水管沟内，油气向出口端扩散蔓延过程中在分子扩散作用下，油气扩散蔓延过程速度也相对较快。但是随着扩散蔓延过程的进行，油气浓度梯度下降，所以扩散蔓延速率也开始下降，相应的高油气浓度进气口达到稳态所需要的时间也较低浓度进气口时间增多。总之，进气口油气浓度对地下排水管沟中油气扩散蔓延具有一定影响。随着进气源油气浓度增高，油气扩散蔓延速度加快，进气口处油气重力沉降和密度分层阶段时间减短，但是油气在整个地下排水管沟内到达稳态所需的时间却增加。

2.3.3 小结

本节在介绍数值模拟模型和基础上，应用 Fluent 软件分别对模拟主坑道和地下排水管沟两种形式的狭长受限空间中油气扩散蔓延进行了模拟仿真研究。模拟仿真结果与实验结果吻合较好，可以认为对数值模拟模型所进行的假设是合理的，数值仿真具有较高的精度，可以用来反应实际模拟实验中的具体情况。仿真结果表明：

(1) 对于模拟主坑道受限空间油气扩散蔓延而言，在封闭端 1 号测量点下部的油气扩散蔓延浓度曲线符合模拟实验所得到的规律特征。同时还得到了油气从开始泄漏到达到稳态时间内，整个模拟主坑道空间中泄漏经历了初始稀释阶段、重力沉降阶段、密度分层阶段和被动扩散阶段四个阶段。模拟主坑道进气口处速度矢量较大，模拟主坑道内部的其他区域速度矢量相对较小。在进气口附近区域，速度矢量遇到对面管壁后向周围改变方向，所以在进气口附近出现了近泄漏源分叉现象，且该现象在扩散蔓延的初期最为明显，但随着泄漏继续扩散过程的继续，近泄漏源分叉现象越来越弱。通过不同进气口油气浓度和进气口流量的对比模拟仿真研究，得出了两种因素对模拟主坑道油气扩散蔓延的影响。随着进气源油气浓度增高，油气扩散蔓延速度加快，进气口分叉现象更为明显，达到一定油气浓度所经历的各个阶段时间减短，整个模拟主坑道内油气到达稳态的时间减少；随着进气口速度增高，油气扩散蔓延速度也加快，进气口处经历初始稀释阶段和重力沉降阶段的时间减少，封闭端经历密度分层阶段和被动扩散阶段的时间也相应减少。

(2) 对于地下排水管沟受限空间中油气扩散蔓延而言，在排水管沟中间段 4 号测量下部处的油气扩散蔓延浓度曲线符合模拟实验所得到的规律特征。油气在地下排水管沟中扩散蔓延经历了重力沉降阶段、密度分层阶段和被动扩散阶段三个阶段。通过不同进气口油气浓度的对比模拟仿真研究，得出了进气口油气浓度对模拟主坑道油气扩散蔓延的影响。随着进气源油气浓度增高，油气扩散蔓延速度加快，进气口处油气重力沉降和密度分层阶段时间减短，但是油气在整个地下排水管沟内到达稳态所需的时间却增加。

参 考 文 献

[1] 王福军．计算流体动力学分析[M]．北京：清华大学出版社，2004.
[2] 周力行．湍流两相流动与燃烧的数值模拟[M]．北京：清华大学出版社，1994.
[3] 于勇，张俊明，姜连田．Fluent 入门与进阶教程[J]．北京：北京理工大学出版社，2008.
[4] Fluent Inc：FLUENT User's Guide，Fluent Inc，2003.
[5] 李人宪．有限体积法基础(第 2 版)[M]．北京：国防工业出版社，2008.

第3章　热着火数值模拟

3.1　引言

随着计算机技术和计算流体力学、计算燃烧学等理论的发展，数值模拟已经成为研究火灾等安全事故过程的重要手段之一。在气体燃烧爆炸过程的研究中，数值模拟不仅具有快速、经济的优点，还可以完整地给出气体燃烧爆炸的详细流场结构，某些流场信息甚至是目前实验手段所不能观察到的。因此，数值模拟是研究油气热着火起燃过程极为有效的方法。

油气热着火起燃过程的数值研究中，模型的建立是数值模拟工作的基础。本章在油气热着火实验研究结果的基础上，讨论其详细的化学反应机理，把化学动力学和热力学结合起来，综合考虑复杂的化学机制，传热传质，流场结构和边界条件等因素的影响，建立基于化学动力学和热力学统一的油气热着火起燃过程的数学模型，即统一理论模型。

鉴于统一理论模型在数值模拟研究中的重要性及其复杂性，将该模型分为复杂化学反应模型、辐射模型以及综合上述两种模型的流场控制方程组进行研究。对于热着火起燃过程中复杂的化学反应建立详细反应机理控制的模型进行描述；采用P-I辐射模型描述气相间、气体与固体壁面的辐射；采用基于总能方程的层流模型模拟起燃引起的流场流动；化学反应模型和流场方程通过组分和能量关系直接耦合。所建立的分析模型不仅能有效地对受限空间油气热着火起燃过程进行模拟，对其他易燃易爆气体的火灾过程的数值研究也有极高的参考价值。

3.2　数学模型

3.2.1　数学模型的概述

易燃易爆气体的着火过程中，燃烧现象与流动现象是密不可分的：着火往往引发流动；而流场参数的变化又直接导致流场中着火过程的变化，如图3.1所示。在易燃易爆气体着火的领域，着火与流动是互相耦合、相互正反馈的关系。因此，易燃易爆气体的着火过程是气体动力学流动过程和气体组分化学反应过程的综合。对其的数学求解必须是联立求解描述着火反应过程的化学方程或化学模型和描述气体流动过程的方程。

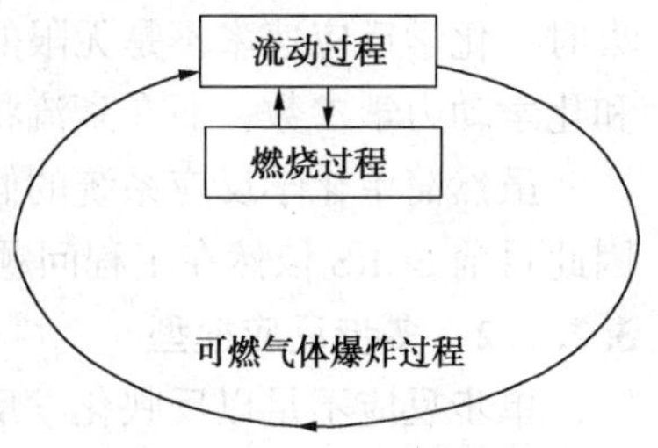

图3.1　气体爆炸燃烧过程

易燃易爆气体热着火过程是一个相当复杂的物理化学现象。对其的研究涉及到流体力学、化学动力学、热力学、燃烧学、气体动力学、计算力学、动态测试技术等学科。对于易燃易爆气体的理论研究，以热力学为基础的热爆炸理论和以化学动力学为基础的链反应理论自20世纪30年代创立以来，各自独立地发展，并都取得丰硕的成果。热爆炸理论主要用热量平衡的观点来解释放热反应的燃烧爆炸现象，并在研究中对化学动力学采用了尽可能简单的模型和近似的化学热力学参数。而链化学反应理论研究表明气相反应即使总的动力学是简单的，反应物转变为产物要经过一系列包括有中间化学物质的中间步骤，因此气相化学反应通常是复杂反应。其中易燃气体与氧的化合所引起的着火反应通常包含了几种或几十种组分、几个或几百个基元反应的复杂反应。但链化学反应理论仅从反应机理出发，忽略了器壁边界条件和流体流动对化学反应的影响。

基于采用化学反应的复杂程度，目前数值分析使用的数学模型主要有如下几类：

3.2.1.1 简单化学反应(SCRC)模型

为了工程实用的需要，对实际的复杂反应过程简化为简单的化学反应过程或系统，简称为简化反应系统(SCRS)。其主要功能是近似计算燃烧速率和热力学参数，而不去研究其中反应机理。它主要考虑流场结构的限制，采用基于质量、动量、能量守恒的控制方程组。

(1) SCRS的化学反应是指燃料与氧化剂按一定的质量比例，进行化学反应，产生一定的燃烧产物：1kg燃料+Skg氧化剂→$(1+S)$kg燃烧产物

式中S和$(n+m/4)$为理论氧气量，即完全燃烧1kg燃料在理论上所需的氧化剂量，也可称为化学恰当比，S和$(n+m/4)$仅与燃料和氧化剂种类有关，而与状态无关。

对于碳氢化合物与氧反应直接生成终态产物CO_2和H_2O。

$$C_nH_m + (n + m/4)O_2 = nCO_2 + m/2H_2O$$

这意味着忽略了化学反应各中间过程以及中间产物，把化学反应简化为单步不可逆反应。

(2) 系统中各组分的交换系数Γ_{fu}，Γ_{ox}，Γ_{pr}彼此相等，而且假设$\Gamma_s=\Gamma_h$，即路易斯数$Le=1$。在流场中同一点上所有的Γ值都相等，但Γ值是空间的函数。

(3) 系统中各组分的比热容相等，而且与温度无关，这个假设仅是为了简化，但因燃烧流场中，随着气流温度增加，比热容C_p也增加，因此流场计算中，C_p是随温度和成分而变的，不是常数。

(4) 热值，燃烧过程的热值，实际上是随反应过程的温度而变，但是为了简化计算，令热值等于一定的数值，一般规定，$H_{fu} \approx 40MJ/kg$。

(5) 化学反应速率，当着火条件满足时，燃料和氧化剂一旦混合，它们之间化学反应就立即完成，化学反应速率无限大。因此在空间某一点上，燃料和氧化剂不能共存。实际上着火时，化学反应速率不是无限的，而是有限的。在层流状态下，反应速率取决于热力学状态和化学动力学参数，而在紊流状态时，反应速率还于气流流动状况有关。

虽然简单化学反应系统的假设与实际情况相差较大，但是它可以大大减少计算工作量，因此目前SCRS依然在工程问题上得到广泛应用。

3.2.1.2 多步反应模型

单步反应不足以反映化学反应系统的复杂性，计算结果和实际情况出入很大。研究者利用化学反应机理研究成果进行燃烧、爆炸数值模拟时，往往结合研究课题实际需要，根据侧重点不同，采用的化学反应机理和建立的化学反应模型有所不同。B. VARATHARAJAN和F. A. WILLIAMS把$C_2H_2+O_2$的反应简化为7步反应，结合热力学模型进行计算，并且探讨了链爆炸和热爆炸之间关于着火时间定义的联系；Sankar，N. l and Tassa进行碳氢燃料燃烧

的数值模拟时，考虑到不完全燃烧产生一氧化碳，采用两步反应系统；Van Leer，B 等则考虑到中间产物氧化对燃烧反应的影响，把复杂反应简化为四步反应；国内周力行等探索了把碳氢化合物的氧化反应简化为 4 步或多步反应，进行数值模拟的方法；解放军后勤工程学院杜扬等探索了把油气爆炸过程的化学反应简化为 2 步反应，进行数值模拟的方法；李宏宇提出了 9 个组分 6 步简化甲烷预混燃烧反应模型；N. Peters 等提出了甲烷-空气扩散燃烧的 4 步简化模型。

多步反应模型同样主要考虑流场结构的限制，采用基于质量、动量、能量守恒的控制方程组。其也考虑了简单的化学反应机理，根据实际课题需要，侧重性的选择了中间生成物。化学反应速率不再是无限大。但各组分的交换系数、比热容、热值依然假设为常数。

3.2.1.3 零维模型

零维模型详细考虑化学反应动力学机理，对流动和混合过程进行简化，从简单的一步或几步反应机理模型转向详细或半详细的反应动力学模型，使化学反应动力学部分的计算更加科学合理。其控制方程为能量方程，主要关注复杂的化学机制，但忽略不同流场结构的特殊性。

零维模型的建立以各国化学实验室所得的化学热力学和动力学数据为基础。20 世纪 20 至 50、60 年代，Haber，Lewis 与 Von Elbe，Chemhob，Brokaw，Walsh，Seery 与 Bowman 等学派着重研究了最典型的支链反应：H_2支链爆炸的机理研究；CO 支链爆炸的机理研究；碳氢化合物燃烧支链爆炸的研究等等。

近年来，对易燃易爆气体燃烧爆炸的化学反应机理的研究，国内外许多专家做了更多探索。如 J. A. Miller 等提出了 235 个基元反应，含 51 种物质的机理；P. Glarborg 等提出了 438 个基元反应，含 63 种物质的机理；B. VARATHARAJAN 和 F. A. Williams 等探索了 $C_2H_2+O_2$和 H_2+O_2的详细化学反应机制，提出 $C_2H_2+O_2$的反应为 114 步反应；国内董刚等提出了一套用于描述甲烷-空气层流预混火焰的含有 N 化学和 C_2化学，包含 79 个基元反应和 32 种物质组成的半详细化学动力学机理。

基于这些实验研究，各国研究者建立了基于复杂化学机理的零维模型。贾明等根据 Lawrence Livermore 国家实验室所提供的关于正庚烷的氧化机理，采用 544 种组分 2446 个化学反应模拟了正庚烷在 HCCI 发动机中的燃烧过程；曾文等根据甲烷燃烧机理，采用数值模拟方法探讨了 Pt 催化包括 17 种气体组分、12 种表面组分和 26 个表面反应的甲烷燃烧对均质压燃发动机排放影响；杨锐等根据 V. Golovichev 博士提出并加以验证的庚烷氧化机理，采用包含 57 种组分，290 个基元反应对模型燃烧室内的庚烷-空气混合气的压缩点火过程进行了数值模拟；梁霞等利用美国 NASA 和 Berkeley 大学等研究机构的热力学数据库中相关的参数，采用大型化学反应动力学软件包 CHEMKIN Ⅲ，对二甲基醚/甲醇混合气体的压缩点火过程进行数值模拟。

零维模型利用化学动力学原理分析爆炸燃烧过程，其控制方程是以时间为唯一自变量的常微分方程，不考虑参数随空间位置的变化。主要考虑详细的化学反应过程，忽略流场结构和化学反应之间的影响，控制方程为能量方程。由于化学组分和化学反应数量大，因此计算量很大。

3.2.1.4 统一模型

统一模型综合是把化学动力学和热力学结合起来，综合考虑复杂的化学机制、传热传质、流场结构和边界条件等因素的影响的数学模型，它采用基于总体质量和组分质量守恒、动量守恒、能量守恒的多自变量的偏微分方程组作为控制方程。各组分的化学反应和流体的流动以一定方式耦合。统一模型的计算结果更能反映实际情况，但其计算量相当大。

近年来，随着计算机的的发展，研究者对该类模型进行了探索。Elaine. S. Oran. 采用统一模型，探讨了 H_2+O_2+Ar 爆炸数值模拟方法；Davis M B，Pawson M D 等也探索了 CH_4+O_2 的统一模型计算方法；王波等采用复杂化学动力学反应模型对甲烷的层流预混自由火焰数学模型及数值计算进行了研究；张俊霞等采用化学动力学机理耦合 EDC 燃烧模型对甲烷扩散火焰进行了数值模拟。但目前尚未见到关于采用统一模型对复杂混合气体的燃烧爆炸过程的报道。

3.2.2 油气热着火数学分析模型的确定

确立油气热着火的依据是基于前人的研究成果和实验的研究成果。前人的研究表明，以热力学第一定律和热力学第二定律为基础的化学热力学，着眼于宏观，通过对所研究的体系的热力学函数变化值的计算，就可以准确地判断过程的方向和限度。因此热力学方法简单，结论可靠。但它不考虑时间因素、不涉及变化的细节，即不涉及变化的速率和机理，其结论未必可行。化学动力学则着眼于微观，充分考虑时间因素，力图了解变化的速率和机理，以及各种因素对变化速率的影响，以适当地选择变化途径与条件，使热力学预期的可能性变为现实性。因此化学热力学是解决变化的可能性问题，化学动力学解决变化的现实性问题。换言之，一个指定条件下的变化过程能否进行，如果能够进行，可以进行到什么程度，化学热力学能够阐明。但是一个热力学允许的变化是否一定能在指定条件下实现呢，热力学并不能回答。而反应机理和反应速率只能由化学动力学阐明。同时着火的产生还受到流体的运动形式、边界条件等多种因素的影响。综上所述，对易燃易爆气体的着火研究，必须同时运用化学热力学和化学动力学的原理和方法，结合实际工况进行分析和处理。

实验研究表明：无论哪种着火方式，都不是在达到着火的临界条件时就立即发生，而是经过一定的时间后才能发生，即任何着火方式都有时间上的延迟期。延迟期的长短视化学反应发展的历程与外界条件而定，可以由十万分之几秒到数小时。而延迟期的存在，反映了化学动力学的控制作用。

实验研究表明：在相同的实验条件下，实验结果不能完全重复，存在着火概率和着火强度的差别。说明对于驱动油气着火的机理，除了与热力学探讨的因素如：组分浓度、热源、环境温度和湿度、压力等因素有关。还必须借助化学动力学，即油气能否着火还与油气复杂的成分及其复杂的化学反应有关。只有触动了“加速氧化”的化学反应的“开关”，氧化反应才能失衡，着火发生。

实验研究表明：虽然通过实验方式得到了油气热着火的着火方式、特征参数的变化规律、着火判据，影响热着火的关键因素，但它们的驱动机理是什么还有待进一步探讨，例如，为什么存在油气热着火临界温度和着火压力范围，为什么小尺度空间不容易着火，温度、湿度是如何影响着火过程等等。对于这些问题的回答，必须综合热力学、复杂的化学动力学、流场结构、边界条件的联合控制。

基于以上分析，本章在油气热着火实验研究结果的基础上，讨论其详细的化学反应机理，把化学动力学和热力学结合起来，综合考虑复杂的化学机制，传热传质，流场结构和边界条件等因素的影响，建立基于化学动力学和热力学统一的油气热着火起燃过程的数学模型，即统一理论模型，对油气热着火的起燃过程进行数值模拟研究。

3.2.3 控制方程

3.2.3.1 物理假设

由于本研究着重探讨起燃过程，对着火后的现象不作深入研究，根据实验热风速仪测得的热着火前的流体速度，计算雷诺数的结果表明，受限空间内流体在起燃期间处于层流状态。因此计算时流场结构考虑为层流流动；有限空间内充满的油气是可压缩气体；实验研究表明，油气起燃过程中，高温区主要集中在热源周围，影响范围有限，因此传热传质过程中的黏性耗散小，气体压缩或膨胀引起的能量转换小；地下空间被地上建筑、山体等覆盖，散热能力差；基于此，在建立数学模型时，提出的物理假设为：

（1）地下受限空间内混合气体是可压缩、低马赫数、层流三维流动。

（2）忽略黏性耗散、压缩功及壁面辐射的影响。

（3）地下受限空间内混合气体的处于绝热环境中。

3.2.3.2 控制方程组

受限空间油气着火起燃过程的控制方程组包括质量守恒方程、动量方程、能量方程、组分方程。复杂化学反应模型和流场方程通过组分和能量关系直接耦合。辐射模型和能量关系直接耦合。控制方程组如下：

（1）连续方程：

$$\frac{\partial \rho}{\partial t} + \frac{\partial \rho u_j}{\partial x_j} = 0 \tag{3.1}$$

（2）动量方程：

$$\frac{\partial \rho u_i}{\partial t} + \frac{\partial \rho u_i u_j}{\partial x_j} = -\frac{\partial P}{\partial x_j} + (\rho - \rho_0) g + \frac{\partial \tau_{ij}}{\partial x_j}$$

$$\tau_{ij} = \left[\mu\left(\frac{\partial u_i}{\partial x_j} + \frac{\partial u_j}{\partial x_i}\right)\right] - \frac{2}{3}\mu \frac{\partial u_l}{\partial x_l}\delta_{ij} \tag{3.2}$$

其中，P 是静压，τ_{ij} 是应力张量，$(\rho - \rho_0) g$ 是重力引起的各组分相互作用产生的升力。

（3）能量方程：

$$\frac{\partial \rho\left(E + \frac{P}{\rho}\right)}{\partial t} + \frac{\partial}{\partial x_j}\left(u_i\rho\left(E + \frac{P}{\rho}\right)\right) = \frac{\partial}{\partial x_j}\left[\lambda \frac{\partial T}{\partial x_j} + \sum_k D_{k,m}\rho\left[\frac{\partial Y_k}{\partial x_j}H_k\right]\right] - \frac{\partial q_r}{\partial x_j} + q'''_r + S_{rec}$$

$$E = \bar{H} - \frac{p}{\rho} + \frac{u_i^2}{2} \tag{3.3}$$

能量方程右侧的第一项描述了热传导、组分扩散带来的能量输运，第二项是辐射引起的能量输运，第三、第四项是热源等驱动系统和化学反应释(吸)热的体积热源项。方程中 Y_k 表示第 k 种组分的质量分数，$D_{k,m}$ 为第 k 种组分的扩散系数，驱动系统的能量由式中单位体积的热释放率 q'''_r 来表示。q_r 表示热辐射通量，λ 是导热系数，H_k 是组分的焓。

（4）组分方程：

$$\frac{\partial \rho Y_k}{\partial t} + \frac{\partial \rho u_j Y_k}{\partial x_j} = \frac{\partial}{\partial x_j}\left[D_{k,m}\rho\frac{\partial Y_k}{\partial x_j}\right] + R_k \tag{3.4}$$

R_k 为第 k 种组分单位体积的生成率。

3.2.4 应机理和模型

油气热着火所需要的自动催化起因在于：① 混合气体发生化学反应所释放出的热量大于损失的热量，从而使混合物的温度升高，这又促使混合物的反应速率和释热速率增大，这种相互促进的结果导致极快的反应速率而达到着火。② 反应中自由基浓度的增加引起反应速率剧烈加速而导致着火。这种情况下，温度的增高固然能促使反应速率加快，但即使在等温情况下亦会由于活化中心浓度的迅速增大而造成自发着火。

3.2.4.1 化学假设

即使对同一种燃料或者组分，如果研究问题的出发点不同或者研究的程度不同，会得到不同组成和反应式的详细机理。例如，仅仅对于组 CH_4的氧化机理，不同的研究者提出了详细化学反应机理就各式各样。加州大学开发的 GRI(gas research institute)机理，由 53 种物质和 325 个反应式组成；LEEDS(university ofleeds)开发的机理由 37 种物质和 184 个反应式组成。对于高分子组分的氧化反应的机理就更为繁复，同时由于种种条件的限制，现在的发现还有限。对于油气起燃过程中的详细化学反应机理，一方面，反应机理越详细，则越可以在宽的范围内模拟燃烧系统；另一方面，已有的化学研究成果并不能包罗万象，对所有组分和详尽化学反应研究透彻还有很长的一段路；同时由于耦合化学动力学和热力学的数学模型的三维数值求解中，化学动力学求解是最耗费机时的工作，求解化学方程所需要的机时比流动方程要高一个数量级，所以选择机理时要综合考虑这些的因素。基于以上分析，在确定油气的化学反应机理时作出如下假设：

(1) 油气组分和详细化学反应机理的确定以已有的化学成果为基础；

(2) 考虑主要控制油气起燃阶段的主要组分和重要化学链，不探讨着火后的化学机理；

(3) 考虑油气组分之间的容积反应，不考虑催化反应和表面反应。

3.2.4.2 系统组分的确定

汽油作为一种石油化工产品，并非一种单纯的物质，而是由多种碳氢化合物组成(C_1 ~ C_{11})。其爆炸燃烧机理也因涉及多种碳氢燃料的反应动力学机制而十分复杂。由于常温常压下油蒸气主要是由汽油中先挥发的轻质组分组成，实验结果也显示油气和汽油的组分有所差别，最先挥发的是低分子烃。同时考虑到计算的规模和效率，在油气起燃流场的 CFD 模拟中采用采用 NASA Langley 中心提出的 C_4H_{10}为常温常压下汽油蒸气的初始组分，其他组分为该组分在不同的温度压力条件下通过化学反应所得。

估算有哪些成分可能存在于一个化学反应体系中通常采用化学位的方法。一般而言，化合物的标准自由生成能愈低，则此化合物愈稳定，它存在的可能性也愈大。另外还取决于初始成分的元素含量。若初始成分中含 H 量很少，则不稳定的含 H 化合物存在的可能性就小。估算组分的方法为：把所给定温度压力范围内有热力学数据的有关化学组元作为可能组分。然后根据指定条件下的标准化学位的计算数据，除去所述条件下其平衡含量低于所需计算精度的组分。即采用无量纲量 $\frac{ci}{a_{ik}}$ 比较在同一温度压力条件下，含有同一元素 e 的各个组分的相对稳定性。$\frac{ci}{a_{ik}}$正值愈高，则说明这个组分愈不稳定，其逃逸能力越强，因而在平衡体系中可能存在的平衡浓度愈低，甚至可将其忽略不计。由此得出不同范围内存在可能性较大的各组分。各组分的标准化学位数据主要来自文献

$$\frac{ci}{a_{ik}} = (\mu_i^{\ominus} + RT\ln P)/(a_{ik} \cdot RT) \tag{3.5}$$

式中，a_{ik} 为元素 k 在组分 i 的化学式中的原子数目；$\mu_i^{\ominus}$ 为组分 i 在温度 T、标准大气压下的标准化学位；R 为气体常数；P 为压力；T 为温度。

根据上述系统组分的确定方法，确定了化学体系中存在44种组分。

3.2.4.3 着火过程的链循环的选择

油气起燃过程中，虽然其产生的中间物范围广，氧化机理非常复杂，可能发生的反应数目多，但主要对实验温度压力范围内的高速链反应感兴趣。因为反应物主要通过这种反应消耗掉，而对生成各种次要产物的很多小过程则不必研究。因此可以区别出在一组恰当条件下支配反应状态的几个链循环。选择的油气起燃过程的化学反应的详细机理如下：

（1）引发：

$$RH + O_2 \rightarrow R\cdot + HOO\cdot \qquad RH + M \rightarrow R\cdot + H\cdot + M \tag{3.6}$$

（2）传递1：过氧化基链

反应次序是：

$$\begin{aligned} &R\cdot + O_2 \rightarrow RO_2\cdot \\ &RO_2\cdot + RH \rightarrow ROOH + R\cdot \end{aligned} \tag{3.7}$$

ROOH是非常重要的链分支中间产物，同时使R·的静态浓度增大。

$$\begin{aligned} &ROOH \rightarrow RO\cdot + OH\cdot \\ &RO\cdot + RH \rightarrow R\cdot + ROH \\ &OH\cdot + RH \rightarrow H_2O + R\cdot \end{aligned} \tag{3.8}$$

上述反应的支链顺序为：

$$R\cdot + O_2 \rightarrow ROO\cdot \rightarrow ROOH \rightarrow \text{支链}$$

（3）传递2：羟基链：

过氧化物含有弱的过氧键(O—O)，容易断裂，并提供退化支链，它能分解成醛类，酮类和自由基。RO·可生成酮与烷基，ROO·可生成醛。醛和酮的浓度的不断增加能催化过氧化物自由基的分解反应，并可放出大量的热，从而使反应自动加速。而生成的自由基继续与氧分子或烃作用使链按直链形式传播。过氧化物传递步骤为：

$$\begin{aligned} &ROOH \rightarrow RO\cdot + OH\cdot \\ &OH\cdot + RH \rightarrow R\cdot + H_2O \\ &RCH_2OOH \rightarrow RCH_2O + OH\cdot \\ &RCH_2O\cdot \rightarrow R\cdot + HCHO \\ &RCH_2\cdot + O_2 \rightarrow RCH_2OO\cdot \\ &RCH_2OO\cdot \rightarrow RCHO + OH\cdot \\ &RCH_2OO\cdot \rightarrow RCO\cdot + H_2O \\ &RCO\cdot \rightarrow R\cdot + CO \\ &RCH(OO\cdot)R' \rightarrow RCHO + RO \\ &RCH(OO\cdot)H_2OR' \rightarrow RCHO + RCH_2O\cdot \\ &RCHO\cdot \rightarrow R\cdot + HCHO \end{aligned} \tag{3.9}$$

上述反应的支链顺序为：$R\cdot + O_2 \rightarrow RO_2^* \rightarrow \begin{matrix}\text{醛}\\ \text{酮}\\ \text{烷基}\end{matrix} \rightarrow$支链

(4) 传递 3：过氧化氢基链

$HO_2\cdot$是活性较小的自由基，它与烃作用而生成过氧化氢，或者由过氧化基团热分解生成过氧化氢，过氧化氢继续分解，形成一个新的支链。

$$\begin{aligned}&RH + HO_2\cdot \rightarrow HOOH + R\cdot\\&R\cdot + O_2 \rightarrow RO_2^* \rightarrow \text{烯烃} + HOOH\\&HOOH + M \rightarrow 2OH\cdot + M\\&OH\cdot + RH \rightarrow R\cdot + H_2O\end{aligned} \tag{3.10}$$

支链顺序为：$\left.\begin{matrix}HO_2\cdot\\ RO_2^*\end{matrix}\right\} \rightarrow HOOH \rightarrow$支链

油气的起燃是通过以上三个链循环之间的竞争来实现。而最终结果是自由基的分解增加和碳氢化合物降解为低相对分子质量物质。

3.2.4.4 着火过程分子反应种类的选择

着火现象的发生起因于化学反应，且伴随着放热过程。然而着火现象的本质和特性在某种程度上取决于反应的细节、反应机理和基元步骤的速率。很多氧化反应系统包括两个组分，即燃料和氧化剂，而单分子反应仅相对极少数自分解反应而言是重要的，大多数活化能很高(>335kJ/mol)的单分子反应，上述考虑不能适用。

双分子反应中重要的一种是含有一个原子或简单基团的复分解反应。这种反应往往不包含复杂的重新排列，故具有较高的频率因子，此外，这类反应的活化能不像单分子反应中键分裂所需的那样高。这类反应起主要作用。

大多数化学反应系统中三分子反应是很罕见的，除非一种重要的原子和基团的再化合反应，这时需要"第三体"来带走释放的能量。这种反应提供了排出在气态燃烧中单相反应活性产物的唯一途径，同时释放大量能量(在很多情况下75%的可用焓是以这种结果出现的)，因而非常重要。

着火反应中所包含的反应中间物通常是原子或简单的基团，最简单的基团往往是最重要的，较复杂的中间物活性极差，因而会迅速分解而得到较简单的反应中间产物。

基于以上分析，主要选择活化能低(<335kJ/mol)的单分子分解反应、双分子反应、第三体参加的三分子反应。

3.2.4.5 化学反应方程式的筛选

经过上述的讨论，已经确定了着火过程的化学链以及分子反应的种类，然而得到的化学反应依然极为复杂。在计算中，一方面，反应机理越详细，则越可以在宽的范围内模拟燃烧系统；另一方面，起燃过程的三维数值求解中，化学动力学求解是最耗费机时的工作，求解化学方程所需要的机时比流动方程要高一个数量级，在当前的计算条件下，要考虑完全的链反应过程，算出所有中间产物和最终产物随时间和空间的分布不太现实。另外，化学反应计算中常常产生"刚性问题"，由于实际化学动力学模型中一般都既包括反应速率快、特征时间尺度小的基元反应，也包括反应速率慢、特征时间尺度大的基元反应，反映到微分方程中就是方程的特征值差别明显，特征矩阵的条件数很大，形成了计算的刚性问题。所以筛选化学方程式时要综合考虑这两方面的因素。

采用敏感度分析法(Sensitivity Analyses)，将完全详细化学反应动力学模型中的对整个流动燃烧的影响很小的许多基元反应忽略，以获得精炼而又适用的反应机理，使数值模拟的结果接近于实际流动并缩短计算时间，同时得到的化学反应动力学模型能揭示出整个化学反应过程中起主要作用和决定作用的反应步骤，这对于深入了解化学反应的机理及本质，有效控制化学反应的进行也有着重要的指导意义。

采用敏感度瞬态分析法(Sensitivity Analyses)对组分质量分数和温度进行敏感度分析。找出化学反应体系中的限制速率和限制温度的反应，分析出各个反应之间的关联性，以及这些相互关联的反应在整个系统中的重要程度，去除那些对反应系统无显著影响的次要反应。

1）敏感度分析法原理

从数学上讲，化学反应体系的敏感度分析就是确定参数和初始条件的不确定性，对常微分方程的解所产生的影响。敏感度分析可由总的向量常微分方程和初始条件来描述：

$$\frac{\mathrm{d}\varphi}{\mathrm{d}t}=F(\varphi, K)$$
$$\varphi(0)=\varphi_0 \tag{3.11}$$

式中 φ——关于温度、质量分数等参数的 n 维向量，$\varphi_j=\{T, T_e, Y_l, \cdots\cdots, Y_{K_g}\}$；

K——与时间无关的 m 维向量，它与速度常数，活化能等有关。

给定一个 K 或 φ_0 的不确定度，那么 φ 的不确定度会是怎样？重要的是各个 K_j 一般不是随机变量，而是一个准确值未知的确定量。假如 K_j 是常数，则可能存在一些其他的实验值，它们能产生使得 K_j 位于其中的值域。通常，选择一个 K_j 的"最优值"，称之为 $\bar{K}_j$，但事实上将会存在 $\bar{K}_j$ 是否为 K_j 真实值的不确定性问题。对此，感兴趣的就是 K_j 不确定度对 $\varphi(t)$ 有何影响。

一阶敏感度系数矩阵定义为：

$$\beta_{i,j}(t)=\frac{\partial\varphi_i(t)}{\partial K_j} \tag{3.12}$$

由总的向量微分方程对 K_j 或 $\beta_{i,j}$ 对时间求导，得到如下常微分方程组：

$$\frac{\mathrm{d}\beta_{i,j}}{\mathrm{d}t}=\frac{\partial F_i}{\partial K_j}+\sum_{i=l}^{n}\frac{\partial F_i}{\partial\varphi_l}\beta_{l,i} \text{ 其中，} i=1, 2\cdots\cdots n, j=1, 2, \cdots\cdots m \tag{3.13}$$

及初始条件：$\beta_{i,j}(0)=0$

上面的方程可看作一组 m 个 n 维向量的常微分方程，即：

$$\frac{\mathrm{d}\beta_{i,j}}{\mathrm{d}t}=A(t)\beta_j(t)+b_j(t), j=1, 2, \cdots\cdots, m \tag{3.14}$$

$$\beta_{i,j}(0)=0$$

式中，β_j 是 n 维向量 $[\beta_1, \beta_2, \cdots, \beta_{nj}]^T$；$A(t)$ 是元素为 $\left\{\frac{\partial F_i}{\partial\varphi_l}\right\}$ 的 $n\times n$ 阶矩阵；$b_j(t)$ 是 n 维

行向量 $\left[\frac{\partial F_1}{\partial K_j}, \frac{\partial F_2}{\partial K_j}, \cdots, \frac{\partial F_n}{\partial K_j}\right]^T$；$A(t)$ 和 $b_j(t)$ 都在名义解 $\varphi(t, \bar{K})$ 处取值。上式中的 m 个向量方程式相互独立的。为了求解上式，需要首先求解总的向量微分方程，以求得 $A(t)$ 和 $b_j(t)$ 估计所需的 $\varphi(t, \bar{K})$，再内插求解 $A(t)$ 和 $b_j(t)$ 估计中 $\varphi(t, \bar{K})$ 值，最后解 n 个上式的常微分方程 m 次。共解 n 个常微分方程 m+1 次。

采用 CHEMKIN 软件中的 SENKIN 软件包实现油气起燃过程中组分质量分数和温度的敏感度分析。该软件运用 DASAC(Differential Algebraic Sensitivity Analysis Code)源码进行时间积分和敏感性分析。DASAC 是建立在微分/代数系统算法器 DASSL 的基础上。它使用 BDF (Backward Differentiation Formula) 格式进行时间积分，可以解决包括化学动力学在内的范围宽广的刚性问题。对各种温度和压力条件下，组分百分比的敏感度小于 0.0005 的反应以及温度敏感度小于 0.001 的反应予以剔除，从而实现化学反应的筛选。

2）敏感度分析结果

（1）温度敏感度分析　油气热着火过程伴随着温度的急剧升高，因此寻找影响气体温度的反应是必须的。图 3.2 为温度为 873K 时的各个反应对温度敏感性分析结果。该图反映化学反应对温度的影响。结果显示，该温度段最主要的放热反应是 R2，它的温度敏感系数是正值，增加该反应的速率会使温度升得更高；而 R10、R197、R198 的温度敏感系数为负值，

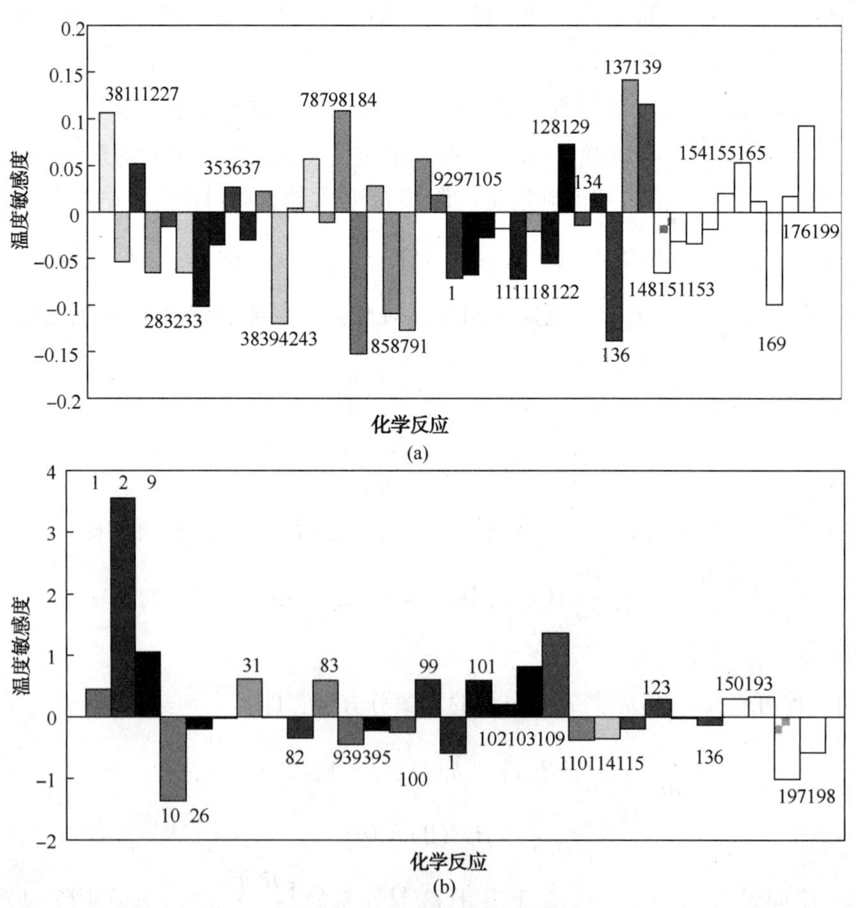

图 3.2　温度敏感度分析

增加该反应的速率会使温度降得更低。它们是最主要的吸热反应。

图 3.3 为初始温度为 1300K 的起燃过程中，主要影响温度的化学反应随时间变化的过程。该图显示，着火时刻温度敏感系数达到峰值，即该时刻温度的变化率最大。

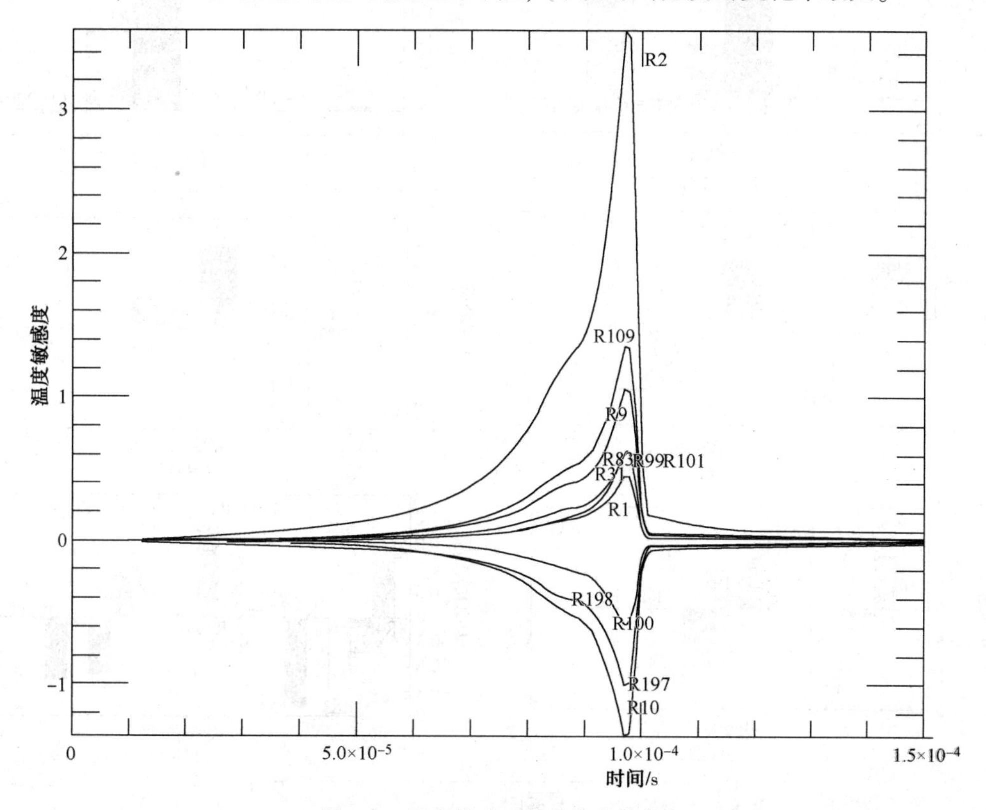

图 3.3 温度敏感系数的变化曲线

（2）自由基化学反应 由碳氢化合物化学动力学机理可知，OH、HO_2、O、H_2O_2、H、H_2、HCO 自由基在化学动力学过程中起着非常重要的作用，这些物质的发展历程决定了着火时刻以及起燃是否能顺利进行。由 OH、HO_2、O、H_2O_2、H、H_2、HCO 的标准化质量分数敏感性分析可以得出影响这些物质的重要反应式，这些反应则可认为是影响整个着火和燃烧过程的重要反应。敏感性分析结果显示，反应式对不同的组分有着不同的影响程度，而且反应式对其中物质浓度的影响机理非常复杂。含有同一物质的各反应式之间形成一个作用链，最后的结果是这个反应链综合作用产生的。例如图 3.4(a) 的 H_2O_2 标准敏感性系数表明，R2、R97、R108、R193、R195、R200、R201 对 H_2O_2 敏感性系数为正值，故为生成 H_2O_2 的反应，R197 对 H_2O_2 敏感性系数为负值，故为消耗 H_2O_2 的反应，其中 R200 敏感系数最大，说明 R200 在温度 873K 时是一个主要生成 H_2O_2 的反应。从表面看，R2、R4、R103、R193、R195、R197、R201 反应产物并不包含 H_2O_2，但由敏感性系数分析得出，它们对 H_2O_2 的生成起到相当大的作用，原因是这些反应构成了生成 H_2O_2 的化学反应链，使主要生成反应 R97 和 R200 进行得更加剧烈，从而最终还是促使了 H_2O_2 的生成。同理，从图 3.4(b)～(f) 的敏感度图中分别可以看出，在温度 873K 时，影响 HO_2、O、H_2、OH、HCO、H 自由基主要反应。

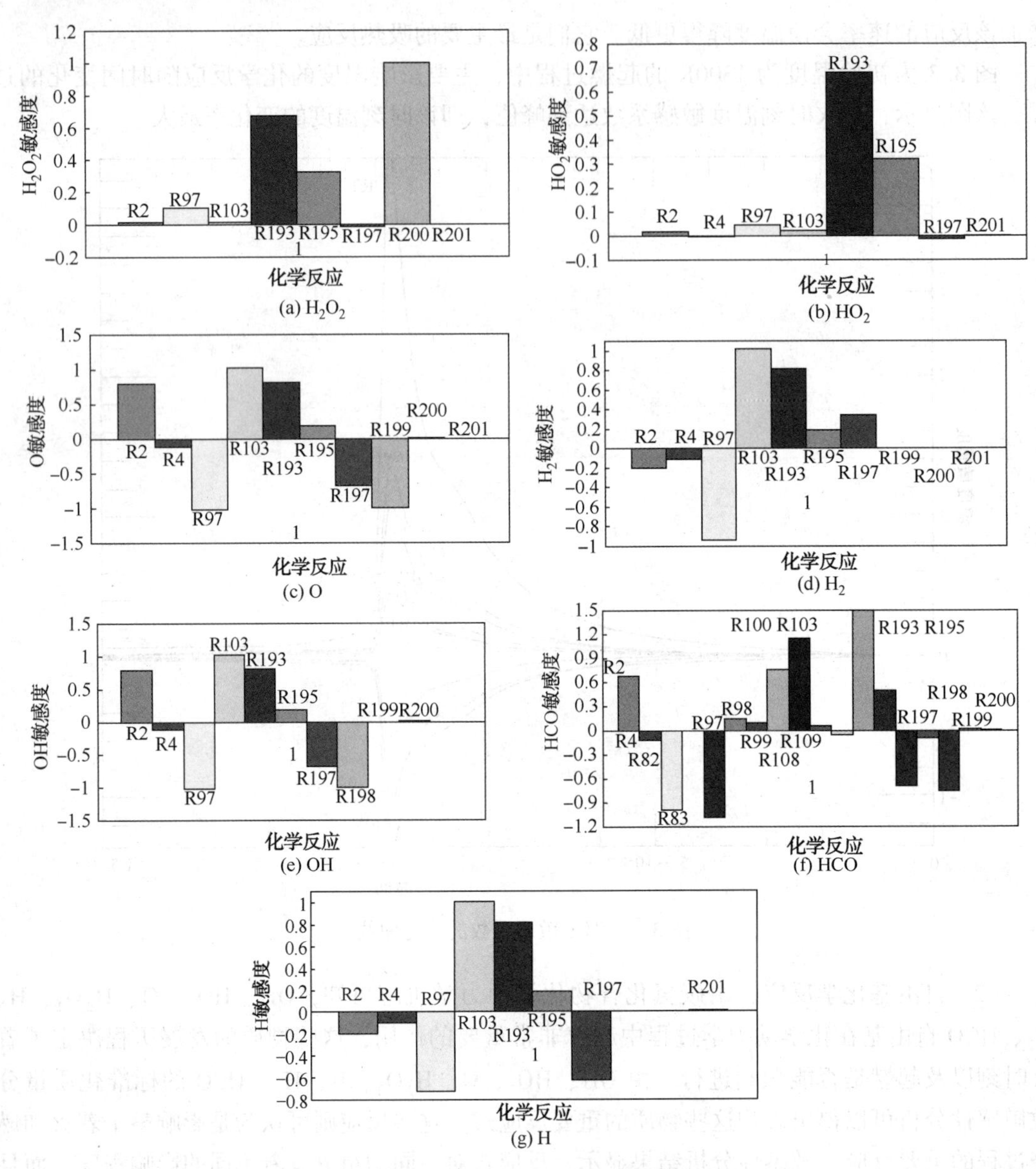

(a) H_2O_2 (b) HO_2

(c) O (d) H_2

(e) OH (f) HCO

(g) H

图 3.4　温度为 873K 时，自由基敏感度分析

图 3.5 为高温阶段(1300K)主要的自由基敏感性分析结果。该图显示影响自由基组分浓度的反应与和在温度较低的情况下(873K)并不完全相同，随着温度的升高，更多的反应参与。同样，影响其他物质浓度的反应在不同的温度段不尽相同。不再一一绘出。

图 3.6 为初始温度为 1300K 的起燃过程中，影响 H_2O_2 和 OH 组分浓度的化学反应的敏感系数随时间变化的过程。该图显示，着火时刻，组分敏感系数达到峰值。即该时刻，组分浓度的变化速率是最大的。

(3) C_4物质反应　C_4H_{10}作为油气的初始组分，它的裂解反应在整个反应机理中起着源头作用，是起动燃烧的第一步。其在化学反应中会分解生成等不饱和烃，故在反应中应该包含其中的主要反应。图 3.7 为应用 SENKIN 计算的温度 873K 时，关于反应主要生成或消耗 C_4H_9、C_4H_8-2、

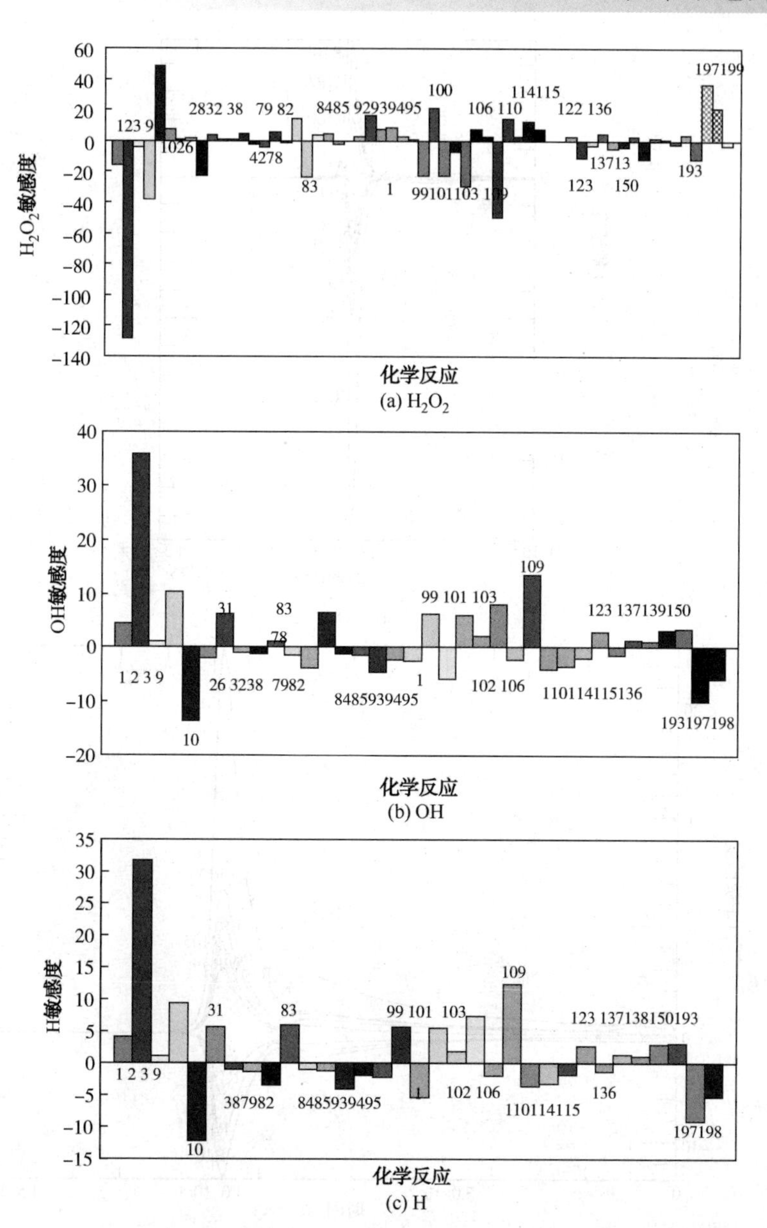

(a) H_2O_2

(b) OH

(c) H

图 3.5 温度为 1300K 时，自由基敏感度分析

C_4H_7、$CH_2CHCHCH_2$、H_2CCCCH、CH_2CHCCH 和 $CH_2CHCHCH$ 的敏感度分析结果。

(4) C、C_2、C_3物质反应 长碳链分子在高温下不稳定，很快裂解产生更短碳链的烃。这一裂解过程至少涉及三步以上的反应，所以起燃过程放出大量热量的是短链的碳氢化合物。C、C_2、C_3物质反应在油气化学动力学过程中的影响不容忽视，故在反应中也应该包含其中的主要反应。图 3.8~图 3.10 分别为温度为 873K 时，C、C_2、C_3敏感度分析结果。敏感性分析结果显示，反应式对不同的组分有着不同的影响程度。该图还显示，该温度阶段，参与的反应并不完全。温度条件变化会导致不同的反应参与。

(5) 氧化物质反应 油气的氧化反应生成了许多中间产物。图 3.11 为各种氧化物浓度的敏感度分析结果。从图可以看出影响各种氧化物的反应。具体分析和自由基的敏感度分析

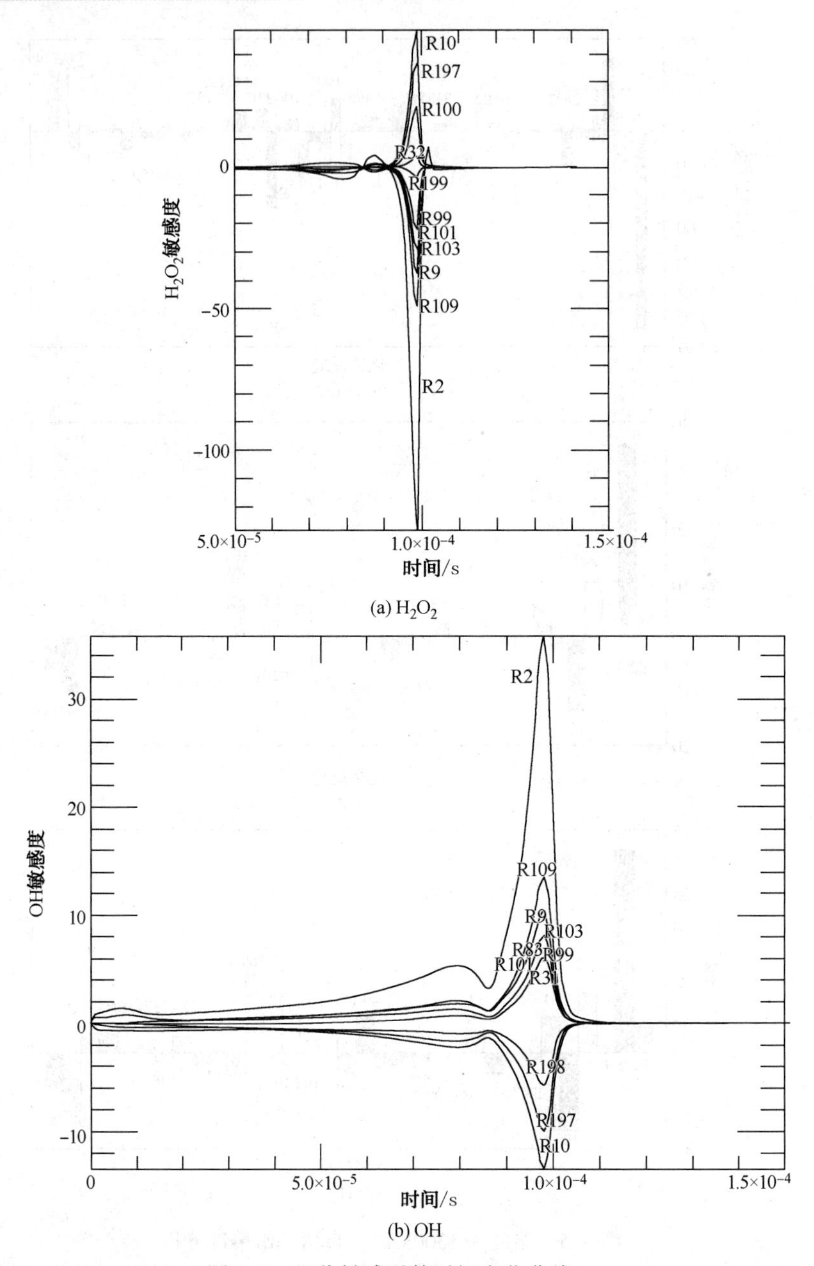

(a) H_2O_2

(b) OH

图 3.6　组分敏感系数时间变化曲线

类似，不再累述。

经过以上对温度和组分百分比敏感度分析，最终确定 44 种组分，222 种化学方程式。所得的油气氧化机理如图 3.12 所示。数值计算中，把化学方程式、组分的热力学数据和传质传热输运特性汇编成热力学程序文件和输运程序文件，插入 Fluent 软件中进行计算。化学热力学数据，化学方程式以及组分输运属性数据见附录Ⅲ和附录Ⅳ。

3.2.4.6　化学反应方向与限度的 ΔG 判据

气相反应绝大多数为可逆反应，实际的化学反应的发生与否不仅与系统的组分有关，而且还受所处环境的压力和温度的影响，并不是所有的化学反应都能够在某一温

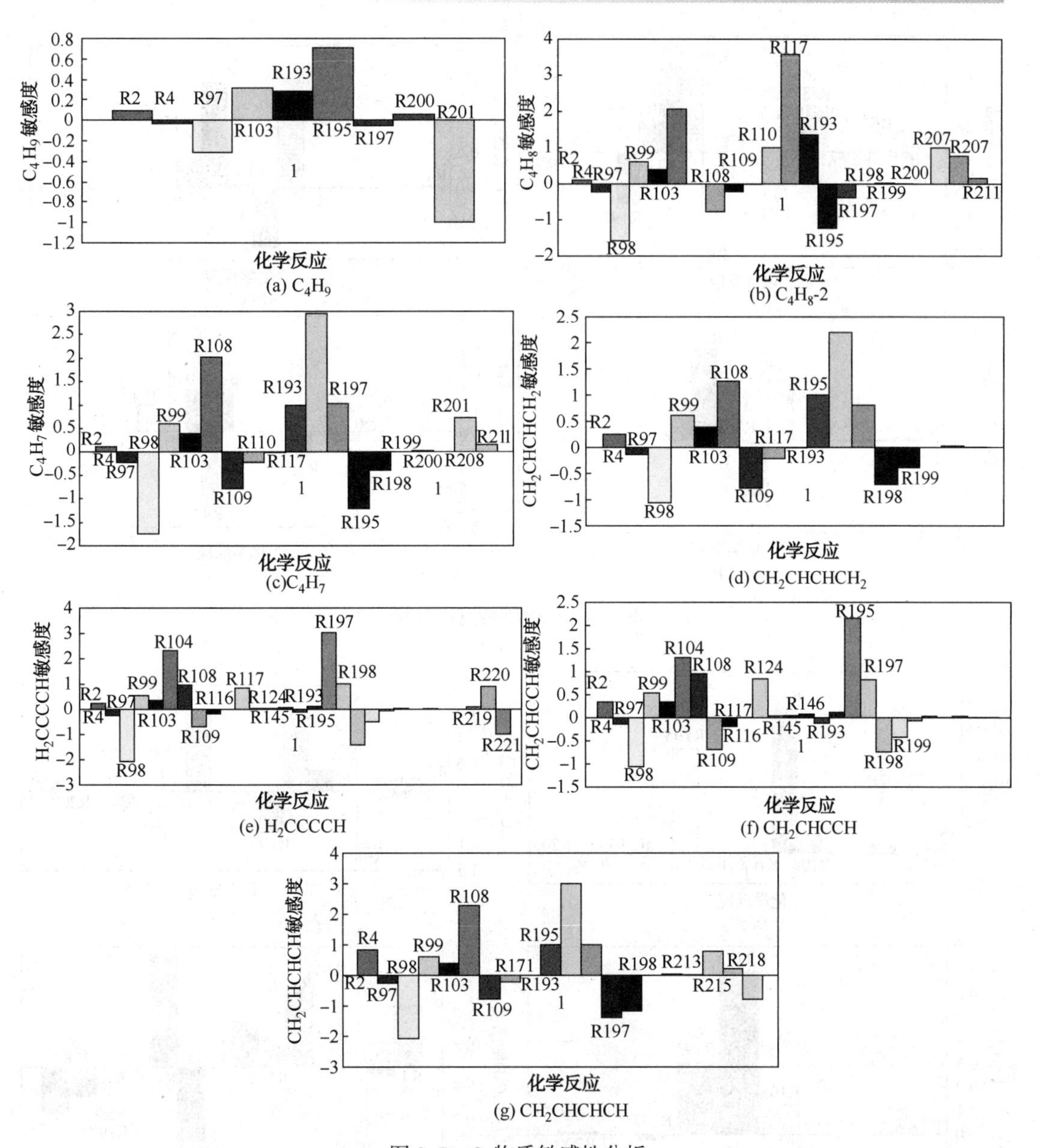

图 3.7 C_4物质敏感性分析

度、压力下进行的。并且，不同的热力学状态下，各反应进行与否、反应趋势强弱都不同。所以，必须根据热力状态，对推导所得的化学方程式进行计算、分析，判断其反应的方向及反应的限度。

确定化学反应方向和限度采用最小吉布斯自由能(G)函数法作为判据。Gibbs 自由能建立了一个能代表化学体系变化与平衡的函数。图 3.13 为自由能和反应完成指数 x 的关系，图 3.14 为 ΔG 和反应进度的关系。$X=0$ 是所有反应物的整个 G 值，而 $x=1$ 是所有产物的整个 G 值。曲线的凹点，即 G 最小，是反应达到平衡态。此时满足 $\Delta G=0$，或者 $\frac{dG}{dx}=0$。从任何初始状态到最终平衡态，两个方向的变化过程都可以认为是或快或慢地滑向底部。因此化学反应方向和限度的 ΔG 判据为：① $\Delta G<0$，正向反应自发进行；② $\Delta G=0$，化学平衡；

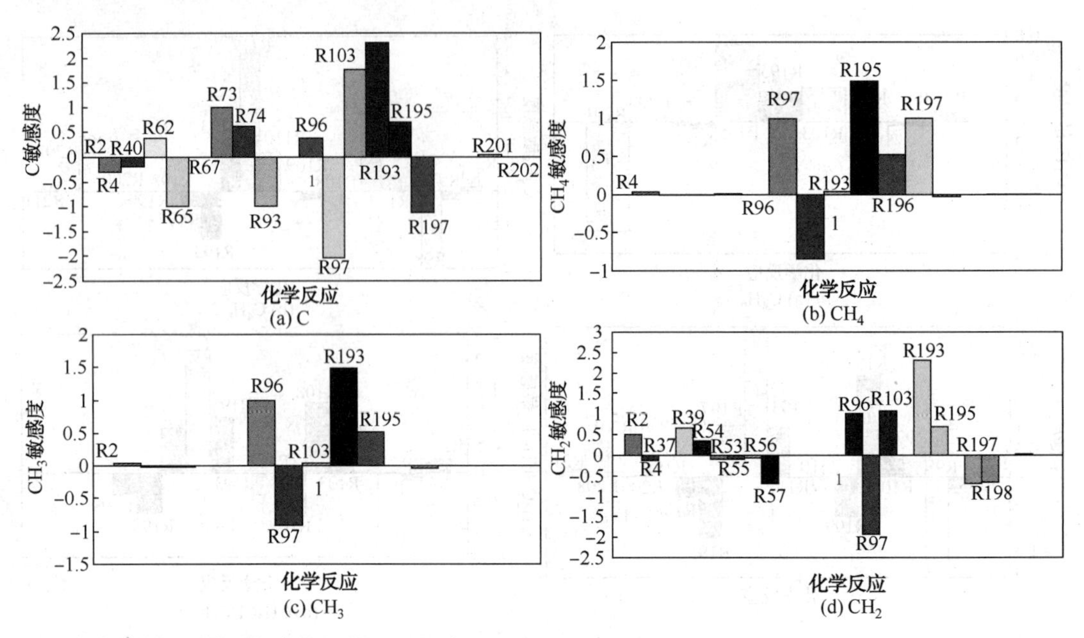

图 3.8　C 物质敏感度分析

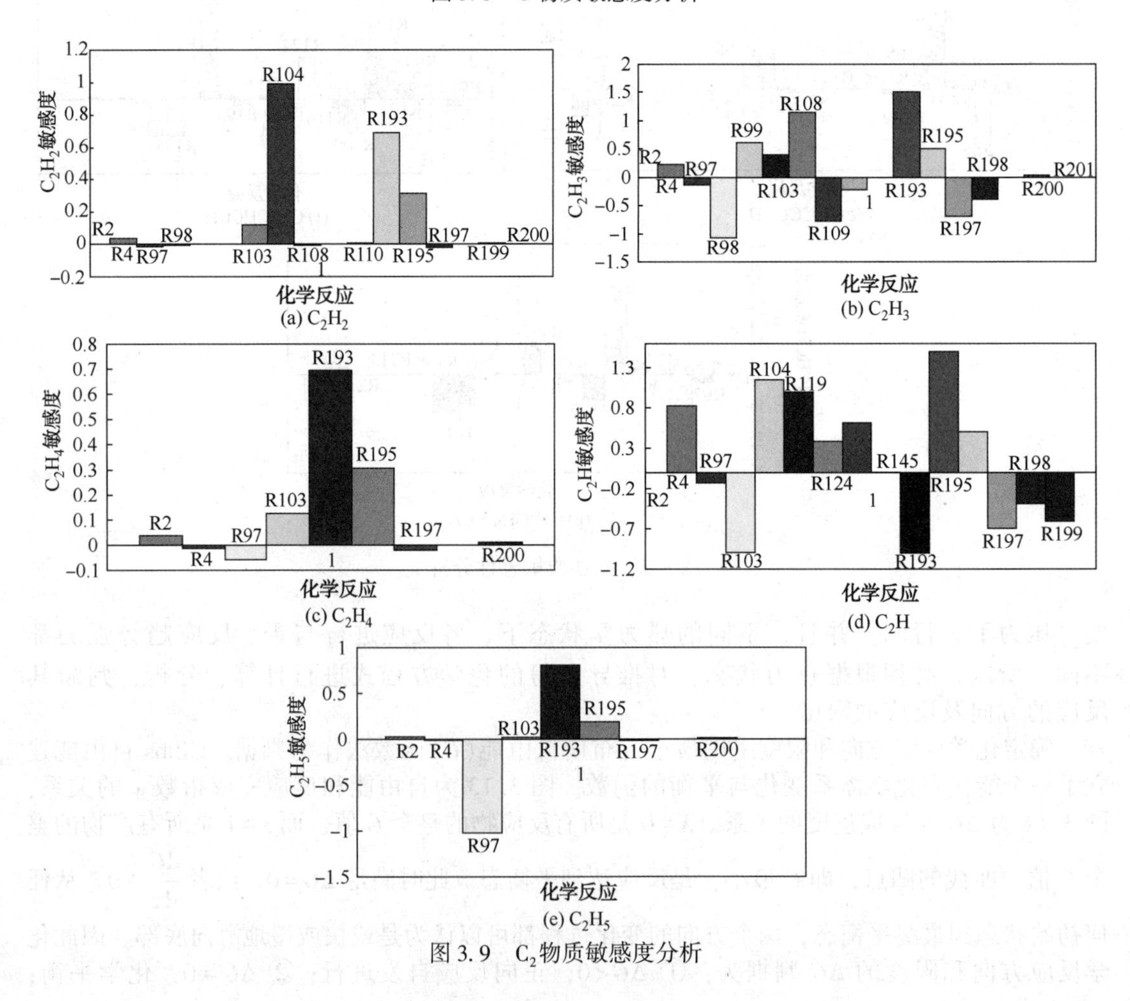

图 3.9　C_2物质敏感度分析

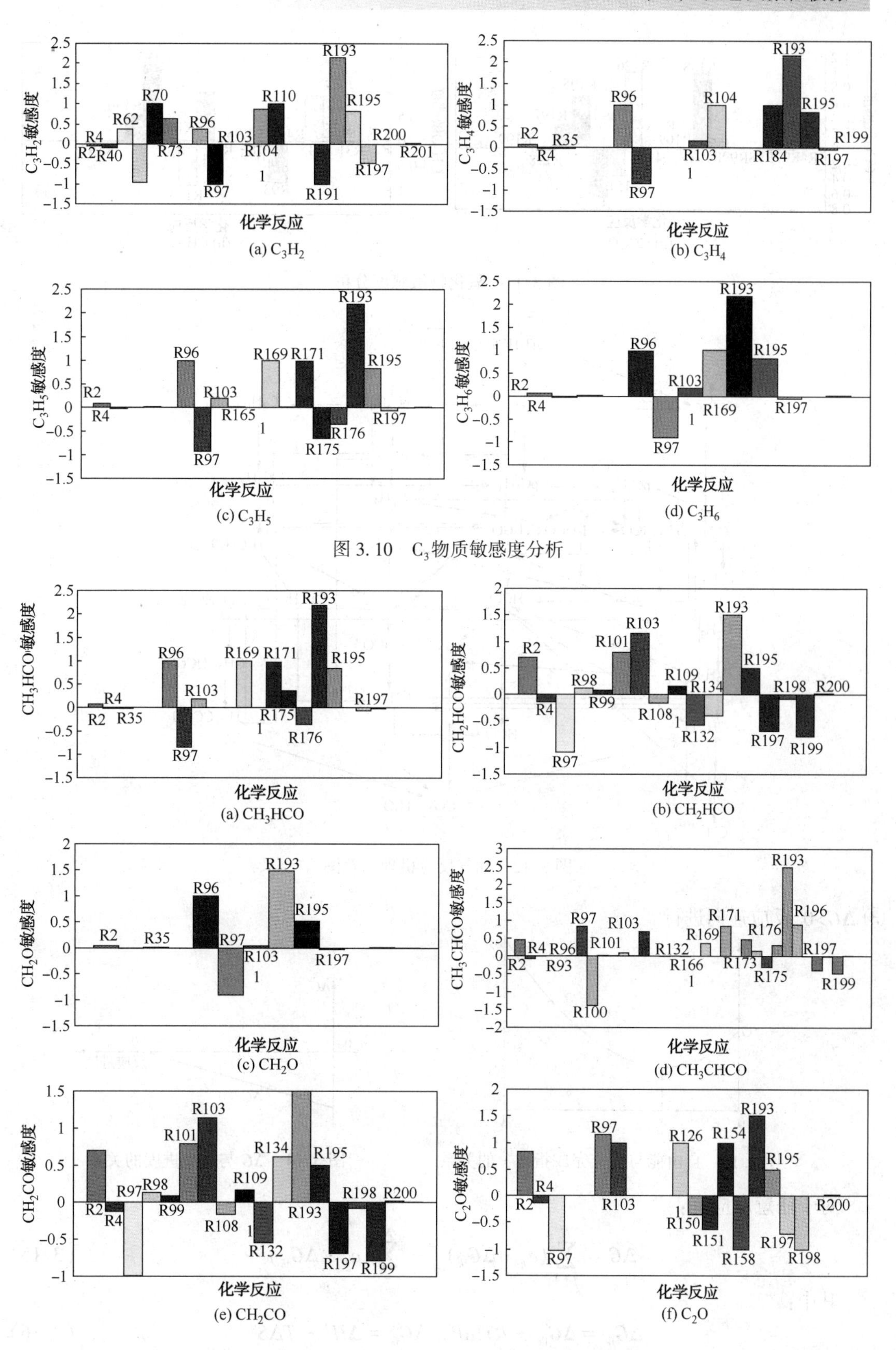

图 3.10 C_3物质敏感度分析

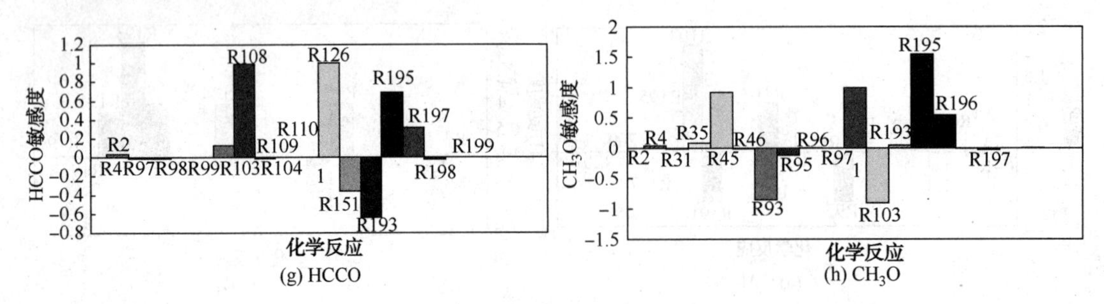

图 3.11 氧化物敏感度分析

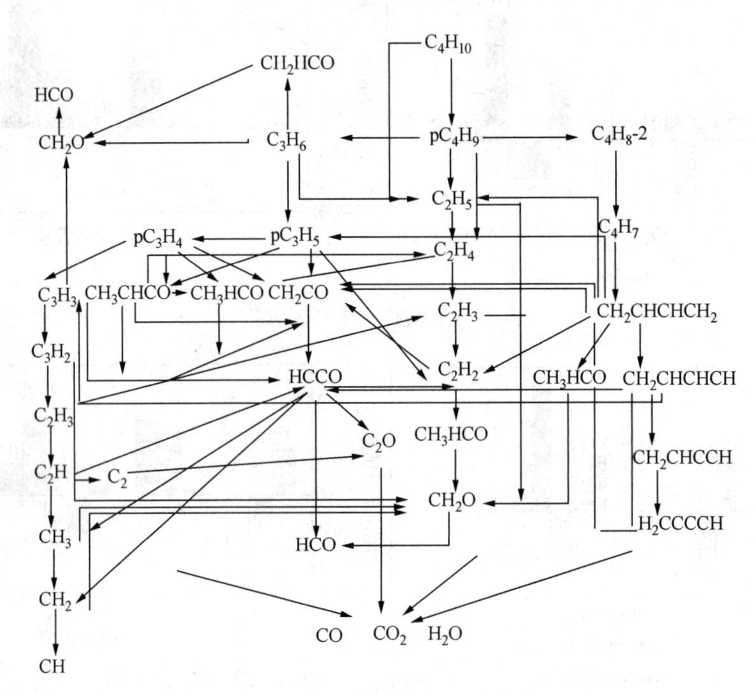

图 3.12 油气反应机理示意图

③ $\Delta G>0$,反应逆向进行。

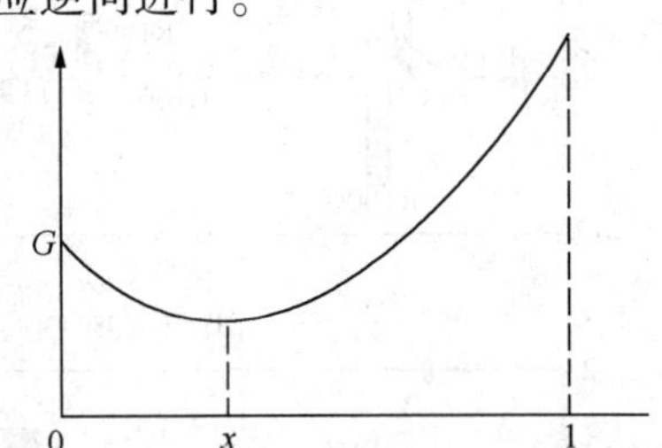

图 3.13 自由能与反应完成指数 x 的关系

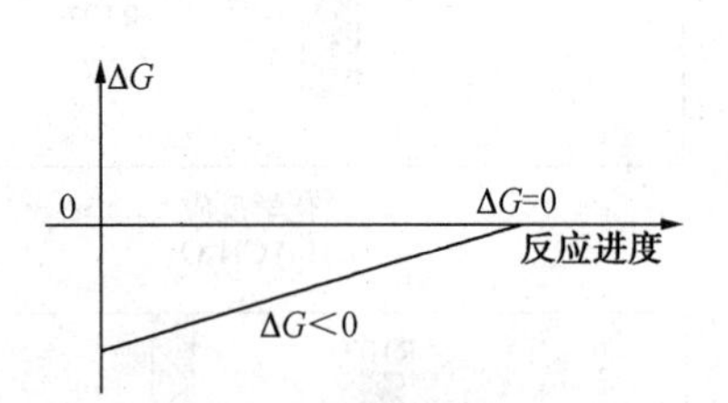

图 3.14 ΔG 与反应进度的关系

对于任意反应有:

$$\Delta G = \sum_{k=1}^{N} (a_k \cdot \Delta G_{fk})_{p} - \sum_{k=1}^{N} (a_k \cdot \Delta G_{fk})_{r} \tag{3.15}$$

其中:

$$\Delta G_{fk} = \Delta G_{fk}^{0} + RT\ln P,\ \Delta G_{fk}^{0} = \Delta H^{0} - T\Delta S^{0} \tag{3.16}$$

式中，下标 p，r 分别代表产物和反应物；ΔG_{fk} 为第 k 种组分在温度为 T、压力为 P 的热力状态下的吉布斯自由能改变量。

通过计算每一反应方程式自由能变化量，确定了某温度范围内发生的化学反应的方向以及化学反应进行的程度。

3.2.4.7 组分化学反应速度的确定

化学反应中组分的消耗和生成速度体现在组分方程中的源项 R_k 。源项通过组分 k 参加的 N_i 个化学反应的 Arrhenius 反应源的和计算得到。

$$R_k = M_{w,k} \sum_{k=1}^{N_i} \hat{R}_{k,i} \tag{3.17}$$

式中，$M_{w,k}$ 是第 k 种组分物质的相对分子质量；R_k 是组分 k 的体积生成率；$\hat{R}_{k,i}$ 为第 k 种组分物质在第 i 个反应中的产生/分解速率。

第 i 个复杂化学反应的反应方程式表示为：

$$\sum_{k=1}^{K} v'_{ki} \chi_k \underset{k_{ri}}{\overset{k_{fi}}{\rightleftarrows}} \sum_{k=1}^{K} v''_{ki} \chi_k (i = 1 \cdots\cdots I) \tag{3.18}$$

式中，K 为反应方程中组分与第三体碰撞粒子数之和；χ_k 代表组分和催化物，v'_{ki} 和 v''_{ki} 代表反应物和生成物的当量系数；k_{fi} 、k_{ri} 分别代表正反应速率常数和逆反应速率常数。

1）正逆反应速度求解

k_{fi} 、k_{ri} 由 Arrhenius 公式求得：

$$k_{fi} = A_{fi} T^{\beta_{fi}} \exp\left(-\frac{E_{f\ i}}{R_c T}\right)$$

$$k_{ri} = A_{ri} T^{\beta_{ri}} \exp\left(-\frac{E_{ri}}{R_c T}\right) \tag{3.19}$$

每个基元反应的正反应和逆反应速率常数之间不是相互独立的，它们通过化学平衡常数耦合起来，即对于第 i 个基元反应有：$k_{ri} = \dfrac{k_{fi}}{k_{ci}}$

$$k_{ci} = k_{pi} \left(\frac{P_{atm}}{RT}\right)^{\sum_{k=1}^{K} v_{ki}}, \quad k_{pi} = \exp\left(\frac{\Delta S_i^0}{R} - \frac{\Delta H_i^0}{RT}\right)$$
$$\frac{\Delta S_i^0}{R} = \sum_{k=1}^{K} v_{ki} \frac{S_k^0}{R}, \quad \frac{\Delta H_i^0}{RT} = \sum_{k=1}^{K} v_{ki} \frac{H_k^0}{R} \tag{3.20}$$

2）正逆反应源项的计算

第 i 个反应方程式中组分 k 的摩尔密度变化率为：

$$\hat{R}_{k,i} = \left[\frac{dX_k}{dt}\right]_k = \sum_{i=1}^{I} v_{ki} q_i, \quad (k = 1 \cdots\cdots K) \tag{3.21}$$

其中 $v_{ki} = v''_{ki} - v'_{ki}$

$$q_i = \left(k_{fi} \prod_{k=1}^{K} [X_k]^{v'_{ki}} - k_{ri} \prod_{k=1}^{K} [X_k] v''_{ki}\right)$$

对于第三体参与的反应，摩尔密度变化率必须加入第三体的浓度。则：

$$q_i = \left(\sum_{k=1}^{K} (a_{ki}) [X_k]\right) \left(k_{fi} \prod_{k=1}^{K} [X_k]^{v'_{ki}} - k_{ri} \prod_{k=1}^{K} [X_k]^{v''_{ki}}\right) \tag{3.22}$$

a_{ki} 为第三体增强系数，若反应 i 中，$a_{ki}=1(i=1,\ \cdots,\ N)$，则 $\sum_{k=1}^{K}[X_k]=[\mathrm{M}]=\frac{P}{RT}$。

许多化学反应不只受温度的影响，还受到压力的限制，即压力独立的反应。压力独立反应受到 Arrhenius 高压和低压限制。压力独立的化学反应速度表示方法有 Lindemann 方法、Troe 方法和 SRI 方法。采用 Troe 方法。

在 Arrhenius 形式中，高压限制系数 k 和低压限制系数 k_{low} 为：

$$k=AT^{\beta}\exp\left(-\frac{E}{RT}\right)$$

$$k_{\mathrm{low}}=A_{\mathrm{low}}T^{\beta_{\mathrm{low}}}\exp\left(-\frac{E_{\mathrm{low}}}{RT}\right) \tag{3.23}$$

在任意压力下，净反应速率常数为：

$$k_{\mathrm{net}}=k\left(\frac{P_{\mathrm{r}}}{1+P_{\mathrm{r}}}\right)F,$$

$$\text{其中 } P_{\mathrm{r}}=\frac{k_{\mathrm{low}}[M]}{k} \tag{3.24}$$

在 Troe 方法中，F 按下式给出：

$$\log F=\left\{1+\left[\frac{\log P_{\mathrm{r}}+c}{n-d(\log P_{\mathrm{r}}+c)}\right]^{2}\right\}^{-1}\log F_{\mathrm{cent}} \tag{3.25}$$

其中，

$$c=-0.4-0.67\log F_{\mathrm{cent}};\ n=0.75-1.27\log F_{\mathrm{cent}};\ d=0.14;$$

$$F_{\mathrm{cent}}=(1-a)e^{-T/T_3}+ae^{-T/T_1}+e^{-T_2/T} \tag{3.26}$$

参数 α，T_3，T_2，T_1 作为输入确定。

3.2.4.8 组分化学反应放热率的确定

能量方程的源项包含化学反应带来的热量。可由下式确定：

$$S_{\mathrm{h,\ reaction}}=\sum_{\mathrm{k}}\left[\frac{H_{\mathrm{k}}^{0}}{M_{\mathrm{w,\ k}}}+\int_{T_{\mathrm{ref,\ k}}}^{T_{\mathrm{ref}}}C_{p,\ \mathrm{k}}\mathrm{d}T\right]R_{\mathrm{k}} \tag{3.27}$$

其中 H_{k}^{0} 是组分 k' 的生成焓。

3.2.5 辐射模型

辐射换热过程是一种重要的传热方式。其对整个燃烧体的贡献体现在能量守恒方程中的源项之中。辐射现象本身很复杂。首先，辐射成分不同，且每种成分的辐射特性又有差别；对于气体辐射，如果固体表面间存在的是氧气、氢气、氮气或惰性气体等单原子或对称型双原子气体，这些气体既不吸收也不发射辐射能量，对热射线是透明体。但如果固体表面间存在 CO_2、水蒸气(H_2O)、CO、SO_2、NH_3、CH_4 等多原子气体或极性双原子气体，由于这些气体具有相当强的吸收和发射辐射能的能力，这些气体之间以及和包围它们的固体表面间进行辐射传热，而且这些气体的存在会对固体表面间的辐射传热产生影响；在温度较高情况下，由于辐射换热量与温度四次方成比例，这时，辐射传热将占据传热的主导地位。油气的组分涉及空气，CO_2、水蒸气(H_2O)、CO、CH_4 等成分，因此在计算中必须考虑辐射模型。其次，辐射强度和火场中不同部位的温度及辐射成分的浓度相关，并且和燃料的种类、燃烧方式及燃烧工况有关；主要针对高温热源加热油气的绝热受限空间的热着火的辐射情况，考虑热源对混合气的发射辐射以及气体间的吸收和发射辐射，不考虑辐射成分间的影响。

由于数值模拟需要考虑气相间、气体与固体壁面的辐射，并且考虑不同波带的吸收系数的差异。辐射模型中只有P-I模型和DO模型是最为适合，但DO模型计算量大，且DO模型时，假设每个波带的吸收系数相同。因此选择P-I辐射模型，并且使用WSGGM模型(Weighted-Sum-of-Gray-Gas Model)设定气相的吸收系数。

3.2.5.1 P-I模型基本方程

P-I模型的出发点是把辐射强度展开成为正交的球谐函数。它假定介质中的辐射强度沿空间呈正交球谐函数分布，并将含有微分、积分的辐射输运方程转化为一组偏微分方程，联立能量方程和相应的边界条件便可求出辐射强度和温度的空间分布。

如果只取正交球谐函数的前四项，辐射热流量 q_r：

$$q_r = -\frac{1}{3(\alpha + \sigma_s) - C\sigma_s}\nabla G \tag{3.28}$$

式中，α 为吸收系数；σ 为发射系数，G 为入射辐射；C 为线形各项异性相位函数系数(Linear-anisotropic phase function)。引入交换参数 Γ：

$$\Gamma = \frac{1}{3(a + \sigma_s) - C\sigma_s}$$

方程(6.45)可化为：

$$q_r = -\Gamma\nabla G \tag{3.29}$$

G 的输运方程为：

$$\nabla(\Gamma\nabla G) - aG + 4a\sigma T^4 = S_G \tag{3.30}$$

式中，σ 为斯蒂芬-波尔兹曼常数；S_G 为用户定义的辐射源相。使用这个模型可以通过求解这个方程可以得到当地的辐射强度。合并式(6.46)和式(6.47)，可得到方程：

$$-\nabla q_r = aG - 4a\sigma T^4 \tag{3.31}$$

$-\nabla q_r$ 的表达式可以直接带入能量方程，从而得到由于辐射所引起的热量源(汇)。

3.2.5.2 吸收系数的确定

在辐射模型中混合气的吸收系数和发射系数是一重要的参数。采用灰气体加权平均模型(WSGGM)设定混合气的吸收系数和发射系数。灰气体加权平均模型(WSGGM)是介于过分简化的完全灰气体模型与完全考虑每个气体吸收带模型之间的折衷模型。

WSGGM的基本假设是对于一定厚度的气体吸收层，其发射率为：

$$\varepsilon = \sum_{i=0}^{I} a_{\varepsilon,i}(T)\left(1 - e^{-\kappa_i ps}\right) \tag{3.32}$$

式中，$a_{\varepsilon,i}$ 为第 i 组"假想"灰气体的发射加权系数；括号内的量是第 i 组"假想"灰气体的发射率；κ_i 为第 i 组"假想"灰气体的吸收系数；p 为所有吸收性气体的分压的总和；s 为辐射的行程长度。对于 $a_{\varepsilon,i}$，κ_i，使用由文献给出的数值。这些数值依赖于气体组成，$a_{k,i}$ 还依赖于气体温度。当气体总压不等于1atm时，应对 κ_i 进行相应的比例缩放。

依赖于温度的 $a_{\varepsilon,i}$ 可由任一种函数近似(拟合)，本文采用如下形式：

$$a_{\varepsilon,i} = \sum_{j=1}^{J} b_{\varepsilon,i,j} T^{j-1} \tag{3.33}$$

式中，$b_{\varepsilon,\ i,\ j}$ 为关于气体温度的多项式的系数，$b_{\varepsilon,\ i,\ j}$ 和 κ_i 是是通过对方程 $q_{out} = (1 - \varepsilon_w) q_{in} + n^2 \varepsilon_w \sigma T_w^4$ 进行拟合得到。

由于系数 $b_{\varepsilon,\ i,\ j}$，κ_i 在较小的程度上还依赖于 ps，T，因此，在这些参数的较大变化范围之内，可以认为此系数为常数。文献中，在总压保持在 101.3kPa 情况下，对于不同的 CO_2 和 H_2O（蒸汽态）分压，上述的系数均保持为常数。此文献的系数的实验验证范围为 $0.001 \leq ps \leq 10.0$atm-m，以及 $600 \leq T \leq 2400$K。若 $T > 2400$K，系数值采用文献中的数据。如果 $\kappa_i ps \ll 1$，方程 3.32 简化为

$$\varepsilon = \sum_{i=0}^{I} a_{\varepsilon,\ i} \kappa_i ps \tag{3.34}$$

WSGGM 模型中穿越一定距离 s 后辐射强度的变化与灰气体模型中经由吸收系数得到的变化值是一致的。吸收系数 a 依赖于 s，它反映了气体分子对热辐射吸收的非灰体特性。

$$\begin{aligned} &\text{当 } s \leq 10^{-4} m,\ a = \sum_{i=0}^{I} a_{\varepsilon,\ i} \kappa_i p; \\ &\text{当 } s > 10^{-4} m,\ a = -\frac{\ln(1 - \varepsilon)}{s}。\end{aligned} \tag{3.35}$$

3.2.5.3 吸收系数的修正

WSGGM 模型中假定总（静）压 $p_T = 1$atm。若 $p_T \neq 1$atm，则使用文献中的比例缩放法则来进行修正。当 $p_T < 0.9$atm 或 $p_T > 1.1$atm，方程 3.32 和方程 3.34 中的 κ_i 变为：

$$\kappa_i \rightarrow \kappa_i p_T^m \tag{3.36}$$

其中，m 为从文献得到得无量纲数，它依赖于吸收性气体得分压和温度 T，同时也依赖于（总压）p_T。

由于在计算中需考虑混合气受到加热元件以及混合气各组分间的辐射作用，因此采用基于计算单元特征尺寸的 WSGGM 模型可以较好预测混合气温度分布。虽然由基于计算单元特征尺寸的 WSGGM 计算出的 a 值或多或少的依赖于网格尺寸。但由于辐射能与 T^4 成正比，因此这种计算结果的网格依赖性并非必然的要影响到温度分布的精确预测。

3.2.6 小结

基于实验研究及理论分析，建立的基于化学动力学和热力学统一的油气热着火的数学分析模型包括：

（1）提出了一种新型的油气详细化学反应模型建立的方法：针对油气热着火起燃的特点，探讨了油气化学反应的机理；根据化学位确定系统组分；采用组分和温度敏感度分析法筛选出一定温度范围内的化学方程式；使用最小吉布斯自由能法判断化学方向和限度；基于组分的 Arrhenius 速度公式和热力学参数之间的关系，确定了组分的消耗和生成速度以及组分化学反应放热率。基于以上方法，建立的油气详细起燃过程的化学模型包括 44 个组份和 222 个化学方程。详细化学反应模型和流场控制方程通过组分和能量方程直接耦合。

（2）辐射模型：油气辐射换热采用 P-I 辐射模型，并且使用 WSGGM 模型（Weighted-Sum-of-Gray-Gas Model）设定气相的吸收和发射系数。辐射模型和流场控制方程通过能量方

程直接耦合。

（3）综合上述两种模型，采用低马赫数、可压缩方程作为流场控制方程组，并考虑边界条件限制，建立了基于化学动力学和热力学统一的油气热着火起燃过程的数学模型，即统一模型。

把详细化学反应模型和辐射模型引入油气热着火的热力学模型中，建立了详细化学反应和热力学相统一的模型。该模型中反应物的分解、生成物的形成以及一系列的支链反应的机理和作用过程明晰，在不同条件下的能量转化过程完全由各基元反应自身的特性决定，而不需要进行各种经验参数控制，油气的起燃起爆过程同时受化学机理、流体的流动状态以及边界条件的控制，能较好地反映油气热着火的起爆过程。

3.3 数值计算方法与定解分析

获得符合实际的求解，合适的数值解法、准确的物性参数以及合理的边界条件缺一不可。本文建立了与实验装置一致的三维几何模型，采用结构网格和非结构网格相结合的方法划分求解区域；在体积域采用混合格式，时间域上采用向后差分格式对控制方程进行离散；采用分离式解法求解控制方程组。其中，使用 PISO 算法对压力-速度进行解耦计算；利用分步求解的方法处理详细化学反应模型和流场方程的耦合问题；采用 ISAT 加速算法解决化学反应计算所产生的刚性问题。分析包括热、动量、组分、化学反应、辐射等边界条件的设定；研究了组分和混合气体的状态参数、热力学参数和输运特性的计算。

3.3.1 几何建模及网格划分

为了和实验结果对比分析，数值模拟采用了和实验装置尺寸完全一致的三维模拟区域；在数值模拟计算中为了获得混合气体起燃过程中的流场和传热传质过程的主要特征，减少计算量，略去了对空气动力特性影响不大的小结构，诸如法兰、各种圆角及倒角等。综合考虑受限空间几何结构的复杂性及计算量等因素，采用了结构网格与非结构网格相结合的分块网格生成技术，即将计算域分割成数个部分，对结构规则的区域采用六面体结构化网格，对形状不规则的区域采用四面体非结构化网格，并对重要区域进行局部加密处理。图 3.15 为数值模拟的几何模型及网格图。数值模拟区域采用和实验一致的 1.7m×0.4m 的绝热受限空间。模拟区域共分 1199229 个单元，2356844 个内部面，89256 个墙面。

3.3.2 控制方程组的离散化

3.3.2.1 控制方程的通用形式

比较控制方程组的四个基本方程，可以看出，尽管这些方程因变量各不相同，但它们均反映了单位时间、单位体积内物理量的守恒性质。上述基本方程可以写成由瞬态项，对流项、扩散项和源项组成的通用输运方程的形式。

$$\frac{\partial(\rho\varphi)}{\partial t} + \mathrm{div}(\rho\vec{u}\varphi) = \mathrm{div}\left[\Gamma\frac{\partial\varphi}{\partial\vec{u}_j}\right] + S \tag{3.37}$$

式中，φ 代表温度、质量分数、单位体积的动量、单位体积的能量等控制变量；Γ 是对应的交换系数；S 为其相应的源项；u_j 为流体速度。

该方程既是耦合的又是非线性的。非线性不仅表现在对流项，而且瞬变项、扩散项、尤

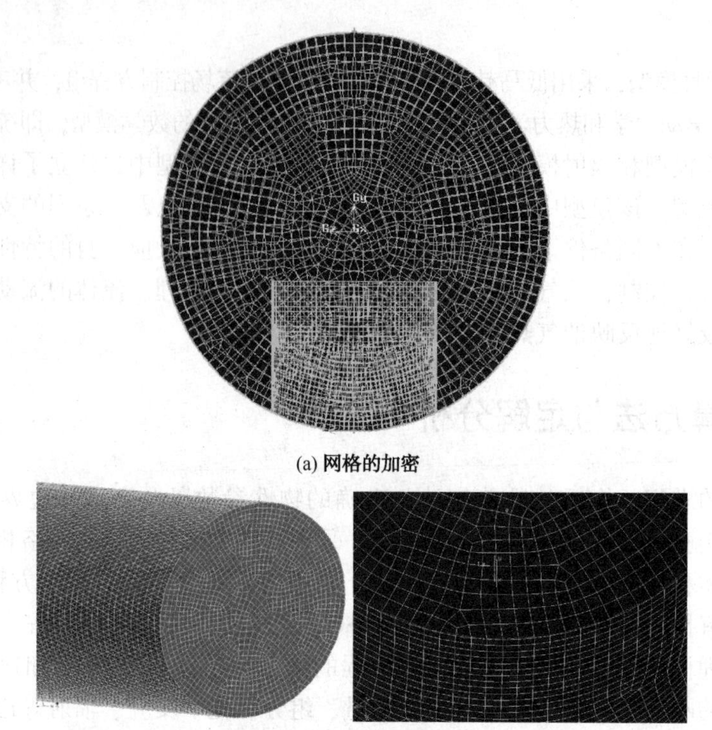

(a) 网格的加密

(b) 结构网格与非结构网格的连接

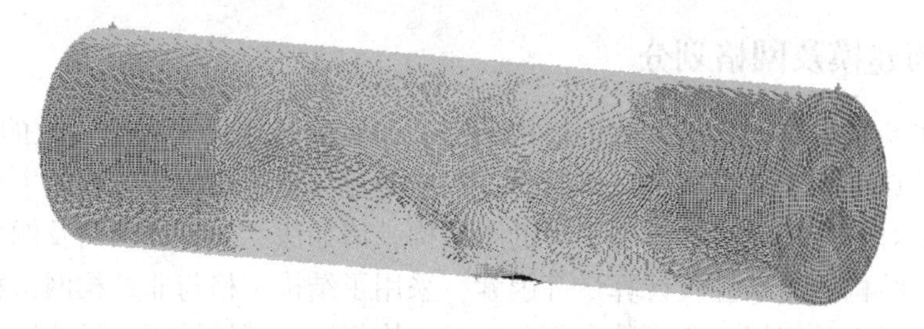

(c) 几何模型

图 3. 15　数值模拟的几何模型及网格

其是源项都表现出很强的非线性。耦合性是由于各个方程并非彼此独立，变量交错出现在各个方程中。这两个特点决定了反应流方程组的求解非常复杂和困难。一般情况下，不能用解析法求出封闭形式的解，只能采用数值方法，而且只能用迭代法，直接法则无法求解。

3. 3. 2. 2　离散方法的选取

求微分方程数值解首先要对方程进行离散化，即在按一定的方式网格化的积分区域内，把以连续变化形式描述的微分方程转化为离散的受限数量的代数方程。目前，CFD(计算流体动力学)主要的数值方法有有限元方法、有限差分法和有限体积法。有限体积法结合了有限元和有限差分的优点，既利用数值积分的算法和 TVD、ENO 原理灵活地构造数值方法，提高计算精度，又可利用结构网格和非结构网格离散复杂求解区域，具有较好的边界适应性。综合考虑边界的适应性、计算精度和计算耗费，利用有限体积法求解油气热着火流场的控制方程组。

图 3. 16 是一个在非结构网格上使用有限体积法的示意图。控制体积可以是任意多边形。

为了叙述方便，这里用二维四边形来表示控制体积，控制体积的各个面可以是任意方向，控制体积以其中心节点来表示，所有物理量均在控制体积中心节点上定义和存储。左侧控制体积的中心为节点P，右侧控制体积的中心为节点E，两个控制体积的界面为e，两个节点通过矢量$\vec{N}$连接，$\vec{N}=\delta x\vec{i}+\delta y\vec{j}$。在界面$e$的面积矢量是$\vec{S}$，$\vec{S}=\Delta y\vec{i}-\Delta x\vec{j}$。界面$e$的单位法向矢量为$\vec{v}$，$\vec{v}=v_x\vec{i}+v_y\vec{j}$。在控制体积的界面$e$上，假定流速及压力没有变化，流速为$\vec{u}$，$\vec{u}=u\vec{i}+v\vec{j}$。

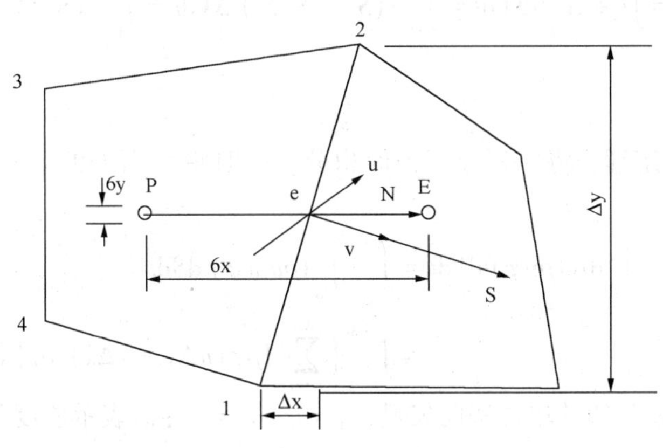

图3.16 有限体示意图

3.3.2.3 通用控制方程的离散

针对图3.16所示的单元控制体P以及时间段Δt上

$$\int_{t}^{t+\Delta t}\int_{\Delta v}\frac{\partial(\rho\varphi)}{\partial t}\mathrm{d}V\mathrm{d}t+\int_{t}^{t+\Delta t}\int_{\Delta v}\mathrm{div}(\rho\vec{u}\varphi)\,\mathrm{d}V\mathrm{d}t=\int_{t}^{t+\Delta t}\int_{\Delta v}\mathrm{div}\left[\Gamma\mathrm{grad}\varphi\right]\mathrm{d}V\mathrm{d}t+\int_{t}^{t+\Delta t}\int_{\Delta v}S\mathrm{d}V\mathrm{d}t \tag{3.38}$$

为了得到对流项和扩散项的积分，需引入Gauss散度定理：

$$\begin{aligned}\int_{\Delta V}\mathrm{div}(a)\,\mathrm{d}V&=\int_{\Delta S}\vec{v}\cdot\vec{a}\mathrm{d}S=\int_{\Delta S}v_i a_i\mathrm{d}S\\&=\int_{\Delta S}(v_x a_x+v_y a_y+v_z a_z)\,\mathrm{d}S\end{aligned} \tag{3.39}$$

式中，ΔV是三维积分域；ΔS是与ΔV对应的闭合边界面；$\vec{a}$是任意矢量；$\vec{v}$是积分体的面元$\mathrm{d}S$的表面外法线单位矢量。

3.3.2.4 控制方程在体积域上离散

为了说明更直接，先考虑对控制体积的积分。通用控制方程的离散格式，采用混合格式，即对瞬态项作一阶显格式离散，对流项采用一阶迎风格式，扩散项采用中心差分格式，源项作线性化处理。对方程中的各项的离散讨论如下。

1）瞬态项

处理瞬态项时，作一阶显格式离散。假定物理量φ在整个控制体积P上均具有节点处的值φ_P，则瞬态项变为：

$$\int_{t}^{t+\Delta t}\int_{\Delta v}\frac{\partial(\rho\varphi)}{\partial t}\mathrm{d}V\mathrm{d}t=\int_{\Delta v}\left[\int_{t}^{t+\Delta t}\frac{\partial(\rho\varphi)}{\partial t}\mathrm{d}t\right]\mathrm{d}V=(\rho\varphi_{\mathrm{p}}-\rho_{\mathrm{p}}^{0}\varphi_{\mathrm{p}}^{0})\,\Delta V \tag{3.40}$$

上标 0 表示物理量在时刻 t 的值，而在 $t+\Delta t$ 时刻的物理量没有用上标来标记，下标 P 表示物理量在控制体积 P 的取值。

2）源项

源项是所求未知量 φ 的函数。把源项局部线性化，即假定在未知量微小的变动范围内，源项 S 表示为该未知量的线性函数。于是在控制体积 P 内，它表示为：$S = S_c + S_P\varphi_P$

其中，S_c 为常数部分，S_p 是 S 随 φ 变换的曲线在 P 点的斜率。

$$\int_t^{t+\Delta t}\int_{\Delta v} S\mathrm{d}V\mathrm{d}t = \int t + \Delta t\, S\Delta V\mathrm{d}t = \int_t^{t+\Delta t}(S_c + S_p\varphi_p)\,\Delta V\mathrm{d}t = \int_t^{t+\Delta t}(S_c\Delta V + S_p\varphi_p\Delta V)\,\mathrm{d}t \tag{3.41}$$

3）对流项

利用 Gauss 散度定理，将体积分变为面积分。同时将界面处的 φ 值采用一阶迎风格式处理。

$$\begin{aligned}\int_t^{t+\Delta t}\int_{\Delta v}\mathrm{div}(\rho\vec{u}\varphi)\,\mathrm{d}V\mathrm{d}t &= \int_t^{t+\Delta t}\int_{\Delta s}(\rho u_i v_i\varphi)\,\mathrm{d}S\mathrm{d}t \\ &= \int_t^{t+\Delta t}\left\{\sum_{E=1}^{Ns}\,[\rho\varphi(u\Delta y - v\Delta x)\,]_E\right\}\mathrm{d}t\end{aligned} \tag{3.42}$$

式中，v_i 表示控制体积各边的单位法向矢量，$v_1 = v_x$，$v_2 = v_y$；u_i 表示速度分量，$u_1 = u$，$u_2 = v$。

4）扩散项

利用 Gauss 散度定理，将体积分变为面积分，同时用中心差分格式来离散界面上的 φ 值：

$$\begin{aligned}\int_t^{t+\Delta t}\int_{\Delta v}\mathrm{div}\,[\Gamma\mathrm{grad}\varphi]\,\mathrm{d}V\mathrm{d}t &= \int_t^{t+\Delta t}\int_{\Delta s}\left[\Gamma\frac{\partial\varphi}{\partial x_i}\right]v_i\mathrm{d}S\mathrm{d}t \\ &= \int_t^{t+\Delta t}\left\{\sum_{E=1}^{Ns}\left\{(\varphi_E - \varphi_P)\,/\,\sqrt{\delta x^2 + \delta y^2}\times[\Gamma(v_x\Delta y - v_y\Delta x)\,]\right\} + C_{\mathrm{diff}}\right\}_E\mathrm{d}t\end{aligned} \tag{3.43}$$

式中，Ns 是控制体积 P 的总面数，也就是相邻控制体积的数量；变量 E 表示与控制体积 P 有公共界面的各个控制体积；v_x 和 v_y 表示控制体积各界面的单位法向矢量的分量；Δy 和 Δx 表示控制体积各界面的单位法线矢量的分量；δx 和 δy 是两个控制体积之间节点 P 到节点 E 的矢量分量；C_{diff} 是公共界面上的交叉扩散项，当矢量 $\vec{N}$ 与界面 E 垂直时，通过该界面的交叉扩散量 C_{diff} 等于 0；对于一般的准正交网格，C_{diff} 是小量，可按 0 处理。

将上面各项带入通用控制方程，得到控制方程在非结构网格上的离散方程：

$$a_p\varphi_p = \sum_E^{Ns} a_E\varphi_E + b_p \tag{3.44}$$

式中，

$$\begin{aligned}a_p &= \sum_E^{Ns} a_E + \frac{(\rho_p\Delta V)^0}{\Delta t} - S_p\Delta V \\ b_p &= \frac{(\rho_p\varphi_p\Delta V)^0}{\Delta t} + S_c\Delta V\end{aligned} \tag{3.45}$$

a_E 取决于对流项的格式。对流项使用一阶迎风格式。

$$a_E = D_e + \max(0,\ -F_e) \tag{3.46}$$

其中，e 表示控制体积 P 与 E 相邻的界面，D_e 和 F_e 分别是界面 e 上的对流质量流量与扩散传导性。

$$
\begin{aligned}
F_e &= \rho \vec{u} \cdot \vec{S} \\
D_e &= \Gamma_\varphi \frac{S \cdot N}{|N|^2}
\end{aligned}
\tag{3.47}
$$

3.3.2.5 控制方程在时间域上的离散

对流项，扩散项和源项中引入全隐式的时间积分方案，在时间域上进行积分。

$$\frac{\partial \varphi}{\partial t} = F(\varphi) \tag{3.48}$$

其中函数 F 为任何空间离散的合并。

用后向差分来离散时间导数，一阶精度的时间离散为：

$$\frac{\varphi^{n+1} - \varphi^n}{\Delta t} = F(\varphi^{n+1}) \tag{3.49}$$

由于单元 P 中的 φ^{n+1} 通过 $F(\varphi^{n+1})$ 与邻近单元的 φ^{n+1} 有关，所以它被称为隐式积分：

$$\varphi^{n+1} = \varphi^n + \Delta t F(\varphi^{n+1}) \tag{3.50}$$

该隐式方程的求解可以通过迭代下面的方程，直至 $F(\varphi^i)$ 收敛：

$$\varphi^i = \varphi^n + \Delta t F(\varphi^i) \tag{3.51}$$

3.3.3 控制方程组的求解

3.3.3.1 控制方程组的求解方法

控制方程的数值解法主要有分离式解法和耦合式解法。主要研究受限空间内混合气的起燃起爆过程，流场为可压缩的低速流场，采用分离式解法比较合适。图 3.17 为分离式解法的示意图。

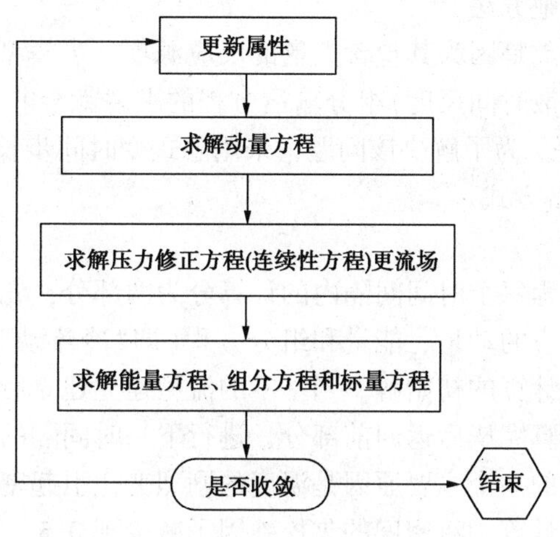

图 3.17 分离求解方法示意图

3.3.3.2 压力-速度的耦合方法

由于反应流的控制方程组是一个多变量相互耦合的非线性的方程组。其耦合性主要体现在流场与其他标量场的耦合，即速度与压力、密度和温度等变量的耦合，特别是速度与压力的耦合，构成了各种无反应和有反应流动问题的最大障碍。所以必须通过必要的解耦假设，构造一个压力校正公式，从而把连续方程中的间接信急转换成为计算压力的直接算法。采用PISO算法，计算步骤如下：

(1) 利用估计的速度和压力场 u''_i 和 p'' 计算动量方程系数，并隐式求解动量方程和各标量方程，解出 u''_i 和 φ''，此为预报步；

(2) 用 u''_i 和 φ'' 等计算压力方程系数，并解出压力 p''；

(3) 用显式方程校正速度，求出 u_i^{**} 和 φ^{**}，此为速度的第一校正步；

(4) 用隐式求解压力方程，得出压力的第一校正值 p^{**}；

(5) 显式地求出速度的第二校正值 u_i^{***} 等；

(6) 如采用多步校正则转到(3)继续校正；

(7) 收敛性判断。

3.3.3.3 化学反应流的求解

化学反应动力学计算中需要求解受化学反应影响的含时方程组：

$$\frac{d\varphi}{dt} = S[\varphi(t)] \tag{3.52}$$

式中，$\varphi = \{Y_1, Y_2, \cdots, Y_{n_s}, T\}$，S为由于化学反应所引起温度和组分变化的源项。化学反应计算的任务就是求解上式中 n_s+1 个常微分方程组的初值问题。最为直接的方法就是对上式直接积分(简称为DI)。

然而化学反应计算是计算流体力学中的难题之一，特别是在涉及详细化学反应流动模型时更是如此。在反应流中获得收敛解是非常困难。首先，化学反应对基本流型的影响可能非常强烈，可能导致模型中质量/动量平衡和物质输运方程的强烈耦合。在强烈的热量释放、密度变化显著以及流体运动剧烈加速的燃烧反应中耦合效应尤其明显。但是，当流动属性依赖于物质浓度时，所有的反应系统都具有一定程度的耦合。为了处理这些耦合问题，采用两步求解过程以及密度欠松弛方法。

其次，反应流难以收敛是因为其包含大量的反应源项。当模型涉及快速的反应速度(反应时间尺度快于对流和扩散时间尺度)组分输运方程的求解就会非常困难。这就是化学反应计算中所谓的“刚性”问题。为了解决该问题，采用隐式变时间步长的分离式求解与“刚性化学反应”求解相结合的求解方式。

1) 分步求解过程

两步求解反应流的过程每个时间间隔内的计算分为两部分，先假设各个区间没有发生化学反应。首先求解不带反应的动量、能量和组分方程(即“冷流动”，或无反应流动)。冷流动求解为燃烧系统提供了计算的初始解。当基本的流型建立建立后，再调用化学反应和连续性方程重新开始计算。计算完毕后返回前部分，进行下一时间隔的计算。

热着火模拟难以收敛的一个主要原因是温度的剧烈变化引起密度的剧烈变化，从而导致流动求解的不稳定性。在计算中将密度的欠松弛因子减少到0.5。

2) 刚性层流化学反应系统的求解

详细化学反应模型中涉及的组分及反应数量都非常多，不同的反应发生时间不一致，而且反应速度快慢差别大，有的反应反应时间尺度只有 10^{-10}s，而有的反应时间尺度达到1s。为了准确计算的快速反应，时间步长就必须取得很小，而用很小的时间步长去计算速度慢的反应则要耗费大量的计算时间，这就是化学反应计算中所谓的“刚性”问题。时间尺度的差别导致了数值刚化。即需要足够的计算来满足上式的化学源项。对于一个典型的稳态 PDF 输运模拟可以包含 50000 个单元，每个单元 20 种组分，需要 1000 次迭代才能收敛，因此需要 10^9刚性 ODE 积分，每次积分需要几十到几百微秒，如果采用直接化学积分的方法，就超过了 CPU 的计算能力。为了解决化学反应计算所产生的刚性问题，减少计算时间，采用了 ISAT(InSitu Adaptive Tabulation)，自适应建表方法加速算法。ISAT 能通过加速化学计算使化学反应和复杂区域流动的模拟兼容。

通常详细化学反应机理包括许多种化学组分，因此上述含时方程组是一个高维的刚性方程组，由于各个反应的特征时间尺度不同而出现计算刚性问题。如果计算过程中将某些网格的状态 $\varphi^0=\{Y_1, Y_2, \cdots, Y_N, T\}$（$Y_i$ 为体积分数，T 为温度）和其积分结果存储在数据表的节点中，那么当计算的另一网格的状态 φ^1 与已存储在节点中的 φ^0 相差很大时，采用直接积分计算 φ^1 的变化。并且将积分结果存储在数据表的一个新节点；当计算中遇到的网格状态 φ^1 与 φ^0 在精度范围内，利用线性近似公式来计算：

$$R(\varphi^1)=R(\varphi^0)+A(\varphi^0)\times(\varphi^1-\varphi^0) \tag{3.53}$$

其中，$R(\varphi^i)=\varphi(t_i+\Delta t)$； A 是雅克比矩阵，$A_{ij}(\varphi)=\partial R_i(\varphi)/\partial\varphi_j$ 。

由于在自适应建表方法中，数据表是动态增长的，为了能够有效查找到最近的表项，采用平衡受限二叉树(AVL)结构。另外，为了防止数据表的不断膨胀导致查找时间过长(甚至超过直接积分耗费的计算时间)，而致使没有达到节约计算时间的目的，限定了二叉树节点总数和深度。当二叉树节点总数过多时，采用替换的办法，用新的数据代替原数据表中初始值比较接近，但误差控制区较大的数值表项。

二叉树搜索运算快，线性近似公式的计算量较小。它的计算时间与组分数目呈线性增长，所以 ISAT 大大提高计算速度。

3.3.4 物性参数计算

本节的研究中主要涉及的物质包括空气、汽油挥发形成的油蒸气。由于油蒸气是多组分的物质，其来源以及炼制方式的不同，组成变化范围很大，另一方面实验测定的物性数据非常受限，而且实际的物质与实验样品在组成上总是存在差别。因此，对这些混合物质进行理论研究时，首先要解决的关键问题就是其物性参数的准确计算。所用的物性计算公式均引自美国 Lamar 大学著名化学工程教授 Carl L. Yaws 主编的文献及其转引文献[156~160]。

3.3.4.1 气相状态参数及其转换

对于气体，可选择压力或者密度、温度、质量比/摩尔比/摩尔浓度来描述气体混合物的状态，换言之定义气体状态，每个变量可以从下列阵列的每栏中选取，自由组合。

$$\begin{bmatrix} P & T_k & Y_k \\ \rho & & X_k \\ & & [X_k] \end{bmatrix} \tag{3.54}$$

定义的气体为理想，多组分可压缩气体，并考虑了每种组分的温度 T_k，而通常的热平衡方程所有组分的温度都等于混合气的温度。

平均摩尔质量：

$$\overline{W} = \frac{1}{\sum_{k=1}^{k} X_k W_k} \tag{3.55}$$

平均压强：

$$P = \sum_{k=1}^{k} [X_k] RT_k \tag{3.56}$$

平均密度：

$$\rho = \sum_{k=1}^{K} [X_k] W_k \tag{3.57}$$

3.3.4.2　组分的热力学参数计算

计算认为标准状态热力学参数仅是温度的函数，标准状态下定压比热、焓和熵即为真实值。

1）组分的摩尔比热

$$\frac{C_{pk}^0}{R} = \sum_{m=1}^{M} a_{mk} T_k^{(m-1)} \tag{3.58}$$

2）组分的摩尔焓

标准状态下的摩尔焓：

$$H_k^0 = \int_0^{T_k} C_{pk}^0 \mathrm{d}T + H_k^0(0) \tag{3.59}$$

写成多项式为：

$$\frac{H_k^0}{RT_k} = \sum_{m=1}^{M} \frac{a_{mk} T_k^{(m-1)}}{m} + \frac{a_{m+1,\ k}}{T_k} \tag{3.60}$$

3）组分的摩尔熵

$$S_k^0 = \int_{298}^{T_k} \frac{C_{pk}^0}{T} \mathrm{d}T + S_k^0(0) \tag{3.61}$$

写成多项式为：

$$\frac{S_k^0}{R} = a_{1k} \ln T_k + \sum_{m=1}^{M} \frac{a_{mk} T_k^{(m-1)}}{m-1} + a_{m+2,\ k} \tag{3.62}$$

式中，上标 0 指标准状态，即 1atm 下的真实气体；积分常数 $a_{m+1,k}$ 是 298K 下的标准热。$a_{m+2,k}$ 是 298K 下的标准状态熵。

上述方程为任意阶多项式，对于低于 1000K 和高于 1000K 两个温度区间，NASA 分别提供了两组，每组 7 个系数来近似描述每种粒子的热力学特性。利用这两组 14 个系数就可以近似地确定每种粒子的定压热容、焓和熵。

$$\begin{aligned}
\frac{C_{pk}^0}{R} &= a_{1k} + a_{2k} T_k + a_{3k} T_k^2 + a_{4k} T_k^3 + a_{5k} T_k^4 \\
\frac{S_k^0}{R} &= a_{1k} \ln T_k + \frac{a_{2k}}{2} T_k + \frac{a_{3k}}{2} T_k^2 + \frac{a_{4k}}{3} T_k^3 + \frac{a_{5k}}{4} T_k^4 \\
\frac{H_{pk}^0}{RT_k} &= a_{1k} + a_{2k} T_k + \frac{a_{3k}}{3} T_k^2 + \frac{a_{4k}}{4} T_k^3 + \frac{a_{5k}}{5} T_k^4 + \frac{a_{6k}}{T_k} + a_{7k}
\end{aligned} \tag{3.63}$$

组分的其他属性由由 C_{pk}^0、H_k^0、S_k^0 得到：

定容热容：　$C_{vk}^0 = C_{pk}^0 - R$

内能：　$U_k^0 = H_k^0 - RT_k$

Gibbs 自由能：　$G_k^0 = H_k^0 - T_k S_k^0$　(3.64)

3.3.4.3 气体混合物的热力学参数计算

对于混合气体来说，热力学参数等于各组分气体相应热力学参数与其百分比的乘积之和。

平均定压热容和定容热容：$\bar{C}_p = \sum_{k=1}^{k} C_{pk} X_k$，$\bar{C}_v = \sum_{k=1}^{k} C_{vk} X_k$

平均焓：　$\bar{H} = \sum_{k=1}^{k} H_k X_k$

平均内能：　$\bar{U} = \sum_{k=1}^{k} U_k X_k$　(3.65)

混合气体的熵、Gibbs 自由能的混合属性复杂，实际值不等于标准状态的值，必须考虑适当的压力。

$$S_k = S_k^0 - R\ln X_k - R\ln(P/P_{atm})$$

混合物平均熵为：　$\bar{S} = \sum_{k=1}^{k} [S_k^0 - R\ln X_k - R\ln(P/P_{atm})] X_k$

单位质量熵为：　$\bar{s} = \frac{\bar{S}}{\bar{W}}$　(3.66)

平均 Gibbs 自由能：

$$\bar{G} = \sum_{k=1}^{k} \{G_k - T_k[S_k^0 - R\ln X_k - R\ln(P/P_{atm})]\} X_k$$

单位质量自由能为：　$\bar{g} = \frac{\bar{G}}{\bar{W}}$

3.3.4.4 输运特性参数

输运特性参数决定着流场内的动量、热量、质量等传递过程，即决定了流体运动发展的整个过程。输运特性参数主要包括动力黏度、导热系数和质量扩散系数，以及由三者计算得出的 lewis 数和 Prandtrl 数等。模拟过程中，选取准确合理的输运特性参数是获得合理计算结果的必要前提。

1）动力黏度

各组分的黏度采用分子运动论定义

$$\mu_i = 2.67 \times 10^{-6} \frac{\sqrt{M_i T_i}}{\sigma^2 \Omega_\mu}$$

组分的黏度：

$$\Omega_\mu = \Omega_\mu(T^*)$$

$$T^* = \frac{T}{\varepsilon/k} \quad (3.67)$$

混合物的黏性：

$$\mu = \sum_i \frac{X_i \mu_i}{\sum_i X_i \varphi_{ij}} \tag{3.68}$$

其中:

$$\varphi_{ij} = \frac{\left[1 + \left(\frac{\mu_i}{\mu_j}\right)^{\frac{1}{2}} \left(\frac{M_j}{M_i}\right)^{\frac{1}{4}}\right]^2}{\left[8\left(1 + \frac{M_i}{M_j}\right)\right]^{\frac{1}{2}}} \tag{3.69}$$

2）质量扩散系数

根据分子运动论，混合物的扩散系数由下式计算:

组分的扩散系数:

$$D_{i,j} = 0.0188 \frac{\left[T^3\left(\frac{1}{M_i} + \frac{1}{M_j}\right)\right]^{\frac{1}{2}}}{p_{abs}\sigma_{i,j}^2 \Omega_D} \tag{3.70}$$

式中, p_{abs} 是绝对压力; Ω_D 是扩散系数的积分，它是 T_D^* 的函数。

$$T_D^* = \frac{T}{(\varepsilon/k)_{ij}}$$

其中:

$$(\varepsilon/k)_{ij} = \sqrt{(\varepsilon/k)_i (\varepsilon/k)_j} \tag{3.71}$$

$$\sigma_{ij} = \frac{1}{2}(\sigma_i + \sigma_j)$$

混合物中第 i 种物质的扩散系数 $D_{i,m}$:

$$D_{i,m} = \frac{1 - X_i}{\sum_{j, j\neq i} X_j / D_{ij}} \tag{3.72}$$

3）导热系数

根据分子运动论，组分的导热系数由下式定义:

$$\lambda_i = \frac{15}{4} \frac{R}{M_i} \mu_i \left[\frac{4}{15} \frac{c_p M_i}{R} + \frac{1}{3}\right] \tag{3.73}$$

混合物的导热系数由理想气体混合定律确定:

$$\lambda = \sum_i \frac{X_i k_i}{\sum_i X_i' \varphi_{ij}} \tag{3.74}$$

其中:

$$\varphi_{ij} = \frac{\left[1 + \left(\frac{\mu_i}{\mu_j}\right)^{\frac{1}{2}} \left(\frac{M_j}{M_i}\right)^{\frac{1}{4}}\right]^2}{\left[8\left(1 + \frac{M_i}{M_j}\right)\right]^{\frac{1}{2}}} \tag{3.75}$$

3.3.5 边界条件的设定

计算所涉及的边界条件包括热边界条件、动量边界条件、组分边界条件、化学反应边界条件。

1）动量边界条件

假设壁面为非滑移条件。即垂直壁面的速度为0。由于壁面附近疏运系数的法向梯度很陡，为了避免在壁面附近采用过细的网格，采用壁面函数。

壁面剪切应力为：

$$\tau_w = -\mu \frac{u_p}{\Delta y_p} \tag{3.76}$$

该式表明速度与到壁面的距离成线变化。据此写出剪切力：

$$F_s = -A_{\text{cell}} = -\mu \frac{u_p}{\Delta y_p} A_{\text{cell}} \tag{3.77}$$

式中，u_p 为近壁面网格点处的速度；A_{cell} 为控制体积在壁面处的面积。

这样在动量方程中相应源项为：

$$S_i = -\frac{u_p}{\Delta y_p} A_{\text{cell}} \tag{3.78}$$

2）热边界条件

对于受限空间的壁面，由于实验主体装置外面包裹有绝热材料，因此设定为绝热源面，则能量方程中的热量通量为0。

对于高温热源，壁面为非零厚度的固定温度边界。壁面处的温度根据实验结果拟合得到。

从壁面传递到近壁单元的热量由下式计算：

$$q'' = \frac{k_s}{\Delta y}(T_w - T_p) + q''_r \tag{3.79}$$

其中，k_s 为固体的热传导率；T_w 为壁面温度；T_{P} 为节点P的温度；Δy_P 是近壁面节点P到固壁的距离。

对于 q''_{r} 的求解，由上一章讨论所知，辐射模型采用P-I模型。为了得到入射辐射方程的边界条件，用法线向量点乘方程得：

$$q_{\text{r}} \cdot \vec{n} = -\Gamma \nabla G \cdot \vec{n}$$

$$q_{\text{r},\, w} = -\Gamma \frac{\partial G}{\partial n} \tag{3.80}$$

这样，入射辐射热流G在壁面为 $-q_{\text{r}}$ 的辐射热流使用下的边界条件计算得到：

$$I_w(\vec{r},\ \vec{s}) = f_w(\vec{r},\ \vec{s})$$

$$f_w(\vec{r},\ \vec{s}) = \varepsilon w \frac{\delta T^4}{\pi} + \rho_w I(\vec{r} - \vec{s}) \tag{3.81}$$

其中，ρ_w 为壁面发射率。然后用Marshak边界条件来消除辐射角度的影响。

$$\int_0^{2\pi} I_w(\vec{r},\ \vec{s})\, n \cdot \vec{s}\, \mathrm{d}\Omega = \int_0^{2\pi} f_w(\vec{r},\ \vec{s})\, n \cdot \vec{s}\, \mathrm{d}\Omega \tag{3.82}$$

根据上述三式积分得热通量的计算方程式为：

$$q_{r,w}=-\frac{4\pi\varepsilon_w\dfrac{\sigma T_w^4}{\pi}-(1-\rho_w)G_w}{2(1+\rho_w)} \tag{3.83}$$

假设墙为漫反射的灰色表面，则：$\rho_w=1-\varepsilon_w$

则

$$q_{r,w}=-\frac{\varepsilon_w}{2(2-\varepsilon_w)}(4\sigma T_w^4-G_w) \tag{3.84}$$

利用上述方程就可以求解能量方程中的 $q_{r,w}$ 以及辐射方程的边界条件。

3）组分边界条件

所有的组分在壁面处具有零梯度条件，采用壁面函数法的组分方程为：

$$Y^*=\frac{(Y_{i,w}-Y_i)\rho C_\mu^{0.25}k_P^{0.5}}{} = \begin{cases} Scy^* & (y^*<y_c^*) \\ Sc_t\left[\dfrac{1}{\kappa}\ln(Ey^*)+P_c\right] \end{cases} \tag{3.85}$$

4）反应边界条件

组分在壁面处是假定为零梯度条件的，它不参加任何表面反应。

3.4 数学模型及数值方法验证

对数学模型和数值方法的验证是基于对受限空间内油气连续接触温升热源而热着火过程数值模拟结果。

3.4.1 冷态流场模拟的验证与分析

冷态流场的模拟分析是三维反应流数值模拟的基础。所指的“冷态”是指受限空间内充满油气，热源装置加热热源温度升高到接近汽油自燃点的状态。通过对该种状态的模拟，能够分析出温升条件下流体的流动和受限空间内温度、组分布情况，从而预测油气热着火特性。同时由于实验中“冷态”很多参数可以测量，把冷态数值计算结果与实验进行对比，从而验证流场结构数值模拟的可靠性。

图 3.18 和图 3.19 为热源温度不断升高时，数值模拟得到的受限空间内温度分布值与实验值的比较结果。其中，散点为实验值，曲线为计算值。如图所示，受限空间内各测点的温

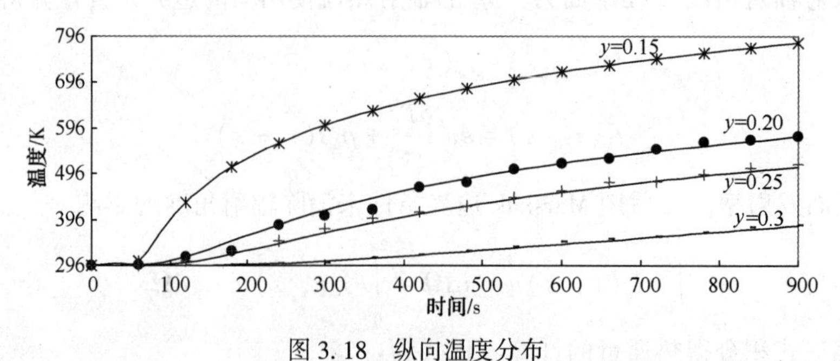

图 3.18　纵向温度分布

度变化数值模拟值与实验值均有着较好的吻合度，其最大相对误差不超过5%。

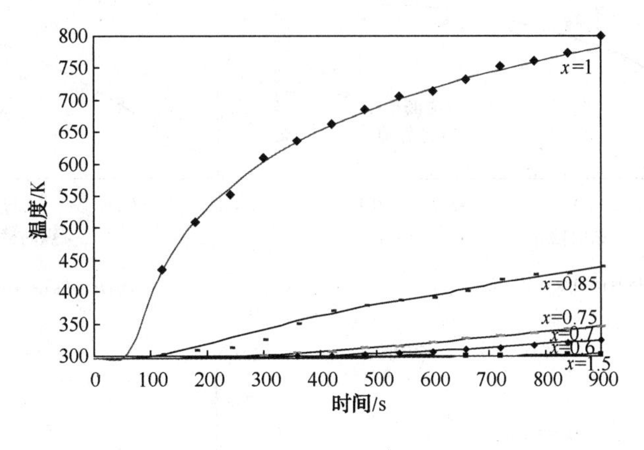

图 3.19 横向温度分布

图 3.20 为时间 900s 和 300s 流体速度实验值和计算值比较。如图所示，在热浮力驱动下，流体向上运动，并在热源上方自然分流，但是运动相当缓慢。实验值和计算值所反应的趋势一致。其最大相对误差不超过 10%。

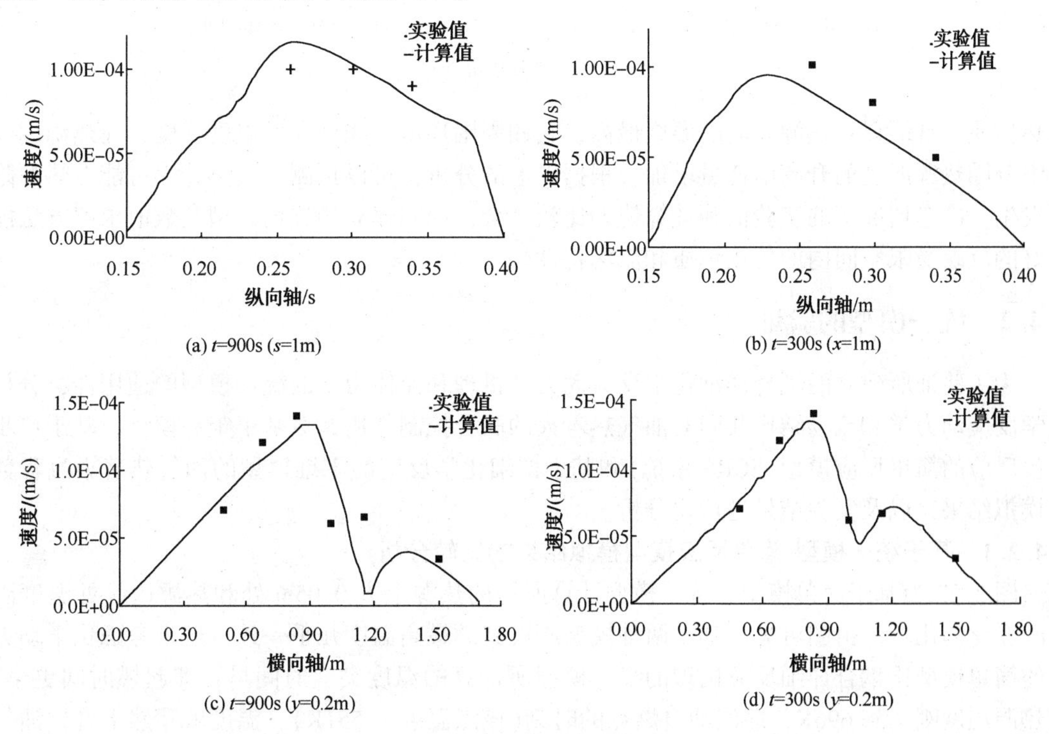

图 3.20 流体速度比较图

图 3.21 为时间 480s 和 900s 时，油气和氧气浓度分布实验值和计算值比较。如图所示，组分的分布受高温热源的影响，距离热源越近，组分浓度越小；随着热源温度的升高，组分的消耗量增加；实验值和计算值所反应的趋势一致。其最大相对误差不超过 8%。

冷态情况下温度、流体速度、组分浓度分布的分析比较说明，冷态情况下受限空间内的

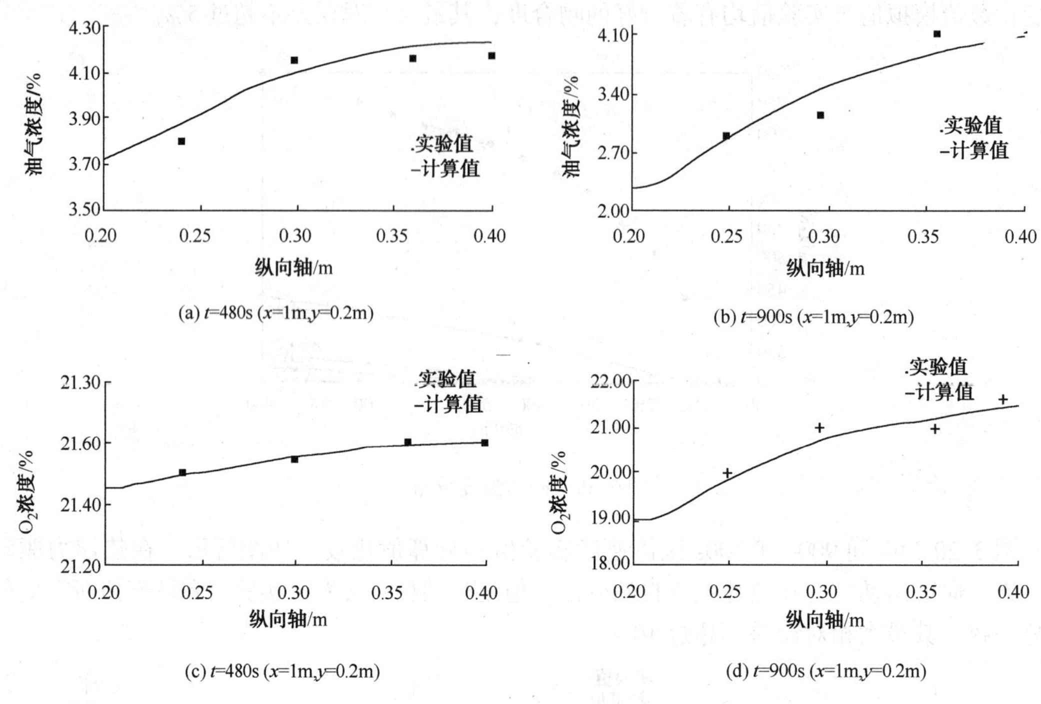

图 3.21　组分浓度比较

传热传质非常缓慢；热源表面的温度最高，它和周围环境存在极大的温度梯度；在热源周围的组分随热源温度的升高消耗量增加；根据以上的分析，可以预测油气热着火可能在热源附近发生。冷态情况下的实验值和计算值的比较吻合，说明建立的流场模型及数值求解方法能较好的反映受限空间内的传热传质和流场特性。

3.4.2　统一模型的验证

为了验证所建立的耦合详细化学反应动力学机理和流体力学的统一模型的适用性，分析化学反应动力学和流场结构共同对油气热着火的联合控制作用，对基于统一模型、基于单步总包反应的简单反应模型(SCRS 系统)和基于详细化学反应的零维模型的油气热着火过程数值模拟结果，以及实验结果进行比分析。

3.4.2.1　基于统一模型 简单反应模型模拟结果的比较分析

图 3.22 为基于简单模型和统一模型计算所得的热源上方 0.05m 处和热源边缘处温度随时间变化的比较。由图可见，基于两种模型所得到的最高温度几乎一致。但未考虑化学动力学的简单模型比耦合详细反应机理的统一模型所计算的温度突变时间早，即起燃时间更早。在热源温度刚达到 696K，即汽油自燃点的时刻(该点温度为 551K)，温度就骤然上升，油气点燃。而后者的起燃时间长得多，与实验值的吻合度更好。这是因为油气热着火的过程是一整体链式反应，涉及多个中间基元反应，而基元反应之间又相互关联，同时各反应之间的反应频率因子相差较大，因而造成实际反应过程比单步总包反应更加具体；采用的详细化学反应机理涉及油蒸气裂解和油气氧化，许多组分裂解反应过程中要吸收热量，裂解产物的生成速率因而受到限制，随之油气氧化反应也受到限制，导致了耦合详细反应机理的统一模型所

计算的温度在达到汽油自燃点的时刻并不立即起燃，而是具有延迟期，这与实际情况是相符合的；同时热源温度达到自燃点后，热源表面的油气快速化学反应释放的热量向周围传播也需要时间。因此统一模型比简单模型更真实的反应了着火过程。

图3.22和图3.23为基于简单模型和统一模型计算所得的温度分布的比较。在480s以前，两者反映的温度分布趋势一致，即距离热源越远，温度越低。在480s时，简单模型计算结果显示油气已经着火，快速化学反应放出的热量使得热源附近的温度高于热源；而统一模型的计算结果显示着火还未发生，油气温度主要受热源的影响。两种模型计算结果相比较，后者和实验结果更吻合。

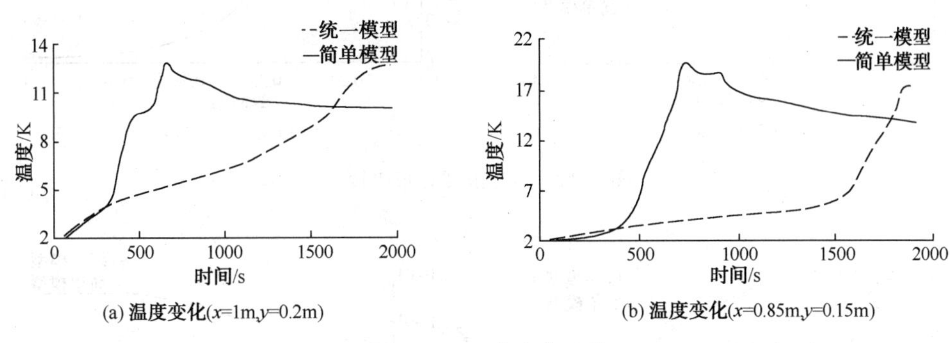

图3.22 温度变化比较

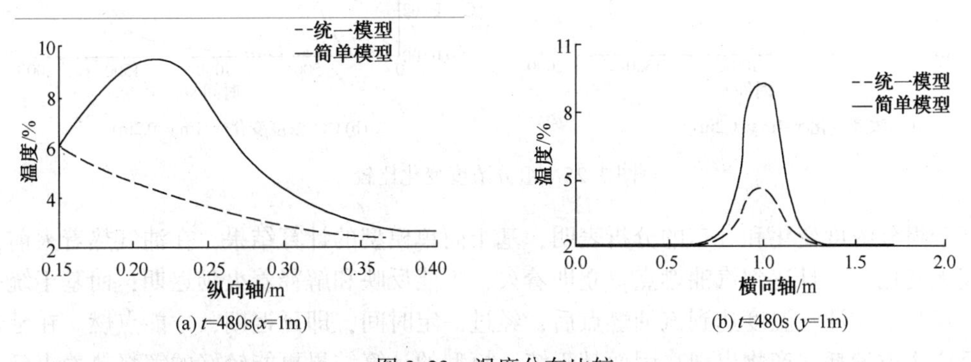

图3.23 温度分布比较

图3.24为基于两种模型计算所得的480s时刻热源上方主反应物与主生成物分布的对比曲线。简单模型计算结果显示，距离热源越近，反应物消耗越多，产物生成得越多。热源上方0.05m尺度以内，O_2已经降低到4.47%，油气化学反应基本完成，表明着火已经发生。而统一模型计算结果显示，组分浓度几乎无变化，O_2浓度为21.2%，CO_2浓度几乎为零，组分在受限空间内均匀分布。说明快速反应尚未发生。结合图3.24可知，简单模型计算结果和实际出入较大。

图3.25为热源上方0.05m处，基于两种模型计算所得的主反应物与主生成物随时间变化的对比曲线。由图可见，两种模型所计算的主反应物与主生成物浓度变化的趋势大致相同，即组分浓度达到一定时间后迅速变化。结合温度变化曲线可见，简单反应模型的组分浓度在温度达到汽油自燃点时，反应物迅速消耗，生成物迅速生成；而统一模型计算结果显示组分发生快速反应的时刻更晚。这是因为热源表面组分在达到汽油自燃点，快速反应发生，

放出的热量向周围传播，一定时间后，热源上方 0.05m 处的油气吸收了热源及其附近的油气化学反应放出的热量，也开始快速化学反应；统一模型计算结果还显示，快速化学反应进行到一定时间，组分的反应速度又进一步加快。这是由于随着中间生成物的增多，更多的组分和化学反应参与进来。

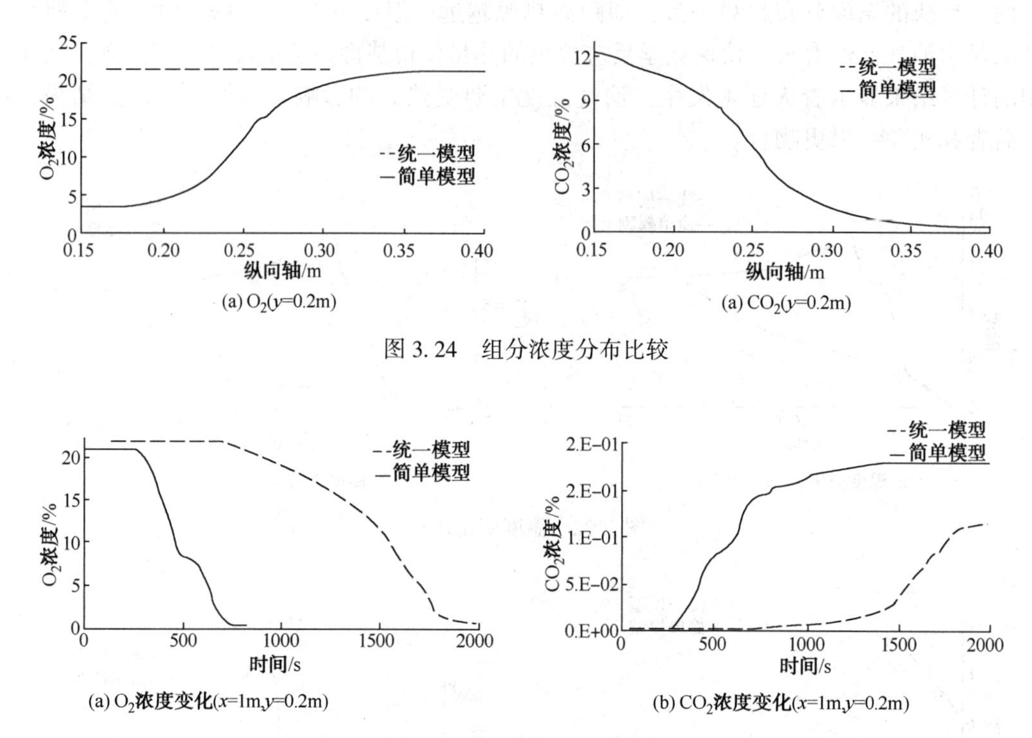

图 3.24　组分浓度分布比较

图 3.25　组分浓度变化比较

基于组分浓度变化和分布的分析表明，基于简单模型的计算结果，在油气热着火前，组分浓度无变化，一旦达到汽油燃点，立即着火，不能反映和解释着火延迟期；而基于统一模型的计算结果，油气温度达到汽油燃点后，经过一定时间，即延迟期，才能点燃。在延迟期内，反应物被消耗，产物出现。因而基于统一模型的计算结果更能较好的解释热着火延迟期的原因，也更好地反映了传热传质和复杂化学反应的联合作用。

表 3.1 为两种模型的计算结果和实验对比分析。而由表可见，实验和统一模型在起燃区域一致。反映了流场特性和边界条件对热着火的控制作用。SCRS 系统起燃时间更短，流场在点燃前几乎不流动，没有中间产物的生成，火焰的最高温度达到 2530K 左右，和实际情况差别较大。这是因为 SCRS 系统忽略化学反应中间过程，把化学反应简化为单步反应，系统中各组分的交换系数 Γ，比热容 Cp，及化学反应过程的热值 H 为常数，而实际上 Γ 是空间的函数，Cp 和 H 是随温度和成分而变化的。这些简化导致使计算结果和实际相差很大。而统一模型考虑了化学反应的机理，Γ、Cp 和 H 是变量，反应产物不但包括 CO_2、H_2O，还包括几十种中间产物。这些中间产物极不稳定，是诱发更多的化学反应进行，着火发生的原因。因此计算结果和实际情况更相符合。

表 3.1 简单模型和统一模型计算结果对比

项目	实验	SCRS 系统	统一模型
起燃区域	热壁上方	热壁表面	热壁上方约 0.05m 区域
起燃时间/s	1343	480	1444
起燃过程	缓慢氧化-快速氧化-着火	达到汽油自燃点，立即着火	缓慢氧化-快速氧化-着火
热壁上方 0.005m 处温度变化/K	660s 1342s 1343s 737 785 1903	480s 540s 662s 675 1050 1373	720s 1443s 1444s 739 802 1890
火焰最高温度/K	2103	2530	2015
燃点最高压力/Pa		0.225	9.8
流体最大速度/(m/s)		0.02	0.4
密度/(kg/m^3)		2.773	燃烧区 未燃区 0.177 1.22

反应物/%(体积)	实验			SCRS 系统			统一模型		
	gasoil	O_2	N_2	gasoil	O_2	N_2	C_4H_{10}	O_2	N_2
	0.04	0.22	0.74	0.04	0.22	0.7477	0.04	0.22	0.7477

着火区域产物/%(体积)	实验			SCRS 系统				统一模型			
	gasoil	O_2	N_2	gasoil	O_2	N_2	CO_2	C_4H_{10}	O_2	H_2O	CO_2
	0.00	0.08	0.72	0.022	0	0.735	0.136	1.33e-4	0.037	0.119	0.09
	H_2O	CO	CO_2	H_2O				O	OH	H_2	H
		0.06	0.1	0.127				4.6e-3	7.5e-3	0.0175	6.3e-3
								CH_3	HO_2	HCO	CO
								5.5e-4	1.18e-4	1.4e-5	5.5e-2
								CH_2	CH	H_2O_2	CH_2O
								2.6e-5	1.1e-6	5.4e-4	3e-3

油气热着火过程不但受流场特性的影响，而且其起燃是包含油蒸汽热裂解和油气氧化的一整体链式反应，涉及多个中间基元反应，而基元反应之间又相互关联。两种模型的计算结果显示，统一模型反映了化学动力学机理对热着火的起燃时间具有重要控制作用。它能更客观真实地反映受限空间内传热传质和复杂化学反应的联合作用下的油气热着火过程。

3.4.2.2 基于三种模型的计算结果比较分析

由于零维模型不考虑流场结构的影响，它假设反应空间为均匀体，即假设温度、密度、组分在空间内均匀分布，计算结果只能反映整个空间内的状态，无法得到空间内每个点的状态。为了比较三种模型，建立不受热源影响的受限空间，空间内初始温度为 700K，运用三种模型进行油气热着火起燃过程计算。其中采用零维模型的计算采用 CHEMKIN 软件进行。

表 3.2 为基于三种模型计算结果对比。SCRS 系统忽略反应机理，起燃温度为汽油自燃点；起燃时间非常短暂，容器内热量和组分没来得及重新分配，结果整个系统同时起燃，产生的压力高达 143kPa，而且压力、温度、速度等参数在整个容器内分布杂乱无章，起燃温度和火焰温度高于实际值，起燃过程表现为爆轰特征。

零维模型考虑了复杂的反应机理，因此起燃时间远远大于 SCRS 系统；零维模型忽略了器壁边界条件和流体流动对化学反应的影响，因此一旦达到着火点，整个系统也同时起燃，产生的压力高达149kPa；零维模型计算结果无法得到各参数的空间分布情况，起燃温度和火焰温度高于实际值，起爆过程表现为爆炸特征。

统一模型同时考虑了化学动力学和热力学的耦合作用、起燃前组分和热量重新分布，特别是由于器壁交界处的障碍作用，导致化学反应加速、热点产生，最终在器壁交界处的热点起燃，因此统一模型计算的时间小于零维模型。由于统一模型所得的起燃区域小，没有形成爆炸，产生的压力增长19kPa，火焰传播到整个容器时压力增长了500kPa左右；起燃温度和实际火焰温度一致；热起燃过程表现为燃烧特征。这种现象和观察到的实验现象一致。

综上所述，统一模型综合了化学动力学，流体流动及边界条件等条件。比零维模型和SCRS系统更能反映实际的热起燃过程。

表3.2 三种模型计算结果对比

项目	SCRS系统				零维模型				统一模型			
起燃区域	整个系统				整个系统				壁角处			
起燃温度/K	700				777				759			
起燃时间/s	0.0009				739				463			
起燃过程	整个系统立即同时爆轰				整个系统同时爆轰				以起燃区域为起点，传播到整个区域			
处温度变化	0.0009s 0.001s 0.0011s 1328 1650 2530				369s 630s 735 739 698 708 777 2511				152s 333s 457s 463s 695 703 759 2093			
火焰最高温度/K	2530				2511				2093			
燃点压力/Pa	1.32e+05				1.49e+05				起燃时 整个系统起燃时 19e03 480e03			
流体最大速度/(m/s)	未燃时 起燃时 2e-6 0.002								未燃时 起燃时 全部点燃时 5.32e-5 0.04 0.76			
密度/(kg/m³)	2.773				1.22				燃烧区 未燃区 0.1773 1.22			
反应物/%	gasoil	O_2	N 2		C_4H_{10}	O_2	N_2		C_4H_{10}	O_2	N_2	
	0.04	0.22	0.7477		0.04	0.22	0.7477		0.04	0.22	0.7477	
着火区域产物/%	gasoil	O_2	N_2	CO_2	C_4H_{10}	O_2	H_2O	CO_2	C_4H_{10}	O_2	H_2O	CO_2
	0.022	0	0.735	0.136	7.0e-4	0.041	0.12	0.13	1.33e-4	0.037	0.119	0.09
	H_2O	O	OH	H_2	H	O	OH	H_2	H			
	0.127				4.2e-3	7e-3	0.011	8.5e-3	4.6e-3	7.5e-3	0.0175	6.3e-3
					CH_3	HO_2	HCO	CO	CH_3	HO_2	HCO	CO
					6.5e-4	1.2e-4	1.4e-5	7.5e-2	5.5e-4	1.18e-4	1.4e-5	5.5e-2
					CH_2	CH	H_2O_2	CH_2O	CH_2	CH	H_2O_2	CH_2O
					3e-5	1e-5	4.4e-4	0.002	2.6e-5	1.1e-6	5.4e-4	3e-3
					C_4H_6	C_2H_4O	C_2H_2O	其余	C_4H_6	C_2H_4O	C_2H_2O	其余
					4.5e-5	3e-5	3e-4	<1e-5	1.5e-5	8e-5	5e-4	<1e-6

3.4.3 ISAT 加速算法的效率及精度分析

为了验证 ISAT 方法是否能够有效地解决化学反应动力学计算中的刚性问题，以及节约 CPU 计算时间，将采用 ISAT 方法所用的计算时间和直接利用积分方法(DI)的计算时间做对比。计算在高性能、多 CPU 的服务器上完成。直接利用积分方法必须把时间步设置得足够小，否则就无法扑捉到着火瞬间。而且会常常因为时间步设置得不合适，引起组分方程不收敛，而过细的时间步，对计算机内存和 CPU 的要求高，求解耗时大于 240h；而利用 ISAT 方法求解，无须设置过细的时间步，所耗时间约为 108h，因此可以说 ISAT 方法可以有效减少计算反应流场中化学热力学参数需要的时间。

另外，为了验证 ISAT 方法是否能够保证有较高的计算精度，使用 ISAT 方法、直接数值积分法的计算结果以及实验结果做对比分析。图 3.26 给出的是在热源上方 0.05m 处，化学组分 O_2、CO_2、CO、油气的体积百分数随时间变化过程。由图可见，使用 ISAT 方法和直接数值积分法的计算结果能很好的吻合，而且两者与实验值的变化趋势相符合。

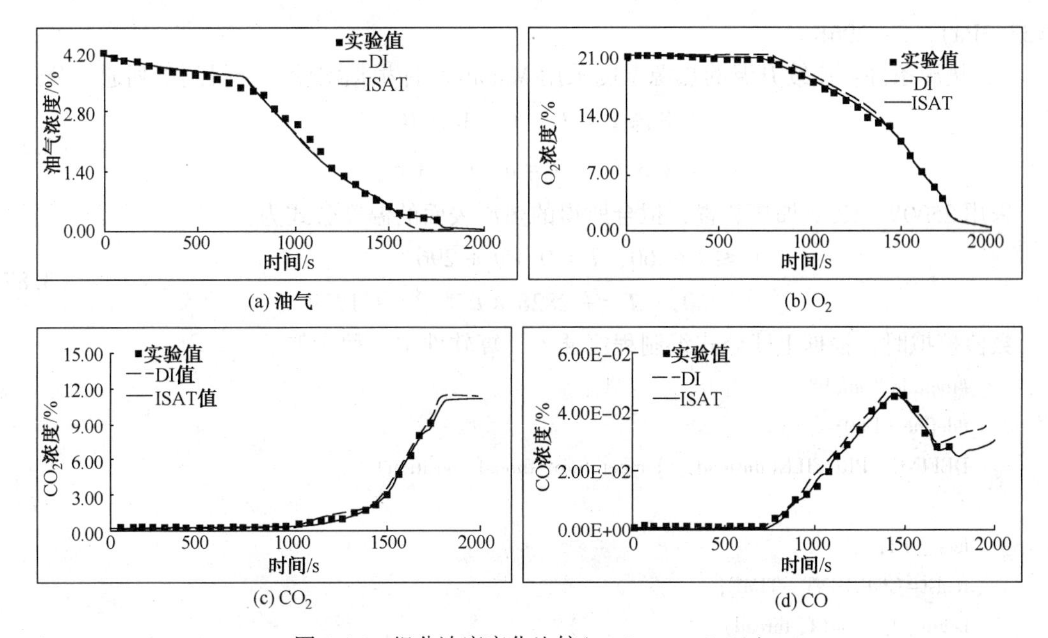

图 3.26 组分浓度变化比较($x=1$m，$y=0.2$m)

3.4.4 小结

通过对比分析实验和数值计算结果，验证了数学模型和数值计算方法的可靠性：

(1)为了验证流场模型，进行了"冷态情况"流场的数值模拟。计算得到的温度、流体速度、组分浓度分布和实验值的比较吻合。

(2)为了验证所建立的耦合详细化学反应动力学机理和流体力学的统一模型的适用性，对比分析了基于单步总包反应的简单反应模型(SCRS 系统)和基于详细化学反应的零维模型的数值模拟结果。研究结果表明：统一模型综合了化学动力学，流体流动及边界条件，比零维模型和 SCRS 系统更能反映实际的热起燃过程。

(3)为了验证 ISAT 方法，分别采用 ISAT 方法和直接积分方法(DI)进行计算。结果表明：ISAT 方法能够有效地解决化学反应动力学计算中的刚性问题，能够节约 CPU 计算时间。

(4)为了验证 ISAT 方法计算精度，将使用 ISAT 方法计算所得的组分浓度变化与实验值、直接数值积分计算值进行对比。结果表明：ISAT 方法能够保证有较高的计算精度。

3.5 温升源条件下油气热着火数值模拟结果与分析

本节以温升热源条件下油气热着火的数值模拟结果为基础，对该工况条件下实验结果进行补充和深入研究。详细分析受限空间内的流体特性和油气热着火的过程，并深入讨论组分作用和空间尺度对油气热着火的影响机理。

3.5.1 计算条件

(1)初始条件：$\varphi(N_2)$：74%，$\varphi(C_4H_{10})$：4%，$\varphi(O_2)$：22%，P：61mmHg(1mmHg=133.3Pa)，T：296K。

(2)热源条件：连续升温的热源温度采用 Matlab 软件根据实验拟合得到下列通用公式：

$$\begin{aligned} &0 \leqslant t \leqslant t_1, \quad T = At + B \\ &t > t_1, \quad T = a * t^{(b)} + c \end{aligned} \tag{3.86}$$

采用 2500W/220V 加热装置，拟合所得的热源表面的温度公式为：

$$\begin{aligned} &0 \leqslant t \leqslant 60, \quad T = 0.15t + 296 \\ &t > 60, \quad T = -2828 \times t^{(-0.1288)} + 1959 \end{aligned} \tag{3.87}$$

数值模拟时，根据上述公式编制程序插入计算软件中。程序如下：

```
#include "udf.h"
#define PI 60
DEFINE_ PROFILE(unsteady_ temperature, thread, position)
{
face_ t f;
real t=CURRENT_ TIME;
begin_ f_ loop(f, thread)
{
if (t<=PI)
    F_ PROFILE(f, thread, position) = 0.15 * t+296;
else
    F_ PROFILE(f, thread, position) =-2828 * pow(t, -0.1288)+1959;
}
end_ f_ loop(f, thread)
}
```

(3)物理化学参数的输入　油气各组分的化学方程式、化学反应速度参数、化学热力学数据和传质传热输运特性汇编成化学反应机制文件、热力学程序文件、和输运程序文件(见附录Ⅲ、Ⅳ)，插入 Fluent 计算软件中进行计算。

3.5.2 流场特征分析

图 3.27 为计算和拍摄所得的油气起燃瞬间的火焰对照。两组图均显示着火位置在热源上方一点图(a)；随后火焰以球状向热源上方蔓延图(b)、图(c)。着火方式为热源上方油气由点到面的起燃。计算和实验结果基本一致。

图 3.28 显示了热着火过程受限空间纵向剖面的流场压力、温度、流体速度和密度的分布情况。由图可见，在着火瞬间，热源周围的流体出现了突变特征。热源上方形成了一个球形的高温中心，温度高达 1950K。该中心的密度降低到 0.32kg/m^3，说明该处发生了剧烈的化学反应，反应物迅速消耗，放出了大量的热。热源周围的压力成放射状散点分布，正压和负压同时存在，着火发生导致了压力波的形成。着火的发生也促使流体在热源上方流动加速。流场特征体现还表现为偏离热源中心，不对称分布。这是由于受热源连续加热的影响，油气热着火发生前，流场内流体已经开始流动，进行换热换质。

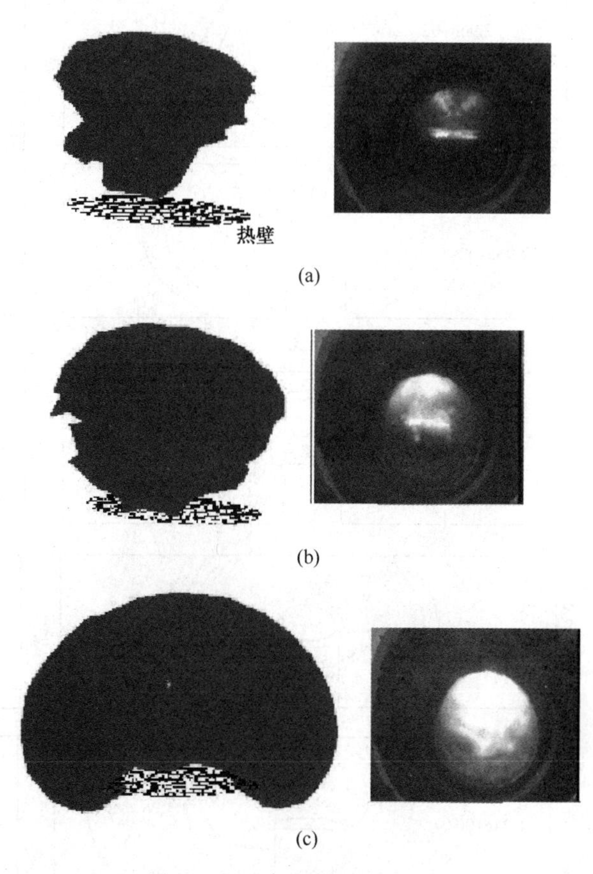

图 3.27 油气起燃过程对照

3.5.3 油气着火过程机理分析

图 3.29 为 600s、1443s、1444s、1485s 时刻，受限空间轴线上 $y=0.15$、0.2m、0.25m、0.3m、0.4m 温度分布曲线。温度实验值和计算值的最大偏差为±10K，误差范围满足精度要求。该图反映了热源引燃油气的过程。图(a)显示了 600s 时，受限空间内温度的升高取决于热源释放的热量。油气的传热能力低。该时刻热源温度最高，热源上方的温度随离热源的距离增大而迅速降低。热量以热源为基点向上和轴向传播，但横向传播速度远小于纵向传播速度。横向温度梯度远大于纵向温度梯度。热量主要集中在热源上方 0.05m 以内；图(b)显示了 1443s 时，热源上方空间的温度高于热源表面的温度，热源上方 $y=0.25\sim0.3$m 处温度值最高，成为热源中心。这是由于该阶段油气化学反应发生，放出了大量的热；图(c)显示 1444s 时 $y=0.25\sim0.3$m 处温度温度突升到 1900K 左右，达到油气燃烧温度，表明着火发生；图(d)显示 1485s 时，热源上方 $y=0\sim0.3$m 区域的温度略有降低，表明该区快速化学反应完成。$y=0.3$m 以上和受限空间轴向温度达到着火温度，表明火焰向热源上方和轴向传播。

该图还显示温度曲线在 600s 时以热源为中心对称分布，600s 以后温度分布有所偏移。反

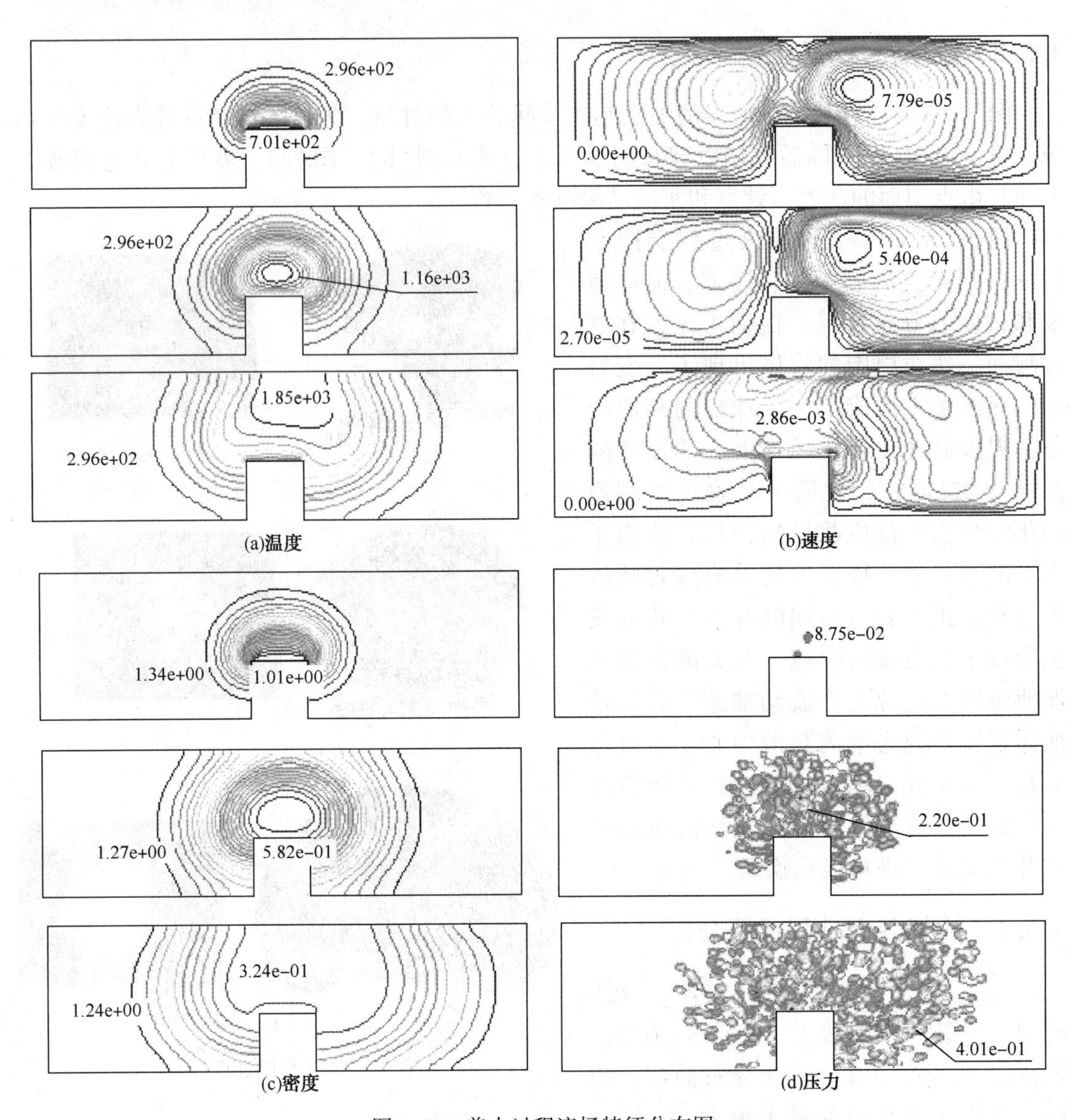

图 3.28　着火过程流场特征分布图

映了随着油气化学反应的加速，热量的释放，促使了受限空间内流体的流动和传热传质的加剧。

以上分析表明：热量的纵向扩散速度远大于轴向扩散速度；油气化学反应会引起流体流动，温度分布偏移；着火中心区不在热源表面，而是在热源上方；着火原因是由于热源加热和油气放热反应的共同作用结果，着火后，火焰向上方和轴向传播。

图 3.30 为热源上方 0.05m 处主要反应物和生成物的浓度变化曲线。图中，散点为实验值，曲线为计算值。该图以及实验结果均发现 CO、CO_2、O_2、H_2O、油蒸汽浓度曲线具有转折点。在 0~720s 时间段内，反应物消耗和产物的生成量少，油气化学反应极其缓慢。在 0~600s各曲线几乎为水平直线，CO 浓度的量级为 10E-19，CO_2、H_2O 的浓度的量级为 10E-6，且在该时间段几乎无变化；在 600~720s，各反应物的变化量虽然还是很小，但与

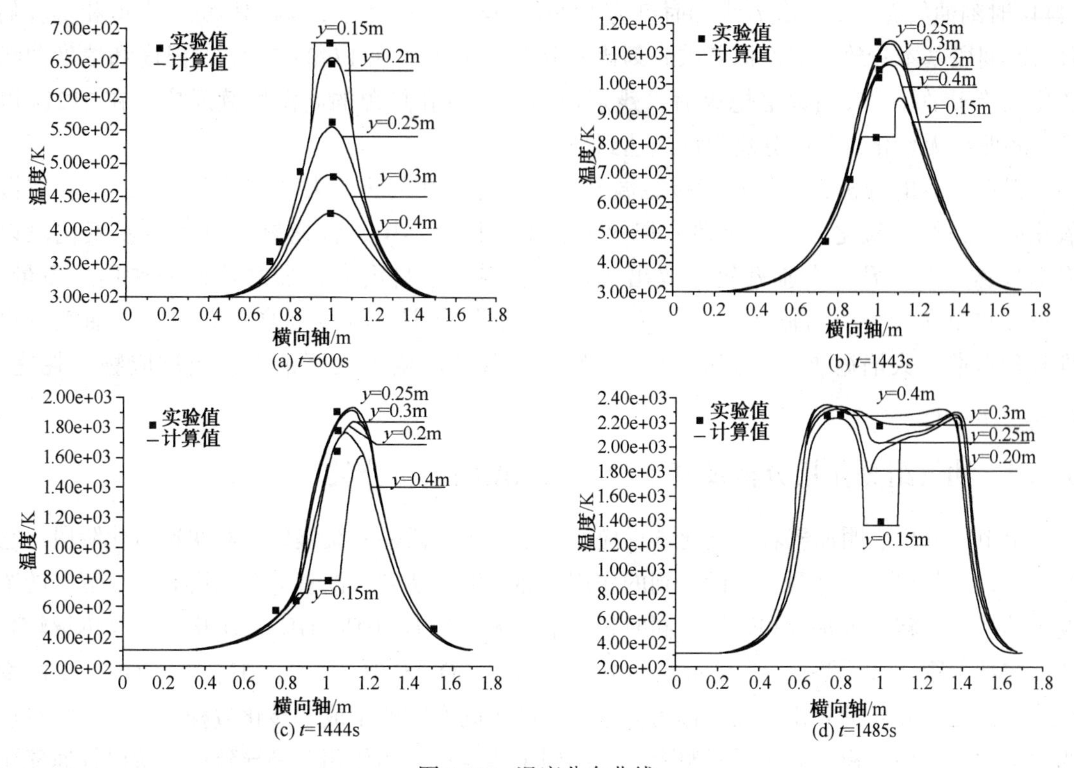

图 3.29 温度分布曲线

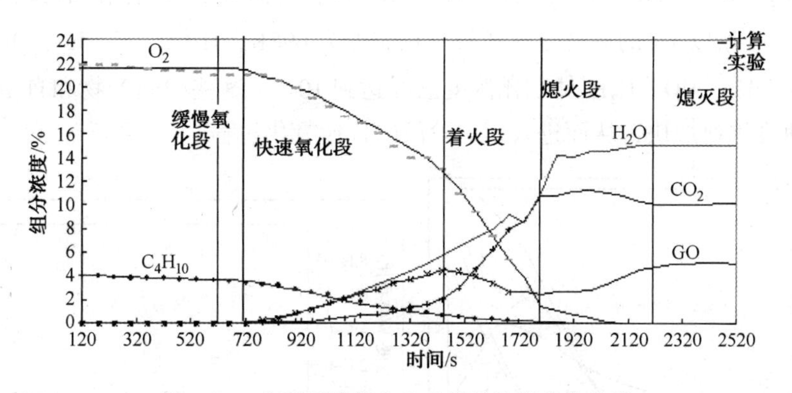

图 3.30 主要反应物和生成物的浓度变化曲线

600s 以前，化学反应速度已经明显加快，C_4H_{10} 浓度降至 3.7%，O_2 降至 21.54%，CO_2、H_2O 的浓度的量级达到 10^{-2}，CO 的浓度的量级达到 10^{-6}，此时的温度上升到 718K；在 720~1443s，各组分浓度变化明显，在 1443s 的时刻，C_4H_{10} 降至 1.03%，O_2 降至 13.91%，同时最高温度达到 1137K，反映了化学反应加快，且放出了大量的热。680~723K 为文献[10]提供的汽油自燃点，而模拟结果表明以该温度为起点，化学反应加剧，着火并没发生，这和实验结果一致；1444s 的温度突然上升到 1893K，CO 达到峰值，CO_2 和 H_2O 开始大量生成，O_2、C_4H_{10} 迅速消耗，在 1740s 时 O_2 减少到 3%，C_4H_{10} 减少到 0.25%，CO 曲线出现低点，CO_2 和 H_2O 曲线出现转折点。而据文献报道，汽油的火焰温度为 1900~2050K，这表明在

1444s 时刻油气着火。实验着火的时刻为 1343s，着火时间段为 1343～1678s。模拟和实验的着火时间段基本一致，但模拟着火时刻比实验滞后 100s；在 1740～2121s，温度和浓度曲线变化又趋于平缓，表明火焰熄灭后，残余物利用余热和热源的高温继续反应；在 2121s 以后，各曲线无变化，各组分化学反应达到平衡。

根据上面的分析，油气持续接触温升热源条件下油气热着火分为 5 个阶段，即：缓慢氧化阶段、快速氧化段、着火段、熄火段、熄灭段。其中，快速氧化段和缓慢氧化段以汽油自燃点为分界。快速氧化段放出大量的热和产生自由基，加之器壁的作用，质量、动量和热量在流场中的输运，最终油气着火，油气的着火温度远高于自燃点。油气着火具有延迟期。火焰熄灭后，残余物在热源及高温热环境下逐渐消耗，当反应物消耗完，就进入熄灭段。

3.5.4 油气组分作用分析及基于的油气浓度的组份分类

上节的分析表明油气着火前化学反应经历了两个阶段——缓慢氧化和快速氧化阶段。它们主要讨论各组分在这两个阶段起到的作用。热源温度达到汽油着火点温度时，油蒸气的浓度开始降低，转变为烷基和轻烃，同时积累下来大量的 H_2、OH、OH_2、O 开始了放热量较高的反应链。图 3.31、图 3.32 显示在缓慢氧化阶段 CO、C_2H_4、H_2O_2、H、H_2、OH、O 的变化。由图可见在缓慢氧化过程中作为低温反应的中间产物的生成和转化过程。这些产物在形成和转化过程中所积累的热量对整个反应起到了非常重要的作用，是导致第二阶段快速氧化和着火的关键。CO、C_2H_4、H_2O_2、H、H_2、OH、O 在热源温度达到汽油着火点温度(时间：600s)，浓度就开始以 10^n的速度迅速增长，在温度为 698K，H_2O_2、H、H_2、OH、O 体积比浓度已经达到 10^{-4}，CO、C_2H_4体积比浓度已经达到 10^{-3}。这些中间产物和自由基的加入使油气的氧化速度迅速加快，从而进入第二阶段的快速氧化过程。

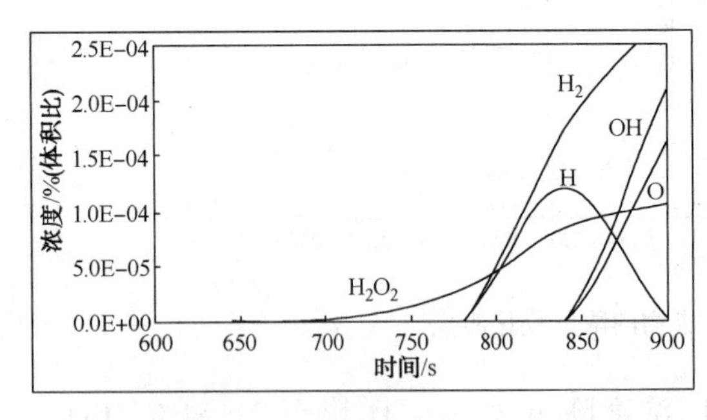

图 3.31 H_2O_2、H、H_2、OH、O 浓度变化曲线

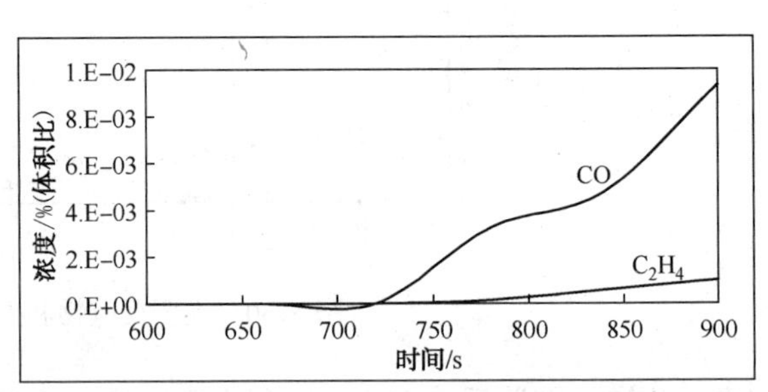

图 3.32 CO、C_2H_4浓度变化曲线

图 3.33 为组分浓度在各个阶段的发展情况。由图可见在整个起燃过程中，中间产物的变化存在差异，它们在起燃过程中发挥的作用不同。根据浓度的量级可以将参与反应的组分分为六类，各类具有不同变化特征。第一类浓度变化最大的 C_4H_{10}、O_2、CO_2、CO、H_2O，其峰值体积百分比量级为 10^{-1}。他们是反应物和主要生成物，快速消耗和生成后缓慢变化。其中 CO 既是反应物也是产物，它在着火点达到峰值，在熄火点降至低谷；第二类为浓度变化较小的 H_2，其峰值体积百分比量级为 10^{-2}，其浓度随时间(温度)增加而增加，H_2在高温

反应区生成量最大；第三类为 H、OH、C_2H_4、CH_4、C_2H_2，峰值体积百分比量级为 10^{-3}，C_2H_4、CH_4、C_2H_2在着火前已经大量生成，在着火点达到峰值。H、OH 在着火段浓度明显增多，在着火段达到峰值；第四类为 CH_2O、CH_2CO、HO_2、H_2O_2，这些组分在快速氧化段又迅速消耗，放出大量的热，导致温度迅速上升是引起高温反应的关键因素。但其峰值体积百分比量级为 10^{-4}；第五类为 $CH_2CHCHCH_2$、CH_3HCO、CH_3、C_3H_6，其在快速氧化段就达到峰值，但峰体积百分比量级只有 10^{-5}，且在着火段也出现突变点；第六类为 C_4H_8，其峰值浓度为 10^{-8}，其余组分的浓度量级为 10^{-15} ~ 10^{-33}，此处不一一列出。图 3.33 说明不同组分在化学反应中的特征和作用并不相同，甚至差别很大。在防爆抑爆设计中，可以针对不同组分的作用设计方案。

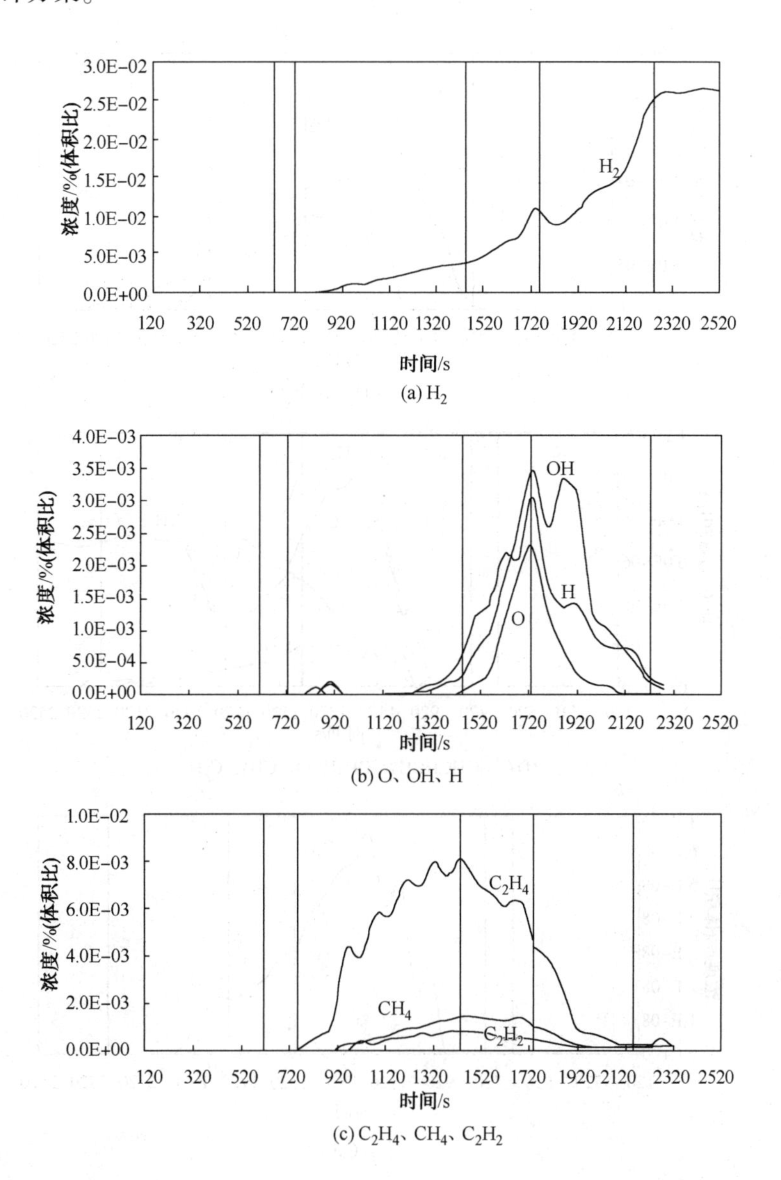

(a) H_2

(b) O、OH、H

(c) C_2H_4、CH_4、C_2H_2

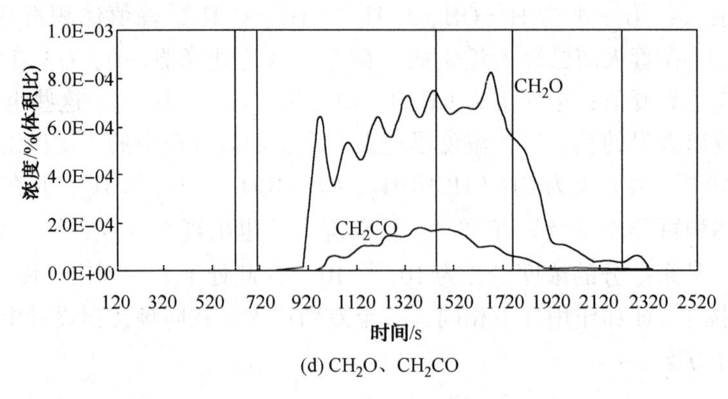

(d) CH_2O、CH_2CO

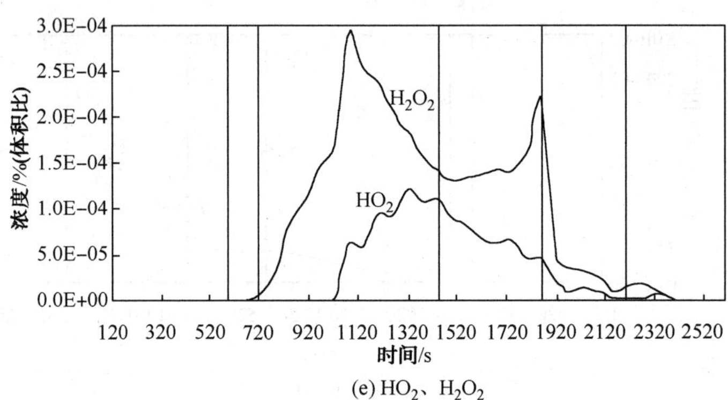

(e) HO_2、H_2O_2

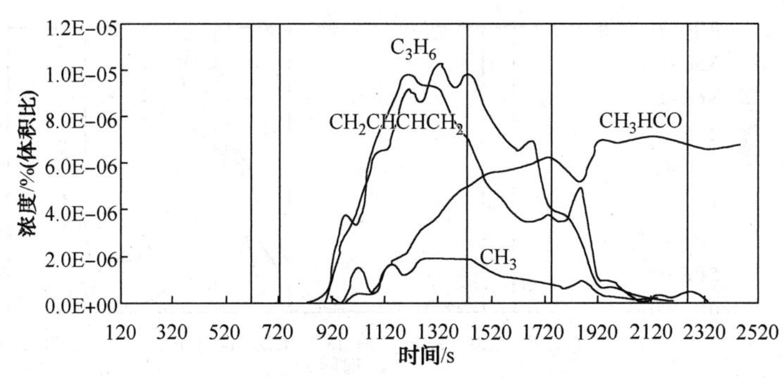

(f) $CH_2CHCHCH_2$、CH_3HCO、CH_3、C_3H_6

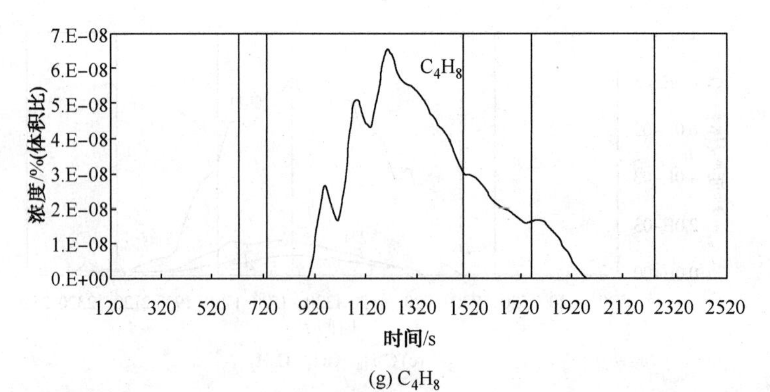

(g) C_4H_8

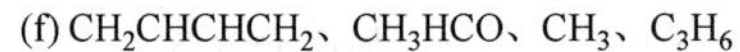

图 3.33　组分浓度变化曲线

3.5.5 空间尺度对油气热着火的影响的机理分析

实验研究发现了受限空间的尺度对热着火影响极大，对于小尺度空间，着火现象不容易发生。基于数值模拟结果探讨小尺度空间内油气热着火是如何受到限制。数值模拟建立了 φ0.6m×0.5m 的受限空间，热源尺寸 φ0.2m。

图 3.34 显示了油气在小尺度空间纵向剖面的流动发展过程。由图可见，油气受到热源的加热作用，在热浮力的驱动作用下流动，但受到器壁的反射限制，流动呈现回流。这种回流有利于对热源上方油气的补充，同时也调动整个受限空间内的反应物参与反应。因此空间尺度越小，器壁离热源越近，油气就越容易在回流中得到消耗。而小尺度空间内油气的总量是有限的，如果在快速氧化阶段就将受限空间内油气消耗完，热着火当然就不能发生。基于以上分析可以发现，小尺度空间内器壁的反射作用改变了受限空间内的传质。

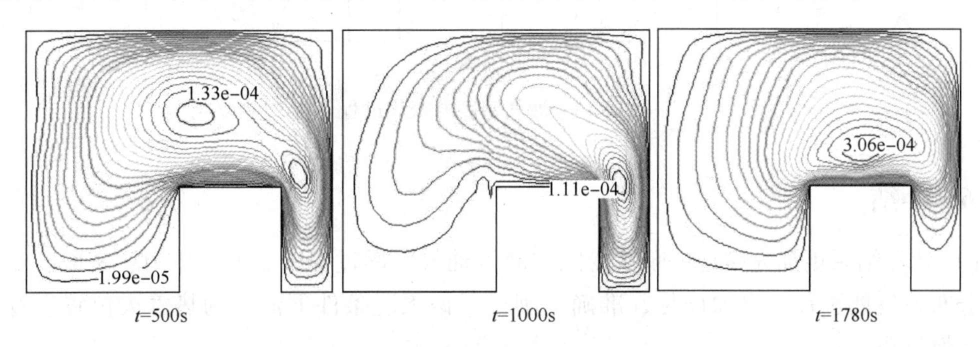

图 3.34 流体流动的发展过程

图 3.35 显示了油气温度的变化过程，由图可见，器壁对油气的反射作用已经改变了可能着火点的位置。500s 和 1000s 的温度分布显示，最高温度点在以热源表面的中心位置，而 1780s 最高温度点已经偏离热源中心，靠近右侧器壁，而且位于热源上方。反映了器壁的反射作用使得热量不能向更远的方向传递，而是聚集在热源和器壁之间，这更加有利于该区域油气化学反应的进行。基于以上分析可以发现，小尺度空间内器壁的反射作用改变了受限空间内的传热。

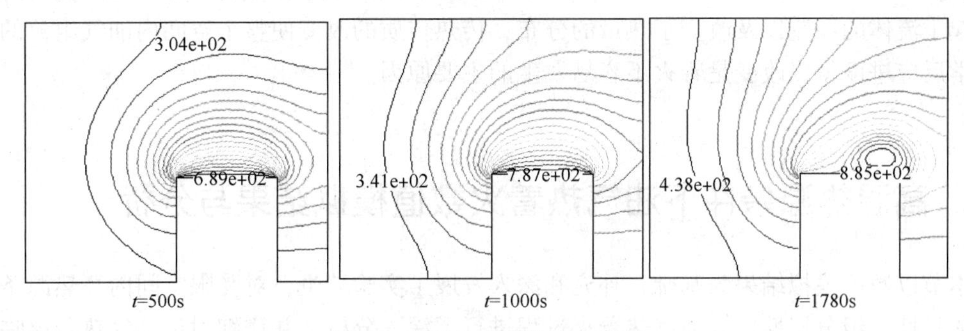

图 3.35 油气温度的变化过程

图 3.36 显示了油气密度的变化过程。根据密度的定义，密度的减少反映了油气组分的消耗。在 500s 时，油气受到热源的加热作用，近热源处的油气密度已经从 1.21kg/m^{3}降低到 0.64kg/m^3，1000s 时的密度分布图可以发现，由于流体受到器壁引起的回流作用，受限

空间内最大密度已经降低到1.06kg/m³，而且离器壁越近(见右壁)密度降得越多，说明器壁对的反射作用越强，油气越容易回到热源处得到消耗。1780s时这种效果更加明显，受限空间内最大密度已经降低到0.84kg/m³，热源附近及右器壁的密度已经降低到0.33kg/m³。由此可见，由于小尺度空间器壁的反射作用改变了受限空间的传热传质，引起了油气组分分布和化学反应的进度的改变。

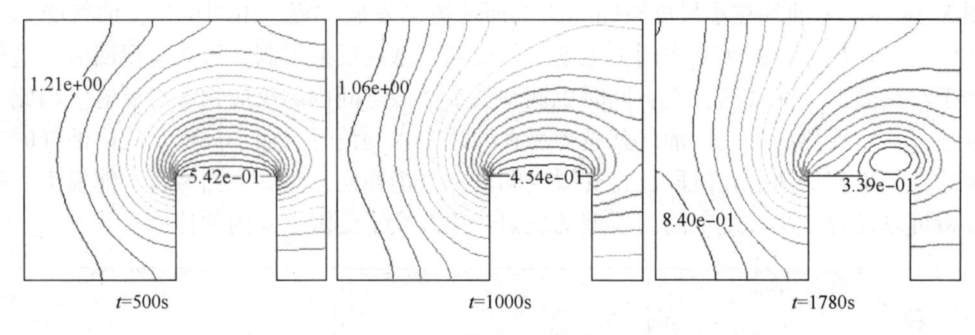

图3.36　油气密度的变化过程

3.5.6　小结

(1)计算结果更加完整地展现了受限空间内油气起燃过程中温度、压力、密度、流体速度的分布与发展过程；更加详尽、准确地阐述了该工况条件下油气的热着火位置、着火特征、起燃过程。

(2)分析了油气热着火的机理，指出油气受到热源加热的影响，放出大量的热和产生自由基，加之器壁的作用，质量、动量和热量在流场中的输运，是该工况条件下油气热着火的根本原因。

(3)分析了各组分在油气热着火过程中不同阶段的化学反应特征和反应能力。根据浓度的量级将参与反应的组分分成六类，为防火防爆设计中针对不同组分的作用设计方案奠定了基础。

(4)对空间尺度对油气热着火的影响的机理进行了分析，指出小尺度空间器壁的反射作用引起了流体的回流以及改变了热量的分布，传热传质的改变使整个空间内油气组分的分布和化学反应进度得以改变是着火不容易发生的主要原因。

3.6　高温热源条件下油气热着火数值模拟结果与分析

本节以数值模拟结果为基础，补充和深入发展了实验结论，对受限空间内高热源条件下的流体特性、组分属性以及油气热着火过程进行了深入分析，并详细讨论油气热着火临界温度和压力范围的机理，得到了热源温度、压力与油气热着火的延迟期的指数关系。

3.6.1　计算条件

数值模拟所需的物理模型、容器壁面边界条件、物理化学参数的输入与前一工况一致，

计算的初始条件以实验条件为依据，即油气体积浓度范围：2.5%~4%，热源表面的温度范围：683~873K，受限空间内的压力范围：0~150mmHg，在该范围内进行数值模拟分析。

3.6.2 流场特征分析

图3.37为计算和拍摄所得的油气起燃瞬间的火焰对照。两组图均显示着火位置在热源表面；随后火焰以球状向热源周围蔓延。计算和实验结果基本一致。

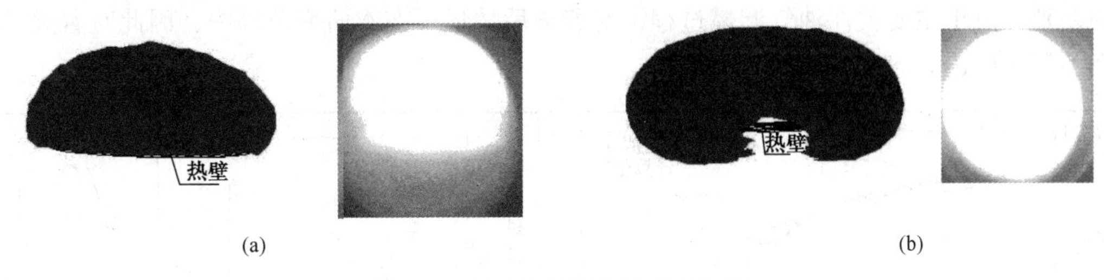

图3.37 油气起燃瞬间火焰发展图

图3.38显示了热着火瞬间受限空间纵向剖面的流场压力、温度、流体速度和密度的分布情况。由图可见，在着火瞬间，热源周围的流场出现了突变特征。热源上方形成了一个球形的高温中心，温度高达1903K。该中心的密度降低到0.249kg/m^3，说明该处发生了剧烈的化学反应，反应物迅速消耗，放出了大量的热。热源周围的压力成放射状散点分布，着火发生导致了压力波的形成。着火的发生也导致了流体在热源上方成放射状流动。流场特征体现为以热源为中心，对称分布。

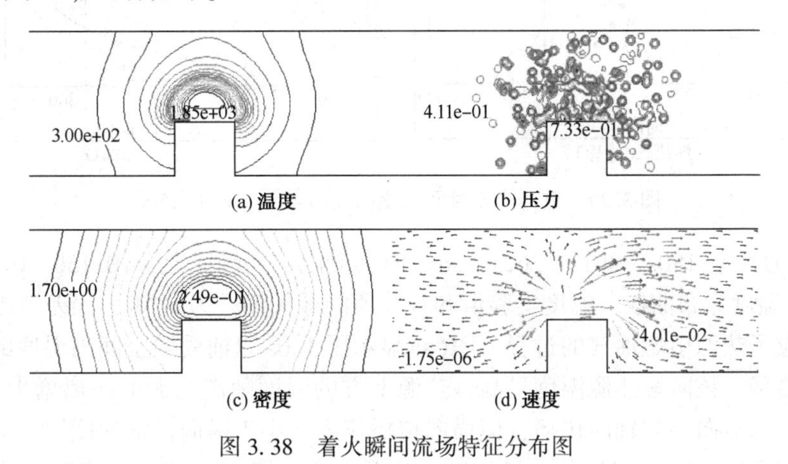

图3.38 着火瞬间流场特征分布图

3.6.3 油气热着火过程的机理分析

图3.39为油气浓度2.7%、温度823K、压力6kPa(46mmHg)的典型实验和数值模拟的主要生成物CO、CO_2、O_2、油蒸气随时间变化曲线。实验和模拟结果均表明反应物和生成物浓度曲线具有转折点，即油气快速氧化反应进行到一定程度，反应速度进一步加快，着火发生。实验的延迟期为280s(图中虚竖直线)，模拟的延迟期为362s(图中实竖直线)，模拟比实验滞后82s。O_2和油蒸气浓度的实验和模拟最大误差为4.8%，计算所得的CO、CO_2浓度大于实验值，CO在着火点浓度计算值比实验值大1.6%，CO_2浓度计算值比实验值大

0.37%，误差范围满足精度要求。

计算和实验差别的原因，认为除了计算误差外，模拟中只考虑了烃类的化学反应，没有考虑油气和容器壁面的表面反应以及油气中氮、硫等其他组分的催化反应。而实验中隔热罩启动的过程对流场形成扰动，对油气的传热传质具有加速和扩大范围的作用，从而加速了热着火的发生；隔热罩揭开后悬挂在热源上方以及热着火发生时，加热热源的电源就切断，影响了着火后火焰的传播和燃烧的继续，使油气往往不能完全消耗，以及各组分浓度和模拟结果的差别，由于主要关注油气起燃过程，对着火后情形不在本研究范围内，因此对着火后的差别不深入讨论。

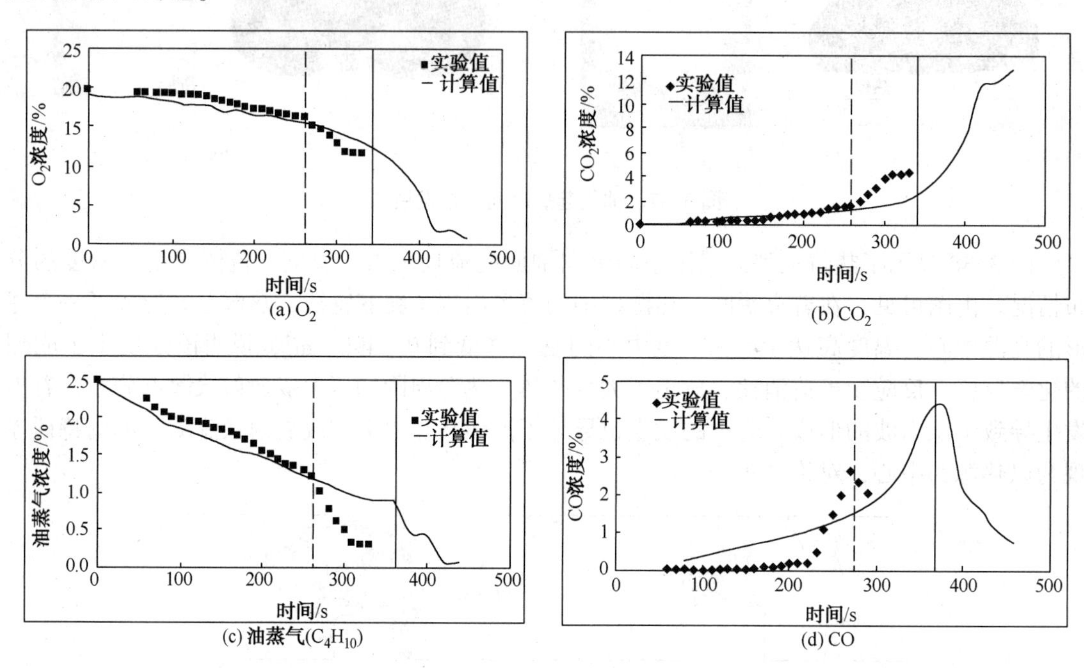

图 3.39　组分浓度时间变化曲线($x=1$m，$y=0.15$m)

图 3.40 为在 $t=180$s、361s、362s、365s 时，受限空间轴线上 $y=0.150$、0.2m、0.25m、0.3m、0.4m 温度分布曲线。温度实验值和计算值的最大偏差为±14K，误差范围满足精度要求。该图反应了热源引燃油气的过程。图(a)显示了 180s 以前受限空间内温度的升高取决于热源释放的热量。该阶段热源温度最高，热源上方的温度随离热源的距离增大而迅速降低。热量以热源为基点向上和轴向传播，但横向传播速度远小于纵向传播速度。横向温度梯度远大于纵向温度梯度；图(b)显示了 361s 时，热源上方 $y=0.2$m 处的温度高于热源表面的温度，反映了油气化学反应加快，放出的热量和热源的双重作用使油气升高；图(c)显示 362s 时 $y=0.2$m 处温度突升到 1400K 左右，表明着火发生；图(d)显示 365s 时，热源上方 $y=0.20$~0.25 m 区域的温度都升高到 2000K 左右，表明火焰向上扩散。

以上分析表明，油气突然接触热源的热着火的着火点在热源表面。着火发生时，温度突变，火焰温度高达 2000K 左右；着火原因是着火原因是由于热源加热和油气放热反应的共同结果。

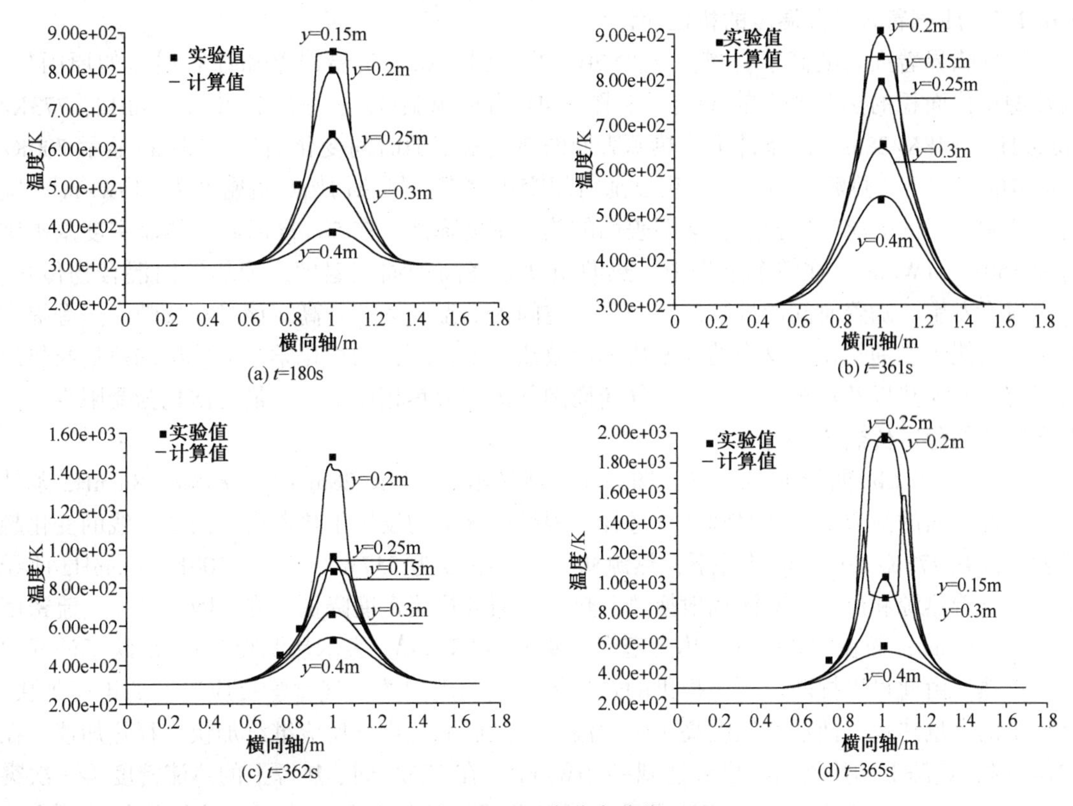

图 3.40　温度分布曲线

3.6.4　油气热着火临界着火温度机理分析

实验得到热源温度是影响油气热着火的一个重要因素，由于每次的实验条件，如油气浓度、湿度、环境温度等不能做到完全一致，同时测量存在误差。因此实验所得油气热着火，尤其延迟期波动幅度很大。通过计算进一步探讨热源温度对油气热着火的影响。

3.6.4.1　油气热着火临界温度计算与实验对比

表 3.3 为压力为 8kPa(61mmHg)，油汽混合物热着火温度的实验与计算结果对比。(+：着火；-：快速氧化，o：无变化)。计算和实验结果显示，快速化学反应均发生在汽油自燃点范围内。计算温度为 713K，比实验高 40K；热着火的温度均远高于汽油自燃点，计算着火温度为 773K，实验为 783K，两者仅相差 10K。根据计算和实验结果，可以断定油气反应加速为汽油自燃点，而着火临界温度高于自燃点至少 70K。

表 3.3　着火温度实验与计算结果对比

项目	热壁温度/K														
	848	823	803	793	783	773	763	753	743	723	713	703	683	673	663
实验	+	+	+	+	+	–	–	–	–	–		–	–	–	o
计算	+	+	+	+	+	+	–	–	–	–	–	o	o	o	o

3.6.4.2 油气着火临界温度的机理探讨

油气临界着火温度高于自燃点至少 70K 的原因，除了实验误差和计算误差的原因外，与热源单位面积的热流密度影响有关。图 3.41 为热源温度/压力在 700K/28mmHg、773K/28mmHg、848K/28mmHg 条件下，热源表面的热流密度随时间变化曲线。图(a)显示 700K/28mmHg 条件下，热源表面的热流密度随时间变化过程。热源初始热流密度为 446W/m²。随着热源和油气的对流辐射换热，热源表面的热流密度降低，在 5040s 以后，热流密度基本维持在 150~131W/m²。在整个过程中，热源温度始终高于油气温度，即热源向混合物传热。着火没有发生，随着时间的推移，整个受限空间内的温度逐渐升高。该过程反映了热源提供的热量没能激发油气化学反应的大量快速的放热，换言之，油气化学反应放出的热量与热源与混合气的换热以及热源周围的混合气向周围气体的换热相比很小，最终演化为受限空间内混合气体的稳定传热。

图(a)和图(b)曲线明显不同。图(b)分别显示在 773K/28mmHg、848K/28mmHg 条件下，热源表面的热流密度随时间变化过程。两种情况下均发生了热着火，两条曲线的变化趋势相同。在 773K/28mmHg 条件下，热源初始热流密度为 557W/m²。与 700K/28mmHg 曲线类似，随着热源和油气的对流辐射换热，热源表面的热流密度降低。在 1440s 时，热流密度降至 297W/m²；而在 1500s 时，热流密度突变为-14W/m²(-表示热源吸热)，反映了油气向热源传热。由此可以推断，热源提供的热量激发热源周围的油气化学反应速度的迅猛加快，释放出的大量热量，使油气温度高于热源温度。之后油气化学反应继续加快，释热加速，在 2714s 时，热源上的热流密度已经达到-749W/m²。在 2752s 时，热源上的热流密度再一次突变为-1500W/m²，着火发生。该过程反映了热源释放的热量足够大时，油气的化学反应的速度才能达到足够快，化学反应放出的热量足够多，热着火才能发生。该过程同时反映了油气热着火所需要热源提供足够热量的外因以及混合物化学反应释热的自动催化的内因，两者联合作用导致热着火。由于 773K 为计算所得的油气热着火的临界热源温度，因此可以推断热源表面的初始热流密度 557W/m² 为油气热着火的临界热源热流密度。

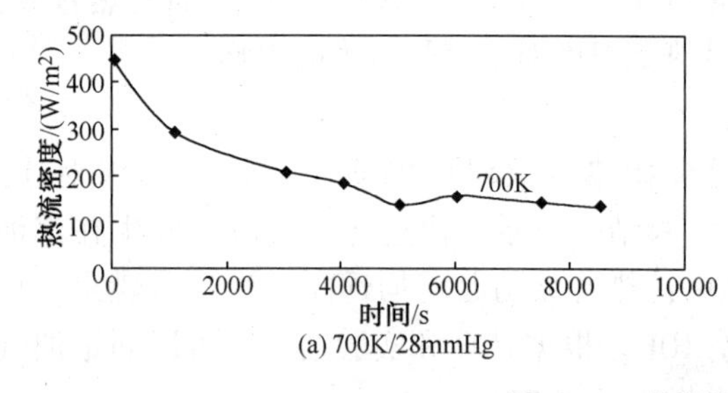

(a) 700K/28mmHg

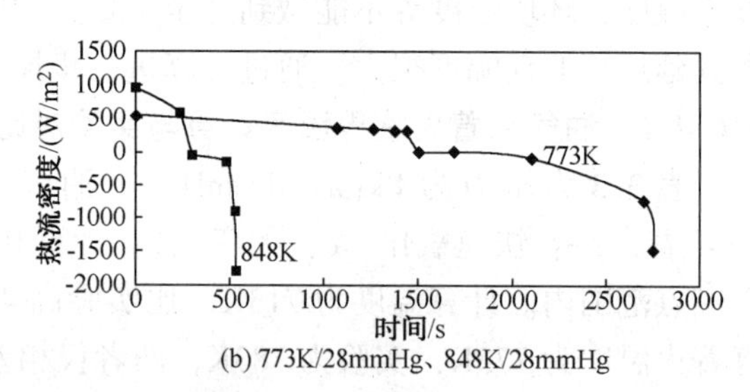

(b) 773K/28mmHg、848K/28mmHg

图 3.41 热源热流密度变化曲线

为了进一步说明上述分析，图 3.42 给出了两种情况下中间产物 CO 的浓度变化曲线。对比分析发现，CO 的生成速度在 700K/28mmHg 条件下比 773K/28mmHg 条件下小。在 700K/28mmHg 条件下，5040s 以前，虽然有 CO 生成，但其浓度仅从 10^{-15} 增长到 10^{-8}。由此可见，热源提供的热量虽然引发了油气化学反应的进行，但其反应速度不足以释放大量的热，油气吸收热源的热量和化学反应放出的热量不足以抵消其热传播的损失的热量，因此受限空间内热量以热源为中心向四周传播，温度在空间内逐渐分布均匀，而着火未能发生；而 773K/28mmHg 条件下，在 1440s 以前，CO 浓度从 10^{-9} 增长到 10^{-3}，热源提供的热量引发了油气化学反应快速进行，反应加速促使释放足够多的热量使油气温度升高，化学反应进一步加快，更多的热量释放。油气吸收热源的热量和化学反应快速放出的热量足以抵消其热传播的损失的热量，最终导致油气在热源周围着火。

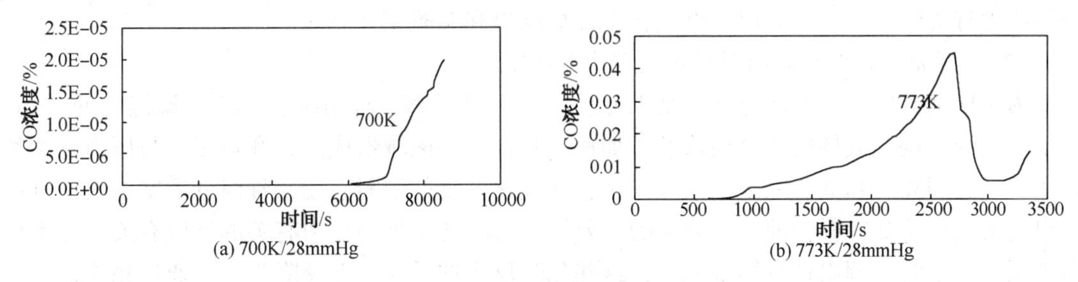

图 3.42 CO 的浓度变化曲线

3.6.5 油气热着火压力范围的机理分析

3.6.5.1 油气热着火压力范围的计算与实验对比

实验发现油气热着火存在压力三角区，即在实验条件下，压力范围处于三角区以外，即使温度达到 873K，热着火也不能发生。通过数值分析结果研究其原因。表 3.4 为计算所得的压力范围。计算结果显示，油气热着火同样存在压力三角区。在 773～873K 的温度范围内，油气热着火的压力范围为 10～150mmHg。实验所得的热着火压力范围为 17～134mmHg。计算与实验结果非常接近。

表 3.4 计算热着火压力范围

压力/kPa(mmHg)	温度/K							
	773	783	793	803	813	823	848	873
19.7(150)	−	−	−	−	−	−	−	+
17.6(134)	−	−	−	−	−	−	+	+
15.7(120)	−	−	−	−	−	−	+	+
13.8(105)	−	−	−	−	−	+	+	+
11.9(91)	−	−	+	+	+	+	+	+
10(76)	+	+	+	+	+	+	+	+
8(61)	+	+	+	+	+	+	+	+
6(46)	−	+	−	+	+	+	+	+
3.7(28)	−	−	−	−	−	+	+	+
1.3(10)	−	−	−	−	−	−	−	+
0	−	−	−	−	−	−	−	−

注：（+：着火，−：不着火）。

3.6.5.2 油气热着火压力范围的机理探讨

在压力范围之外，在计算过程中出现两种情况：

(1)迭代过程中，出现某种组分的残差曲线出现异常，系统显示报警提示。通过删除部分与压力有关的方程，计算得以继续，但计算结果和实验相差悬殊。

(2)计算完成，但计算结果显示，着火并不能发生。

为了探询其中原因，调出计算结果分析。发现对于第一种情况，随着热源温度的升高，化学反应的加剧，流场内组分换热换质加速，甚至局部区域形成高压和负压。与压力有关的化学反应受到高压和低压限制，反应中止，造成化学链的中断，使某种组分浓度在收敛过程中出现突变。例如，影响油气热着火的重要组分 HO_2 与下列与压力有关的反应有关，在系统出现报警提示时，调出计算结果显示，这些化学反应的反应速度突降为零。通过删除这些反应，迭代能够完成，但热着火不能发生。而不删除这些反应，通过调整压力，计算过程中未出现报警，且热着火能够发生。

R4：$H+O_2(+m)=HO_2(+m)$

R5：$H+O_2(+N_2)=HO_2(+N_2)$

R6：$H+O_2(+H_2)=HO_2(+H_2)$

R7：$H+O_2(+H_2O)=HO_2(+H_2O)$

R21：$OH+OH(+m)=H_2O_2(+m)$

对于第二种情况，计算结果反映，有的反应从未发生，即只有部分化学反应链参与该过程。第五章的组分敏感度分析显示，下列反应与许多重要自由基的生成有关，而这些反应与压力有关。通过调整压力，使这些反应能够发生，或者反应速度明显加快，热着火得以发生。

R103：$C_2H_4+H(+m)=C_2H_5(+m)$

R104：$C_2H_4(+m)=C_2H_2+H_2(+m)$

R105：$C_2H_4(+m)=C_2H_3+H(+m)$

R128：$C_2H_2+H(+m)=C_2H_3(+m)$

R190：$H_2CCCH+H(+m)=pC_3H_4(+m)$

通过对压力范围之外的两种情况的分析，可以发现，油气热着火能否发生，受到与压力有关的反应的影响，因此，油气热着火不但具有温度范围，而且有压力范围。

3.6.6 油气热着火延迟期规律的分析

3.6.6.1 温度和延迟期关系的定量表达式

图 3.43 和图 3.44 为实验和计算所得的压力分别为 8kPa(61mmHg)和 11.9kPa(91mmHg)时，油气热着火延迟期随温度变化曲线。两种压力条件下，油气热着火延迟期随温度升高而非线性下降。实验平均值和计算值所反映的趋势一致，虽然实验平均值明显比计算值小，误差范围为：10%~35%，但计算值在实验值范围内。认为两者差别的原因如下：在同一条件下所得的实验结果波动较大，实验均值不能完全反映实际情况；实验采用热源温度达到设定值，揭开隔热罩的过程对流场形成扰动，对油气的传热传质具有影响以及对油气化学反应有加速的作用，从而加速了热着火的发生。计算中，除了计算误差外，只考虑了烃类的化学反应，没有考虑油气和容器壁面的表面反应以及油气中氮、硫等其他组分的催化反应。

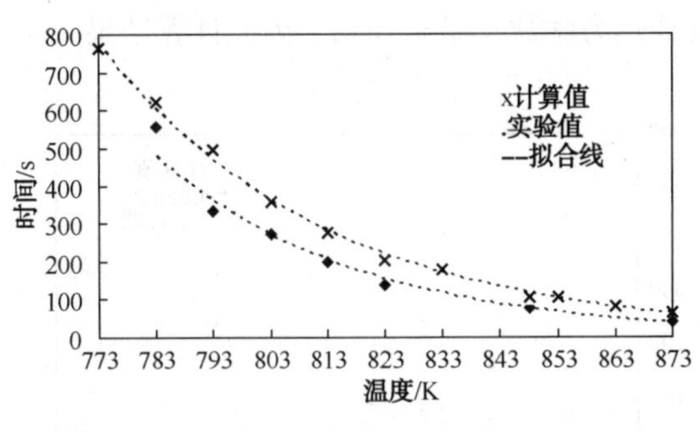

图 3.43 延迟期-温度曲线(压力 8kPa)

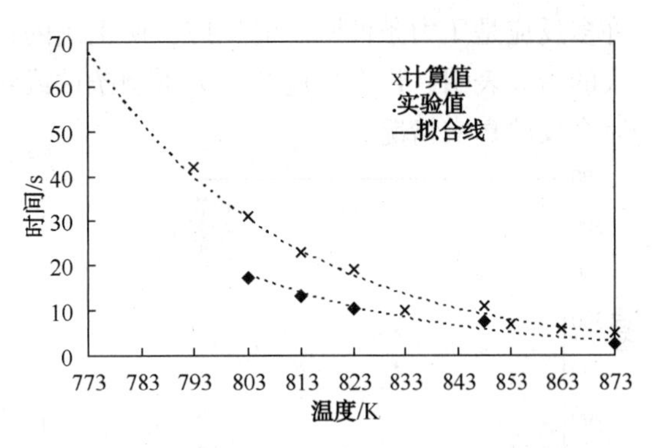

图 3.44 延迟期-温度曲线(压力 11.9kPa)

采用 Matlab 分别对 8kPa(61mmHg)和 11.9kPa(91mmHg)条件下，油气热着火延迟期实验均值和计算曲线拟合得到如下公式：

8kPa(61mmHg)条件下计算拟合公式和方差：$\tau = 1 \times 10^{11} e^{-0.0246T}$，$R^2 = 0.9934$

8kPa(61mmHg)条件下实验均值拟合公式和方差：$\tau = 2 \times 10^{12} e^{-0.0282T}$，$R^2 = 0.9905$

11.9kPa(91mmHg)条件下计算拟合公式和方差：$\tau = 2 \times 10^{10} e^{-0.0257T}$，$R^2 = 0.9451$

11.9kPa(91mmHg)条件下实验均值拟合公式和方差：$\tau = 3 \times 10^{11} e^{-0.0284T}$，$R^2 = 0.9653$

实验和计算的拟合结果均显示，延迟期和温度之间符合指数关系。为了验证上述规律的正确性，进一步对计算所得的各种压力条件下延迟期和温度的曲线进行拟合。图 3.45 为压力 46mmHg、76mmHg 条件下延迟期-温度曲线。通过拟合得到：

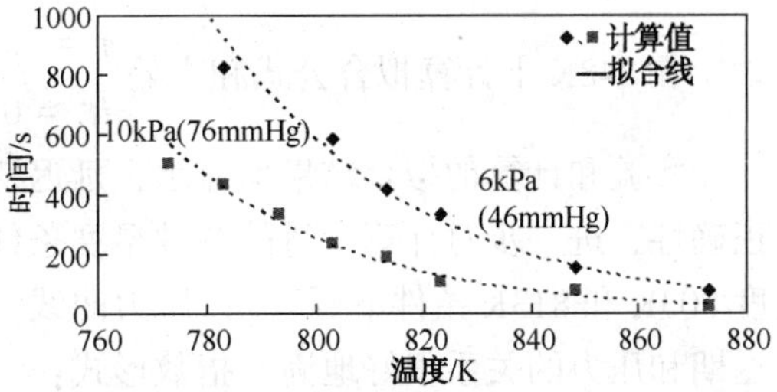

图 3.45 延迟期-温度曲线(压力 6kPa、10kPa)

6kPa (46mmHg)条件下计算值拟合公式和方差：

$$\tau = 2 \times 10^{12} e^{-0.0273T}$$

$$R^2 = 0.9927$$

10kPa (76mmHg)条件下计算拟合公式和方差：$\tau = 9e^{-0.0364T}$，$R^2 = 0.9782$

由此可见，油气热着火延迟期和温度的关系可以用指数形式表示：$\tau = Ae^{-BT}$。

3.6.6.2 压力和延迟期关系的定量表达式

图 3.46 和图 3.47 为实验和计算所得的温度分别为 823K 和 848K 时，热着火延迟期随压力变化曲线。与温度-延迟期曲线类似，压力升高能使油气热着火延迟期非线性下降。实验平均值和计算值所反映的趋势一致，虽然实验平均值明显比计算值小，但计算值在实验值范围内。认为两者差别的原因除了与温度-延迟期所阐述的原因相同以外，还包括在计算中，

许多反应是压力条件限制的反应，所引用的化学反应中虽然也包含了压力限制的反应。但前人的研究表明，许多反应的压力限制条件或者其他热力学数据是未知的，因此计算结果无法完全反映真实情况。

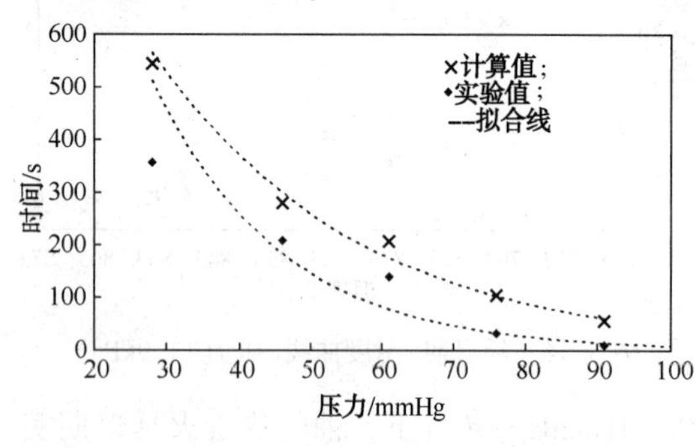

图 3.46　823K 时的热着火延迟期-压力曲线

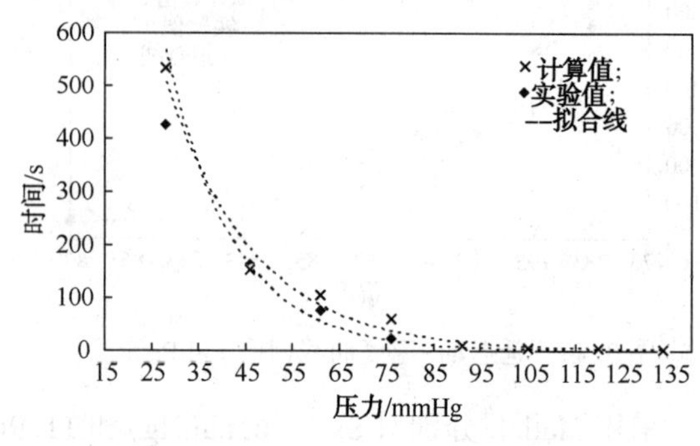

图 3.47 848K 时的热着火延迟期-压力曲线

同样，采用 Matlab 分别对温度 823K 和 848K 条件下，油气热着火延迟期实验均值和计算曲线拟合得到如下公式：

在 823K 下实验均值拟合公式和方差：$\tau = 2537.6e^{-0.0572P}$

$R^2 = 0.9308$

在 823K 下计算拟合公式和方差 $\tau = 1525.8e^{-0.0355P}$

$R^2 = 0.9874$

在 848K 下实验均值拟合公式和方差：$\tau = 4134.5e^{-0.0709P}$

$R^2 = 0.9796$

在 848K 下计算拟合公式和方差 $\tau = 2571.1e^{-0.0542P}$

$R^2 = 0.9816$

实验和计算的拟合结果均显示，延迟期和压力之间符合指数关系。为了验证上述规律的正确性，进一步对计算所得的各种温度条件下延迟期和压力的曲线进行拟合。图 3.48 为温度 803K 和 813K 条件下延迟期-压力曲线。拟合过程中，去除歧异点 P：91mmHg，油气延迟期和压力的关系很好地满足指数形式：$\tau = Ae^{-B\ P}$

在 803K 下计算拟合公式和方差：$\tau = 2373.5e^{-0.0307P}$

$R^2 = 0.9989$

在 813K 下计算拟合公式和方差：$\tau = 1458.6e^{-0.0272P}$

$R^2 = 1$

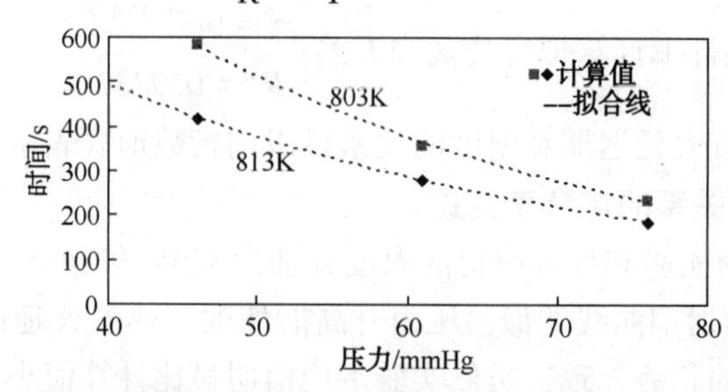

图 3.48　温度为 803K 和 813K 下的延迟期-压力曲线

3.6.7 湿度影响热着火的机理探讨

实验得到湿度是影响油气热着火的一个重要因素，在计算中通过增加气态水的含量进一步探讨湿度对油气热着火的影响。图 3.49 为 H_2O 的浓度变化曲线。曲线 A 和曲线 B 分别显示了 H_2O 的初始浓度为 5%和 0%的情况下 H_2O 的变化过程。由图可见，两条曲线的变化趋势基本一致，说明气态水参与与其他组分的容积反应，为油气热着火作出了贡献，但气态水的含量的增加不能改变油气热着火的趋势，即增加气态水的含量，在着火温度、压力范围内，油气的着火规律不变。查阅文献，发现水在空气中并不完全以气态存在，形成的水雾可能包裹其他组分，阻碍了化学反应的进行，因此可以推断其参加的反应不仅包括容积反应，还涉及表面反应，同时其以惰性组分的因素参与了其他反应机制。

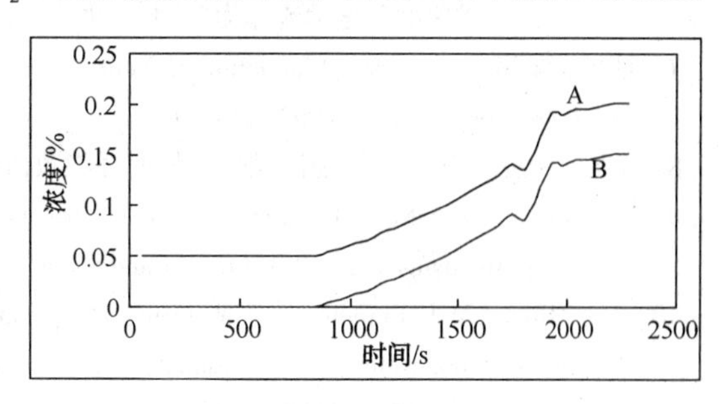

图 3.49 H_2O 浓度变化曲线

3.6.8 小结

(1)计算结果更加完整地展现了该工况条件下油气起燃过程中温度、压力、密度、流体速度、组分浓度的分布、发展过程；更加详尽、准确地阐述了该工况条件下油气的热着火位置、着火特征、起燃过程。

(2)基于计算结果深入阐述了油气着火过程的机理。油气在高温热源的作用下发生快速氧化反应，放出大量热量，导致反应速度进一步加快和放热，热源放热和化学反应的急速放热的双重作用是导致油气温度的急剧上升而热着火的重要原因。

(3)计算和实验所得的油气快速化学反应临界温度和临界着火温度较好吻合；深入阐述了油气着火临界温度的机理。热源及其周围的油气化学反应的释热率大于油气热传播过程中的吸热率才有可能导致热着火。提出油气热着火所需热源的临界热流密度为 557W/m^2。

(4)计算和实验所得的油气的压力范围较好吻合；阐述了油气热着火压力范围的的机理。与压力有关的反应能否进行影响了化学链反应的完成程度，是制约油气热着火压力范围的重要原因之一。

(5)在现有条件所能测得和计算的温度和压力范围内，油气热着火延迟期与温度、压力的关系可以用指数形式表示，即 $\tau = Ae^{-B\ P}$ 和 $\tau = Ae^{-B\ T}$ 。

(6)探讨了水蒸气的双重作用，即参与反应和抑制反应。

参 考 文 献

[1] Spalding D B. Combustion and Mass Transfer[M]. Peergamon Press, 1979: 1-23.

[2] B Vartharajan, and F A Williams. Chemical-Kinetic Descriptions of High-Temperature Ignition and Detonation of Acetylene-Oxygen-Diluent Systems[J]. Combustion and Flame, 2001, 125: 624-645.

[3] Sankar N L. and TassaY. An Algorithm for Unsteady Transonic Potential Flow Past Airfoils[R]. Seventh International Conference on Numerical Methods in Fluid Dynamics Standford U. and NASA Ames Research Center,

Moffett Field, Calif, June, 1980.

[4] Van Leer B, Thomas J L, and Roe P L. A Comparison of Numerical Flux Formulas for the Euler and Navier-Stokes Equations[J]. AIAA, 1987: 87-1104.

[5] 周力行. 湍流气粒两相流动和燃烧的理论与数值模拟[M]. 北京: 科学出版社, 1994: 1-211.

[6] 周力行. 燃烧理论和化学流体力学[J]. 北京: 科学出版社, 1986: 2-225.

[7] 杜扬, 沈伟. Numerical Simulation of Ventilation Process in Confined Space[C]. Progress in Safety Science and Technology, Taian, 2002, 899-903.

[8] 李宏宇, 张宏武. 甲烷预混燃烧火焰的详细数值模拟[J]. 工程热物理学报, 2002, 23(1): 257-260.

[9] N Peters and R J Kee. The Computation of Stretched Laminar Methane-Air Diffusion Flame Using a Reduced Four-step Mechanism[J]. Combustion and Flame, 1987, 68: 17-29.

[10] J A Miller, M C Branch, W J McLean, DW Chandler, M D Smooke, and R J Kee. in Proceedings of the Twentieth Symposium (International) on Combustion [J]. The Combustion Institute, Pittsburgh, Pennsylvania, 1985: 673-698.

[11] P Glarborg, R J Kee, and J A Miller, Combustion and Flame, 1986, 65: 177-179.

[12] B VaratharjanA and F A Willams. Brief Communication Ignition Times in the Theory of Branched-Chain Thermal Explosions[J]. Combustion and Flame, 2000, 121: 551 - 554.

[13] 董刚, 刘宏伟. 通用甲烷层流预混火焰半详细化学动力学机理[J]. 燃烧科学与技术, 2002, 8(1): 44-48.

[14] 贾明, 解茂昭. 均质压燃发动机燃烧特性的详细反应动力学模拟[J]. 内燃机学报, 2004, 22(2): 25-27.

[15] 曾文, 解茂昭, 贾 明. 催化燃烧对均质压燃发动机排放影响的数值模拟[J]. 燃烧科学与技术, 2007, 13(1): 78-80.

[16] 杨锐, 蒋勇, 汪箭, 范维澄. C_7H_{16}-O_2-N_2 预混气体压缩点火过程的数值模拟[J]. 爆炸与冲击, 2003, 23(2): 101-104.

[17] 梁霞. 二甲基醚/甲醇双燃料均质压燃燃烧数值模拟研究[D]. 天津大学机械上程学院, 2005.

[18] Elaine S Oran. A Numerical Study of a Two-Dimensional H2-O2-Ar Detonation Using a Detailed Chemical Reaction Model[J]. Combustion and Flame, Published by Elsevier Science Inc, 1998, 113: 147-163.

[19] Davis M B, Pawson M D, Veser G. etal. Methane Oxidation over Noble Metal Gauzes: an LIF Study[J]. Combust and Flame, 2000, 123: 159-161.

[20] 王波, 张捷宇, 贺友多. 层流预混自由火焰数学模型及数值计算的研究[J]. 工业加热, 2001(4): 1-5.

[21] 张俊霞. 化学动力学机理耦合 EDC 燃烧模型对湍流扩散火焰的数值模拟[J]. 工业炉, 2007, 29(1): 101-105.

[22] T F Smith and J N Friedman. Evaluation of Coefficients for the Weighted Sum of Gray Gases Model[J]. Heat Transfer, 1982, 104: 602-608.

[23] D K Edwards and R Matavosian. Scaling Rules for Total Absorptivity and Emissivity of Gases[J]. Heat Transfer, 1984, 106: 684-689.

[24] 李荫藩. 双曲型守恒律的高阶、高分辨有限体积法[J]. 力学进展, 2001, 31(2): 245-254.

第4章　狭长受限空间油气爆炸数值模拟

4.1　引言

前已所述，在受限空间中，油气爆炸因受限空间的约束，爆炸压力和破坏强度比敞开空间要大得多。而狭长受限空间又因为各种加速爆炸强度因素的存在，使爆炸强度更大、破坏力更强。在实际工程中，狭长式涉爆建筑比比皆是。所以，狭长受限空间爆炸是油气爆炸研究领域的基本且非常重要的内容。

已有实验研究表明：狭长受限空间的油气爆炸是典型的湍流爆炸，其本质是一种带压力波的高湍流度、高反应速率的燃烧过程。油气爆炸过程不仅存在一般湍流燃烧的影响因素，还有爆炸过程所特有的高反应速率特性以及压力波的传播、压力波与火焰的正反馈机制，这使得狭长受限空间油气爆炸的理论模型研究十分复杂。

在油气爆炸模拟实验研究结果的基础上，本章将建立狭长受限空间油气爆炸过程的湍流爆炸理论模型。鉴于受限空间湍流爆炸模型的复杂性，拟将该模型分为描述流场流动的湍流模型和基于该湍流流场的爆炸燃烧模型进行研究。书中将采用基于总能方程的 RNG 湍流模型模拟爆炸过程中的湍流流动，对于爆炸过程中复杂的燃烧化学反应则建立多种反应机理控制的湍流燃烧模型进行描述。所建立的理论模型不仅能有效地对狭长受限空间油气爆炸过程进行模拟，对其他爆炸、火灾过程的数值研究也有很好的参考价值。

4.2　狭长受限空间油气爆炸分析模型

在对现有湍流模拟模型进行分析研究的基础上结合狭长受限空间油气爆炸特点建立基于总能的 RNG 湍流模型。

4.2.1　狭长受限空间油气爆炸湍流流场的特点

狭长受限空间油气爆炸系统模拟实验结果表明，受限空间油气爆炸是带有压力波传播的湍流燃烧过程。对于爆炸流场而言具有如下的特点：

(1) 爆炸流场中存在复杂的压力波发展、传播现象，流场压力梯度明显，弱爆炸过程中的压力接近 0.1MPa；强爆炸过程中会形成明显的冲击波和多道反复传播的压力波。

(2) 流场的湍流特性明显，压力波和壁面作用会形成带压力梯度的强湍流区域，压力波与分支坑道会形成强漩涡和快速应变流，而这些湍流结构会对爆炸发展起到重要影响。

(3) 爆炸过程中雷诺数范围大。压力波之前的气体流速为零，之后为高速流动，相应地流场雷诺数范围大，流场的湍流强度分布不均匀。

以上特点要求爆炸流场湍流模型对高速、带冲击波流场有较好的描述能力，对快速应变流具有较高计算精度和较宽的雷诺数适用范围，同时还要考虑压力梯度对流场的影响。此外

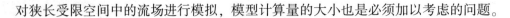

对狭长受限空间中的流场进行模拟，模型计算量的大小也是必须加以考虑的问题。

4.2.2 狭长受限空间油气爆炸湍流模型研究

4.2.2.1 湍流模型

湍流本身是最为常见的一种流动形式，但同时也是最为复杂的流动形式。从雷诺的圆管层流、湍流转捩实验至今，人们对湍流的研究已经有超过百年的历史，但至今仍未彻底攻克这一科学的难关。为对湍流进行研究，人们建立了各种对湍流进行描述的数理模型，目前数值分析使用的主要湍流模型有如下几类：

1）湍流过程的高级模拟模型

此类模拟模型的代表是直接模拟(DNS)。包括湍流脉动运动的湍流瞬时运动服从 N-S 方程，而 N-S 方程本身是封闭的。高级模拟模型通过直接求解 N-S 方程本身进行湍流的数值模拟，往往可以揭示湍流流场中的细节结构与机理。许多细节结构甚至是实验都难于获得的，因此在对湍流的数值仿真研究中这一类模型必不可少，甚至被认为是研究湍流本质机理的希望所在。但直接模拟算法本身仍存在许多技术难题，并且用此类模型进行模拟，计算量巨大，目前应用于工程问题的求解还不可能。例如：对一般的湍流问题进行模拟，往往要求网格非常细小，常常需要网格与最小的湍流涡具有相同的数量级。对于典型湍流流场，计算网格与流动Re_l^3 的数量级成正比，且每一节点至少执行 100 条指令，即是说对简单边界、流动$Re_l = 10^5$ 的流场进行模拟，计算量约为10^{17}次，相当于在每秒 10 亿次的超级计算机上要运行 3 年。对于狭长受限空间油气爆炸的大空间流场的仿真工作而言计算量更是不能接受的。近年来，随计算机技术和计算流体力学理论的发展，此类模型被逐渐被应用于某些湍流的理论研究。

2）大涡模拟模型(LES)

该类模型的基本思想是在大的网格尺度上对流场的 N-S 方程进行直接求解，在小尺度网格上使用各种子网格湍流模型进行计算，因此又称为子网格模型。显而易见，大涡模拟是直接模拟和一般时均模拟的折中模型。该类模型对湍流中的大尺度拟序结构有较好的模拟效果，又具有比直接模拟小的计算量，目前已经运用在地球大气和一般燃烧器工作过程的模拟中，取得了比一般时均湍流模型更好的精度。但是在用该类模型进行计算涉及子网格模型以及各种复杂量的模拟，计算量仍然是巨大的。

3）湍流过程工程模拟的常用时均模型

此类模型通过对 N-S 方程进行时均、简化处理，并通过各种公设性的假定和实验补充经验参数，将湍流的求解分为对时均 N-S 方程和湍流附加方程的联合求解。虽然此类模型在公设性假定和时均化处理的过程中抹杀了较多的湍流细节，但是其模拟结果与实验测得结果的比较说明此类模型对各种时均量的模拟仍然是成功的，而这些时均物理量的分布往往才是工程上所关心的问题。因此基于湍流模式的理论模型得到广泛应用，而且至今仍在研究中。

按所附加方程的数目和性质，此类模型主要分为：零方程模型、一方程模型、两方程模型及雷诺应力模型(RSM)。其中，零方程模型、一方程模型过于依赖实验、经验参数，适用性和精度受到限制；雷诺应力模型是这一类模型中考虑因素最多的湍流模型，但该模型求解过程相对复杂。对一般问题需求解多达 11 个方程，这使得不仅计算量较大，而且计算过程中参数众多，边界条件的给定困难，因而该种模型仍在改进之中。二方程模型是工程中使用最多的模型。这一类模型以 $k-\varepsilon$ 及其改进模型为代表，通过 Boussinesq 假设化简时均 N-S 方程进而形成能封闭求解的湍流模型。此类模型计算量适中又能满足大部分湍流流场计算的要求，因此得到广泛的运用。按对一些具体问题的处理方法，$k-\varepsilon$ 模型还可以大致分为：标准 $k-\varepsilon$ 模型、J-L$k-\varepsilon$ 模型、RNG$k-\varepsilon$ 模型、非线性 $k-\varepsilon$ 模型等。针对具体的问题以上的 $k-\varepsilon$ 模型各有优缺点。

4.2.2.2 狭长受限空间油气爆炸湍流模型的选取

对大尺度狭长受限空间进行流场模拟，计算量的大小是必须加以考虑的问题。兼顾湍流模拟精度和计算量，采用两方程湍流模型为流场湍流模型。

严格统计分析得到的系数和有效黏度的微分格式使得 RNG$k-\varepsilon$ 模型在广泛的流动范围内比标准 $k-\varepsilon$ 模型精确，并且 RNG$k-\varepsilon$ 模型在快速应变流的计算中有一致认可的良好精度。因此，以 RNG$k-\varepsilon$ 模型作为爆炸流场的湍流模型。

气体爆炸流场是高赫数、高压力梯度的流场。一般湍流模型的能量控制方程都基于低马赫数、低压力梯度的工况，利用总焓作为能量的度量，同时往往忽略气体动能的变化及压力梯度的影响，得到的能量方程并不能较好地反映湍流爆炸流场的能量分布，故对爆炸流场的模拟不是十分适用；对于爆炸这样的高马赫数流场的分析，采用总能形式的能量方程能较好地描述高速流动，而且在求解时可以利用矢通分裂方法提高压力计算的精度，因此可采用总量 $E=e+\frac{1}{2}u_iu_i$ 作为能量的度量。

4.2.3 基于总能的 RNG$k-\varepsilon$ 湍流模型

通常对湍流模型的推导都基于黏性流体运动 N-S 方程组。基于总能，不计质量力、热辐射的影响，带化学反应流场的控制方程可写为：

连续方程：

$$\frac{\partial\rho}{\partial t}+\frac{\partial}{\partial x_j}(\rho u_j)=0 \tag{4.1}$$

动量方程(N-S 方程)：

$$\frac{\partial}{\partial t}(\rho u_i)+\frac{\partial}{\partial x_j}(\rho u_iu_j)=-\frac{\partial p}{\partial x_i}+\frac{\partial}{\partial x_j}\left[\mu\left(\frac{\partial u_j}{\partial x_i}+\frac{\partial u_i}{\partial x_j}\right)\right]-\frac{2}{3}\frac{\partial}{\partial x_i}\left[\mu\left(\frac{\partial u_j}{\partial x_j}\right)\right] \tag{4.2}$$

能量方程：

$$\begin{aligned}&\frac{\partial}{\partial t}(\rho E)+\frac{\partial}{\partial x_j}(\rho u_jE)\\&=-\frac{\partial pu_i}{\partial x_i}+\frac{\partial}{\partial x_j}\left[\mu u_i\left(\frac{\partial u_j}{\partial x_i}+\frac{\partial u_i}{\partial x_j}\right)\right]-\frac{2}{3}\frac{\partial}{\partial x_i}\left[\mu u_i\left(\frac{\partial u_j}{\partial x_j}\right)\right]+\frac{\partial}{\partial x_j}\left[k\left(\frac{\partial T}{\partial x_j}\right)\right]+\omega Q_s\end{aligned} \tag{4.3}$$

组分方程：

$$\frac{\partial}{\partial t}(\rho f_s)+\frac{\partial}{\partial x_j}(\rho u_jf_s)=\frac{\partial}{\partial x_j}\left(D\frac{\partial f_s}{\partial x_j}\right)-\omega_s \tag{4.4}$$

状态方程：

$$p=\rho RT \tag{4.5}$$

式中，$E=e+\frac{1}{2}u_iu_i=c_vT+\frac{1}{2}u_iu_i$。

在推导中用到如下条件(忽略输运系数的脉动)：考虑一般的湍流流动中密度脉动与其他量的关联较弱，速度脉动与速度脉动之间以及与其他量之间的关联较强。同时马赫数小于5时，密度的脉动量与当地的湍流强度无密切的关系，因此忽略湍流密度脉动，即认为$\rho'=0$。将化学反应与湍流流动的作用计入湍流燃烧模型中，在此仅考虑化学反应带来的组分变化和能量变化，暂不考虑化学反应与其他物理量之间的耦合关系。

令湍流流动中的物理量：$U=\bar{U}+U'$。

对方程式(4.1)和式(4.2)作雷诺时均运算，并忽略高阶脉动量，得：

$$\frac{\partial\rho}{\partial t}+\frac{\partial}{\partial x_j}(\rho\,\overline{u_j})=0 \tag{4.6}$$

$$\frac{\partial}{\partial t}(\rho\,\overline{u_i})+\frac{\partial}{\partial x_j}(\rho\,\overline{u_i}\,\overline{u_j})=-\frac{\partial\bar{p}}{\partial x_i}+\frac{\partial}{\partial x_j}\left[\mu\left(\frac{\partial\,\overline{u_j}}{\partial x_i}+\frac{\partial\,\overline{u_i}}{\partial x_j}\right)-\rho\,\overline{u_i{}'u_j{}'}\right]-\frac{2}{3}\frac{\partial}{\partial x_i}\left[\mu\left(\frac{\partial u_j}{\partial x_j}\right)\right] \tag{4.7}$$

显然，上述时均运算在N-S方程组中引入了新的脉动关联未知量$-\rho\,\overline{u_i{}'u_j{}'}$，为了让方程组能封闭求解，必须附加相应的控制方程。下面按常规的方法，引入k方程和ε方程。

采用算法——式(4.2)乘以u_i之后进行时均运算，再减去式(4.7)乘以$\overline{u_i}$即得湍流动能方程：

$$\begin{aligned}&\frac{\partial}{\partial t}\left(\frac{1}{2}\rho\,\overline{u'_iu'_i}\right)+\frac{\partial}{\partial x_j}\left(\frac{1}{2}\rho\,\overline{u_j}\,\overline{u'_iu'_i}+\frac{1}{2}\rho\,\overline{u'_ju'_iu'_i}\right)\\&=-u'_i\frac{\partial}{\partial x_i}(p')-\rho\,\overline{u'_iu'_j}\frac{\partial}{\partial x_j}(\overline{u_i})+\overline{u'_i\frac{\partial}{\partial x_j}\left[\mu\left(\frac{\partial u'_i}{\partial x_j}+\frac{\partial u'_j}{\partial x_i}\right)\right]}\end{aligned} \tag{4.8}$$

令：$\frac{1}{2}\overline{u'_iu'_i}=k$，即湍流脉动的动能。

采用Boussinesq假设——认为式(4.7)中的脉动关联未知量$-\rho\,\overline{u'_iu'_j}$是由湍流脉动引起的湍流应力，该应力项可以同流场的平均流动建立如下的关系：

$$-\rho\,\overline{u'_iu'_j}=\mu_t\left(\frac{\partial\,\overline{u_j}}{\partial x_i}+\frac{\partial\,\overline{u_i}}{\partial x_j}\right)-\frac{2}{3}\left(\rho k+\mu_t\frac{\partial\,\overline{u_i}}{\partial x_i}\right)\delta_{ij}$$

并且进一步使用如下的公设性假定：

$$-u'_i\frac{\partial}{\partial x_i}(p')-\frac{\partial}{\partial x_j}\left(\frac{1}{2}\rho\,\overline{u'_ju'_iu'_i}\right)=\frac{\partial}{\partial x_j}\left[\frac{\mu_t}{\sigma_k}\left(\frac{\partial k}{\partial x_j}\right)\right]$$

$$\begin{aligned}\overline{\frac{1}{\rho}\mu\left(\frac{\partial u'_i}{\partial x_j}+\frac{\partial u'_j}{\partial x_i}\right)\frac{\partial}{\partial x_j}(u'_i)}&\approx\nu\,\overline{\left(\frac{\partial u_i}{\partial x_j}\right)^2}\\&=\varepsilon\end{aligned}$$

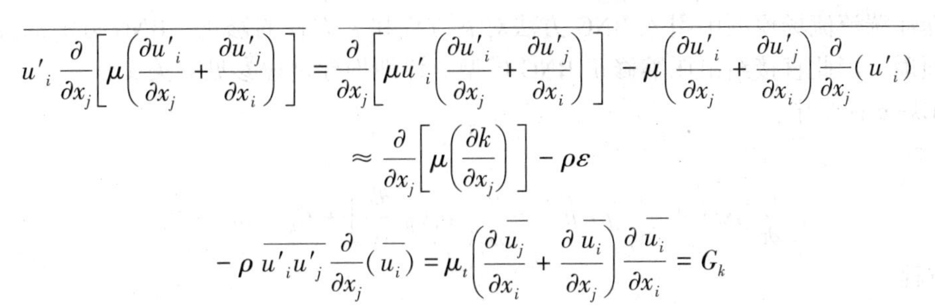

$$\overline{u'_i \frac{\partial}{\partial x_j}\left[\mu\left(\frac{\partial u'_i}{\partial x_j}+\frac{\partial u'_j}{\partial x_i}\right)\right]} = \overline{\frac{\partial}{\partial x_j}\left[\mu u'_i\left(\frac{\partial u'_i}{\partial x_j}+\frac{\partial u'_j}{\partial x_i}\right)\right]} - \overline{\mu\left(\frac{\partial u'_i}{\partial x_j}+\frac{\partial u'_j}{\partial x_i}\right)\frac{\partial}{\partial x_j}(u'_i)}$$

$$\approx \frac{\partial}{\partial x_j}\left[\mu\left(\frac{\partial k}{\partial x_j}\right)\right] - \rho\varepsilon$$

$$-\rho\,\overline{u'_i u'_j}\,\frac{\partial}{\partial x_j}(\overline{u_i}) = \mu_t\left(\frac{\partial \overline{u_j}}{\partial x_i}+\frac{\partial \overline{u_i}}{\partial x_j}\right)\frac{\partial \overline{u_i}}{\partial x_i} = G_k$$

则式(4.8)可以写为：

$$\frac{\partial}{\partial t}(\rho k) + \frac{\partial}{\partial x_j}(\rho u_j k) = \frac{\partial}{\partial x_j}\left[\frac{\mu_{eff}}{\sigma_k}\left(\frac{\partial k}{\partial x_j}\right)\right] + G_k - \rho\varepsilon \tag{4.9}$$

式中，μ_t 为湍流黏性系数，相当于湍流引起的黏性增加，仅与流动有关；μ_{eff}为流动过程中总的流动黏性，$\mu_{eff}=\mu+\mu_t$；ε 为湍流动能的耗散率，需引入其他的方程求解 $\varepsilon = \frac{1}{\rho}\overline{\mu\left(\frac{\partial u'_i}{\partial x_j}+\frac{\partial u'_j}{\partial x_i}\right)\frac{\partial}{\partial x_j}(u'_i)} \approx \nu\overline{\left(\frac{\partial u_i}{\partial x_j}\right)^2}$。

对式(4.2)乘以 u_i 并对 x_i 取偏导再乘以 $2\nu\frac{\partial u_i}{\partial x_j}$后取时均，得到的方程减去乘 $2\nu\frac{\partial \overline{u_i}}{\partial x_j}$后的式(4.8)，则式(4.9)中的 ε 的守恒方程为：

$$\frac{\partial}{\partial t}(\rho\varepsilon) + \frac{\partial}{\partial x_j}(\rho u_j\varepsilon) = \frac{\partial}{\partial x_j}\left[\frac{\mu_{eff}}{\sigma_\varepsilon}\left(\frac{\partial \varepsilon}{\partial x_j}\right)\right] + \frac{\varepsilon}{k}(C_1 G_k - C_2\rho\varepsilon) \tag{4.10}$$

而各式中：$\mu_t=\rho C_\mu \frac{k^2}{\varepsilon}$；$C_u$、$C_1$、$C_2$ 为经验系数。 (4.11)

至此，若不考虑湍流对组分和能量方程的影响，整个控制方程组是封闭的。而由以上推导的 k 方程和 ε 方程构成的湍流模式就是最常用的标准 k-ε 方程湍流模型。ε 方程的推导主要考虑高雷诺数湍流流动的情况用公设假定进行简化，而且各经验参数也是从充分发展的湍流实验中测得。所以，标准 k-ε 湍流模型仅对高雷诺数湍流的模拟较为适合。显而易见狭长受限空间中的油气爆炸流场雷诺数范围宽，需要数值模拟模型能较好地适用于各种雷诺数范围。同时在推导中忽略了密度的脉动($\rho'=0$)，前面分析已经说明这对平均流动是可以接受的，但对油气爆炸这样有复杂压缩过程的流动来讲，k 方程存在较大误差，需要修正。因此采用重整化群 RNG 方法对 k-ε 方程湍流模型进行了修正。

重整化群(Renormalization Group，RNG)是一种用于构筑许多物理现象模型的通用方法。该方法起源于量子力学和高能物理中对基本粒子场的研究。正如 RNG 方法的创始人 K. G. Wilson 所说："当求解基本方程所要求的网格小得令人无法接受时怎么办？怎样才能把网格尺寸增大到超出直接数值求解所要求的范围，而又能保持基本方程所提供解的真实可靠性？重整化群方法就是能够解决这一问题的一个基本途径"。由于湍流的模拟与计算所面临的正是这一困难，从 20 世纪 70 年代后期开始，人们把 RNG 方法引入到湍流研究领域，Yakhot 和 Orszag 于 1986 年应用 RNG 方法建立了第一个湍流模型，并显示出它较之传统湍流建模方法的若干显著的优越性和发展潜力。

在爆炸湍流流场模型中引入 RNG 方法对 k 方程和 ε 方程的修正，RNG 方法的推导和运算十分烦琐，因此直接给出压缩修正 RNG 模型。详细推导过程参见有关文献。

RNG$k-\varepsilon$ 模型中：

k 方程：

$$\frac{\partial}{\partial t}(\rho k)+\frac{\partial}{\partial x_i}(\rho k\overline{u_i})=\frac{\partial}{\partial x_j}\left(\alpha_k\mu_{eff}\frac{\partial k}{\partial x_j}\right)+G_k-\rho\varepsilon-Y_M \tag{4.12}$$

ε 方程：

$$\frac{\partial}{\partial t}(\rho\varepsilon)+\frac{\partial}{\partial x_i}(\rho\overline{u_j}\varepsilon)=\frac{\partial}{\partial x_j}\left[\alpha_\varepsilon\mu_{eff}\left(\frac{\partial\varepsilon}{\partial x_j}\right)\right]+C_{1\varepsilon}\frac{\varepsilon}{k}G_k-C_{2\varepsilon}\rho\frac{\varepsilon^2}{k}-R_\varepsilon \tag{4.13}$$

式中，α_k，α_ε 均为随湍流流场变化的系数；Y_M 为考虑流场可压缩性的修正项；R_ε 为 ε 方程的修正项。α_k 和 α_ε 均按下式计算：

$$\left|\frac{\alpha-1.3929}{\alpha_0+1.3929}\right|^{0.6321}\left|\frac{\alpha+2.3929}{\alpha_0+2.3929}\right|^{0.3679}=\frac{\mu}{\mu_{eff}} \tag{4.14}$$

式中，$\alpha_0=1.0$。

显然，在高雷诺数的流动中，即$\frac{\mu}{\mu_{eff}}\ll 1$ 时，$\alpha_k=\alpha_\varepsilon\approx 1.393$。

在 RNG 模型中，湍流的黏性由微分方程的形式给出：

$$\mathrm{d}\left(\frac{\rho^2 k}{\sqrt{\varepsilon\mu}}\right)=1.72\frac{\hat{v}}{\sqrt{\hat{v}^3-1+C_v}}\mathrm{d}\hat{v} \tag{4.15}$$

式中，$\hat{v}=\frac{\mu_{eff}}{\mu}$；常数 $C_v\approx 100$。

在高雷诺数时，式(4.15)也可以可写为式(4.11)的形式：

$$\mu_t=\rho C_\mu\frac{k^2}{\varepsilon}$$

此式中按 RNG 理论推导的 $C_\mu=0.0845$，与标准 $k-\varepsilon$ 模型中 0.09 的经验值十分接近。

考虑爆炸流场的可压缩性，k 方程中的压缩修正项：

$$Y_M=2\rho\varepsilon M_t^2$$

式中的 M_t 为湍流马赫数：$M_t=\sqrt{\frac{k}{c^2}}$。其中，$c(\equiv\sqrt{\gamma RT})$为当地音速。 (4.16)

ε 方程中的修正项：

$$R_\varepsilon=\frac{C_\mu\rho\eta^3(1-\eta/\eta_0)}{1+\beta\eta^3}\frac{\varepsilon^2}{k}$$

式中，$\eta=\frac{Sk}{\varepsilon}$，$S=\sqrt{\frac{G_k}{\mu_t}}$。其他参数：$\eta_0=4.38$，$\beta=0.012$。$\varepsilon$ 方程中参数：$C_{1\varepsilon}=1.42$，$C_{2\varepsilon}=1.68$。

以上完成了除组分方程和能量方程的 RNG 模型的建立。现在推导组分方程和能量方程。

对组分方程进行时均运算：

$$\frac{\partial}{\partial t}(\rho\overline{f_s})+\frac{\partial}{\partial x_j}(\rho\overline{u_j}\overline{f_s})=\frac{\partial}{\partial x_j}\left(D\rho\frac{\partial\overline{f_s}}{\partial x_j}-\overline{\rho u'_j f'_s}\right)-\omega_s \tag{4.17}$$

对于一般的 $k-\varepsilon$ 湍流模型，湍流组分输运项$-\overline{\rho u'_j f'_s}$直接令：

$$-\overline{\rho u'_j f'_s}=\frac{\mu_t}{\sigma_f}\left(\frac{\partial f_s}{\partial x_j}\right)$$

在 RNG$k-\varepsilon$ 模型中也将流动的组分输运归结为 $D_{eff}=D+D_t$，进而通过雷诺比拟计算 D_{eff}，所不同的是对有效扩散系数的计算表示为：

$$D_{eff}=\alpha_D\mu_{eff} \tag{4.18}$$

式中的 α_D 也用式(4.14)计算，仅 $\alpha_0=\frac{1}{Sc}$，Sc 为气体的斯密特数，计算中通常取 $Sc=0.7$。

对总能方程直接进行时均运算较为烦琐，故先进行雷诺应力的等效简化：通过以上的推导，湍流中的总黏性力，包括分子黏性力和湍流黏性力可以用 Boussinesq 假设写为：

$$(\tau_{ij})_{eff}=\mu_{eff}\left(\frac{\partial \overline{u_j}}{\partial x_i}+\frac{\partial \overline{u_i}}{\partial x_j}\right)-\frac{2}{3}\mu_{eff}\frac{\partial \overline{u_i}}{\partial x_i}\delta_{ij} \tag{4.19}$$

同时运用雷诺比拟，参照式(4.14)，有效换热系数 $k_{eff}=k+k_t$，

$$k_{eff}=\alpha_k c_p\mu_{eff} \tag{4.20}$$

式中的 α_k 同样使用式(4.14)计算，只是 $\alpha_0=\frac{1}{Pr}=\frac{k}{\mu c_p}$。在计算中取 $Pr=0.85$。

平均参数的总能方程就可以写为有效应力作功和有效导热系数条件下导热的如下形式：

$$\frac{\partial}{\partial t}(\rho\overline{E})+\frac{\partial}{\partial x_j}(\overline{u_j}(\rho\overline{E}+\overline{p}))=\frac{\partial}{\partial x_j}[\overline{u_i}(\tau_{ij})_{eff}]+\frac{\partial}{\partial x_j}\left[k_{eff}\left(\frac{\partial\overline{T}}{\partial x_j}\right)\right]+\omega Q_s \tag{4.21}$$

至此完成了所有方程的推导，最后为简便起见，以 u 表示 $\overline{u}$，所有的控制方程汇总为：

$$\frac{\partial\rho}{\partial t}+\frac{\partial}{\partial x_j}(\rho u_j)=0$$

$$\frac{\partial}{\partial t}(\rho u_i)+\frac{\partial}{\partial x_j}(\rho u_i u_j+p)=\frac{\partial}{\partial x_j}[(\tau_{ij})_{eff}]$$

$$\frac{\partial}{\partial t}(\rho f_s)+\frac{\partial}{\partial x_i}(\rho u_i f_s)=\frac{\partial}{\partial x_j}\left(D_{eff}\frac{\partial f_s}{\partial x_j}\right)-\omega_s$$

$$\frac{\partial}{\partial t}(\rho E)+\frac{\partial}{\partial x_j}(u_j(\rho E+p))=\frac{\partial}{\partial x_j}[u_i(\tau_{ij})_{eff}]+\frac{\partial}{\partial x_j}\left[k_{eff}\left(\frac{\partial T}{\partial x_j}\right)\right]+\omega Q_s$$

$$\frac{\partial}{\partial t}(\rho k)+\frac{\partial}{\partial x_j}(\rho u_j k)=\frac{\partial}{\partial x_j}\left(\alpha_k\mu_{eff}\frac{\partial k}{\partial x_j}\right)+G_k-\rho\varepsilon-Y_M$$

$$\frac{\partial}{\partial t}(\rho\varepsilon)+\frac{\partial}{\partial x_j}(\rho u_j\varepsilon)=\frac{\partial}{\partial x_j}\left[\alpha_\varepsilon\mu_{eff}\left(\frac{\partial\varepsilon}{\partial x_j}\right)\right]+C_{1\varepsilon}\frac{\varepsilon}{k}G_k-C_{2\varepsilon}\rho\frac{\varepsilon^2}{k}-R_\varepsilon$$

4.2.4 狭长受限空间壁面边界条件数值化研究

在狭长受限空间湍流流场中，壁面边界的存在对流场有着极大的影响。用湍流模型进行流场模拟时，边界条件除按 N-S 方程给定的速度、压力等边界值外，壁面湍流条件的给定也十分重要。一般 $k-\varepsilon$ 湍流模型是高雷诺数湍流模型，对壁面附近黏性底层低雷诺数流动的求解是不合适的；尽管 RNG$k-\varepsilon$ 湍流模型是一种宽雷诺数范围的湍流模型，但单纯用其

计算到壁面也存在计算量大的问题。因此采用壁面函数法补充壁面区域的流动条件。

壁面函数法的基本思想是将与壁面相邻的第一层节点布置在旺盛的湍流区域内。该点的湍流动量、温度、组分条件均通过某种形式的通用函数与壁面匹配，这样既保证了满足边界条件下内部湍流流场的正确求解，又减少了模拟壁面区域所需的节点，减小了计算量。

爆炸流场的压力梯是非常大的，常用的壁面函数法在模拟有明显压力梯度的流场时，往往得不到正确的结果。非平衡壁面函数法则考虑了压力梯度的影响和边界区域 k 和 ε 的产生与消耗，在有压力梯度存在的流场模拟中仍能得出正确的结果[19]，因此采用非平衡壁面函数法补充壁面边界条件。

1）动量边界条件的补充

有压力梯度的壁面湍流动量条件：

$$\frac{\widetilde{U}C_{\mu}^{0.25}k_P{}^{0.5}}{\tau_w/\rho}=\frac{1}{\kappa}\ln\left(E\frac{\rho C_{\mu}^{0.25}k_P{}^{0.5}y_P}{\mu}\right) \tag{4.22}$$

式中：$\widetilde{U}=U_P-\frac{1}{2}\frac{dp}{dx}\left[\frac{y_v}{\rho\kappa\sqrt{k_{\mathrm{P}}}}\ln\left(\frac{y_P}{y_v}\right)+\frac{y_P-y_v}{\rho\kappa\sqrt{k_P}}+\frac{y_v^2}{\mu}\right]$

其中，$y_v=\frac{\mu y_v^*}{\rho C_{\mu}^{0.25}k_{\mathrm{P}}^{0.5}}$，$y_v^*=11.225$。

其他量的取值：$\kappa=0.42$，$E=9.81$；y_{P}，k_{P}，U_{P} 分别为计算点 P 到壁面的距离，P 点的湍流动能，P 点的时均速度值。

同时，为增加算法对不同网格的适应性，采用非平衡壁面函数法的分层算法。

$$\tau_t=\begin{cases}0, & y<y_v\\ \tau_w, & y>y_v\end{cases},\quad k=\begin{cases}\left(\frac{y}{y_v}\right)^2k_{\mathrm{P}}, & y<y_v\\ k_{\mathrm{P}}, & y>y_v\end{cases},\quad \varepsilon=\begin{cases}\frac{2\nu k}{y^2}, & y<y_v\\ \frac{k^{1.5}}{C_l y}, & y>y_v\end{cases}$$

式中，$C_l=\kappa C_{\mu}^{-0.75}$。

在临近壁面的第一层网格单元中，平均湍流动能 k 的生成项和湍流动能的耗散由下式计算：

$$\begin{aligned}\overline{G_k}&=\frac{1}{y_n}\int_0^{y_n}\tau_t\frac{\partial U}{\partial y}\mathrm{d}y\\&=\frac{1}{\kappa y_n}\frac{\tau_w^2}{\rho C_{\mu}^{0.25}k_{\mathrm{P}}^{0.5}}\ln\left(\frac{y_n}{y_v}\right)\end{aligned} \tag{4.23}$$

$$\begin{aligned}\bar{\varepsilon}&=\frac{1}{y_n}\int_0^{y_n}\varepsilon\mathrm{d}y\\&=\frac{1}{y_n}\left[\frac{2\nu}{y_v}+\frac{k_{\mathrm{P}}^{0.5}}{C_l}\ln\left(\frac{y_n}{y_v}\right)\right]\end{aligned} \tag{4.24}$$

2）温度边界条件的补充

非平衡壁面函数法的温度方程为：

$$T^{*}=\frac{(T_{w}-T_{\mathrm{P}})\rho c_{\mathrm{p}}C_{\mu}^{0.25}k_{\mathrm{P}}^{0.5}}{q}$$
$$=\begin{cases}\mathrm{Pr}y^{*}+\dfrac{1}{2}\rho\mathrm{Pr}\dfrac{C_{\mu}^{0.25}k_{\mathrm{P}}^{0.5}}{}U_{\mathrm{P}}^{2}\quad(y^{*}<y_{T}^{*})\\ \mathrm{Pr}_{t}\left[\dfrac{1}{\kappa}\ln(Ey^{*})+P\right]+\dfrac{1}{2}\rho\dfrac{C_{\mu}^{0.25}k_{\mathrm{P}}^{0.5}}{}\{\mathrm{Pr}_{t}U_{\mathrm{P}}^{2}+(\mathrm{Pr}-\mathrm{Pr}_{t})U_{c}^{2}\}\quad(y^{*}>y_{T}^{*})\end{cases}\tag{4.25}$$

式中：

$$P=9.24\left[\left(\frac{\sigma}{\sigma_{t}}\right)^{0.75}-1\right][1+0.28e^{-0.007\sigma/\sigma_{t}}]。$$

3）组分边界条件的补充

壁面函数法的组分方程为：

$$Y^{*}=\frac{(Y_{i,w}-Y_{i})\rho C_{\mu}^{0.25}k_{\mathrm{P}}^{0.5}}{}=\begin{cases}Scy^{*}\quad(y^{*}<y_{c}^{*})\\ Sc_{t}\left[\dfrac{1}{\kappa}\ln(Ey^{*})+P_{c}\right]\end{cases}\tag{4.26}$$

4.3 基于多种控制机理的湍流爆炸燃烧模型

基于多种控制机理的湍流爆炸燃烧模型将重点探讨油气爆炸燃烧过程如何进行、流场参数如何影响燃烧反应速率，也即是湍流燃烧的理论模型。由于爆炸燃烧模型决定了爆炸过程中最本质的能量释放规律，因此爆炸燃烧模型是爆炸理论模型中各种爆炸影响因素的直接体现，也是各种爆炸发展控制机理的集中反映。一种科学合理、易于操作的湍流爆炸模型对气体爆炸过程的研究十分重要，但是湍流燃烧模型需要考虑的因素繁多、机理复杂，在气体爆炸数值仿真研究的少数文献中采用了湍流爆炸模型，但文献中的爆炸模型也仅是基于 k-ε 湍流方程的一般 EBU-Arrehnius 燃烧模型。

4.3.1 狭长受限空间油气湍流爆炸燃烧过程的特点

4.3.1.1 狭长受限空间油气湍流爆炸火焰传播的特点

狭长受限空间油气混合物爆炸是带有压力波传播的燃烧行为，火焰的加速传播现象明显。火焰传播过程的重要特征是爆炸产生的前驱压力波和爆燃火焰面之间具有正反馈性质的相互作用。压力波对火焰的加速体现在两个方面：一方面是压力波压缩火焰面前的气体使未燃气体的温度升高，初始温度升高加速火焰面推进，尤其是边界较为复杂，压力波存在多次的反射、衍射时，温度升高会更加明显；另一方面是压力波的传播将引起未燃气体的高速流动，气流与爆炸场所的边界作用形成高湍流度区域，火焰面经过湍流区域时，燃烧速率将大大提高。

爆炸发展过程中未燃气温度升高对爆炸的加强主要通过化学动力学起作用，该作用可以由化学反应动力学机理描述。湍流对燃烧时均反应速率的作用则可归结为火焰的皱折、组分和热输运效果的增强，这种作用可以由流场湍流结构对燃烧的影响机制来描述。因此，合理的湍流爆炸燃烧模型必须综合考虑化学动力学机理和湍流混合机理对平均燃烧化学反应速率的控制，也只有将各种控制机理综合考虑，才能正确体现压力和火焰的耦合机制。

4.3.1.2 狭长受限空间油气湍流爆炸燃烧化学反应的特点

书中完成的实验和文献研究都表明，油气爆炸燃烧的化学反应本身及其时均反应速率有如下特点：

（1）爆炸发展过程中的燃烧反应具有“孕育特征”，即使是燃料-空气的爆轰过程，化学反应的孕育仍然有 100μs 的数量级，这是化学动力学控制的表现。

（2）爆炸燃烧过程中化学反应活性中间产物对燃烧过程起重要作用，活性中间产物生成最终产物的瞬时化学动力学反应速度可以认为是接近无限大的。该步化学反应速率可以认为主要取决于流场的结构。

（3）受限空间油气爆炸由弱到强的发展过程明显，强度范围大，处于稳定燃烧和稳定爆轰之间，其化学时均反应速率处于稳态爆轰和一般湍流燃烧反应速率之间。爆炸发展过程中火焰速度比层流火焰速度大 2~3 个数量级，时均反应速率远大于一般燃烧器中稳定的湍流燃烧；但不同程度地小于最终形成的爆轰的反应速率。爆轰的反应速率可以认为完全受化学动力学因素控制；稳定的湍流燃烧速率可以认为取决于流场的结构。对于爆炸发展过程中的化学时均反应速率而言，所受的控制因素包含了爆轰和一般湍流燃烧的控制因素，化学动力学的因素不可忽略；同时，湍流结构对整体时均反应速率影响也不能忽略。

所以无论从爆炸燃烧火焰传播的特点还是从爆炸燃烧化学反应的特点来看，科学合理的爆炸燃烧模型必须同时考虑化学动力学的因素和流场湍流结构对整体时均反应速率影响，进而正确描述火焰和压力波之间的耦合机制。

4.3.2 狭长受限空间油气爆炸湍流燃烧模型研究

狭长受限空间油气爆炸燃烧过程有其特殊性，但仍是一种湍流燃烧，因此在建立湍流爆炸燃烧模型之前结合狭长受限空间油气爆炸的特点对已有的主要湍流燃烧模型进行分析。燃烧的模拟模型研究是世界公认的难题，湍流燃烧模拟模型的研究更是难中之难。目前所用的湍流燃烧模型可以总结为：

1）基于湍流流场高级模拟的燃烧直接模拟(DNS)模型

该类模型与湍流流场的高级模拟相对应，将详细的基元化学反应方程直接与流场控制方程耦合求解，能给出燃烧流场的详细结构和对燃烧有影响的各种因素的机理，是较先进的模拟模型。但由于湍流流场的复杂性以及化学反应对流场结构的进一步复杂化(例如：最简单的氢氧燃烧化学反应就包括了 8 种组分和 19 个基元反应)，使得在求解实际工程问题时计算量浩大，甚至当前最先进的计算机硬件根本不能接受。同时流场与化学反应以及二者之间的耦合机理本身尚有不清楚之处，因此将这类模型应用到油气化学反应这样的实际工程问题目前尚不可能。

2）湍流燃烧大涡模拟模型(LES)

与湍流流场的大涡模拟模型对应，湍流燃烧大涡模拟模型对燃烧同样采用大小两种尺度进行模拟。这样一来，对燃烧尺度的确定就至关重要，而这一问题尚未得到圆满解决。这使湍流燃烧大涡模拟模型的精度和有效性都受到限制。

3）基于概率的 PDF 模型

该类模型以 k-ε 湍流模型或其他模拟模型求解流场参数，但把化学反应关联项建立于

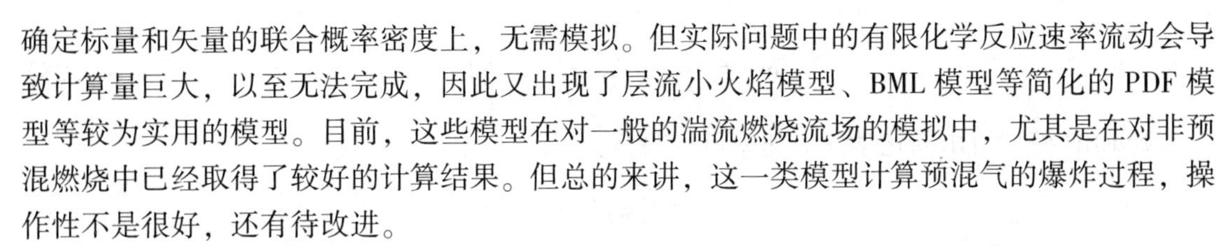

确定标量和矢量的联合概率密度上，无需模拟。但实际问题中的有限化学反应速率流动会导致计算量巨大，以至无法完成，因此又出现了层流小火焰模型、BML 模型等简化的 PDF 模型等较为实用的模型。目前，这些模型在对一般的湍流燃烧流场的模拟中，尤其是在对非预混燃烧中已经取得了较好的计算结果。但总的来讲，这一类模型计算预混气的爆炸过程，操作性不是很好，还有待改进。

4）条件矩封闭模型

条件矩封闭模型（conditional moment closure）引入守恒标量进行加权积分运算，有效解耦化学动力学和流场的非均匀性。但反应速率的级数展开往往给计算带来较大的误差，同时也增加了计算的繁杂性和计算的时间耗费，因此该方法的应用较少。

5）基于流场时均参数的 Arrehnius 燃烧模型

这类模型直接使用湍流流场模拟得到的各时均参数通过 Arrehnius 公式计算化学反应的速率，或适当修正 Arrehnius 公式进行模拟。模型在计算中也可以采用多步反应的形式控制反应的进程和能量的释放。对燃烧流场的模拟研究表明：由平均参数的 Arrehnius 燃烧模型计算的反应速率是较大的，这使计算出的流场反应速率往往由燃料组分的输运速率决定；同时能量的较大释放率给方程组带来极大的“刚性”，故该类燃烧模型对数值计算的条件尤其时间步长有苛刻的要求，计算的耗费很大。此外，化学反应速率的控制机理主要考虑的是分子反应动力学机理，对湍流的控制作用考虑较少。因此，该模型常用于对爆轰过程的模拟，但计算爆炸发展过程时，得到的整体燃烧速率往往过度地受到压力引起温度升高的影响，仿真容易得到不正确的时均燃烧速率。

6）工程计算中常用的湍流燃烧模型

目前工程应用最多的仍然是基于实验观测结果而建立的半经验、半理论的湍流燃烧模型。此类模型多从实验观察到的现象出发，经过对湍流强度、耗散的分析，构造湍流燃烧平均反应速率的表达式，又称“唯象的湍流燃烧模型”。该类模型包括涡破碎模型（EBU）、拉切滑模型、ESCIMO 模型、卷吸混合反应模型等等，最具有代表性的是 EBU 模型。EBU 燃烧模型认为燃烧区域是由未燃气和已燃气的微团组成，化学反应在两种微团的交界面上发生，微团的破碎导致二者的接触进而发生反应。因此，化学反应的速率取决于微团破碎为更小微团的速率，而微团的破碎率与湍流脉动动能衰变的速率成正比。相应地，模型认为这种微团破碎、混合的速率与湍流动能的耗散速率以及流体微团的湍流动能有关。因此，反应速率可以写成湍流动能、湍流动能耗散率、浓度脉动均方根值的表达式。该模型为修正计算中对湍流脉动作用的夸大，引入流场时均值的 Arrehnius 燃烧反应速率，并取脉动反应速率和时均值的 Arrehnius 反应速率的较小值为最终理论计算的反应速率。借助于流场 $k-\varepsilon$ 计算值的湍流化学反应速率可以写为：

$$\omega_t = C_{EBU}\rho \frac{\varepsilon}{k} g^{\frac{1}{2}} \tag{4.27}$$

式中，C_{EBU} 为反应常数；g 为燃料质量分数脉动的均方值。

鉴于湍流燃烧流场中可能存在这样一些区域：在该区域中时均流场的速度梯度较大，但可燃混合气的温度并不高，因此这样的区域并无明显的化学反应发生。显然，按式（4.27）计算的 ω_t 并不能给出正确的化学反应速率。为了解决这一缺陷，Spalding 引入以平均参数表示的 Arrehnius 公式：

$$\omega_A = A\rho^2 \overline{f_1}\,\overline{f_2}\exp\left(-\frac{E}{R\overline{T}}\right) \tag{4.28}$$

则 EBU 模型给出的化学反应速率可以写为：

$$\bar{\omega} = f(\omega_A, \omega_t)$$

进一步引入两个特征时间：

反应时间： $t_A = \dfrac{Y_f}{\omega_A}$

扩散时间(脉动时间)： $t_t = C_t \dfrac{k}{\varepsilon}$

反应速率按以下准则计算：

当 $t_A<t_t$ 时，$\omega_A>\omega_t$，化学反应为湍流流动控制，这时：$\bar{\omega}\approx\omega_t$。

当 $t_A>t_t$ 时，$\omega_A<\omega_t$，化学反应为化学动力学控制，此时：$\bar{\omega}\approx\omega_A$。

最后，用于计算平均化学反应速率的公式为：$\bar{\omega}=\min(\omega_A, \omega_t)$。计算中，$g$ 的计算一般用时均质量浓度或浓度梯度相关联的代数式表示，如：$g=C(\overline{m_f})^2$。但在具体的模拟中，往往使用更为简捷的形式：$g\sim\overline{Y_1}$ 或 $g\sim\overline{Y_2}$，以及 Magnusen 修正的表达式：$g\sim\min(\overline{Y_1}, \overline{Y_2})$。$\overline{Y_1}$、$\overline{Y_2}$分别表示燃料浓度、氧化剂摩尔浓度。

一般的燃烧涉及的化学反应，当温度超过临界值，化学反应一经触发，Arrehnius 公式计算的平均化学反应速率$\overline{\omega_A}$都比湍流混合速率$\overline{\omega_t}$大得多。以 EBU 湍流燃烧模型为例进行计算，尤其是对烃类的快速燃烧进行计算，化学反应一旦开始，燃烧反应的速率就受湍流混合速率控制，即仅仅考虑了$\overline{\omega_t}$的大小。因此，EBU-Arrehnius 湍流燃烧模型实质上仍是湍流控制的燃烧模型。该模型最大的不足就在于仅是将分子动力学反应速率和湍流反应速率做独立的比较，进而几乎忽略了分子动力学的影响。

可以看出该模型与 $k-\varepsilon$ 湍流模型相结合计算燃烧流场有计算量小、易于操作的优点，因而得到广泛的应用。同时，该模型着重强调了湍流脉动对燃烧反应速率的控制作用，反映了流动对燃烧的影响，因此有一定的精度。一些研究者分别用该模型进行了不同场合的湍流燃烧的模拟，取得了较为满意的计算效果。

目前湍流爆炸模拟中采用基于 $k-\varepsilon$ 湍流方程的一般 EBU-Arrehnius 燃烧模型，并以传统的 SIMPLE 算法求解控制方程组。尽管该模型与 Arrehnius 燃烧模型均考虑了湍流对燃烧的影响，但燃烧反应模型还不够细致。最主要的缺陷是对化学反应本身的分子反应动力学考虑不足，在反应触发区域甚至忽略了反应动力学的影响，进而对化学动力学控制机理得不到正确的反映，给爆炸发展过程的计算带来较大的误差。

受限空间油气爆炸由弱到强的发展过程明显，火焰速度在不断变化，而且相对一般湍流燃烧而言较大。爆炸发展过程中燃烧的时均速率与油气物化性质以及狭长受限空间中的流动状态都有直接的关系，忽略任何一方面的燃烧理论模型都不全面。以上各种湍流燃烧模型各有优点，但仍然不能同时满足合理性以及精度、可操作性的要求，对爆炸过程中的燃烧而言更没有一种能同时描述各种因素影响机理的湍流燃烧模型，必须建立多控制机理的湍流爆炸燃烧模型。

4.3.3 狭长受限空间油气爆炸多控制机理湍流燃烧模型

4.3.3.1 模型的基本假设

根据狭长受限空间油气爆炸湍流燃烧的特点，需要作如下假设：

(1) 爆炸燃烧过程分步进行，可燃混合气体首先进行的是带有“孕育特征的活化反应”，然后是活性中间产物生成最终产物的反应。

(2) 活化反应释放能量较少，其瞬时反应速率相对较小，并取决于流场的组分、温度和可燃混气化学性质。对爆炸这种预混燃烧，该步反应的时均速率主要由化学动力学控制，对湍流涡结构的变化并不敏感。

(3) 活性中间产物生成最终产物的反应瞬时化学动力学反应速度无限大，该步的时均化学反应速率由湍流流场结构控制。

(4) 对于化学反应本身来讲，经典的 Arrehnius 公式仍是较能反映化学动力学对燃烧速率控制的理论，尽管湍流燃烧中时均化的 Arrehnius 公式远不能反映燃烧控制机理的全部，但对于化学动力学主控的燃烧反应，以湍流模型时均参数计算的 Arrehnius 化学反应速率仍是良好的近似。

(5) 湍流对爆炸燃烧的影响可分为：①湍流强化了组分的输运，尤其加快了活性组分的输运，促进了化学反应的进行；②湍流强化了未燃气与已燃气的热传递，加速反应的进行；③火焰面因大扰动引起变形；④湍流脉动使火焰面发生脉动，进一步增大燃烧面积，同时湍流旋涡的破碎加大了燃烧反应速率。此处①、②和③对化学反应的影响往往可以通过计算湍流强化热传递和组分输运的时均效果加以仿真；对于④中的机理可以用湍流流场的湍流强度来衡量，认为脉动的程度可以用类似于 EBU 模型中的湍流动能和湍流动能耗散率决定的涡破碎率：$\frac{k}{\varepsilon}$为特征量来定量计算。

基于以上的分析建立狭长受限空间油气爆炸多机理控制的湍流燃烧模型。

4.3.3.2 狭长受限空间油气爆炸燃烧的分步反应模型

在狭长受限空间油气爆炸发展过程中，油气混合物具有组分复杂、含能高的特点，化学反应本身的特性在爆炸的模拟中必须考虑；狭长受限空间的边界复杂、湍流作用明显，湍流对反应速率的影响也必须考虑。已有的燃烧模型中，往往都只是强调某一种机理而忽略了另一种机理。因此，结合狭长受限空间的油气爆炸特点建立不同控制机理制约不同反应步的分步反应湍流燃烧模型。

狭长受限空间油气爆炸燃烧模型的基本思想在于将化学反应分为两步进行，各步的控制机理不同，各步释放的能量也不同。

首先为简化爆炸燃烧模型以庚烷(C_7H_{16})的物性作为汽油油气的近似平均物性(包括黏度、扩散特性等)；参考烃类燃烧模型的研究将组分化学反应过程过程、能量释放过程分为以下步骤：

反应 1：
$$CH+O_2 \longrightarrow F_{mid}+Q_1$$

反应 2：
$$F_{mid}+O_2 \longrightarrow F_{end}+Q_2$$

其中，反应 1 释放的能量较少，反应 2 所释放的能量较大。为便于数值计算中的处理，以气体组分的质量分数f计量各物质的浓度，上面各反应方程的层流反应速率完全服从流场平均参数的 Arrehnius 定律：

$$\omega_{1A} = A_1\rho^2 f_1^{\alpha_1} f_2^{\beta_1} \exp\left(-\frac{E_1}{RT}\right) \tag{4.29}$$

$$\omega_{2A} = A_2\rho^2 f_2^{\alpha_2} f_3^{\beta_2} \exp\left(-\frac{E_2}{RT}\right) \tag{4.30}$$

但在湍流燃烧中，反应 1 和反应 2 将受不同机理控制。

4.3.3.3 不同控制机理在狭长受限空间油气爆炸湍流燃烧中的作用形式

反应 1 和反应 2 在流场处于层流状态时具有相同的控制机理和计算反应速率的形式，总体的时均反应速率由 ω_{1A} 和 ω_{2A} 共同决定。但在流场处于湍流状态时，反应 1 和反应 2 将由不同的控制机理决定；同时，整体的时均反应速率通两步反应的组分条件和能量条件耦合决定。

在湍流爆炸燃烧过程中，反应 1 的时均速率主要由分子反应动力学控制，具体到流场参数则要由流场的时均温度和燃料以及氧化剂浓度控制，而且释放的能量较小，但生成化学活性较大的不稳定中间产物。如流场温度不是足够高该步反应不会触发。

反应 2 的反应的物质为具有较大化学活性的物质，按 EBU 模型的思想，时均反应速率主要由涡破碎率，即湍流流场的湍流强度控制。该步反应释放的能量高，可以使流场的温度有较大的升高，但如果无反应 1 提供的活性物质，反应也不会自持进行。

在湍流燃烧流场中，反应 1 和反应 2 将通过如图 4.1 的机制相互耦合，进而动态地决定整个燃烧反应的时均反应速率，而不是 EBU-Arrehnius 燃烧模型那样作简单的对比。如图 4.1 所示建立的湍流爆炸燃烧模型计算的燃烧平均反应速率不单纯由反应 1 或反应 2 某一步化学反应决定。由于两步化学反应通过组分条件和温度条件相互制约，整体的时均反应速率必然是两步反应共同决定，这也就保证了湍流爆炸燃烧反应是由分子反应动力学和流场的流动状况共同控制。因此，多控制机理的分步反应湍流爆炸燃烧模型能全面体现爆炸燃烧过程的控制机理，进而正确地描述火焰和压力波之间的耦合机制。

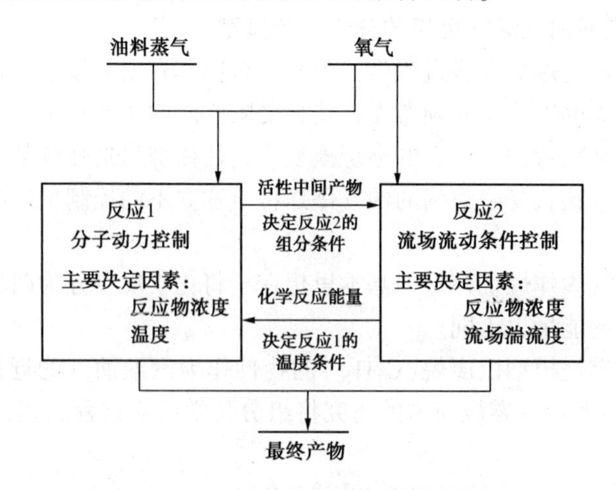

图 4.1　多机理控制反应湍流燃烧模型

两步反应模型在计算湍流燃烧时，反应 1 仍然用下式计算平均反应速率：

$$\omega_{1t}=A_1\rho^2 f_1^{\alpha_1} f_2^{\beta_1}\exp\left(-\frac{E_1}{RT}\right)$$

参考 EBU 模型中的理论，反应 2 的湍流时均反应速率可以写为：

$$\omega_{2t}=C_{EBU}\rho\,\frac{\varepsilon}{k}g^{\frac{1}{2}}$$

式中：$g\sim\min(\overline{Y_1},\ \overline{Y_2})$

由此，湍流燃烧过程中，总的燃烧反应时均反应速率可由以下两式计算。

$$\omega_1\approx\overline{\omega_{1A}}\approx A_1\rho^2\,\overline{f_1^{\alpha_1}}\,\overline{f_2^{\beta_1}}\exp\left(-\frac{E_1}{R\bar{T}}\right) \tag{4.31}$$

$$\omega_2\approx\omega_{2t}=C\rho\,\frac{k}{\varepsilon}g^{\frac{1}{2}}=C\rho\,\frac{k}{\varepsilon}\min(\overline{Y_2},\ \overline{Y_3}) \tag{4.32}$$

该模型采用分解→混合→反应的分步反应方式，可使理论燃烧模型更接近于实际的爆炸湍流燃烧过程。由于整体化学反应的时均速率由化学动力学和流场结构耦合控制，该模型能模拟不同控制机理对燃烧的影响，进而能充分描述爆炸发展过程中火焰与压力波之间的相互作用。同时，化学反应的能量分步加入流场，缓解了对整个控制方程求解时的“刚性”问题，利于数值求解。

4.4 狭长受限空间油气爆炸机理、分析模型与实验验证

4.4.1 引言

在对各种油气爆炸灾害事故进行分析计算时，数值方法是理论模型得以求解的根本手段。狭长受限空间油气爆炸过程发生场所几何边界复杂，甚至带有几何奇异结构。爆炸实验也表明爆炸过程中存在湍流、压力波传播甚至形成冲击波。这就要求所采用的数值模拟方法要有良好的边界适应性、对湍流和压力波(运动冲击波)有较好的计算精度。

根据油气爆炸过程的特点，采用有限体积算法进行爆炸理论模型的求解。数值模拟过程中以不同的方法求解时均 N-S 方程和 k-ε 方程，并以基于矢通分裂的算法保证压力波计算的精度。

4.4.2 狭长受限空间油气爆炸数值计算方法研究

4.4.2.1 有限体积算法

目前，CFD(计算流体动力学)主要的数值方法有有限元方法、有限差分法和有限体积法。其中有限元法采用数值积分的方法故具有计算精度高，对网格的适应性好，程序通用性强的优点；但计算所需要的硬件资源大，程序的改动利用较为困难。有限差分法采用差商代替微商的方法，计算速度快，所需要的硬件资源小，程序的改动利用性好；但精度相对低，对网格的形式要求高。近年来，尽管通过广泛采用 TVD 格式、ENO 格式大大提高了计算的精度，但对复杂边界的处理仍比较困难。有限体积法则结合了有限元和有限差分的优点，它

既利用数值积分的算法和 TVD、ENO 原理灵活地构造数值方法，提高计算精度，又可利用利用结构网格和非结构网格离散复杂求解区域，具有较好的边界适应性。因此，近年来有限体积法得到了广泛的利用。

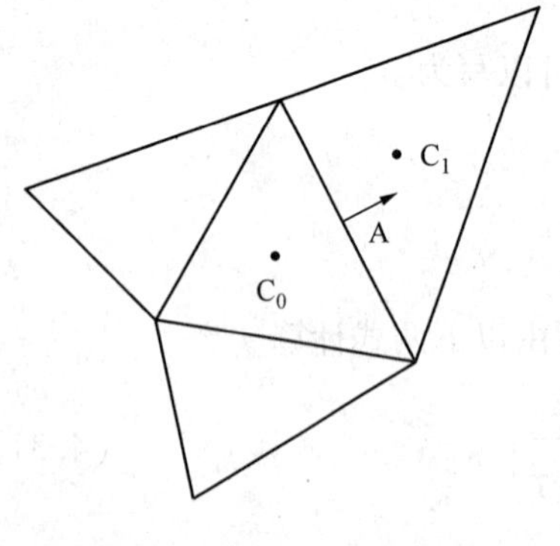

图 4.2　有限体积控制体

综合考虑边界的适应性、计算的精度和计算的耗费，利用有限体积法求解湍流爆炸流场的控制方程组，典型的有限体积控制体如图 4.2 所示。在具体求解过程中同时计算流场控制方程和燃烧模型方程并通过能量方程和组分方程的相应源项直接耦合。

有限体积法是一种数值积分方法，因此先将爆炸流场的控制方程中的时均 N-S 组写为积分形式：

$$\int_V \frac{\partial U}{\partial t} \mathrm{d}V + \oint [F - G] \cdot \mathrm{d}\vec{A} = \int_V H \mathrm{d}V \tag{4.33}$$

对于二维流场的模拟上式中：

$$U = [\rho \quad \rho u \quad \rho v \quad \rho E]^T$$

$$F = [\rho V \quad \rho V u + p\vec{i} \quad \rho V v + p\vec{j} \quad \rho V E + pV]^T$$

$$G = [0 \quad \tau_{xi} \quad \tau_{yi} \quad \tau_{ij} u_j + q]$$

其中，$V=u_1\vec{i}+u_2\vec{j}=u\vec{i}+v\vec{j}$；$q$ 为导热相。

按 CFD 的习惯 F 称为无黏通量；G 称为黏性通量。控制方程中的 k 方程和 ε 方程无黏通量仅含有对流项，与 N-S 方程 F 在处理上有较大差别，故单独求解。但可以写成同样的积分形式。

综合算法的通用性和叙述的方便，在此按二维非结构网格离散求解域的情况来讨论。以单元体几何中心为控制点，则体积分可以离散为：

$$\int_{V_C} \varphi \mathrm{d}V = \varphi_C V_C \tag{4.34}$$

其中，φ 为单元中的物理量；φ_C 为 φ 在控制点 C 的值。

面积分可离散为：

$$\oint \vec{\varphi} \mathrm{d}\vec{A} = \sum_{f=1}^{N} \vec{\varphi}_f \cdot \vec{A}_f \tag{4.35}$$

式中，N 为单元边界数；φ_f 为 φ 在单元边界面 f 的取值，φ_f 的计算方法将决定有限体积法的精度和稳定性。

4.4.2.2　数值仿真计算控制方程求解格式

目前对湍流流场的模拟仍以 SIMPLE 算法为主，在爆炸流场的计算中，这种方法的最大弱点是对压力波(尤其是冲击波)没有足够的计算精度。

由于狭长受限空间油气爆炸过程中压力波与火焰耦合作用明显，因此通过现有算法对爆炸机理分析存在明显不足。对爆轰波模拟采用的 TVD 格式、ENO 格式往往可以有效捕捉到冲击波，但需要对控制方程组耦合求解，多数用到矢通分裂的算法。而耦合算法在解带有湍流组分方程、k 方程、ε 方程的控制方程组时处理相当困难。为此采用流场方程耦合求解和湍流组分方程、k 方程、ε 方程的控制方程独立求解的混合算法。

具体求解过程中，对时间作一阶显格式离散。即将变量 φ 随时间的变化

$$\frac{\partial\varphi}{\partial t}=f(\varphi)$$

离散为：

$$\frac{\varphi^{n+1}-\varphi^{n}}{\Delta t}=f(\varphi) \tag{4.36}$$

对于独立求解的各种组分的控制方程、k 方程和 ε 方程中的对流项直接采用迎风格式：

$$\varphi_f=\varphi+\nabla\varphi\cdot\vec{s} \tag{4.37}$$

式中，φ 和$\nabla\varphi$ 均取位于通量上风的单元的值；$\vec{s}$ 为位于通量上风单元控制点到单元边界 f 的取值。式中的$\nabla\varphi$ 利用格林公式计算：

$$\nabla\varphi=\frac{1}{V}\sum_{f=1}^{N}\tilde{\varphi}_f\cdot\vec{A}_f \tag{4.38}$$

其中，$\tilde{\varphi}_f$ 为边界 f 两边单元中 φ 值的平均。

对时均 N-S 方程耦合求解过程中，无黏通量的处理较为复杂，利用矢通分裂和重构算法[45-46]：

$$F_f=\frac{1}{2}(F_R+F_L)-\frac{1}{2}\Gamma|\hat{A}|(Q_R-Q_L) \tag{4.39}$$

其中，$|\hat{A}|=M|\Lambda|M^{-1}$。

在矢通分裂的基础上，采用如下的 Barth 的重构算法：

$$\varphi_f=\varphi+\Phi\nabla\varphi\cdot\vec{s} \tag{4.40}$$

式中限制器：以 φ^l 为例：

$$\Phi=\begin{cases}\min\left(1,\ \dfrac{\varphi_j^{\max}-\bar{\varphi}}{\varphi^l-\bar{\varphi}}\right), & \varphi^l-\bar{\varphi}>0\\ \min\left(1,\ \dfrac{\varphi_j^{\min}-\bar{\varphi}}{\varphi^l-\bar{\varphi}}\right), & \varphi^l-\bar{\varphi}<0\\ 1, & \varphi^l-\bar{\varphi}=0\end{cases}$$

对于各控制方程中的黏性通量的处理直接利用中心差分格式：

$$\varphi_f=\frac{1}{2}(\varphi_0+\varphi_1)+\frac{1}{2}(\nabla\varphi_0\cdot\vec{r}_0+\nabla\varphi_1\cdot\vec{r}_0) \tag{4.41}$$

中心差分格式离散黏通量可以使黏通量的计算保持二阶精度。

这样处理使通量项使整个计算具有 TVD 的性质，流场整体上的模拟具有空间二阶精度，仅在冲击波波峰位置存在精度的降低，详细处理过程以及算法精度和稳定性的讨论参见相关文献。

以上的计算方法不仅可以保证湍流计算的精度，而且能有效地解决爆炸流场中冲击波捕捉的问题，提高了压力波计算精度。

4.4.3 狭长受限空间油气爆炸数值计算方法验证

为了保证本章提出的各种计算方法的正确性，对所用算法进行了验证。主要通过激波管、C-J爆轰波传播、湍流后台阶流动验证了算法对激波的捕捉能力、化学反应计算和流场计算的耦合、湍流模型和壁面处理方法的正确性。

[**例1**] 激波管流场的模拟

两端封闭的激波管被中间的隔膜分为两部分，充有压力不同的两种完全理想气体。在零时刻隔膜打开，管中形成激波。该问题具有黎曼理论解，是用来验证流场计算方法对冲击波捕捉能力和算法计算精度的经典算例，如图4.3所示。

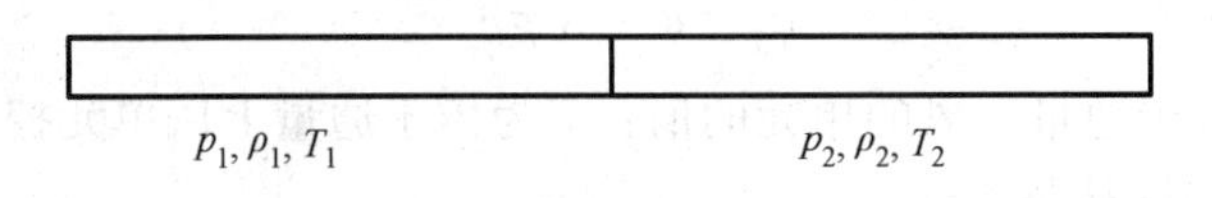

图4.3 激波管模型

如图4.4所示，给出了计算所得的压力分布和温度分布与理论解的比。图中可以看出计算所得到的压力和温度结果无明显的数值震荡，并有效地捕捉到了激波，正确地反应了流场参数分布。

由压力和温度分布可以看出，捕捉到的运动激波无震荡，但在激波波峰位置由于仅有空间一阶精度，这会给运动冲击波的计算带来一定的误差。

综上所述所采用的计算方法对激波的捕捉是成功的。

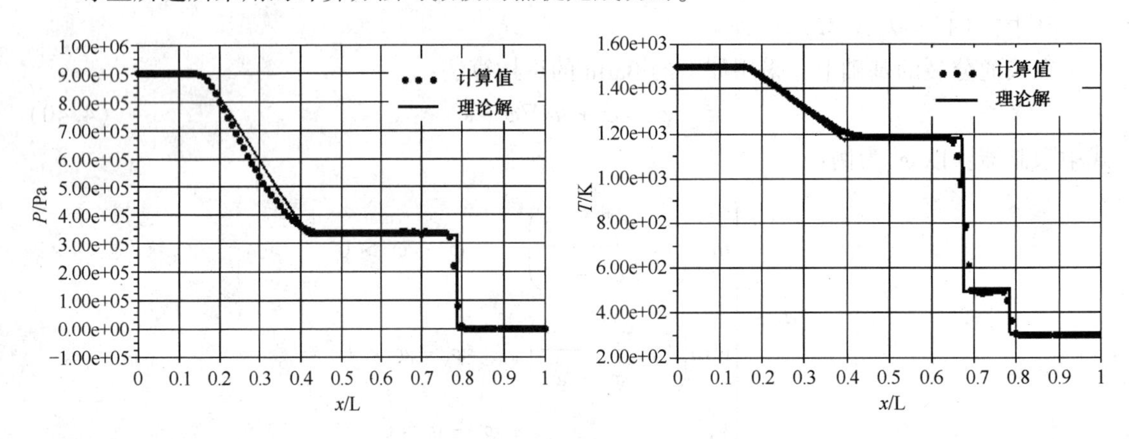

图4.4 激波管压力和温度分布

[**例2**] C-J爆轰波传播的模拟

在封闭的长激波管中以高温高压的起爆源驱动可燃气体爆轰，爆轰波在短暂的调整后形成自持传播的C-J爆轰波。该问题除可以验证计算计算方法的数值稳定性外，还能检验化学反应和流场耦合求解过程的正确性。

为简化计算，化学反应直接利用Arrehnius公式，以N-S方程作为流场控制方程。如图4.5所示为计算模型示意图。

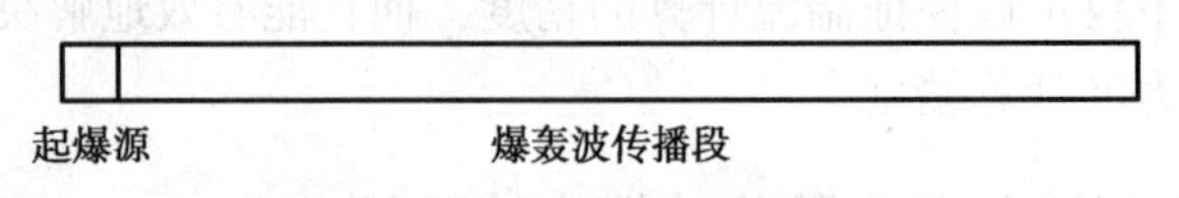

图4.5 爆轰波传播过程的模型

如图 4.6 所示，给出了爆轰波传播过程中 4 个等间隔的时刻流场的压力分布和马赫数分布。由计算的压力分布可以看出爆轰波传播的压力幅值已经基本稳定，计算中没有出现明显的震荡。从计算得到的流场马赫数分布可见爆轰波后的马赫数维持在 1.0 左右，这是 C-J 爆轰波的特征。可见算法中化学反应与流场的耦合求解是正确、可靠的。

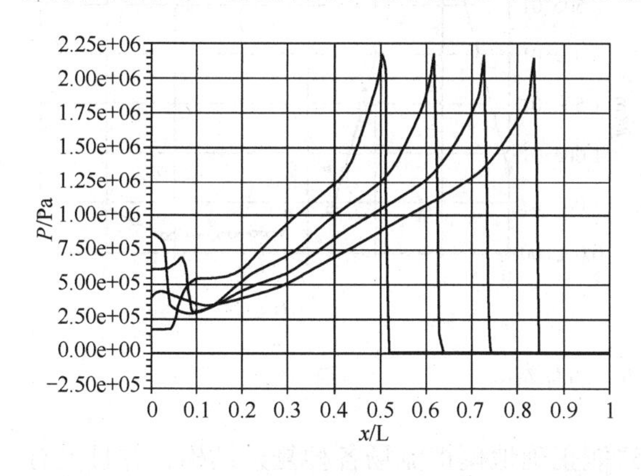

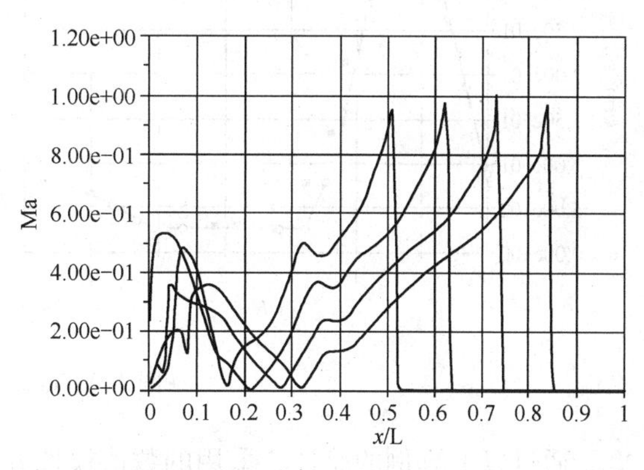

图 4.6 爆轰波传播过程中的压力分布和马赫数分布

[**例 3**] 湍流后台阶流动模拟

该问题是验证湍流模型和模拟方法正确性的常用算例，有实验结果进行对比，模型的详细参数见参考有关文献。

计算中考虑后台阶的几何奇异性采用非结构网格离散流场，如图 4.7 所示。

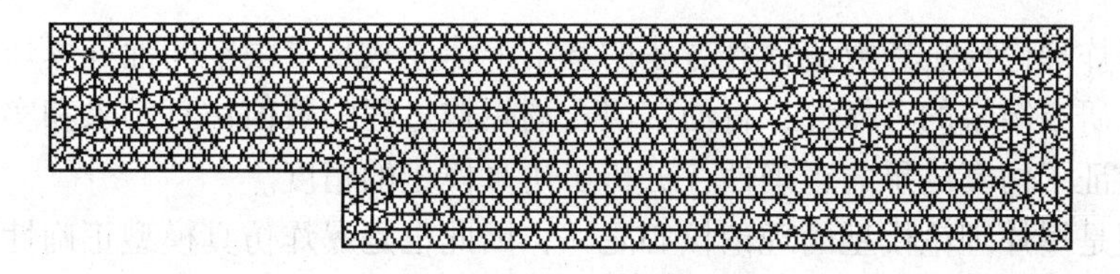

图 4.7 台阶流动网格图

计算得到的后台阶流动的流线见如图 4.8 所示。图中流线的形状反映出了流动中旋涡的存在。为对比后台阶流动的湍流分布，如图 4.9 所示给出了 $x/H=7.6$ 和 $x/H=8.5$ 截面的湍流动能分布。

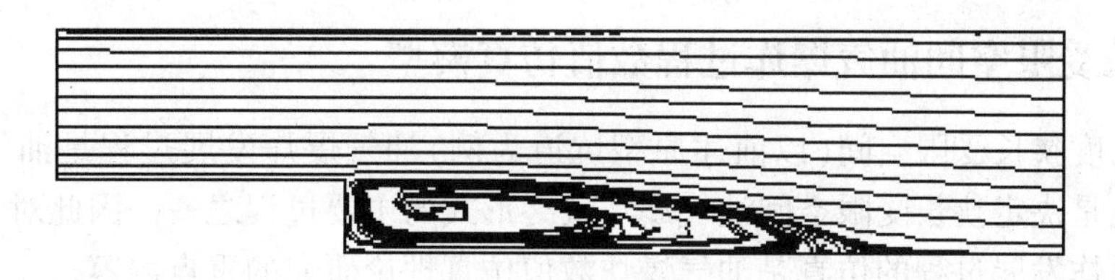

图 4.8 后台阶流动流线

如图 4.8 所示，尽管所模拟流场中存在较强的后台阶旋涡，计算结果仍获得了很好的收敛，并给出了旋涡的准确位置。由图 4.9 中理论计算和实验结果的比较可知，湍流模型和算法具有良好的精度。因此，采用的湍流模型和相应计算方法对湍流流场可以进行准确的模拟，能满足模拟气体爆炸湍流流场进行仿真的稳定性和精度需要。

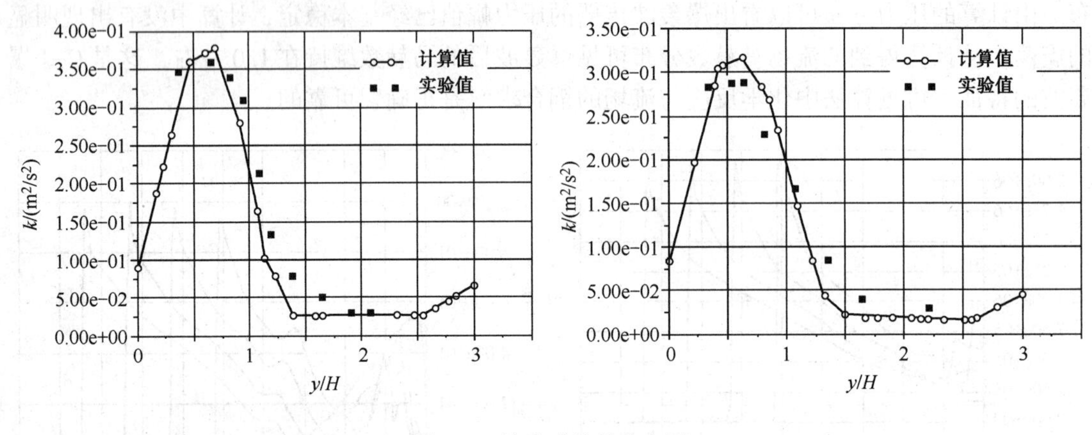

图 4.9　湍流动能的分布图

通过以上算例的验证，采用的数值模拟方法能正确地模拟流场各种复杂结构，并且具有良好的稳定性和计算精度。

4.5　狭长受限空间油气爆炸数值模拟结果与分析

4.5.1　引言

在油气爆炸理论模型和数值计算方法的基础上建立狭长受限空间油气爆炸仿真模型。为保证数值仿真研究结果的可靠性，将油气混合物爆炸过程的数值仿真结果和实验结果进行了对比研究，验证了仿真结果的正确性，分析了仿真模型的精度。

燃烧模型是爆炸理论模型的理论核心之一，因此也是爆炸仿真模型正确性、适用性的重要决定因素，同时分析指出目前爆炸过程仿真研究模型采用的时均 Arrehnius 燃烧模型和 EBU-Arrehnius 湍流燃烧模型因对狭长受限空间油气爆炸燃烧过程的控制机理考虑不全面而不适合对油库狭长受限空间油气爆炸燃烧过程进行计算。

为此，通过数值仿真进一步研究采用时均 Arrehnius 燃烧模型和 EBU-Arrehnius 湍流燃烧模型的爆炸仿真模型的适用性，探讨并所提狭长受限空间油气爆炸仿真模型的优越性。

4.5.2　狭长受限空间油气爆炸过程数值仿真模型

由于大尺度狭长受限空间(以前述原型坑道为例)油气爆炸发展过程是油气爆炸的主要形式之一，也是决定狭长受限空间油气爆炸最终形式的主要过程之一。因此对大尺度狭长受限空间油气爆炸发展过程的仿真是油气爆炸数值仿真理论研究的重点内容。

4.5.2.1　狭长受限空间几何建模和网格划分

4.5.2.1.1　几何模型的建立

建立的油气湍流爆炸理论模型是三维的，故能对爆炸过程进行三维仿真。但是对于大尺度狭长受限空间这样的大空间而言，三维仿真的计算量是巨大的，尤其是对带化学反应可压缩流动而言还存在时间步长的限制以及化学反应带来“刚性”对时间步长的限制，计算量更是呈数量级地增加，会给计算分析带来许多不便，而实际原型坑道在很大程度上也体现出二维特性，同时二维仿真计算量小，故参照受限空间油气爆炸模拟实验，建立二维爆炸仿真模型。

因模拟的大尺度狭长受限空间是轴对称结构，建模相对简单。对大尺度狭长受限空间原型实验坑道而言，取全尺寸结构的等高面为仿真所用二维几何模型，具体求解区域如图4.10所示。

图4.10 计算几何模型示意图

4.5.2.1.2 网格划分研究

采用的有限体积数值计算方法是基于非结构网格的，因此可在结构网格和非结构网格上对理论模型进行求解。由几何模型可以看出，支坑道口在模型上是一奇异结构，但模型总体是较为有规则的矩形结构。一般来讲，非结构网格可以更好地处理结构中的奇异性，而结构网格具有更好的边界兼容性。因此在求解区域采用结构网格和非结构网格结合的方法进行离散。在具体离散过程中，对大部分求解域采用结构网格离散，仅对支坑道区域采用非结构网格离散。同时为保证对壁面湍流的求解精度，离散过程中还对壁面区域进行了适当的加密。网格的分布以及结构网格和非结构网格的对接如图4.11所示。

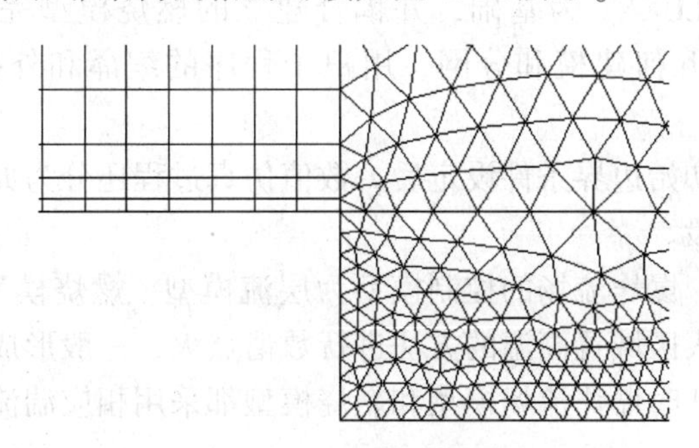

图4.11 局部网格结构

4.5.2.2 狭长受限空间数值计算的初始和边界条件设置

4.5.2.2.1 初始条件设置

以狭长受限空间油气爆炸模拟实验中的爆炸传播过程为例，数值仿真研究中设置如下初始条件。

初始压力条件：点火零时刻整个计算区域压力为大气压力，因此整个区域超压（P_0=0Pa）；

初始温度条件：点火区域：T_0=1000K，其他区域：T_0=293K；

初始速度条件：整个区域初速为零（V=0m/s）；

初始组分条件：为简化问题，空气的组分定为：氧气体积分数：22%，氮气体积分数：78%；油气混合段中油气的浓度按爆炸实验的浓度设定；认为点火瞬间消耗部分油气，点火区域油气浓度设为油气混合段中油气的浓度的1/2。

4.5.2.2.2 边界条件

对于实验坑道壁面按典型的无滑移、无渗透边界设定，并结合湍流壁面函数方法具体计算边界的参数。需要特别指出的是整个原型坑道的长度超过 800m，同时实验中的油气爆炸过程都在前 80m 内发展完成，如果对整个坑道区域进行计算，计算量将特别大，也不必要；对坑道进行截取，并按自由大气出口条件设定坑道口的边界条件又会引起计算中不真实的膨胀波。因此在仿真计算中截取原型坑道的前 120m 进行计算，但用单元流场参数外推的方法处理出口边界条件。具体方法如下：

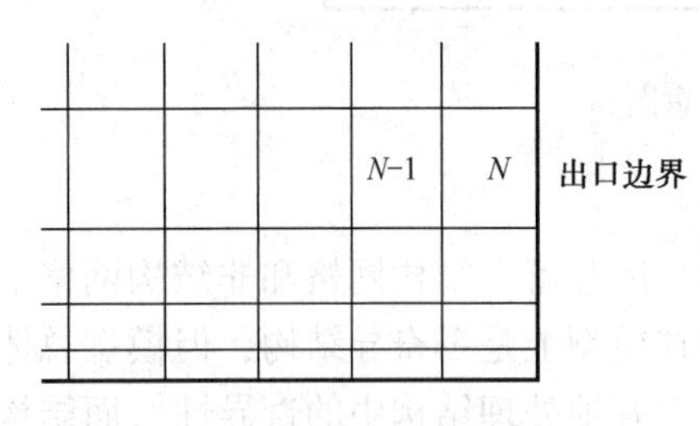

图 4.12 边界条件示意

令如图 4.12 所示中相邻出口边界的单元 N 在第 t 时刻的所具有的流场参数为 $U_N^t=[\rho\ u\ v\ P\ T\ f_s\ k\ \varepsilon]^T$，与其左相邻的单元为 $N-1$，相应地其第 t 时刻流场参数为 U_{N-1}^t。则计算第 $t+1$ 时刻流场参数时，外推边界条件可表示为：

$$U_N^{t+1}=U_{N-1}^t \tag{4.42}$$

补充边界条件尽管只具有一阶精度，但是并不影响整体计算的二阶精度。该方法数值操作简单省时，同时对计算过程中的不真实的数值震荡也有很好的抑制作用[42]。

4.5.2.3 数值仿真过程

以大型 CFD 软件 FLUENT 为基础，并耦合建立的燃烧模型完成数值仿真研究工作。仿真过程大致可分为：几何建模和分网、用户子程序的编译和外挂、求解参数的设定等步骤。

在完成几何建模、初始边界条件设定后，数值仿真过程还分为如下两个阶段：层流点火阶段和湍流爆炸发展阶段。

在爆炸的点火阶段，爆炸流场的控制模型为层流模型，燃烧模型也为的层流燃烧模型。采用在坑道封闭端的点火区域置高温的方法进行数值点火，一般形成稳定的火焰面后坑道中即会出现明显的湍流，此时爆炸流场模型和燃烧模型都采用相应湍流状态的模型直到爆炸仿真过程结束。

4.5.3 狭长受限空间油气爆炸数值模拟结果研究

将油气混合物爆炸过程的数值仿真结果和实验结果进行了对比研究，验证了仿真结果的正确性。分析数值仿真结果和实验结果的内容主要有：由数据表格给出的爆炸最大压力和火焰平均速度；由曲线图给出的爆炸过程中单个实验测试点的压力曲线的比较；由曲线图给出的特定时刻的整个爆炸流场压力分布比较。单个实验测试点的爆炸过程中压力曲线比较的目的在于对比压力波形、压力最大值的吻合程度，可以较好地判断爆炸理论仿真模型的时间模拟精度；特定时刻的整个爆炸流场压力分布的比较可以清晰体现流场整体参数的吻合度。

4.5.3.1 计算结果与大尺度狭长受限空间中模拟实验结果的比较分析

4.5.3.1.1 油气浓度为 1.96%的爆炸过程仿真结果和实验结果的比较分析

表 4.1 为爆炸过程实验和仿真压力最大值的比较；图 4.13 为实验测试点爆炸压力过程的比较；图 4.14 为特定时刻整个流场压力分布的比较。

表 4.1 大尺度狭长受限空间中油气浓度 1.96%爆炸过程实验值和仿真值的比较

测试点/m		10	20	30	40	60	80
p_{max}/MPa	实验值	0.476	0.248	0.360	0.680	0.440	0.508
	仿真值	0.451	0.325	0.300	0.652	0.523	0.349
v_f/(m/s)	实验值	115.5	277.0	395.3	299.8	257.4	
	仿真值	141.1	203.6	455.3	267.2	213.4	

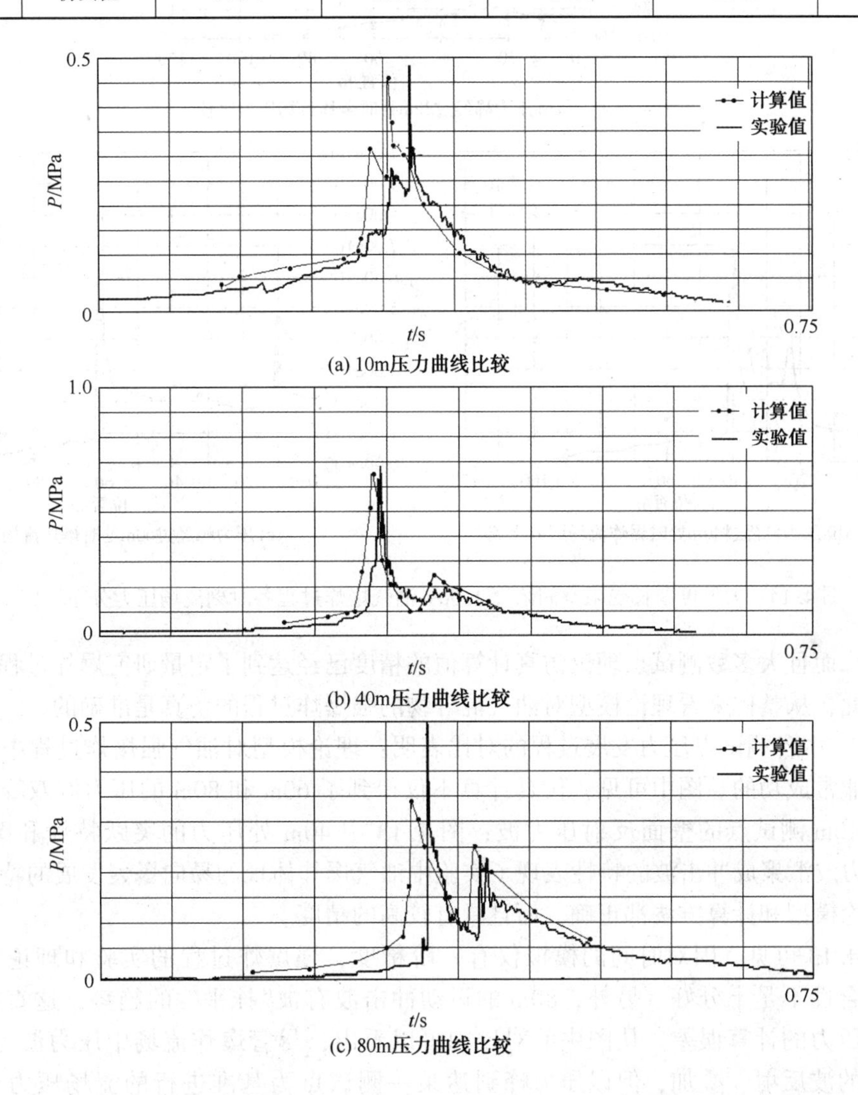

(a) 10m压力曲线比较

(b) 40m压力曲线比较

(c) 80m压力曲线比较

图 4.13 大尺度狭长受限空间浓度 1.96%油气爆炸过程中各测试点压力曲线比较

油气浓度 1.96%爆炸过程是典型的强爆炸过程。爆炸过程中存在火焰的急剧加速和压力的突升，火焰传播过程和压力发展过程都比较复杂。从表 4.1 可以看出：除个别的测试点(如：80m 处的压力峰值、20~30m 之间的火焰速度)外，该爆炸工况的理论仿真计算值和实验值吻合较好。表中各对应值体现的爆炸火焰加速和爆炸压力波增强的整体规律不仅存在定

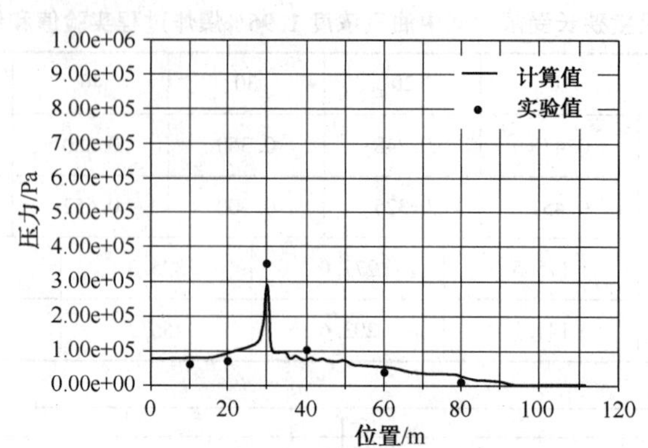

(a) 压力峰经过30m处时爆炸流场压力比较

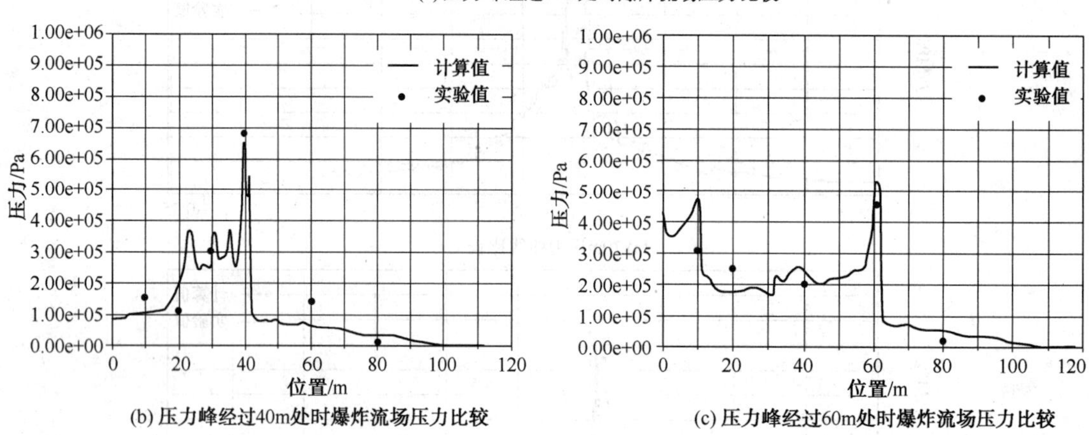

(b) 压力峰经过40m处时爆炸流场压力比较

(c) 压力峰经过60m处时爆炸流场压力比较

图 4.14　大尺度狭长受限空间浓度 1.96%油气爆炸过程各时刻流场压力分布比较

性的一致，而且大多数测试点理论仿真计算值的精度已经达到了定量研究爆炸过程所需要的精度。因此，从整体来看理论模型对油气混合物的强爆炸过程的仿真是准确的。

图 4.13 中各测试点压力发展过程的对比表明：理论模型对油气强爆炸过程中压力波形的模拟是非常成功的。图中可见：仿真计算不仅得到了 60m 和 80m 的压力波双峰结构，而且得到了 10m 测试点的壁面反射压力波；图 4.13 中 40m 处压力的突跃特性和图 4.14 中 40m 后压力波汇聚成冲击波的特性表现了实验中油气爆炸体现的易向爆轰发展的特性，这说明爆炸理论模型和计算方法都正确，而且具有较高的精度。

由图 4.13 可见，因对时间的模拟仅有一阶精度，强爆炸过程的实验和理论模拟结果的时间重合性不是十分好。另外，80m 的运动冲击波有被“抹平”的趋势，这直接造成了表 4.1 中压力的计算误差。从图中的对比则可以看出，尽管爆炸流场中压力波行为复杂，存在频繁的波反射、叠加，但以压力峰到达某一测试点为基准进行的流场压力分布比较来看，理论仿真计算结果在整个计算区域的空间计算精度仍很好，空间计算整体精度好于时间精度。

4.5.3.1.2　油气浓度为 1.72%的爆炸过程仿真结果和实验结果的比较分析

表 4.2 为爆炸过程实验和仿真压力最大值的比较；图 4.15 为实验测试点爆炸压力过程的比较；图 4.16 为特定时刻整个流场压力分布的比较。

表 4.2 大尺度狭长受限空间中油气浓度 1.72%爆炸过程实验值和仿真值的比较

测试点/m		10	20	30	40	60	80
p_{max}/MPa	实验值	0.112	0.128	0.176	*	0.216	0.264
	仿真值	0.164	0.185	0.300	0.365	0.283	0.225
v_f/(m/s)	实验值	102.6	161.0	239.5	271.7	*	
	仿真值	99.1	167.6	265.3	340.2	283.1	

注：* 表示在试验中未获取到该数据。

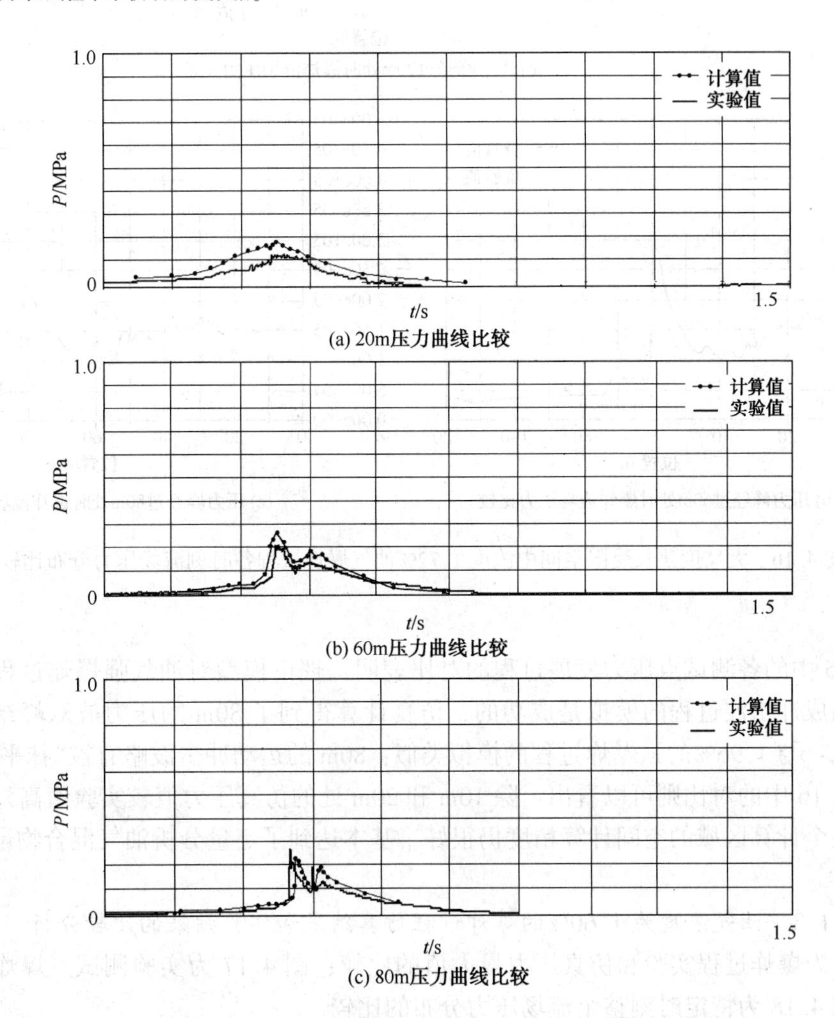

图 4.15 大尺度狭长受限空间中浓度 1.72%油气爆炸过程各测试点压力曲线比较

油气浓度 1.72%爆炸过程是中等强度的爆炸过程，爆炸过程前期类似于油气浓度 1.60%的弱爆炸阶段；爆炸过程后期类似于油气浓度 1.96%的强爆炸阶段，因此对该工况在此不进行详细的分析，仅给出结果对比，具体过程的分析可以分别参考 1.96%油气和 1.60%油气的爆炸过程对应部分的分析。从表 4.2 可以看出：对爆炸过程的仿真计算具有定性、定量的精度，从整体来看理论模型对油气混合物的该种爆炸过程的仿真是准

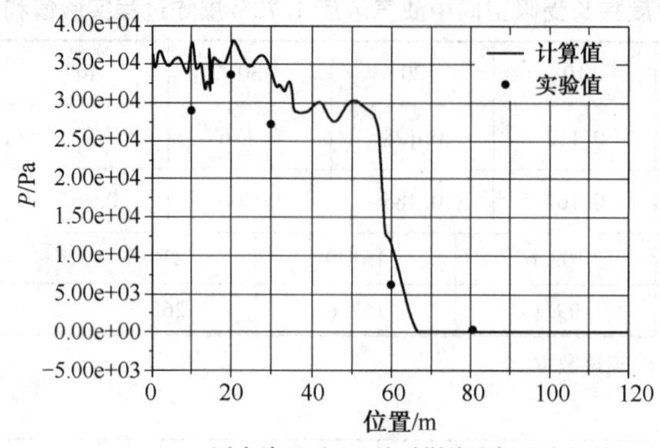

(a) 压力峰经过20m处时爆炸流场压力比较

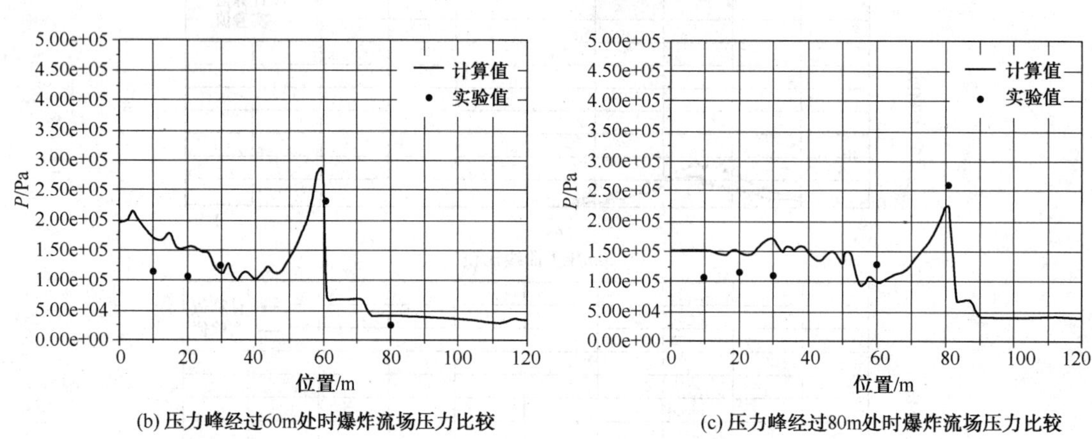

(b) 压力峰经过60m处时爆炸流场压力比较　　(c) 压力峰经过80m处时爆炸流场压力比较

图 4.16　大尺度狭长受限空间中浓度 1.72%油气爆炸过程各时刻流场压力分布比较

确的。

图 4.15 中的各测试点压力发展过程的对比表明：理论模型对油气强爆炸过程中简单压力波形叠加成冲击波过程的模拟是成功的，仿真计算得到了 80m 的压力波双峰结构。但同时图中可见：与 1.96%的强爆炸过程的模拟类似：80m 的运动冲击波略有被“抹平”的趋势。

从图 4.16 中的对比则可以看出：除 10m 和 20m 处的仿真压力值较实验值高外，理论仿真计算在整个计算区域的空间计算精度仍很好，基本达到了定量分析油气混合物爆炸过程的要求。

4.5.3.1.3　油气浓度为 1.60%的爆炸过程仿真结果和实验结果的比较分析

表 4.3 为爆炸过程实验和仿真压力最大值的比较；图 4.17 为实验测试点爆炸压力过程的比较；图 4.18 为特定时刻整个流场压力分布的比较。

表 4.3　大尺度狭长受限空间中油气浓度 1.60%爆炸过程实验值和仿真值的比较

测试点/m		10	20	30	40	60	80
p_{max}/MPa	实验值	0.0635	0.0332	0.0854	0.0717	0.0887	0.0858
	仿真值	0.0792	0.0831	0.0910	0.0787	0.0945	0.0928
v_f/(m/s)	实验值	51.8	93.9	145.8		217.4	183.7
	仿真值	43.1	87.6	101.2		167.4	163.8

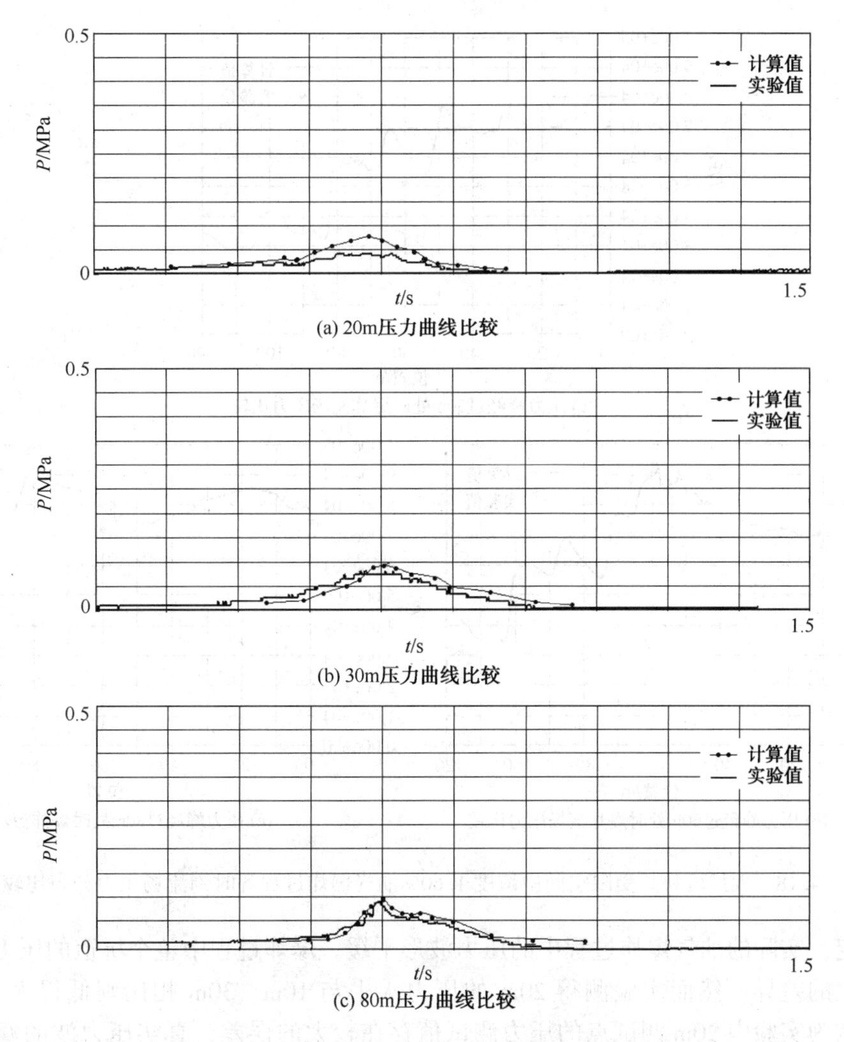

图 4.17　大尺度狭长受限空间中浓度 1.60%油气爆炸过程各测试点压力曲线比较

油气浓度 1.60%爆炸过程是典型的弱爆炸过程。爆炸过程中能量的释放相对缓慢，压力发展上升过程比较平缓。由于爆炸过程中不存在压力的突升和强冲击波的传播，因此对该弱爆炸的模拟计算的难度相对小，但是爆炸过程中流场的压力水平整体不高，如果仿真计算过程存在较小的误差就可以看出来，对仿真计算的精度的要求较高。

从表 4.3 可以看出：除个别的测试点(主要是 20m 处的压力峰值)外，该爆炸工况的理论仿真计算值和实验值吻合很好。表中大多数测试点压力的理论仿真计算值的精度已经达到了定量研究爆炸过程所需要的精度，而火焰速度的仿真也已经达到定性分析爆炸过程的精度。因此，从整体来看理论模型对油气混合物的弱爆炸过程的仿真精度是可以接受的。

分析图 4.17 的(b)和(c)可以发现：仿真模型对油气弱爆炸过程中压力波形的模拟是非常成功的，而且相对于时间的计算精度比强爆炸和中等强度的爆炸仿真结果都要好。但是图 4.17(a)中 20m 测试点压力发展过程的对比可见该处尽管波形一致，压力波行理论仿真计算结果和实验结果却具有近 50%的差异。从第三章的实验测得的压力波形图 4.4 和本章的计算

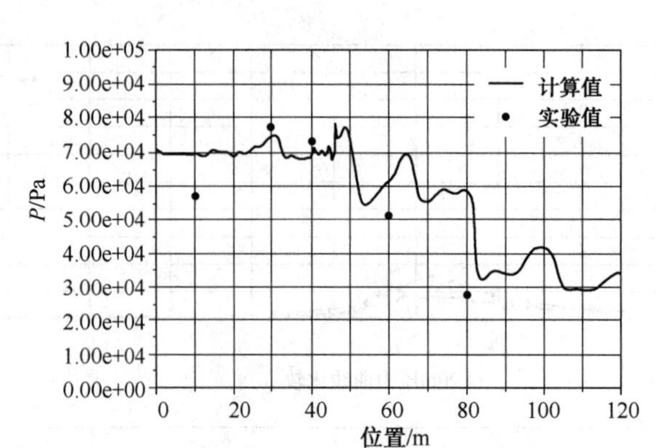

(a) 压力峰经过30m处时爆炸流场压力比较

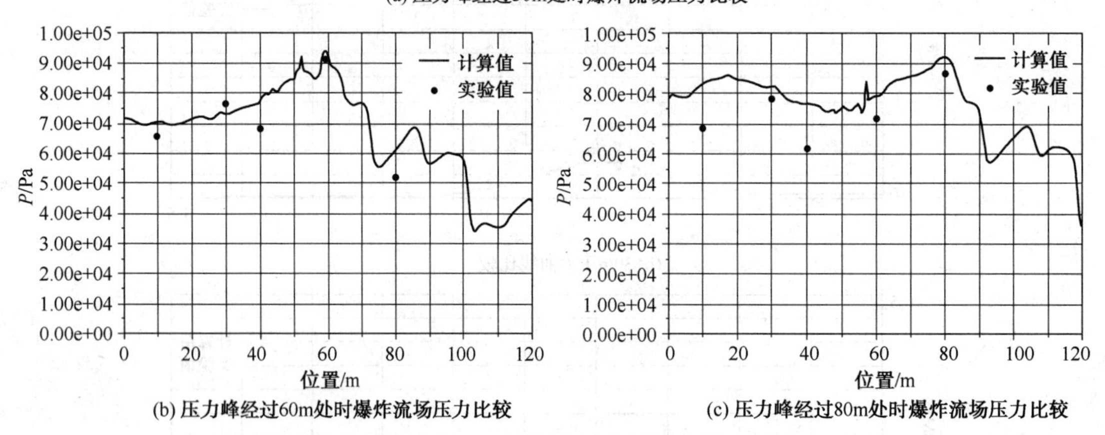

(b) 压力峰经过60m处时爆炸流场压力比较　　(c) 压力峰经过80m处时爆炸流场压力比较

图 4.18　大尺度狭长受限空间中浓度 1.60%油气爆炸过程各时刻流场压力分布比较

都可以肯定，实际的油气爆炸过程中的压力波形平缓。爆炸过程中整个坑道的压力水平不会存在非常大的差异，然而实验测得 20m 的压力水平与 10m、30m 相比则低得太多。因此，研究团队认为实验中 20m 测试点的压力测试值存在较大的误差，真实压力波的峰值应该在 0.06~0.07MPa，与仿真值接近。

由图 4.18 可见：尽管爆炸流场中压力波与强爆炸过程中的压力波相比较为平缓，但仍然可从波形上观察到压力波的叠加，在 80m 处的压力波有形成冲击波的趋势。从压力峰到达某一测试点为基准进行的流场压力分布比较来看，对弱爆炸的空间计算精度仍然良好，且比强爆炸过程的模拟精度高。

4.5.3.2　计算结果与大尺度模型坑道中实验结果的比较分析

为了进一步验证所建立湍流爆炸模型的正确性，与大尺度模型坑道油气爆炸模拟实验进行了对比分析。

对于狭长大尺度受限空间油气爆炸事故的防治工作而言，最为关心的是其受限空间油气爆炸发展过程的规律。因此，不对模型爆炸过程的数值仿真结果进行详细的讨论，仅给出结果的对比。

如图 4.19 所示，理论模型对大尺度模型坑道受限空间油气爆炸过程的模拟同样具有良好的精度，数值仿真得到的流场压力波形与实验测得的压力波形基本是一致的。尤其是仿真结果给出了爆炸过程中，未叠加完整的多压力峰、多冲击波的复杂冲击波结构，这说明理论模型对爆炸过程的描述是合理的。但从图中也可以看出无论从最大峰值还是压力波的细节波形来讲，仿真结果仍存在一定的误差，该误差一方面来自于计算的精度；另一方面也是因为理论模型没有充分考虑壁面对化学反应完全程度的复杂影响所至。

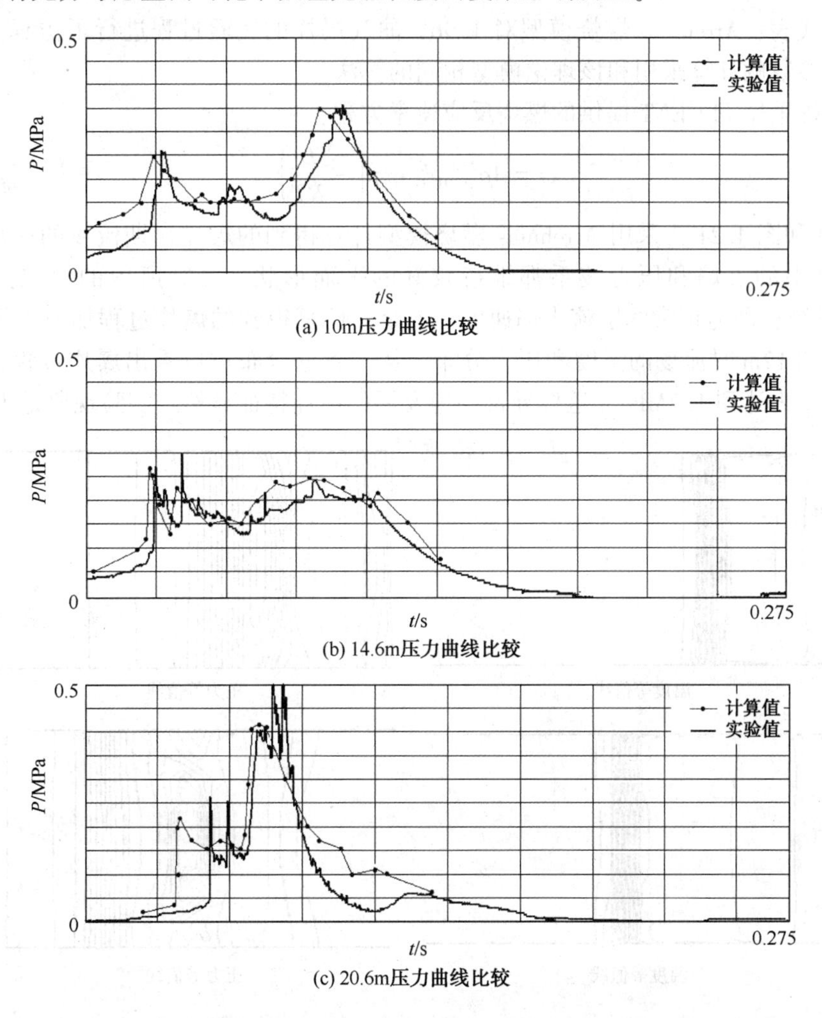

图 4.19 大尺度模型坑道中浓度 1.96%油气爆炸各测试点压力曲线比较

所建立的多机理控制的时均湍流爆炸燃烧模型由于综合考虑了制约爆炸发展过程的分子动力学和湍流流场因素，正确反映了压力波和爆炸火焰之间的耦合关系，因此模型能正确油气爆炸由弱到强发展的全过程。

4.5.4 其他狭长受限空间常用爆炸仿真模型的计算结果分析

受限空间油气爆炸燃烧模型是爆炸理论模型中各种爆炸影响因素的直接体现，也是各种爆炸发展控制机理的反映。在前面章节中对现有的燃烧模型进行了分析，其中对基于时均湍流模型的时均 Arrehnius 燃烧模型和 EBU-Arrehnius 湍流燃烧模型进行了总结。为进一步研究各种常用的爆炸燃烧模型的适用性，采用时均 Arrehnius 燃烧模型和 EBU-Arrehnius 湍流燃烧模型分别对大尺度受限空间中的油气爆炸过程进行了仿真研究，并且对数值模拟结果进行了综合分析。

4.5.4.1 时均 Arrehnius 燃烧模型的仿真结果分析

为考察时均化学动力学燃烧模型进行爆炸发展过程仿真是否合适，采用时均分子动力学燃烧模型的代表：Arrehnius 燃烧模型对 1.96%油气爆炸的实验过程进行了仿真。计算过程中流场其他参数的计算采用和该理论模型相同的算法。

计算过程采用 FLUENT 提供的燃烧反应速率方程：

$$\omega = A\rho^2 f_{CH}^{\alpha} f_{O_2}^{\beta} \exp\left(-\frac{E}{RT}\right) \tag{4.43}$$

图 4.20 和图 4.21 为采用 Arrehnius 燃烧模型计算得到的爆炸初期流场的火焰和压力分布。图 4.20 中的火焰和压力波系都维持较好的平面形状，计算所得的火焰速度最初为 0.5m/s 的量级，即为正常的层流火焰速度。但是，仿真得到的爆炸过程加速很快。图 4.21 为火焰传播到 12m 时流场的温度和压力分布，从二者的分布可以看出爆炸过程已经发展到爆轰状态，压力达到 1.7MPa。这样异常高速发展的爆炸特征显然与实验现象是不相符的。

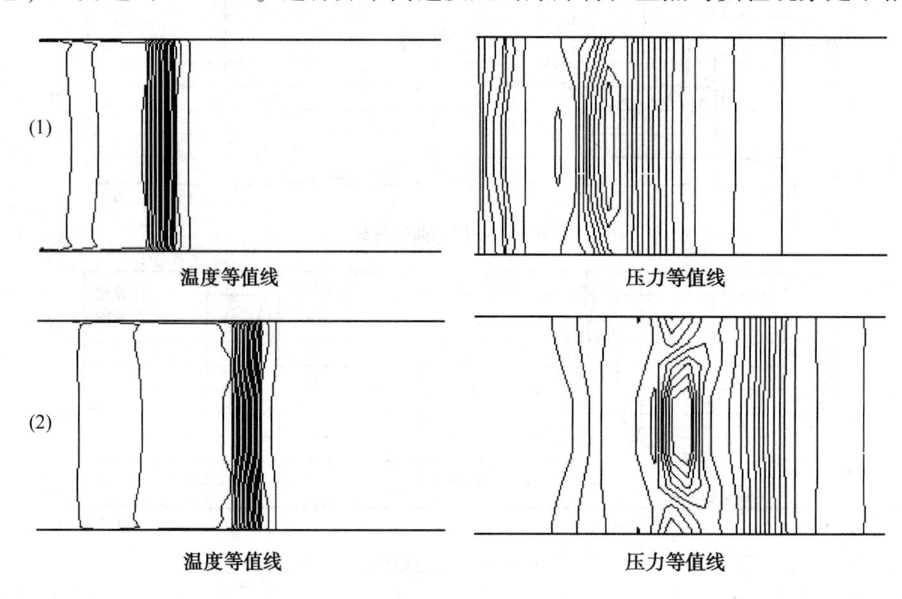

图 4.20　时均 Arrehnius 燃烧模型的计算结果

同时对文献中的气体爆轰波传播过程进行了数值模拟。图 4.22 给出了 Arrehnius 公式为核心爆炸模型模拟爆轰波在突扩通道中传播过程的数值结果和实验结果的对比。可见模拟结果和实验结果相当一致，说明 Arrehnius 燃烧模型对爆轰波传播过程的模拟是成功的。

正如在前面章节所指，基于时均湍流模型的 Arrehnius 公式燃烧模型将气体爆炸发展过程中压力波对火焰反馈的效果都归结于是压力波引起未燃气体温度升高加速整体化学反应。因此，过分强调压力波通过温度升高的反馈机制，爆炸发展模拟过程极快地发生爆燃向爆轰转变，从而带来数值解的失真。由此可见，基于时均湍流模型的分子动力学燃烧模型进行爆炸发展过程的计算是不可行的。但是气体爆轰过程中压力波对火焰的通过温度的反馈起主要甚至是决定性的作用，此时使用 Arrehnius 燃烧模型是适用的。而基于时均化学动力学燃烧模型适用于充分爆炸爆炸过程的模拟，不适用于爆炸发展过程的模拟。

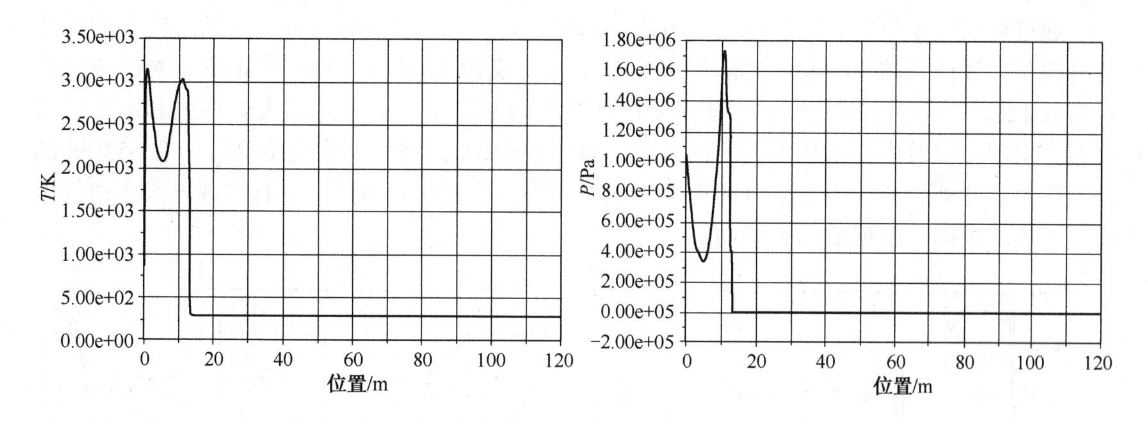

图 4. 21 时均 Arrehnius 燃烧模型计算的压力和温度分布

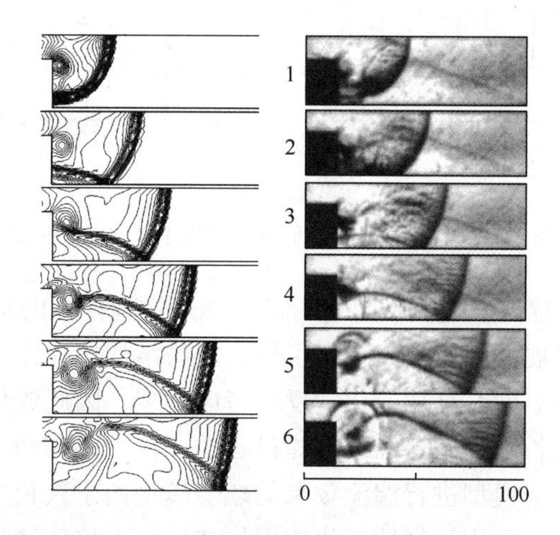

图 4. 22 数值模拟结果和实验[85]的对比

4. 5. 4. 2 EBU-Arrehnius 湍流燃烧模型的仿真结果分析

EBU-Arrehnius 湍流燃烧模型是典型的湍流控制的燃烧模型。国内外现在进行的湍流爆炸仿真的研究多数采用 EBU-Arrehnius 湍流燃烧模型。与上节类似，采用 EBU-Arrehnius 湍流燃烧模型对 1. 96%油气爆炸过程进行了仿真。

图 4. 23 给出了该湍流燃烧模型计算的火焰面形状。图中火焰的变形情况和文献[49]中的实验结果是一致的。这说明：当爆炸初期压力波引起未燃气体温升对火焰的加速作用不明显时，EBU-Arrehnius 模型能对火焰的传播进行模拟。

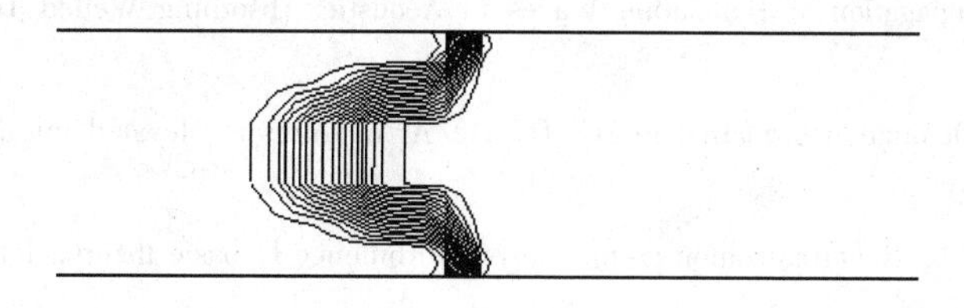

图 4. 23 EBU-Arrehnius 湍流燃烧模型计算的火焰面形状

通过对油气爆炸发展过程的进一步仿真研究发现，以 EBU-Arrehnius 模型为核心的爆炸仿真模型计算得到的 30~40m 之间的火焰平均速度仅为 110m/s，40m 爆炸的最大爆炸压力仅为 0. 12MPa。图 4. 24 给出了用该模型计算的流场爆炸压力最大时的火焰位置和爆炸压力分布。由图可以看出：爆炸压力的最大值仅为 0. 165MPa，远小于实验中测得的 0. 65MPa 的最大压力；此外最大压力发生时的火焰面和爆炸压力峰相距约 50m，没有体现出前述油气爆炸模拟实验中爆炸发展的爆轰倾向。

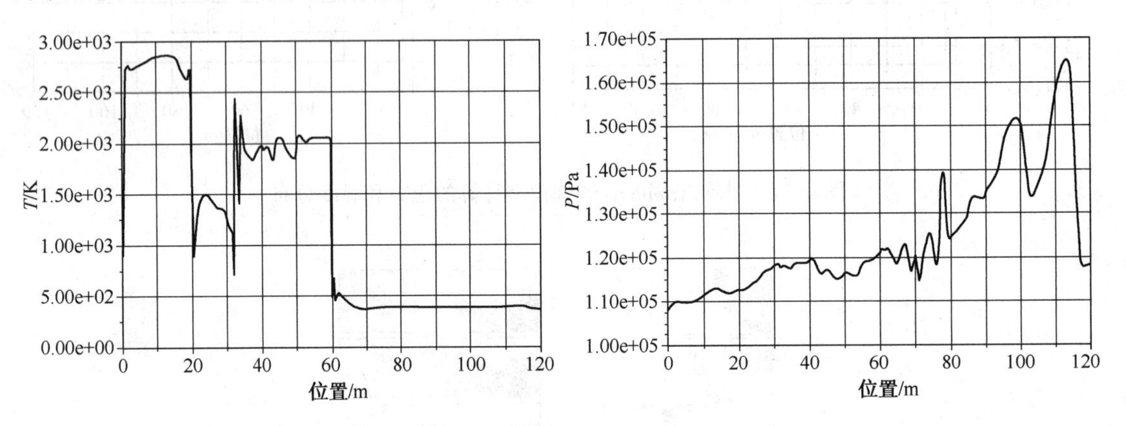

图 4. 24　EBU-Arrehnius 湍流燃烧模型计算的流场参数分布

尽管 EBU-Arrehnius 湍流燃烧模型是进行湍流燃烧过程模拟的常用燃烧模型，但是该模型运用于模拟气体爆炸发展过程时，仅考虑了压力波与结构边界作用引起的湍流对火焰的正反馈效果，对压力波引起温度升高加速化学反应考虑甚少。因此弱化了压力波通过温度升高的反馈机制，进而在对狭长受限空间油气爆炸过程的模拟中存在相当大的误差。

由此可见单纯考虑燃烧模型进行湍流效果的燃烧模型用于狭长受限空间油气爆炸发展过程的计算也是不可行的，仅适用于气体燃烧或爆炸初期的火焰传播过程。

参　考　文　献

[1] C K CHAN, Collision of a Shock Wave with Obstacle in a Combustible Mixture, COMBUSTION and FLAME 100：341-348.

[2] ZW Huang, M H Lefebvre, P. J. Van Tiggelen. Experiments on spinning detonation with detailed analysis of the shock structure. Shock Wave (2000)10：119-125.

[3] S Ohyagi, T Obara, S Hoshi, et al. Diffraction and re-initiation of detonations behind a backward-facing step. Shock Waves, 2002, 12(3)：221-226.

[4] Dupre G, et al. Propagation of Detonation Waves in Acoustic Absorbing Welled Tube. AIAA, 1988, 114：248-263.

[5] B L Wang, et al. Detonation formation in H_2-O_2/He/Ar mixtures at elevated initial pressures. Shock Wave (2000)10：295-300.

[6] Yakhot V, Orszag S A. Renormalization group analysis turbulence 1, basic theory. Journal of Scientific Computing, 1986, 1(1)：3-5.

[7] D Choudhury. Introduction to the Renormalization Group Method and Turbulence Modeling. Fluent Inc. Technical Memorandum TM-107, 1993.

[8] 李玲，李玉梁．应用基于 RNG 方法的湍流模型数值模拟钝体绕流的湍流流动．水科学进展，2000，11(4)：357-361.
[9] 马贵阳．RNG 模型在内燃机缸内湍流数值模拟中的应用．石油化工高等学校学报，2002，15(1)：55-60.
[10] 周力行．湍流两相流动与燃烧的数值模拟[M]．北京：清华大学出版社，1991.
[11] 周力行．多相湍流反应流体力学[M]．北京：北京国防工业出版社，2002.
[12] 周力行．湍流燃烧的新二阶矩模型．工程热物理学报，1996，17(3)：353-358.
[13] 周力行．湍流气粒两相流动和燃烧的理论与数值模拟[M]．北京：科学出版社，1994.
[14] 钱申贤．燃气燃烧原理[M]．北京：中国建筑工业出版社，1989.
[15] 陈矛章．黏性流体动力学理论及紊流工程计算[M]．北京：北京航空学院出版社，1986.
[16] 张会强．湍流燃烧数值模拟研究的综述．力学进展，1999，29(4)：567-576.
[17] Pickles JR. A Model for Coal Dust Explosions, Combustion and Flame, 1982(44): 53-168.
[18] Yakhot V, Orszag S A. Renormalization group analysis turbulence l, basic theory. Journal of Scientific Computing, 1986, 1(1): 3-5.
[19] S Sarkar and L Balakrishnan. Application of a Reynolds-Stress Turbulence Model to the Compressible Shear Layer. ICASE Report 90-18, NASA CR 182002, 1990.
[20] Van den Berg A C. REAGAS-a code for numerical simulation of 2-D reactive gas dynamics. TNO Prins maurits Lad. Rep NO PML1989-IN-48.
[21] 林柏泉，桂晓宏．瓦斯爆炸过程中火焰厚度测定及其温度场数值模拟分析．实验力学，2002，17(2)：227-235.
[22] 余立新等．障碍物管道中湍流火焰发展的数值模拟．燃烧科学与技术，2003，5(1)：11-15.
[23] 冯·卡门，H. W. 埃蒙斯．燃烧和爆轰的气体动力学[M]．北京：科学出版社，1988.
[24] M A Nettleton. Recent work on gaseous detonation. Shock Wave, 2002, 12: 3-12.
[25] Streholw R A. Blast wave generated by constant velocity flame. Combustion and flame. 1975(24): 297-305.
[26] H LI, G. BEN-DOR, A Modified CCW Theory for Detonation Waves. COMBUSTION and FLAME 113: 1~12(1998).
[27] F HALOUA et al, Characteristics of Unstable Detonations Near Extinction Limits. COMBUSTION and FLAME 122: 422-438(2000).
[28] GARY J SHARPE. The Effect of Curvature on Pathological Detonation. COMBUSTION and FLAME 123: 68-81(2000).
[29] 孙锦山．临界爆轰的稳定条件和螺旋爆轰波．爆炸与冲击，1982，2(1)：38-48.
[30] 孙承纬．爆轰传播理论的解析研究方法．爆炸与冲击，1990，10(4)：356-373.
[31] 孙承纬．爆轰传播研究的近代进展．爆轰波与冲击波，1997，17(3)：1-16.
[32] 张连玉 等．爆炸气体动力学基础[M]．北京：北京工业学院出版社，1987.
[33] 赵衡阳．气体和粉尘爆炸原理[M]．北京：北京理工大学出版社，1996.
[34] D J Hucknall. Chemistry of hydrocarbon combustion. London: Chapman and Hall Ltd.
[35] Spalding D B. Mixing and chemical reaction in steady confined turbulent flame[A]. Proceedings of 13th symposium on combustion. Combustion Institute, Pittsburgh, 1971: 649-657.
[36] B. F. Magnussen and B. H. Hjertager. On mathematical models of turbulent combustion with special emphasis on soot formation and combustion. In 16th Symp. on Combustion. The Combustion Institute, 1976.
[37] 王应时，范维澄，周力行．燃烧过程的数值计算[M]．北京：科学出版社，1986.
[38] 李荫藩．双曲型守恒律的高阶、高分辨有限体积法[J]．力学进展，2001，31(2)：245-254.
[39] 苏铭德，黄素逸．计算流体力学基础[M]．北京：清华大学出版社：1997.

[40] 吴江航，韩庆书．计算流体力学的理论方法及应用[M]．北京：科学出版社，1988.
[41] 刘顺隆，郑群．计算流体力学[M]．哈尔滨：哈尔滨工程大学出版社，1997.
[42] 刘导治．计算流体力学基础[M]．北京：北京航空航天大学出版社，1989.
[43] 恽寿榕．爆炸力学计算方法[M]．北京：北京理工大学出版社，1993.
[44] P. L. Roe. Characteristic based schemes for the Euler equations. Annual Review of Fluid Mechanics，18：337-365，1986.
[45] Barth T J，and Jesperson，D C，The Design and Application of Upwind Schemes on Unstructured Meshes，AIAA Paper，Jan. 1989：89-0366.
[46] Barth T J. Numerical aspects of computing viscous high Reynolds number flows on unstructured meshes[A]. AIAA Paper，1991：91-0721.
[47] Steger J L，Warming R F. Flux Vector Splitting of the Inviscid Gasdynamic Equations with Application to Finite Difference Methods. J. of Comp. Phy.，40：1981：263-293.
[48] Kim J，et al. Investigation of reattaching turbulent shear flow：flow over a back-ward facing step. ASMEJ，Fluid Engineering，1980：102：302.
[49] Geraint Thomas. Experimental observations of flame acceleration and transition to detonation following shock-flame interaction[J]. Combustion theory and modeling，2001(5)：573-594.

第5章　容积式受限空间油气爆炸数值模拟

5.1　引言

容积式受限空间和狭长受限空间是典型的受限空间结构形式。在石油与天然气工程领域，各种储油装置都是容积式受限空间。在目前的实验条件下，对容积式受限空间油气爆炸过程中的许多细节特征、详细过程等都不可能得到充分的研究。本章主要介绍容积式受限空间油气爆炸数值分析研究的相关工作。将建立油罐油气爆炸理论模型、介绍数值计算方法，完成容积式受限空间油气爆炸数值模拟分析，进一步研究容积式受限空间油气爆炸过程中爆炸波细节结构及其发展过程、压力波和火焰传播的重要细节特征以及火焰和压力波的耦合驱动作用的详细过程和机制。此外还对油气爆炸过程中的特殊现象和规律进行进一步的数值模拟分析研究。

本章数值模拟分析数据结果大多以可视化图片的形式给出。许多研究结果、结论不仅揭示了油气混合物在容积式受限空间中爆炸过程的规律和机理，对其他可燃气体爆炸过程的研究和爆炸灾害的防治也具有参考价值。

5.2　容积式受限空间油气爆炸分析模型概述

5.2.1　容积式受限空间油气爆炸湍流流场的特点

容积式受限空间油气爆炸模拟实验结果表明油气爆炸是带有压力波传播的湍流燃烧过程，许多结论和狭长式受限空间油气爆炸具有相似性或相同性，有些内容予以简化或简要说明。基于容积式受限空间油气爆炸模拟实验结果和分析，对于容积式受限空间油气爆炸流场而言具有如下的特点：

首先，爆炸流场中存在复杂的压力波发展、传播、反射、衍射等现象，且反射、衍射等作用较狭长受限空间影响更大。流场存在明显的压力梯度。爆炸过程中会形成明显的冲击波和多道反复反射传播的压力波。

其次，流场的湍流特性明显。压力波和壁面作用会形成带压力梯度的强湍流区域，压力波遇上边壁或环形空间中会形成强漩涡和快速应变流，而这些湍流结构会对爆炸发展起到重要影响。

再次，爆炸过程中雷诺数范围大。压力波之前的气体流速为零，之后为高速流动。相应地，流场雷诺数范围大，流场的湍流强度分布不均匀。

第四，油气爆炸呈现出放热反应，温度在爆炸后急剧升高。因此，必须考虑能量方程和热量辐射对流场的影响。

以上特点要求爆炸流场湍流模型对高速、带冲击波流场有较好的描述能力，对快速应变流具有较高计算精度和较宽的雷诺数适用范围，同时还要考虑压力梯度、温度对流场的影响。此外，对覆土立式油罐这样的大空间中的流场进行模拟，模型计算量的大小也是必须加以考虑的问题。

5.2.2 油气混合物的爆炸过程

油气混合物在受限空间中的爆炸过程常常以爆燃和爆轰两种形式出现，爆燃是亚音速传播，爆轰是超音速传播。一般在长径比较小(一般为 1 左右)的受限空间内，油气爆炸大多以爆燃形式出现，其火焰传播速度从几米每秒到几百米每秒之间变化，爆炸压力较之狭长受限空间也要小一些。一般空间越大爆炸时的火焰传播速度越快。而在长径比较大(一般大于 5)的空间发生爆炸时，往往产生波的传播和火焰在坑道中的加速，从而使爆燃转向爆轰，产生危险的爆炸冲击波，以致事故扩大，波及范围广，破坏力极强。常见碳氢燃料与空气计量配比混合物的基本燃烧速率为 0.5m/s 量级；而同样燃料混合物转变成爆轰时，其波阵面传播速度可达 2000m/s 量级，速度变化跨 4 个数量级。关于爆轰，许多文献都有论述。由于本章研究的对象不构成爆轰发生条件因而在此不再论述。

对于理想化的容积受限空间，在全封闭等理论条件下可以看作典型的近似定容爆炸过程。其爆炸火焰传播不大，通常小于压力波速。理论上定容爆炸是指在刚壁容器内瞬时整体点火，且系统绝热，即不考虑容器壁的冷却效应与气体泄漏而带走的热损失情况下的爆炸，因此定容爆炸压力应当是爆炸最高压力。这是一个模型化的概念，可以看成是爆燃速度无限大的一种极端情况，是一个瞬时的整体燃烧形式。实际上，瞬时整体点火是不可能的，一般是在球形容器中心点火。在这种情况下测得的峰值压力接近于定容爆炸压力，因为只有火焰接近于球壁时，才会产生壁面导热冷却效应，虽然此压力维持时间极短，并很快就衰减下去，但此时压力峰值接近定容爆炸压力值。爆炸压力也可以利用理想气体状态方程计算得到。该条件下一般认为燃烧火焰为层流火焰。

书中研究的储油罐式容积受限空间，相对于无约束气云爆炸来说很小，而相对于 20L 标准爆炸容器来说要大得多。并且它与定容爆炸最大的区别在于点火并未位于容器的中心，而是位于罐壁面上的某一点。由于燃烧火焰速度小于爆炸压力波速，因而必须考虑容器壁面对爆炸前驱压力波的反射作用，火焰传播过程中受到反射压力波的作用产生扰动。而且由于容器空间尺寸不大，前驱压力波速较大，碰上容器壁面后遇阻产生反射波，前驱压力波就这样以较高的频率在油罐内振荡，严重影响了初期的层流火焰。故而此时的火焰传播不再属于层流，而应该把它看作湍流。模拟实验的结果也证明了这一观点。所以书中介绍的容积受限空间油气爆炸数值模拟分析模型采用了湍流模型。

5.2.3 容积式受限空间油气爆炸湍流模型

5.2.3.1 湍流模型的概述

如前所述，湍流本身是最为常见的一种流动形式，但同时也是最为复杂的流动形式。关于湍流模型的具体阐述见狭长受限空间油气爆炸一章的阐述。这里不再赘述。

5.2.3.2 容积式受限空间油气爆炸湍流模型的选取

容积式受限空间油气爆炸和前述狭长受限空间油气爆炸湍流特征基本是相同的。所以，湍流模型的选取指导原则也是基本相同的，只是具体阐述有所区别而已。多年来，k-ε 紊流模型以其形式简单、使用方便等优点，被广泛应用于科学和工程领域中的紊流问题。但是，许多计算值与实验数据比较表明，$k-\varepsilon$ 模型适用于射流、管流、自由剪切流以及弱旋流等简单的紊流流动，而不太适用于强旋流、回流及曲壁边界层等复杂紊流流动。其原因：一是它的模型系数是从简单紊流流动中得到的，对于一些复杂紊流流动不太适合；二是该模型是根据 Boussinesq 的各向同性涡旋黏性假设建立的，实际上紊流黏性不是一种流体性质，而是随流动变化，是各向异性的。为了扩大 $k-\varepsilon$ 模型的使用范围，许多学者提出了各种改进形式。其中 Yakhot 和 Orszag 在紊流问题中引入重整化群理论(Renormalization Group，缩写 RNG)，将非稳态 Navier-Stokes 方程对一个平衡态作 Gauss 统计展开，通过频谱分析消去其中的小尺度涡并将其影响归并到涡黏性中，从而改善了对耗散率 e 的模拟。该模型在形式上与标准 $k-\varepsilon$模型完全一样，不同之处在于 $k-\varepsilon$ 方程中 5 个模型系数的取值。由于 RNG$k-\varepsilon$ 模型考虑了非平衡流对紊流的影响，改进了对复杂紊流问题的预测效果，因而受到越来越广泛的重视。RNG$k-\varepsilon$ 模型是基于重整化群理论，把紊流视为受随机力驱动的输运过程，通过频谱分析消去其中的小尺度涡并将其影响归并到涡黏性中，从而得到所需尺度上的输运方程。模型中各模型系数是利用 RNG 理论推导出来的，具有一定的通用性。学术界基本一致认为：严格统计分析得到的系数和有效黏度的微分格式使得 RNG$k-\varepsilon$ 模型在广泛的流动范围内比标准 $k-\varepsilon$ 模型精确，并且 RNG$k-\varepsilon$ 模型在快速应变流的计算中有一致认可的良好精度。对类似立式油罐这样的容积式大空间进行数值模拟，计算量的大小也是必须加以考虑的问题。因此，如前所述，以 RNG$k-\varepsilon$ 模型作为爆炸流场的湍流模型。兼顾湍流模拟精度和计算量，采用两方程湍流模型为流场湍流模型。至于压力梯度对壁面湍流的影响将在后面讨论。和前述狭长受限空间油气爆炸模拟研究一样，采用总能形式的能量方程描述高速流动，能量的度量为总量 $E=e+\frac{1}{2}u_iu_i$ 而且在求解时可以利用矢通分裂方法提高压力计算的精度。

5.2.4 基于总能的 RNG$k-\varepsilon$ 湍流模型

基于总能，不计质量力、热辐射的影响，带化学反应流场的控制方程可写为：

(1) 连续方程：

$$\frac{\partial \rho}{\partial t}+\frac{\partial}{\partial x_j}(\rho u_j)=0 \tag{5.1}$$

(2) 动量方程(N-S 方程)：

$$\begin{aligned}&\frac{\partial}{\partial t}(\rho u_i)+\frac{\partial}{\partial x_j}(\rho u_i u_j)\\&=-\frac{\partial p}{\partial x_i}+\frac{\partial}{\partial x_j}\left[\mu\left(\frac{\partial u_j}{\partial x_i}+\frac{\partial u_i}{\partial x_j}\right)\right]-\frac{2}{3}\frac{\partial}{\partial x_i}\left[\mu\left(\frac{\partial u_j}{\partial x_j}\right)\right]\end{aligned} \tag{5.2}$$

(3) 能量方程：

$$\begin{aligned}&\frac{\partial}{\partial t}(\rho E)+\frac{\partial}{\partial x_j}(\rho u_j E)\\&=-\frac{\partial p u_i}{\partial x_i}+\frac{\partial}{\partial x_j}\left[\mu u_i\left(\frac{\partial u_j}{\partial x_i}+\frac{\partial u_i}{\partial x_j}\right)\right]-\frac{2}{3}\frac{\partial}{\partial x_i}\left[\mu u_i\left(\frac{\partial u_j}{\partial x_j}\right)\right]+\frac{\partial}{\partial x_j}\left[k\left(\frac{\partial T}{\partial x_j}\right)\right]+\omega Q_s\end{aligned} \tag{5.3}$$

(4) 组分方程：

$$\frac{\partial}{\partial t}(\rho f_s)+\frac{\partial}{\partial x_j}(\rho u_j f_s)=\frac{\partial}{\partial x_j}\left(D\frac{\partial f_s}{\partial x_j}\right)-\omega_s \tag{5.4}$$

(5) 状态方程：

$$p=\rho RT \tag{5.5}$$

式中：$E=e+\frac{1}{2}u_iu_i=c_vT+\frac{1}{2}u_iu_i$。

分析模型中将采用如下假设条件：

① 忽略输运系数的脉动；

② 忽略湍流密度脉动，即认为 $\rho'=0$；

③ 将化学反应与湍流流动的作用计入湍流燃烧模型中，在此仅考虑化学反应带来的组分变化和能量变化，暂不考虑化学反应与其他物理量之间的耦合关系。

经推导，得湍流动能方程：

$$\begin{aligned}&\frac{\partial}{\partial t}\left(\frac{1}{2}\rho\,\overline{u'_iu'_i}\right)+\frac{\partial}{\partial x_j}\left(\frac{1}{2}\rho\,\overline{u_j}\,\overline{u'_iu'_i}+\frac{1}{2}\rho\,\overline{u'_ju'_iu'_i}\right)\\&=-u'_i\frac{\partial}{\partial x_i}(p')-\rho\,\overline{u'_iu'_j}\frac{\partial}{\partial x_j}(\overline{u_i})+\overline{u'_i\frac{\partial}{\partial x_j}\left[\mu\left(\frac{\partial u'_i}{\partial x_j}+\frac{\partial u'_j}{\partial x_i}\right)\right]}\end{aligned} \tag{5.6}$$

令：$\frac{1}{2}\overline{u'_iu'_i}=k$，即湍流脉动的动能；

令湍流动能的耗散率 $\varepsilon=\frac{1}{\rho}\overline{\mu\left(\frac{\partial u'_i}{\partial x_j}+\frac{\partial u'_j}{\partial x_i}\right)\frac{\partial}{\partial x_j}(u'_i)}\approx\nu\overline{\left(\frac{\partial u_i}{\partial x_j}\right)^2}$，有：

$$\frac{\partial}{\partial t}(\rho\varepsilon)+\frac{\partial}{\partial x_j}(\rho u_j\varepsilon)=\frac{\partial}{\partial x_j}\left[\frac{\mu_{eff}}{\sigma_\varepsilon}\left(\frac{\partial\varepsilon}{\partial x_j}\right)\right]+\frac{\varepsilon}{k}(C_1G_k-C_2\rho\varepsilon) \tag{5.7}$$

各式中：$\mu_t=\rho C_\mu\frac{k^2}{\varepsilon}$；$C_u$，$C_1$，$C_2$ 为经验系数。 (5.8)

至此，若不考虑湍流对组分和能量方程的影响，整个控制方程组已经封闭。

以上 k 方程和 ε 方程构成的湍流模式就是最常用的标准 $k-\varepsilon$ 方程湍流模型。该模型的推导尤其是 ε 方程的推导主要考虑高雷诺数湍流流动的情况用公设假定进行简化，而且各经验参数也是从充分发展的湍流实验中测得，所以标准 $k-\varepsilon$ 湍流模型仅对高雷诺数湍流的模拟较为适合。显而易见，容积式受限空间中的油气爆炸流场雷诺数范围宽，需要数值模拟模型能较好地适用于各种雷诺数范围。同时，推导中忽略了密度的脉动($\rho'=0$)，前面分析已经说明这对平均流动是可以接受的，但对油气爆炸这样有复杂压缩过程的流动来讲，k 方程存在较大误差，需要修正。因此，仍然采用重整化群 RNG 方法对 $k-\varepsilon$ 方程湍流模型进行了修正。

RNG$k-\varepsilon$ 模型中：

k 方程：

$$\frac{\partial}{\partial t}(\rho k)+\frac{\partial}{\partial x_i}(\rho k\,\overline{u_i})=\frac{\partial}{\partial x_j}\left(\alpha_k\mu_{eff}\frac{\partial k}{\partial x_j}\right)+G_k-\rho\varepsilon-Y_M \tag{5.9}$$

ε 方程：

$$\frac{\partial}{\partial t}(\rho\varepsilon)+\frac{\partial}{\partial x_i}(\rho\overline{u_j}\varepsilon)=\frac{\partial}{\partial x_j}\left[\alpha_\varepsilon\mu_{eff}\left(\frac{\partial\varepsilon}{\partial x_j}\right)\right]+C_{1\varepsilon}\frac{\varepsilon}{k}G_k-C_{2\varepsilon}\rho\frac{\varepsilon^2}{k}-R_\varepsilon \tag{5.10}$$

式中，α_k，α_ε 均为随湍流流场变化的系数；Y_M 为考虑流场可压缩性的修正项；R_ε 为 ε 方程的修正项；α_k 和 α_ε 均按下式计算：

$$\left|\frac{\alpha-1.3929}{\alpha_0+1.3929}\right|^{0.6321}\left|\frac{\alpha+2.3929}{\alpha_0+2.3929}\right|^{0.3679}=\frac{\mu}{\mu_{eff}} \tag{5.11}$$

式中，$\alpha_0=1.0$。

显然，在高雷诺数的流动中，即$\frac{\mu}{\mu_{eff}}\ll 1$ 时，$\alpha_k=\alpha_\varepsilon\approx 1.393$。

在 RNG 模型中，湍流的黏性由微分方程的形式给出：

$$\mathrm{d}\left(\frac{\rho^2 k}{\sqrt{\varepsilon\mu}}\right)=1.72\frac{\hat{v}}{\sqrt{\hat{v}^3-1+C_v}}\mathrm{d}\hat{v} \tag{5.12}$$

式中：$\hat{v}=\frac{\mu_{eff}}{\mu}$；常数 $C_v\approx 100$。

在高雷诺数时(5.15)式也可以可写为式(5.11)的形式：

$$\mu_t=\rho C_\mu\frac{k^2}{\varepsilon}$$

此式中按 RNG 理论推导的 $C_\mu=0.0845$，与标准 k-ε 模型中 0.09 的经验值十分接近。

考虑爆炸流场的可压缩性，k 方程中的压缩修正项：

$$Y_M=2\rho\varepsilon M_t^2$$

式中的 M_t 为湍流马赫数：

$$M_t=\sqrt{\frac{k}{c^2}} \tag{5.13}$$

$c(\equiv\sqrt{\gamma RT})$ 为当地音速。

ε 方程中的修正项：

$$R_\varepsilon=\frac{C_\mu\rho\eta^3(1-\eta/\eta_0)}{1+\beta\eta^3}\frac{\varepsilon^2}{k}$$

式中：$\eta=\frac{Sk}{\varepsilon}$，$S=\sqrt{\frac{G_k}{\mu_t}}$

其他参数：$\eta_0=4.38$，$\beta=0.012$。

ε 方程中参数：$C_{1\varepsilon}=1.42$，$C_{2\varepsilon}=1.68$

以上完成了除组分方程和能量方程的 RNG 模型的建立。

组分方程：

对组分方程进行时均运算：

$$\frac{\partial}{\partial t}(\rho\overline{f_s})+\frac{\partial}{\partial x_j}(\rho\overline{u_j}\overline{f_s})=\frac{\partial}{\partial x_j}\left(D\rho\frac{\partial\overline{f_s}}{\partial x_j}-\overline{\rho u'_i f'_s}\right)-\omega_s \tag{5.14}$$

对于一般的 k-ε 湍流模型，湍流组分输运项$-\overline{\rho u'_i f'_s}$直接令：

$$-\overline{\rho u'_i f'_s} = \frac{\mu_t}{\sigma_f}\left(\frac{\partial f_s}{\partial x_j}\right)$$

在 RNG$k-\varepsilon$ 模型中也将流动的组分输运归结为 $D_{eff}=D+D_t$，进而通过雷诺比拟计算 D_{eff}，所不同的是对有效扩散系数的计算表示为：

$$D_{eff} = \alpha_D \mu_{eff} \tag{5.15}$$

式中的 α_D 也用式(5.14)计算，仅 $\alpha_0 = \frac{1}{Sc}$，Sc 为气体的斯密特数，计算中通常取$Sc=0.7$。

能量方程：

对总能方程直接进行时均运算较为烦琐，故先进行雷诺应力的等效简化：湍流中的总黏性力，包括分子黏性力和湍流黏性力可以用 Boussinesq 假设写为：

$$(\tau_{ij})_{eff} = \mu_{eff}\left(\frac{\partial \overline{u_j}}{\partial x_i} + \frac{\partial \overline{u_i}}{\partial x_j}\right) - \frac{2}{3}\mu_{eff}\frac{\partial \overline{u_i}}{\partial x_i}\delta_{ij} \tag{5.16}$$

同时运用雷诺比拟，参照式(5.14)，有效换热系数 $k_{eff}=k+k_t$，

$$k_{eff} = \alpha_k c_p \mu_{eff} \tag{5.17}$$

式中的 α_k 同样使用式(5.14)计算，只是 $\alpha_0 = \frac{1}{Pr} = \frac{k}{\mu c_p}$。在计算中取 $Pr=0.85$。

这样，平均参数的总能方程就可以写为有效应力作功和有效导热系数条件下导热的如下形式：

$$\frac{\partial}{\partial t}(\rho\bar{E}) + \frac{\partial}{\partial x_j}(\overline{u_j}(\rho\bar{E}+\bar{p})) = \frac{\partial}{\partial x_j}[\overline{u_i}(\tau_{ij})_{eff}] + \frac{\partial}{\partial x_j}\left[k_{eff}\left(\frac{\partial \bar{T}}{\partial x_j}\right)\right] + \omega Q_s \tag{5.18}$$

至此，介绍了所有方程。最后为简便起见，以 u 表示 $\bar{u}$，所有的控制方程汇总为：

$$\frac{\partial \rho}{\partial t} + \frac{\partial}{\partial x_j}(\rho u_j) = 0$$

$$\frac{\partial}{\partial t}(\rho u_i) + \frac{\partial}{\partial x_j}(\rho u_i u_j + p) = \frac{\partial}{\partial x_j}[(\tau_{ij})_{eff}]$$

$$\frac{\partial}{\partial t}(\rho f_s) + \frac{\partial}{\partial x_i}(\rho u_i f_s) = \frac{\partial}{\partial x_j}\left(D_{eff}\frac{\partial f_s}{\partial x_j}\right) - \omega_s$$

$$\frac{\partial}{\partial t}(\rho E) + \frac{\partial}{\partial x_j}(u_j(\rho E + p)) = \frac{\partial}{\partial x_j}[u_i(\tau_{ij})_{eff}] + \frac{\partial}{\partial x_j}\left[k_{eff}\left(\frac{\partial T}{\partial x_j}\right)\right] + \omega Q_s$$

$$\frac{\partial}{\partial t}(\rho k) + \frac{\partial}{\partial x_j}(\rho u_j k) = \frac{\partial}{\partial x_j}\left(\alpha_k \mu_{eff}\frac{\partial k}{\partial x_j}\right) + G_k - \rho\varepsilon - Y_M$$

$$\frac{\partial}{\partial t}(\rho\varepsilon) + \frac{\partial}{\partial x_j}(\rho u_j \varepsilon) = \frac{\partial}{\partial x_j}\left[\alpha_\varepsilon \mu_{eff}\left(\frac{\partial \varepsilon}{\partial x_j}\right)\right] + C_{1\varepsilon}\frac{\varepsilon}{k}G_k - C_{2\varepsilon}\rho\frac{\varepsilon^2}{k} - R_\varepsilon$$

5.2.5 壁面边界处理方法

在湍流流场中，壁面边界的存在对流场有着极大的影响。在容积式油气爆炸我们采用和前述狭长受限空间油气爆炸壁面边界处理相同的方法。为了便于理解，我们约去文字叙述，

将主要关系式给出：

1）动量边界条件的补充

有压力梯度的壁面湍流动量条件：

$$\frac{\tilde{U} C_\mu^{0.25} k_P{}^{0.5}}{\tau_w/\rho} = \frac{1}{\kappa}\ln\left(E\frac{\rho C_\mu^{0.25} k_P{}^{0.5} y_P}{\mu}\right) \tag{5.19}$$

式中：$\tilde{U} = U_P - \frac{1}{2}\frac{\mathrm{d}p}{\mathrm{d}x}\left[\frac{y_v}{\rho\kappa\sqrt{k_P}}\ln\left(\frac{y_P}{y_v}\right)+\frac{y_P-y_v}{\rho\kappa\sqrt{k_P}}+\frac{y_v^2}{\mu}\right]$

其中：$y_v = \frac{\mu y_v^*}{\rho C_\mu^{0.25} k_P^{0.5}}$，$y_v^* = 11.225$

其他量的取值：

$\kappa = 0.42$，$E = 9.81$；

y_P，k_P，U_P 分别为计算点 P 到壁面的距离，P 点的湍流动能，P 点的时均速度值。

同前，为增加算法对不同网格的适应性，采用非平衡壁面函数法的分层算法：

$$\tau_t = \begin{cases} 0 & (y < y_v) \\ \tau_w & (y > y_v) \end{cases},\quad k = \begin{cases} \left(\frac{y}{y_v}\right)^2 k_P & (y < y_v) \\ k_P & (y > y_v) \end{cases},\quad \varepsilon = \begin{cases} \frac{2\nu k}{y^2} & (y < y_v) \\ \frac{k^{1.5}}{C_l y} & (y > y_v) \end{cases} \tag{5.20}$$

式中：$C_l = \kappa C_\mu^{-0.75}$。

2）温度边界条件的补充

非平衡壁面函数法的温度方程为：

$$T^* = \frac{(T_w - T_P)\rho c_p C_\mu^{0.25} k_P^{0.5}}{\dot{q}}$$

$$= \begin{cases} \mathrm{Pr} y^* + \frac{1}{2}\rho \mathrm{Pr}\frac{C_\mu^{0.25} k_P^{0.5}}{\dot{q}} U_P^2 & (y^* < y_T^*) \\ \mathrm{Pr}_t\left[\frac{1}{\kappa}\ln(E y^*) + P\right] + \frac{1}{2}\rho\frac{C_\mu^{0.25} k_P^{0.5}}{\dot{q}}\{\mathrm{Pr}_t U_P^2 + (\mathrm{Pr} - \mathrm{Pr}_t) U_c^2\} & (y^* > y_T^*) \end{cases} \tag{5.21}$$

式中：

$$P = 9.24\left[\left(\frac{\sigma}{\sigma_t}\right)^{0.75} - 1\right][1 + 0.28 e^{-0.007\sigma/\sigma_t}]$$

3）组分边界条件的补充

壁面函数法的组分方程为：

$$Y^* = \frac{(Y_{i,w} - Y_i)\rho C_\mu^{0.25} k_P^{0.5}}{\dot{q}}$$

$$= \begin{cases} Sc y^* & (y* < y_c^*) \\ Sc_t\left[\frac{1}{\kappa}\ln(E y^*) + P_c\right] \end{cases} \tag{5.22}$$

5.2.6 基于多种控制机理的湍流爆炸燃烧模型

与狭长受限空间油气爆炸一样，爆炸燃烧模型决定了爆炸过程中最本质的能量释放规律，爆炸燃烧模型是爆炸理论模型中各种爆炸影响因素的直接体现，也是各种爆炸发展控制机理的集中反映。一种科学合理、易于操作的湍流爆炸模型对气体爆炸过程的研究十分重要。目前国内外所见气体爆炸数值模拟分析研究的报道中仅有少数文献中采用了湍流爆炸模型，但这些研究的爆炸模型不能满足我们在受限空间油气爆炸数值分析研究的需要。在前第四章中，我们建立了基于多种控制机理的湍流爆炸燃烧模型。由于狭长受限空间油气爆炸过程和容积式受限空间油气爆炸过程受控机理没有本质区别，我们认为前述基于多种控制机理的湍流爆炸燃烧模型能够在容积式受限空间油气爆炸数值模拟分析中直接应用。所以，关于基于多种控制机理的湍流爆炸燃烧模型的分析不再赘述。为了阅读逻辑的需要，只给出关键分析内容和方程。

5.2.7 湍流燃烧模型

虽然油气爆炸燃烧过程有其特殊性，但仍是一种湍流燃烧。目前湍流燃烧模型主要有基于湍流流场高级模拟的燃烧直接模拟(DNS)模型、湍流燃烧大涡模拟模型(LES)、条件矩封闭模型、基于流场时均参数的 Arrehnius 燃烧模型、漩涡耗散模型(EBU 模型)、涡-耗散-概念(EDC)模型、基于概率的 PDF 模型和假定概率密度函数模型(prePDF)。这些燃烧模型都有各自的优缺点，因此，很难说哪种模型更优越。这些模型的使用情况显示，在用于模拟不同的建筑火灾时，它们各自的表现是不太一致的。因此，有必要根据目的或需要选择适当的燃烧模型。

目前工程中研究最多，应用最多的湍流燃烧模型仍然是基于实验观测结果而建立的半经验、半理论的湍流燃烧模型。此类模型多从实验观察到的现象出发，经过对湍流强度、耗散的分析，构造湍流燃烧平均反应速率的表达式，因此又叫“唯象的湍流燃烧模型”。该类模型包括涡破碎模型(EBU)，拉切滑模型，ESCIMO 模型，卷吸混合反应模型等等，最具代表性的是 EBU 模型。

实验结果已经表明：在容积式受限空间中油气爆炸时爆炸由弱到强的发展过程明显，火焰速度在不断变化，而且相对一般湍流燃烧而言较大。爆炸发展过程中燃烧的时均速率与油气物化性质以及油罐中的流动状态都有直接的关系，忽略任何一个方面的燃烧理论模型都不全面。以上各种湍流燃烧模型各有优点，但仍然不能同时满足合理性以及精度、可操作性的要求，对爆炸过程中的燃烧而言更没有一种能同时描述各种因素影响机理的湍流燃烧模型，同狭长受限空间油气爆炸一样，必须建立多控制机理的湍流爆炸燃烧模型。

5.2.8 多控制机理湍流爆炸燃烧模型

5.2.8.1 基本假设

虽然第 4 章已经提出过类似假设，在这里我们仍然再重复以下关键假设：

(1) 认为油气爆炸过程是分步进行的。首先是可燃混合气体进行带有“孕育特征的活化反应”，然后是活性中间产物生成最终产物的反应。

(2) 活化反应释放能量较少，其瞬时反应速率相对较小，并取决于流场的组分、温度和

可燃混气化学性质。对爆炸这种预混燃烧，该步反应的时均速率主要由化学动力学控制，对湍流涡结构的变化并不敏感。

(3) 活性中间产物生成最终产物的反应瞬时化学动力学反应速度无限大，该步的时均化学反应速率由湍流流场结构控制。

(4) 对于化学反应本身来讲，经典的 Arrehnius 公式仍是较能反映化学动力学对燃烧速率控制的理论，尽管湍流燃烧中时均化的 Arrehnius 公式远不能反映燃烧控制机理的全部，但对于化学动力学主控的燃烧反应，以湍流模型时均参数计算的 Arrehnius 化学反应速率仍是良好的近似。

(5) 湍流对爆炸燃烧的影响可分为：①湍流强化了组分的输运，尤其加快了活性组分的输运，促进了化学反应的进行；②湍流强化了未燃气与已燃气的热传递，加速反应的进行；③火焰面因大扰动引起变形；④湍流脉动使火焰面发生脉动，进一步增大燃烧面积，同时湍流旋涡的破碎加大了燃烧反应速率。此处①、②和③对化学反应的影响往往可以通过计算湍流强化热传递和组分输运的时均效果加以数值模拟分析；对于④中的机理可以用湍流流场的湍流强度来衡量，认为脉动的程度可以用类似于 EBU 模型中的湍流动能和湍流动能耗散率决定的涡破碎率的混合速率$\frac{k}{\varepsilon}$为特征量来定量计算。

5.2.8.2 油气爆炸燃烧的分步反应模型

与狭长受限空间比较，容积式受限空间中的油气爆炸同样具有油气混合物组分复杂、含能高的特点，同样需要考虑化学反应本身的特性；同样必须考湍流对反应速率的影响。建立分步反应湍流燃烧模型的详细分析不再赘述。值得强调的是，我们建立的多控制机理的分步反应湍流爆炸燃烧模型或两步分析模型，能体现爆炸燃烧过程的关键控制机理，进而也体现了火焰和压力波之间的耦合机制。

两步反应模型在计算湍流燃烧时，反应 1 仍然用下式计算平均反应速率；

$$\omega_{1t}=A_1\rho^2 f_1^{\alpha_1} f_2^{\beta_1}\exp\left(-\frac{E_1}{RT}\right)$$

参考 EBU 模型中的理论，反应 2 的湍流时均反应速率可以写为：

$$\omega_{2t}=C_{EBU}\rho\ \frac{\varepsilon}{k}g^{\frac{1}{2}}$$

式中：$g\sim\min(\overline{Y_1},\ \overline{Y_2})$

由此，湍流燃烧过程中，总的燃烧反应时均反应速率可由以下两式计算。

$$\omega_1\approx\overline{\omega_{1A}}\approx A_1\rho^2\ \overline{f_1^{\alpha_1}}\ \overline{f_2^{\beta_1}}\exp\left(-\frac{E_1}{R\bar{T}}\right) \tag{5.23}$$

$$\omega_2\approx\omega_{2t}=C\rho\ \frac{k}{\varepsilon}g^{\frac{1}{2}}=C\rho\ \frac{k}{\varepsilon}\min(\overline{Y_2},\ \overline{Y_3}) \tag{5.24}$$

此处建立的燃烧模型采用分解、混合、反应的分步反应方式，使理论燃烧模型更接近实际的爆炸湍流燃烧过程；由于整体化学反应的时均速率由化学动力学和流场结构耦合控制，该模型能模拟不同控制机理的对燃烧影响；进而能充分描述爆炸发展过程中火焰和压力波之间的相互作用。同时化学反应的能量分步加入流场，缓解了对整个控制方程求解时的“刚性”，利于数值求解。为了避免不同过程特征时间的差异而引起的方程刚性，采用分裂格式，即将化学反应项与对流项分开处理。对应于一个流场步长，化学反应项可在许多适合的步长下利用 Runge-Kutta 法循环计算。对流项采用矢通量分裂格式，该格式根据特征根的正负号，将矢通量 F 和 G 分裂成两部分。

5.3 容积受限空间油气爆炸机理、分析模型与实验验证

5.3.1 容积式受限空间油气爆炸过程数值模拟分析

本节在前述油气爆炸理论模型和数值计算方法的基础上进行容积式受限空间油气爆炸过程的数值模拟分析。为验证分析模型，先根据油气混合物爆炸过程模拟实验的工况进行了数值分析，并将分析结果和模拟实验结果进行了对比，从而验证数值模拟分析模型的正确性和分析模型的精度，然后对几起工程上实际发生的立式油罐类容积式受限空间油气爆炸事故进行了数值模拟。

5.3.1.1 几何模型的建立

本节建立的油气湍流爆炸理论模型是三维的，故能对爆炸过程进行三维数值模拟分析。立式油罐类受限空间模拟台架是轴对称结构，建模相对简单，因此，此处对模拟油罐油气爆炸实验的数值模拟采用二维几何模型；考虑到三维几何模型计算量大，仅对容积更小些的模拟坑道油气爆炸实验的数值模拟采用三维几何模型，具体求解区域如图 5.1 所示。

5.3.1.2 网格划分研究

此处采用的几何模拟都是不规则的，因此采用非结构网格进行风格划分，在非结构网格上对流场模型进行求解。由几何模型可以看出，油罐罐体形状较为规则，但由于所设点火位置位于油罐不同位置中心，为了更好地对求解区域进行离散，采用不均匀分布的三角形网格对求解区域进行了划分。为保证火焰由点火位置很好地向罐内传播，保证较高的求解精度，对靠近点火源的位置进行了适当的加密；同时考虑到不使计算量过大，对远离点火源接近罐壁的位置加粗了网格，这样即保证了计算精度，又不致使计算量过大。模拟计算的结果表明这样的网格划分是可行的。网格的分布以及如图 5.1 所示。

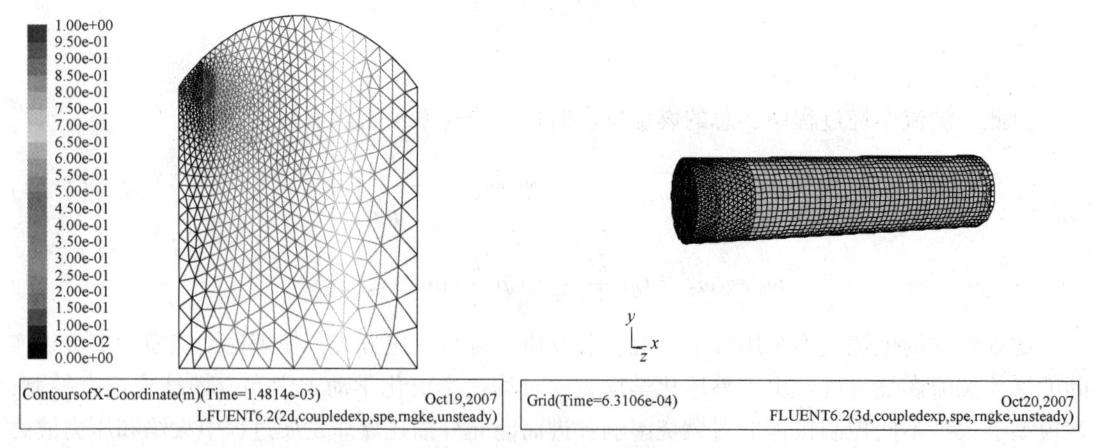

图 5.1 计算网格划分

此处采用有限容积法进行数值计算，先对油罐油气爆炸过程模型控制方程组进行了离散。方程组的离散是建立在以下两个基本假设基础之上的：

(1) 函数在任意网格内均匀分布，函数在网格点的值代表了它在该网格内各处的值，或者说网格的尺寸决定了函数的空间分辨率；

(2) 函数只在任何一个网格的任意一个界面上均匀分布，即函数在一个网格边界上任意一点的值都可以代表函数在该边界上的值。计算中，把网格边界两侧相邻节点的连线与该边界的交点，取作该边界的代表点。

模型的定解条件包括初始条件，壁面边界条件和点火火源处的边界条件。

对于壁面边界条件，在边界局部加密的前提下，在固定壁面上给定边界条件，设定罐壁与外界无热量交换，壁面为绝热，即壁面上法向焓变化为零。壁面对燃烧反应没有催化作用，可以取组分浓度的法向梯度为零。即：

$$u = v = w = 0,\ \frac{\partial k}{\partial \vec{n}} = 0,\ \frac{\partial h}{\partial \vec{n}} = 0\ ,\ \frac{\partial m_1}{\partial \vec{n}} = 0 \tag{5.25}$$

对于火源处边界条件，本文中火源处的边界条件为入口边界条件，给定初始温度、压力、组分浓度等边界条件。其中油气混合物和空气的温度均为293K，压力为一个标准大气压；油气混合物的浓度以庚烷的浓度代替。空气中氧浓度一般为0.21。

对于模拟的初始条件，假定罐内流场为相对静止，初始温度设定按照实验时所测得的室内温度 $T=293\text{K}$，压力为一个标准大气压 $p=1.01\times10^5\text{Pa}$。其他的控制方程中的因变量除初始焓值为 $c_p T_0$ 之外，k、ε、u、v、w 皆取零值。

以模拟油罐实验中的油气爆炸过程为例，数值模拟分析研究中设置如下初始条件：

① 初始压力条件　点火零时刻整个计算区域压力为大气压力，因此整个区域表压力：$p_0=0\text{Pa}$；

② 初始温度条件　点火区域：$T_0=1200\text{K}$；其他区域：$T_0=293\text{K}$。

③ 初始速度条件　整个区域初速为零：$V=0\text{m/s}$

④ 初始组分条件　为简化问题，空气的组分定为：氧气体积分数21%，氮气体积分数79%；油气混合段中油气的浓度按爆炸实验的浓度设定；认为点火瞬间消耗部分油气，点火区域油气浓度设为油气混合段中油气浓度的1/2。

5.3.1.3　边界条件

对于实验模拟油罐壁面按典型的无滑移、无渗透边界设定，材料为钢材。罐壁厚度为0.01m，壁面绝对粗糙度为0.001m，传热系数及热量产生速度查相关资料得到。

5.3.1.4　数值模拟分析步骤

数值模拟分析过程大致可分为：几何建模和网格划分、求解参数的设定、求解监控、数据保存及后处理等步骤。

在完成几何建模、初始边界条件设定后，数值模拟分析过程还分为如下两个阶段：层流点火阶段和湍流爆炸发展阶段。

在爆炸的点火阶段，爆炸流场的控制模型为层流模型，燃烧模型也为层流燃烧模型。采用在模拟油罐罐底中心的点火区域置高温的方法进行数值点火，一般形成稳定的火焰面后油罐内即会出现明显的湍流，此时爆炸流场模型和燃烧模型都采用相应湍流状态的模型直到爆炸数值模拟分析过程结束。

5.3.2 数值模拟分析结果与实验结果的比较

本节将油气混合物爆炸过程的数值模拟分析结果和实验结果进行比较，验证分析结果的正确性。

由于需要分析大量数值模拟分析结果，数据的处理十分烦琐，为此本节的数据结果大多以可视化结果的形式给出。许多研究结果、结论不仅进一步揭示了油料立式储罐油气混合物爆炸过程的规律和机理，为油料立式储罐的安全防护工作提供了依据，对其他可燃气体爆炸过程的研究和爆炸灾害的防治也是非常宝贵的参考。

5.3.2.1 不同初始油气浓度的爆炸过程最大爆炸压力数值模拟分析结果和实验结果的比较分析

表 5.1~表 5.3 给出了初始油气浓度分别为 1.8%、2.5%、3.6%三种条件下在模拟油罐油气爆炸实验和数值模拟分析结果的比较。

表 5.1 模拟油罐内初始油气浓度 1.8%的爆炸过程参数实验值和数值分析值的比较

测试点位置序号		1	2	3	4	5
最大超压 p_{max}/MPa	实验值	0.539	0.545	0.420	0.580	0.632
	数值模拟分析值	0.552	0.521	0.378	0.552	0.705

表 5.2 模拟油罐内初始油气浓度 2.5%的爆炸过程参数实验值和数值模拟分析值的比较

测试点位置序号		1	2	3	4	5
最大超压 p_{max}/MPa	实验值	0.797	0.755	0.685	0.693	0.775
	数值模拟分析值	0.805	0.761	0.687	0.668	0.848

表 5.3 模拟油罐内初始油气浓度 3.6%的爆炸过程参数实验值和数值模拟分析值的比较

测试点位置序号		1	2	3	4	5
最大超压 p_{max}/MPa	实验值	0.514	0.496	0.441	0.502	0.544
	数值模拟分析值	0.531	0.501	0.428	0.596	0.674

图 5.2~图 5.4 分别为初始油气浓度分别为 1.8%、2.5%、3.6%三种初始条件下在测试点 4 处的实验与数值模拟分析的压力对比曲线。

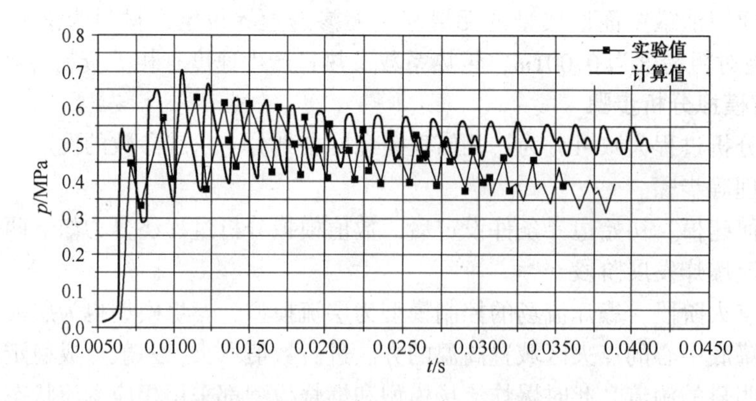

图 5.2 1.8%油气浓度压力曲线对比

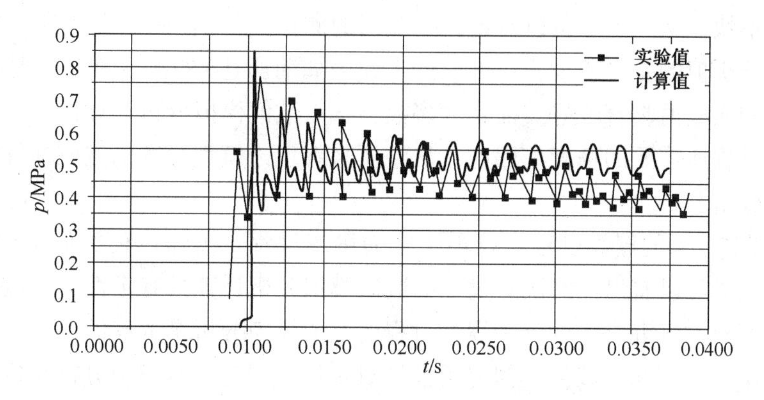

图 5.3 2.5%油气浓度压力曲线对比

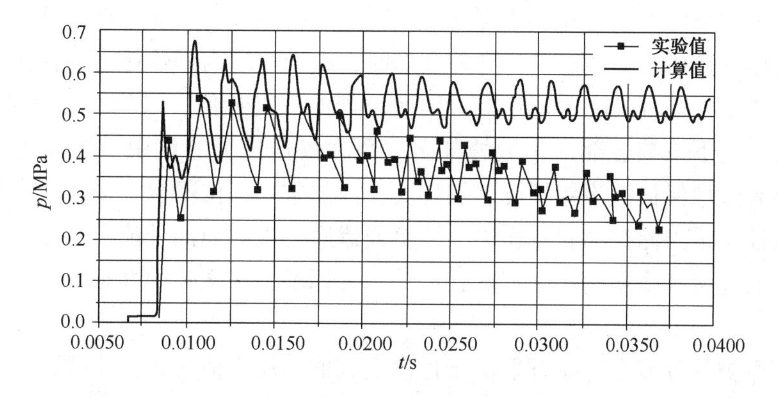

图 5.4 3.6%油气浓度压力曲线对比

油气浓度 1.8%爆炸过程是强爆燃过程，爆燃过程中能量的释放比较缓慢，压力发展上升过程比较平缓，不存在压力的突升和强冲击波的传播，计算结果的精度相对高，因此对该弱爆炸的模拟计算难度相对小。

从图 5.2 可以看出：该爆炸工况的理论数值模拟分析计算值和实验值吻合很好，实验值相对于数值模拟分析值在各不同测试点的最大压力值趋于平均化对压力差值的捕捉显得迟钝。分析其原因可能为以下两点：(1)是实验值本身的准确性可能不够。由于实验条件有限，测试压力的压力传感器无论从精度还是从频率响应上都存在不足，对快速爆炸波的波峰压力捕捉存在着定的误差。(2)是数值模拟毕竟与真实的实验条件是不一样的，无论是物理模型还是初始值或边界条件与真实的实验必然存在差异(如模拟实验装置实验过程中存在无法完全密闭、由于安装传感器观察窗等在罐体上开孔等)，这也正是数值模拟离不开实验的原因。图中绝大多数测试点压力的理论数值模拟分析计算值的精度已经达到了定量研究爆炸过程所需要的精度。因此，从整体来看理论模型对油气混合物的强爆燃过程的数值模拟分析精度是可以接受的。

油气浓度为 2.5%的爆炸过程是典型的爆炸过程，实验及模拟均证明该浓度下的最大爆炸压力最大，应该为实验条件下的最佳爆炸浓度。当然同样由于模拟油罐的长径比 L/D 约为 1，该条件下的爆炸仍然为爆燃过程，或为弱爆炸过程，只是强度较其他浓度下强，不会发生爆轰过程。爆炸过程中的火焰的急剧加速和压力的突升均较小，火焰传播过程和压力发展过程相对并不快。从图 5.3 可以看出：除个别的测试点(如：测试点 3 处的最大压力值实验与数值模拟分析值的差距稍大，可能的产生原因如前所述)外，该爆炸工况的理论数值模拟分析计算值和实验值吻合较好。而且大多数测试点数值模拟分析计算值的精度已经达到了定量研究爆炸过程所需要的精度。因此，从整体来看理论模型能准确完成油气混合物爆炸过程的数值模拟分析分析。

油气浓度为 3.6%的爆炸过程是较弱强度的爆燃过程，爆炸过程类似于油气浓度 1.8%的情况。从图 5.4 可以看出：对爆炸过程的数值模拟分析计算具有定性、定量的精度，从整体来看理论模型对油气混合物的该种爆炸过程的数值模拟分析是准确的。

由以上对比分析可知：数值模拟分析模型对爆炸过程的数值模拟分析是成功的。

5.3.2.2 油罐顶盖受压的数值模拟分析结果与模型实验结果的比较分析

为了最大限度地保证油罐在发生爆炸事故时的安全性，立式油罐在设计加工时要求罐顶与罐壁结合处作弱连接。当油罐发生意外爆炸时，罐顶在罐内爆炸压力的作用下，被向上顶起，由于罐顶与罐壁结合处作了弱连接，因而该处的强度最低，最先被破坏的即该结合部。在爆炸压力的作用下该结合部产生裂缝甚至罐顶在爆炸压力的作用下被炸飞，完全脱离罐壁。这样可以有效地保护油罐包括罐壁及罐底在内的重要部位不会因为爆炸事故的发生而被破坏，从而保证了罐内储存油料不会因为罐壁或罐底的破坏而四处流散，进而引发更大面积的火灾。但该弱连接到底弱到什么程度，以什么为标准，在文献中并未给出，给油罐设计施工带来不便。

油罐顶能否被部分或全部掀开取决于罐顶受到的总压力值能否大于罐顶与罐壁结合处的弱连接的疲劳强度，由于罐顶面积是一定的，因而研究罐顶所受压强无论对于弱连接强度的设定还是对油罐的安全防护都具有重要的意义。

同时为了进一步验证建立的湍流爆炸模型的正确性，进行了与模型油气混合物爆炸实验对应的罐顶受压数值模拟分析计算并将数值模拟分析的结果和实验进行了对比分析。

立式油罐油气混合物爆炸事故的防治工作最为关心的是原型尺寸场所的油气爆炸发展过程的规律。因此此处不对模型爆炸过程的数值模拟分析结果进行详细的讨论，仅给出结果的对比。

5.3.3 两起油库覆土立式油罐油气混合物爆炸事故的数值模拟及数值模拟分析结果分析

5.3.3.1 某场站油库覆土立式油罐油气爆炸事故的数值模拟及数值模拟分析结果分析

2002 年 8 月 24 日某油库油罐发生爆炸着火事故，一个 380m^3 油罐发生爆炸，造成 4 人死亡、2 人受伤，油罐报废。事发时，施工作业人员正在该柴油罐罐顶人孔掩体上焊接人孔盖板，期间引燃罐内油气发生爆炸，罐身与罐底拉裂并飞出油罐半地下掩体，罐内 200 多吨柴油漏出，顺管沟在库区流淌并燃烧，大火持续 6h 后才被扑灭。

1) 爆炸事故的数值模拟数值模拟分析的几何模型及网格划分

由于油气爆炸发生在罐内，几何结构较为简单，采用二维几何模型。油罐几何模型及网格划分如图 5.5 所示。油罐直径为 8m，高为 12m。

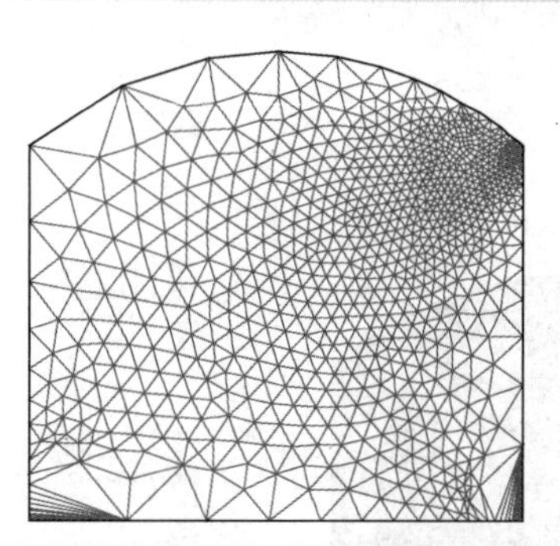

图 5.5 油罐几何模型及网格划分

2）初始和边界条件设置

（1）初始条件 油罐油气爆炸过程数值模拟分析研究设置初始条件如下：

① 初始压力条件 点火零时刻整个计算区域压力为大气压力，因此整个区域表压力 $p_0=0\text{Pa}$。

② 初始温度条件 点火区域：$T_0=1200\text{K}$；其他区域：$T_0=313\text{K}$。

③ 初始速度条件 整个区域初速为零，即 $V=0\text{m/s}$。

④ 初始组分条件 为简化问题，空气的组分定为：氧气体积分数 21%，氮气体积分数 79%；油气混合段中油气的浓度按爆炸实验的浓度设定；认为点火瞬间消耗部分油气，点火区域油气浓度设为油气混合段中油气浓度的 1/2。

（2）边界条件 对于油罐壁面按典型的无滑移、无渗透边界设定，材料为钢材。罐壁厚度为 0.01m，壁面绝对粗糙度为 0.001m，传热系数及热量产生速度查相关资料得到。

3）爆炸事故的数值模拟数值模拟分析结果

（1）火焰的发展 图 5.6 为反映火焰发展过程图，图(a)为火焰在油罐拱顶和拱壁交界处产生，图(b)~(d)火焰以球状逐渐扩大，而在图(e)时刻，整个油罐已经完全着火，图(f)时刻，火焰在油罐内翻转，整个油罐的温度相当高。

（2）压力波的速度 图 5.7 为 380m^3柴油罐油气爆炸火焰速度发展过程的数值模拟分析结果。可以看出，速度的大小和方向是随时间急剧变化的，最大速度达到 374m/s，表明油罐中的爆炸达到强爆炸——爆轰。方向的变化再次说明了油罐爆炸压力波的振荡现象。

（3）压力波的发展 从图 5.8 中可以看出，爆炸压力上升速率很快，从 0.099s 的 0.131MPa 发展到 0.1268s 的 0.572MPa，短短一瞬间，压力上升了 0.441MPa，爆炸压力上升速率为 15.86，高于汽油的爆炸压力上升速率。这是由于柴油单位质量燃烧热值比汽油高的缘故。

图 5.9 为 380m^3柴油罐油气爆炸火焰温度的发展过程，从图中可以看出，油罐温度可以达到 2500K。

图 5.10 为 380m^3 柴油罐油气爆炸不同时刻压力的径向分布曲线图，从图中可以看出压力波在油罐内是振荡，不同位置压力不同，但随着爆炸的加剧，压力不断上升。

图 5.11 为 380m^3 柴油罐油气爆炸不同时刻速度的径向分布曲线图，从图可以看出火焰在油罐内是振荡，不同位置压力不同，但随着爆炸的加剧，速度也是不断上升。

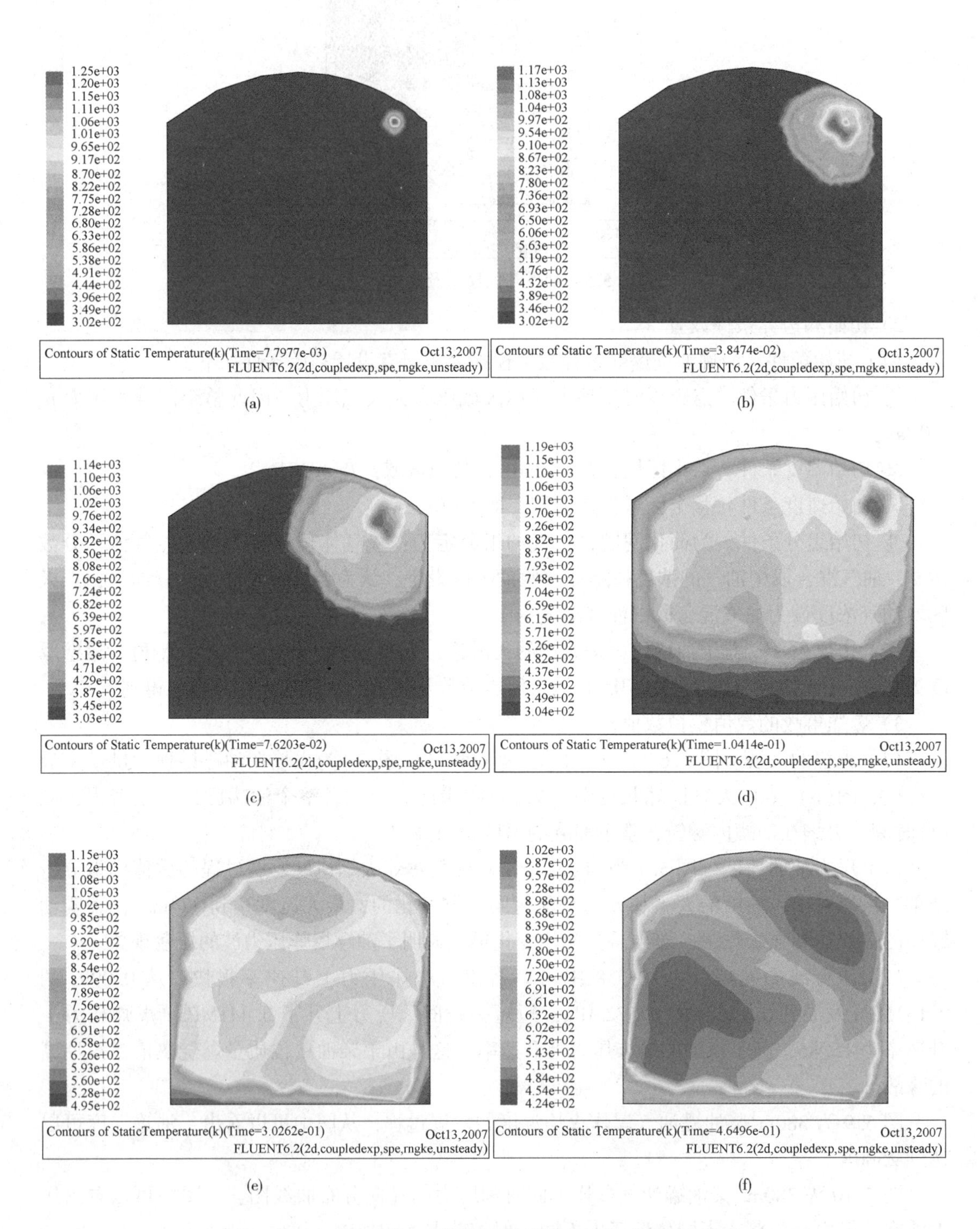

图 5.6 380m^{3}柴油罐油气爆炸数值模拟分析之火焰的发展过程

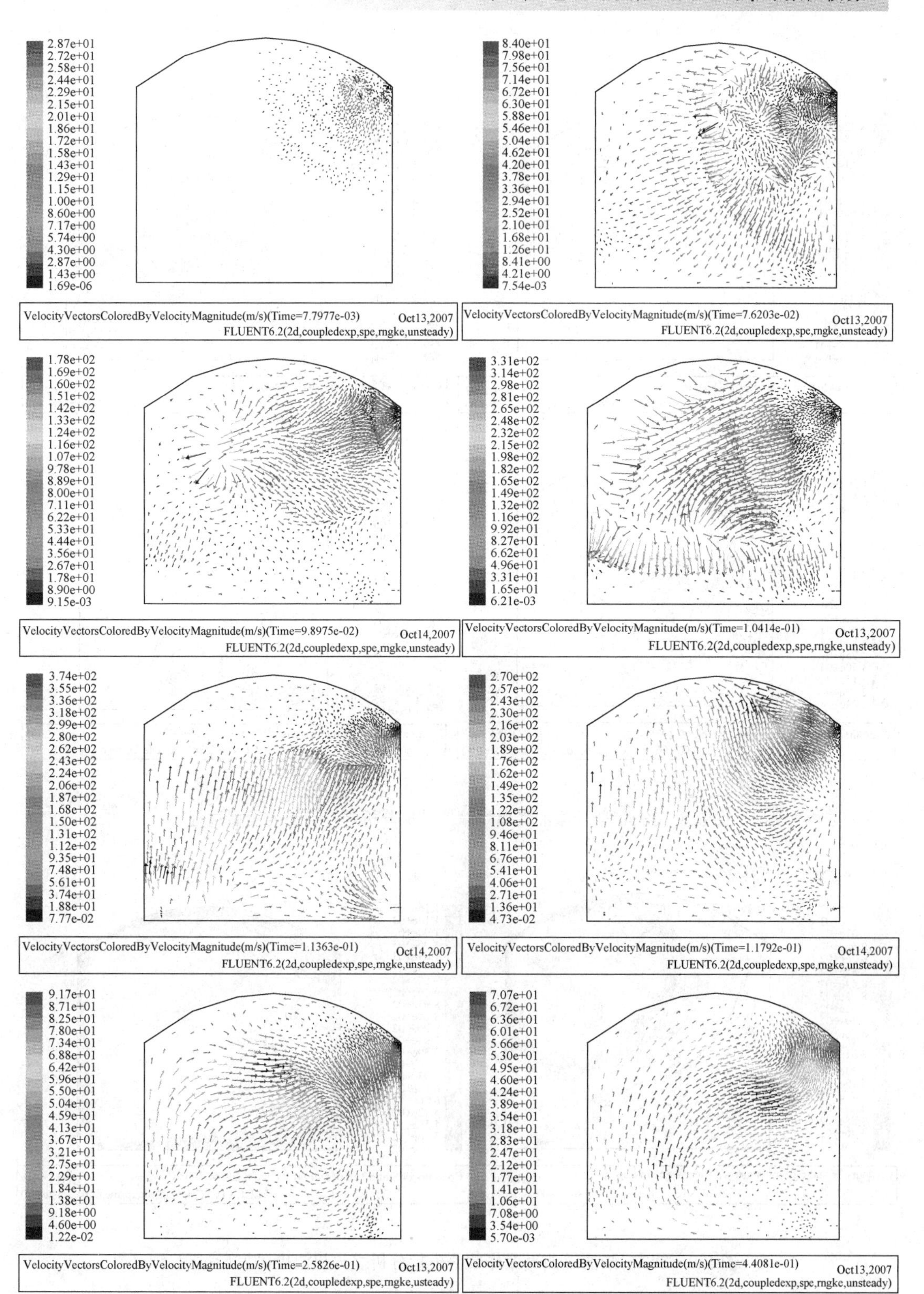

图 5.7 380m^{3}柴油罐油气爆炸数值模拟分析之火焰速度的发展过程

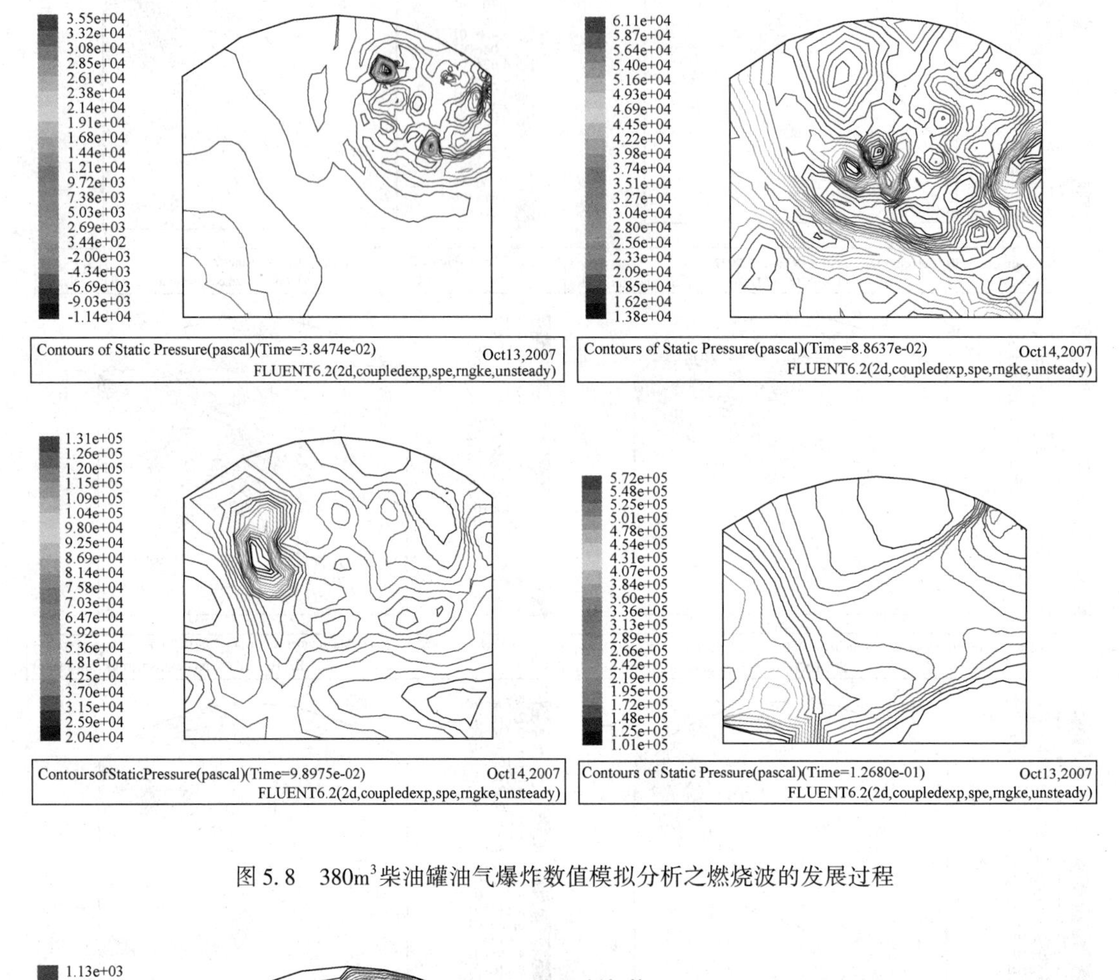

图 5.8　380m^{3}柴油罐油气爆炸数值模拟分析之燃烧波的发展过程

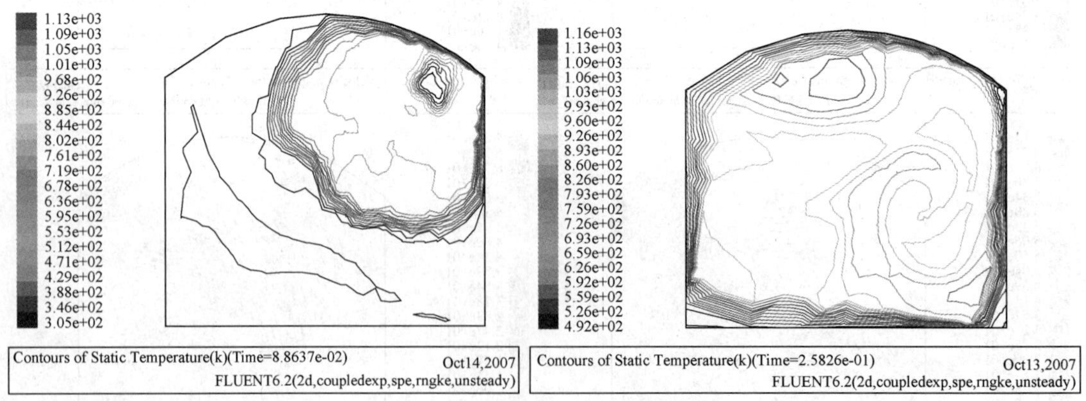

图 5.9　380m^{3}柴油罐油气爆炸数值模拟分析之火焰温度的发展过程

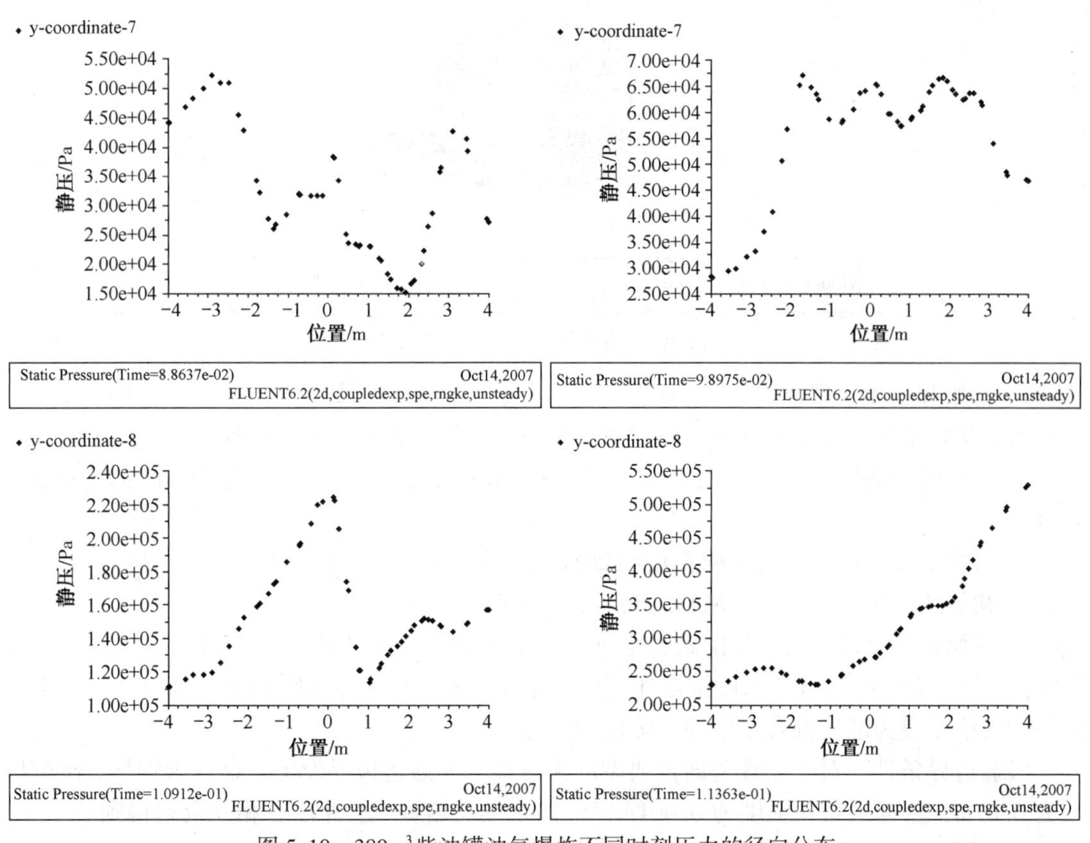

图 5.10 380m^{3}柴油罐油气爆炸不同时刻压力的径向分布

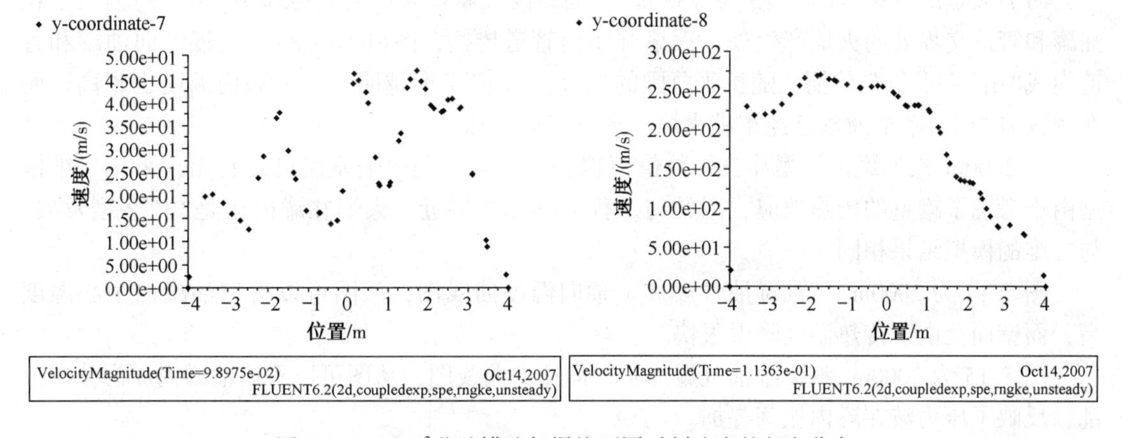

图 5.11 380m^{3}柴油罐油气爆炸不同时刻速度的径向分布

5.3.3.2 某油库覆土立式油罐油气爆炸事故的三维数值模拟及数值模拟分析结果分析

2002 年 12 月 18 日，某油库覆土立式油罐在准备通风清洗时发生爆炸，造成一名多名人员死亡，油罐及罐室炸塌报废。该事故发生了一次和二次爆炸，使整个罐顶与罐身全部分离，油罐彻底破坏，并把近五分之二的混凝土拱顶完全掀开。

1）爆炸事故的数值模拟分析的几何模型及网格划分

该油库油罐的几何模型和网格划分如图 5.12 所示。

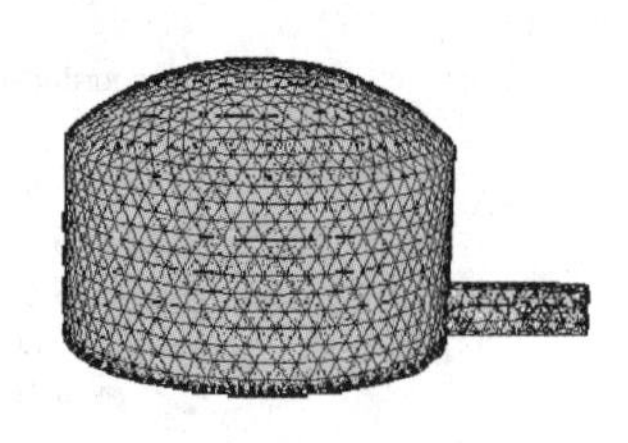

图 5.12　油罐几何模型及网格划分

2）初始和边界条件设置

（1）初始条件　油罐油气爆炸过程数值模拟分析研究设置初始条件如下：

① 初始压力条件　点火零时刻整个计算区域压力为大气压力，因此整个区域表压力 $p_0=0\mathrm{Pa}$。

② 初始温度条件　点火区域：$T_0=1200\mathrm{K}$；其他区域：$T_0=293\mathrm{K}$。

③ 初始速度条件　整个区域初速为零，即 $V=0\mathrm{m/s}$。

④ 初始组分条件　为简化问题，空气的组分定为：氧气体积分数 21%，氮气体积分数 78%；油气混合段中油气的浓度按爆炸实验的浓度设定；认为点火瞬间消耗部分油气，点火区域油气浓度设为油气混合段中油气浓度的二分之一。

（2）边界条件　对于油罐壁面按典型的无滑移、无渗透边界设定，材料为钢材。罐壁厚度为 0.01m，壁面绝对粗糙度为 0.001m，传热系数及热量产生速度查相关资料得到。

3）爆炸事故的数值模拟数值模拟分析结果

（1）火焰的发展　图 5.13 为 $2000\mathrm{m}^3$ 汽油罐油气爆炸火焰发展传播图，图(a)为由于在油罐和管道交界处的火焰产生处，火焰开始向管道传播，图(b)～(d)火焰逐渐向油罐和管道内成“山”字形扩张传播，随扩张范围的扩大，“山”字形越明显，油罐内温度也越高。而在图(e)时刻，整个油罐已经布满火焰，形成多重山峰。

从 $2000\mathrm{m}^3$汽油罐油气爆炸三维数值模拟分析不同时刻火焰发展可以看出，采用三维模型由于考虑了罐壁的传热效应，因此与工程实际更相接近。火焰在罐内还是“3”字型发展，与二维的模拟结果相同。

图 5.14 为 $2000\mathrm{m}^3$ 汽油罐油气爆炸 x 轴向温度曲线图，从图可以看出油罐内中心温度高，而壁面处由于传热温度降得很快。

图 5.15 为 $2000\mathrm{m}^3$ 汽油罐油气爆炸 x 轴向压力曲线图，从图可以看出油罐内压力分布散乱，反映了压力波在罐内振荡叠加。

图 5.16 为 $2000\mathrm{m}^3$ 汽油罐油气爆炸不同时刻压力分布云图。从 $2000\mathrm{m}^3$汽油罐油气爆炸三维数值模拟分析油罐油气爆炸压力分布可以看出，油罐发生一次油气爆炸后，爆炸压力不是很高，罐室内的要高于罐内，一次爆炸发生一定时间后，罐内将有负压产生。这个负压正是卷吸罐外空气导致油罐内部产生破坏力极大的二次爆炸发生的重要因素。

从图 5.17 $2000\mathrm{m}^3$汽油罐油气爆炸三维数值模拟分析油罐油气爆炸速度分布可以看出，最大速度出现在罐室与坑道口的结合部。最大速度为 270m/s，小于音速，因此油罐油气爆炸属于爆燃的模式。但速度逐步加大，有向爆轰演变的趋势。

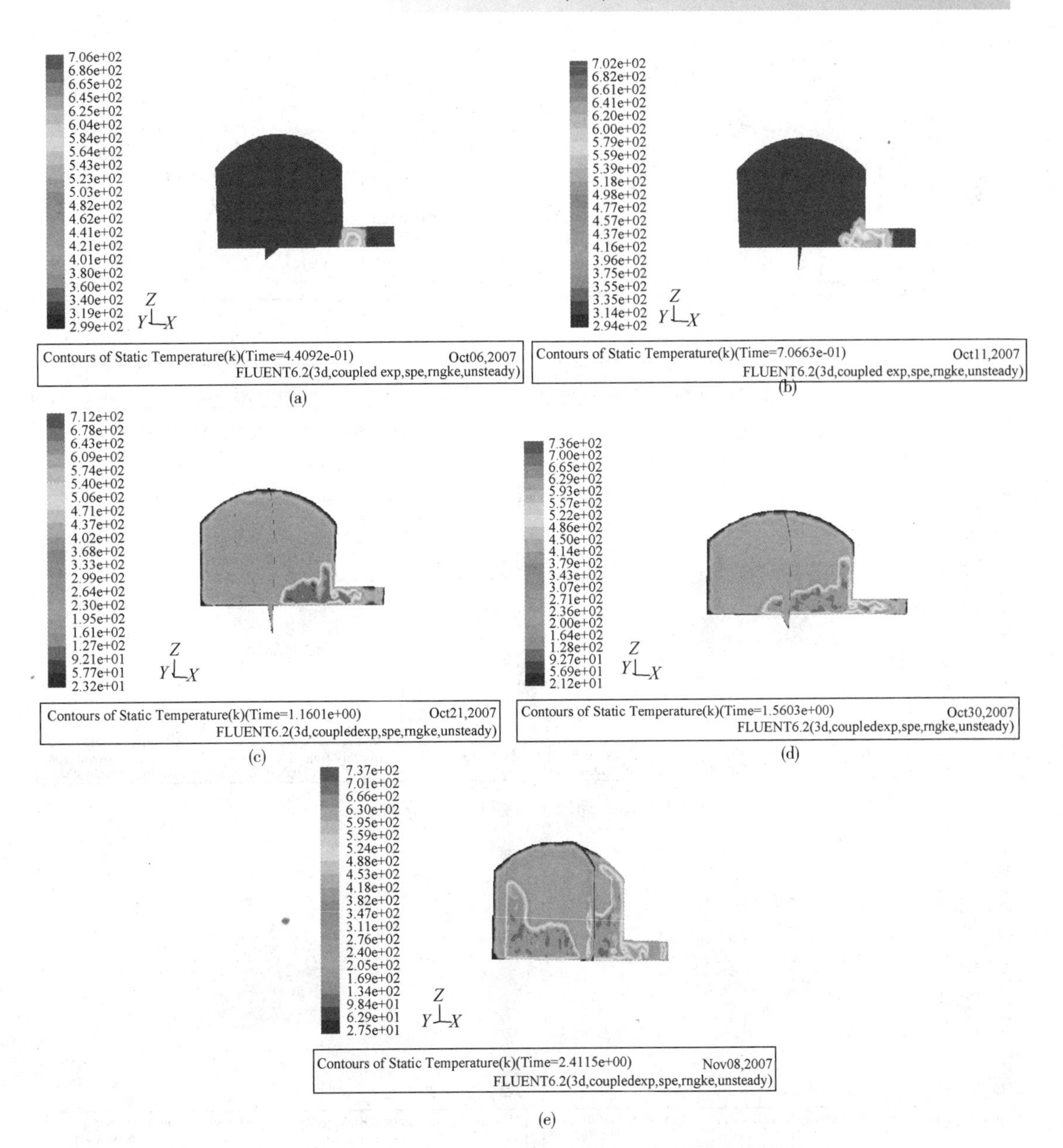

图 5.13 2000m^{3}汽油罐油气爆炸不同时刻火焰发展

研究表明，以 CFD 为基础的模型用于油罐油气爆炸事故重现的分析过程，由于数值模拟方法能捕捉油气爆炸事故的关键现象，且能精确描述高度非线性的爆炸传播过程，是今后爆炸事故分析的有利工具。从图 5.14 中可以看出，真实油罐模拟的爆炸温度低于模拟油罐，速度不大，是爆燃模式。在火焰前端温度较高，速度最大处在罐室与操作间坑道的结合部。因为这里几何结构复杂，由于罐室、坑道口(门)模拟和油罐壁面、人孔等断面压力波反射叠加产生的湍流局部扰动造成的。在油库覆土立式油罐中，多路管道、纵横交叉的支坑道、转弯等都是推动爆炸发展的“局部动力”。从安全角度来讲，要在设计、改造中尽量减少、避免“局部扰动”因素。

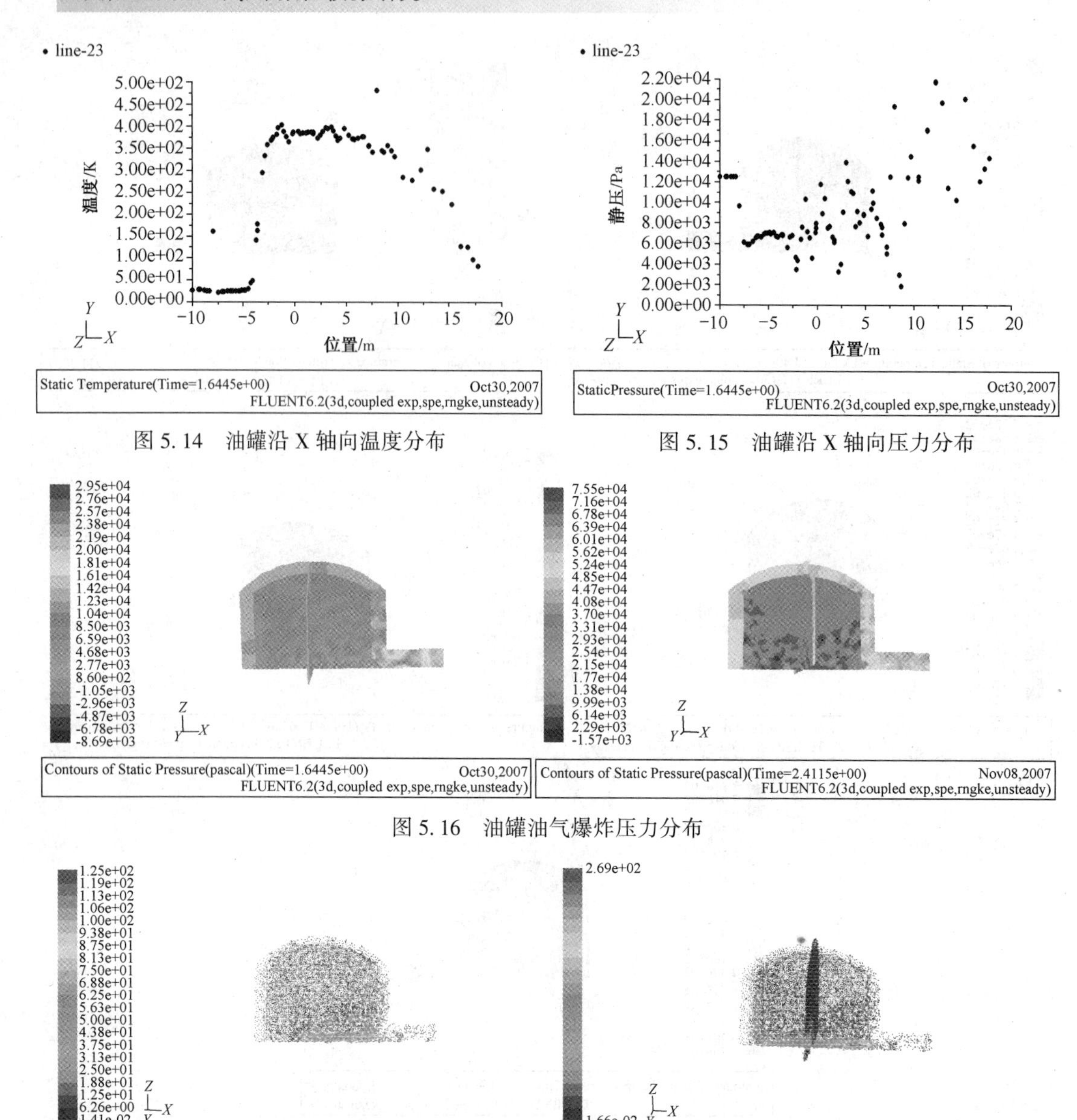

图 5.14 油罐沿 X 轴向温度分布

图 5.15 油罐沿 X 轴向压力分布

图 5.16 油罐油气爆炸压力分布

图 5.17 油罐油气爆炸速度分布

5.4 容积受限空间油气爆炸数值模拟结果与分析

5.4.1 引言

虽然通过模拟实验系统地研究了立式油罐类受限空间油气爆炸过程的规律和发展控制机理，但限于实验研究手段和测试精度的不足，受限空间油气爆炸过程中的许多细节特征、详细过程并没有得到充分的研究，油气爆炸发展过程控制机理的具体作用形式和详细作用过程也需要进行深入研究。结合已完成的实验研究工作，本节利用前面所建立的容积式受限空间油气爆炸理论模型和数值计算方法，对立式油罐类受限空间油气爆炸过程进行数值模拟分析，深入研究覆土立式油罐油气爆炸过程中爆炸波细节结构及其发展过程、压力波和火焰传播的重要细节特征以及火焰和压力波的耦合驱动作用的详细过程和机制。此外还对油气爆炸过程中的特殊现象和规律进行进一步的数值模拟分析研究。

由于需要分析大量数值模拟分析结果，数据的处理十分烦琐，为此本节的数据结果同前相同，大多以可视化图片的形式给出。

5.4.2 立式油罐类容积式受限空间油气爆炸过程重要特征的数值模拟分析研究

参照已完成实验的条件，先后进行了 φ1m 模拟油罐受限空间、1.8mφ40 模拟受限空间在不同油气浓度、不同初始温度、不同点火能量等情况下的油气爆炸过程数值模拟。数值模拟有的采用二维模型，有的采用三维模型。主要研究油气爆炸过程中火焰的传播和压力波的发展两个重要的子过程。

5.4.2.1 油气爆炸火焰传播特征的研究

1）火焰传播规律研究

火焰的传播是油气爆炸的重要子过程之一，火焰的传播过程反应了爆炸过程中爆炸发展的主要特征，本节对这一重要特征进行了数值模拟分析研究。考虑到模拟实验研究中得到的最大爆炸压力的最佳浓度区间，现以初始浓度为3%的工况进行研究。

图5.18~图5.27分别为点火后3s多时刻内油气爆炸流场中火焰传播的数值模拟分析结果，从图中可以看出：在刚点火后，火焰传播主要以层流形式进行，由于点火位置位于油罐顶部，因而火焰向罐中央发展，形状为圆弧形，并随着燃烧反应的进行，面积越来越大。在这一阶段，火焰发展平稳，单位时间内参与反应的未燃气体较少，火焰传播速度及罐内压力等爆炸特性参数的上升较缓慢，没有太大的突变。火焰面受罐壁面的影响不大，没有形成局部湍流。

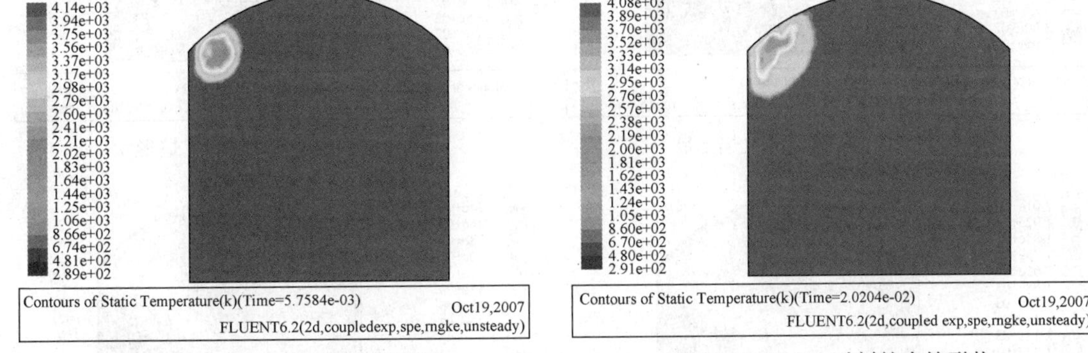

图5.18 0.0057s 时刻的火焰形状

图5.19 0.02s 时刻的火焰形状

随着爆炸反应的继续进行，从点火后0.06s起，反应速度显著加快，爆炸火焰面变厚，单位时间内参与反应的未燃气体越来越多。爆炸的强度加大。数值模拟分析结果表明，火焰面发展成类似“3”的形状，这是因为火焰面沿着罐壁发展时，受到了罐壁的阴力，局部湍流加剧，流速加快的缘故。由于爆炸火焰的变形，火焰面变得越来越不规则，这与其他研究文献结论“气体爆炸火焰的厚度在爆炸发展过程中不断变厚”也是一致的。

当时间发展到0.07s时，火焰面已呈现明显的湍流特征。由于火焰面的增大，油罐侧壁对火焰的影响逐渐明显，因油罐壁面材料为传热系数较高的钢材，因而靠近壁处的火焰温度下降较快，从而导致壁面对火焰面的发展产生阻滞作用，这类似于有管道壁对流动的影响。

综上所述，火焰以上的传播特征为燃烧反应孕育特性及燃烧速率受湍流影响的体现。由于爆炸燃烧过程的孕育特性，可燃物的燃烧在一定的区域内以有限的速率完成，因此火焰面为具有明显厚度的化学反应区域。此外，由于钢材壁面的粗糙度较小，燃烧受到壁面湍流区域的影响不大，此时壁面传热对火焰面的推进影响较大，火焰面在该局部区域的推进速度较慢，火焰发生明显变形，壁面区域的火焰面相对油罐中心区域的火焰面落后，火焰成为“3”形。

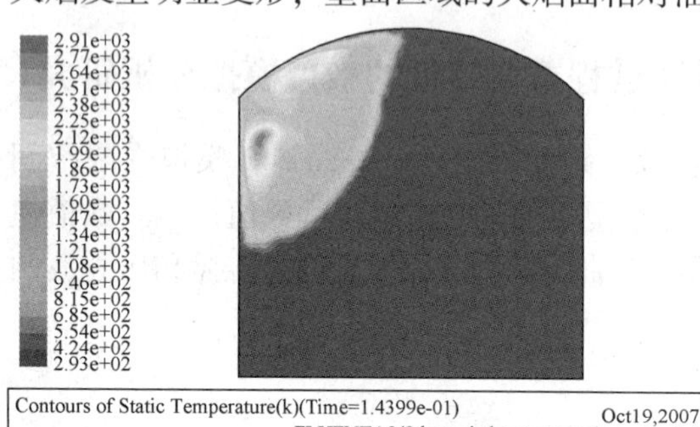

图 5. 20　0. 144s 时刻的火焰形状

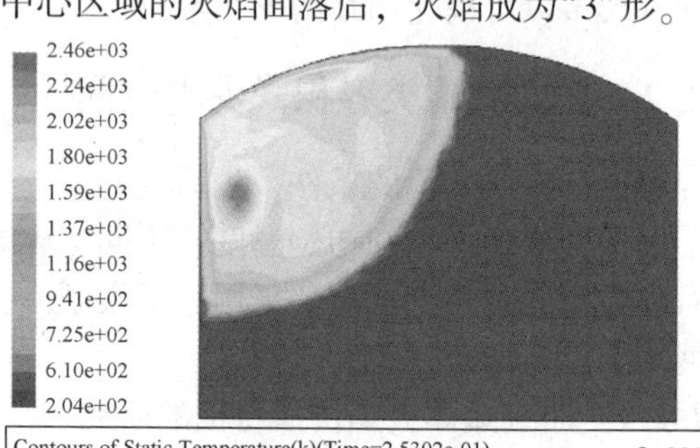

图 5. 21　0. 25s 时刻的火焰形状

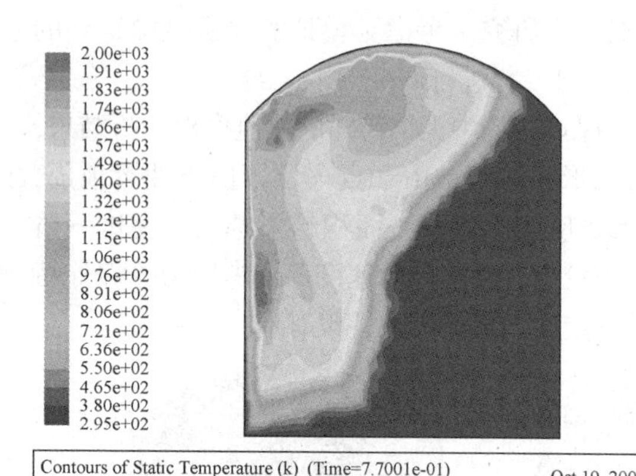

图 5. 22　0. 77s 时刻的火焰形状

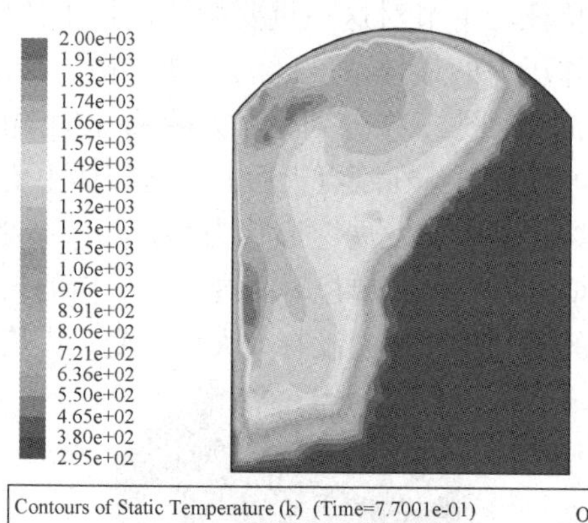

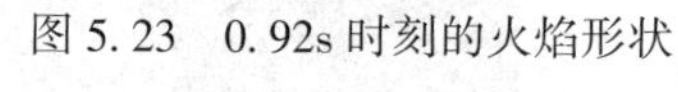

图 5. 23　0. 92s 时刻的火焰形状

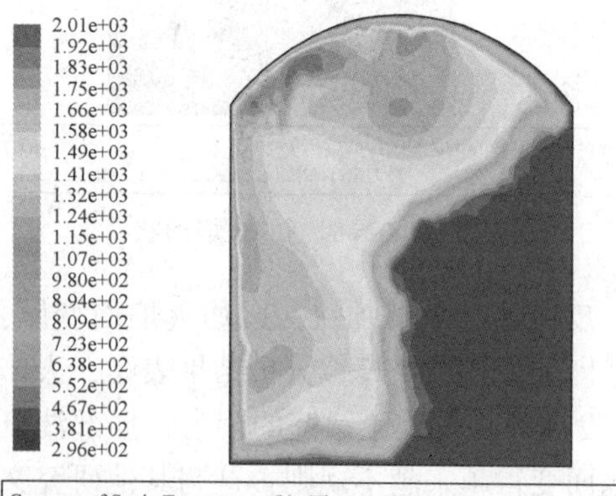

图 5. 24　1. 11s 时刻的火焰形状

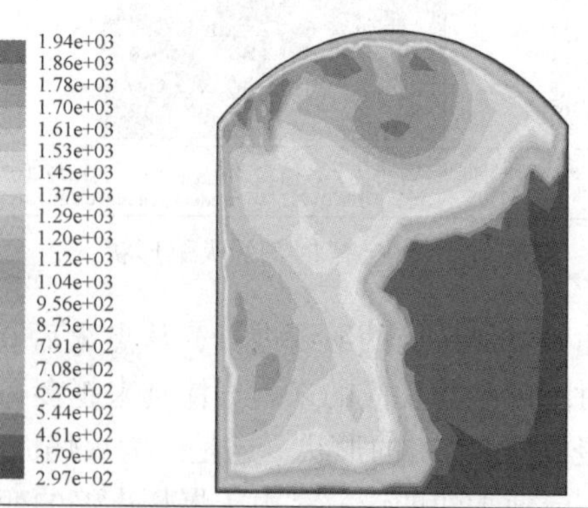

图 5. 25　1. 29s 时刻的火焰形状

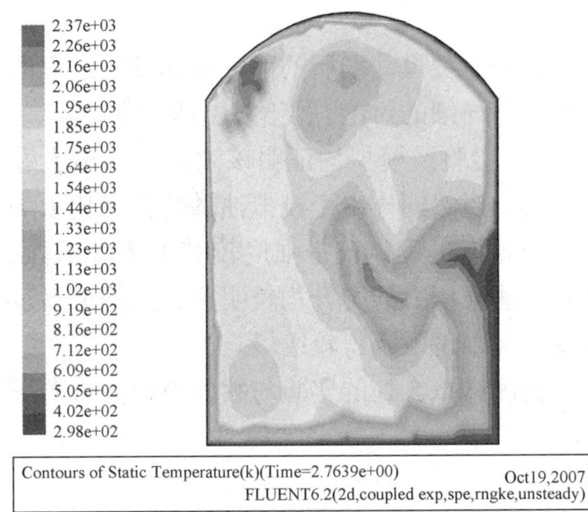

图 5.26　2.73s 时刻的火焰形状

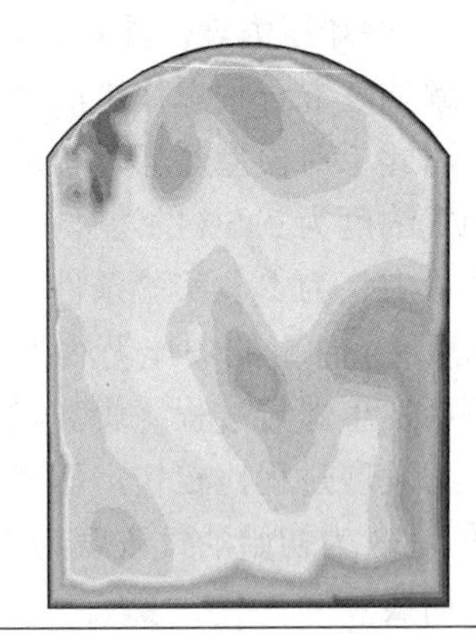

图 5.27　3.14s 时刻的火焰形状

爆炸火焰明显的厚度特征和变形说明“薄火焰面”假设和平面火焰假设均存在较大的误差，不适用于对爆炸发展过程中的火焰进行描述，必须加以修正。

2）火焰发展机理讨论

爆炸燃烧过程中的火焰受湍流和爆炸前驱压力波的影响而加速、变形；这种加速和变形的过程受压力波强度以及爆炸场所结构边界的影响。火焰加速、“3”字变形等均是火焰和压力波、湍流相互作用的结果。

从模拟数值模拟分析结果可以看出：储罐油气爆炸过程本质上是带有压力波的燃烧过程，高速传播的火焰是其明显的特征。可以肯定：爆炸发展过程中火焰始终受到某种强有力的驱动机制的加速，在这种过程中至少有如下机理起作用：

首先，爆炸火焰受湍流的作用而加速。该机理在模拟数值模拟分析结果中有明显的体现：在爆炸开始阶段，火焰面形状较为规则，火焰传播速度不快，但随着爆炸反应的进行，湍流的作用效果明显，火焰形状发生变化，不同位置火焰传播速度相差较大，火焰的加速受湍流的影响是不容忽视的，爆炸产生的前驱压力波系在受罐壁的作用发生反射时会形成高度湍流的流动，火焰在该湍流区域传播将被极大地加速。

其次，爆炸火焰和压力波的耦合发展。火焰加速和压力的发展存在密不可分的关系，压力和火焰存在一定正反馈特性的相互作用。火焰加速增加能量释放率，进而使压力升高，这是不容质疑的。油气混合物比能量越高，这种作用越明显。不同浓度的油气混合物爆炸过程强弱程度的巨大差异也说明了爆炸火焰对压力波发展的决定性作用。

压力波对火焰的加速作用所包含的机理更为复杂：高速传播的火焰总是以冲击波为先导，这一定程度上说明了压力波对火焰加速的诱导作用。此外，火焰受到湍流作用而加速，但强度不同的爆炸过程火焰加速程度相差较大，说明压力波可能还通过其他作用机理对火焰加速。压力波传播过程中除引起气体的流动外，因压缩未燃气体引起温度升高是压力波不容忽视的传播效应，这极有可能是除湍流效应外，火焰加速的又一作用机理。

油气爆炸火焰面在传播过程中会发生变形、皱折。这一方面增强了爆炸的强度；另一方面使得在同容器传播途径段存在火焰的时间相对变长，这就造成了要将爆炸火焰彻底扑灭，无论是使用水雾、惰性粉尘等抑爆介质，都需要与之相适应。

5.4.2.2 爆炸压力波发展特征的研究

油罐油气混合物爆炸事故的防治工作最为关心的是原型尺寸场所的油气爆炸发展过程的规律。因此不对模型爆炸过程的数值模拟分析结果进行详细的讨论，仅给出结果的对比。

油气浓度为2.5%的爆炸过程是典型的爆炸过程，实验及模拟均证明该浓度下的最大爆炸压力最大，为本节实验条件下的最大爆炸超压浓度。当然同样由于模拟油罐的长径比 L/D 约为1，该条件下的爆炸仍然为强爆燃过程，或为弱爆炸过程，只是强度较其他浓度下强，仍然不会发生爆轰过程。爆炸过程中的火焰的急剧加速和压力的突升均较明显，火焰传播过程和压力发展过程比较快。压力值相对于其他浓度情况来说下降得较缓慢。

图5.28为初始油气浓度为2.5%的初始条件下在测试点5处的实验与数值模拟分析的压力对比曲线。

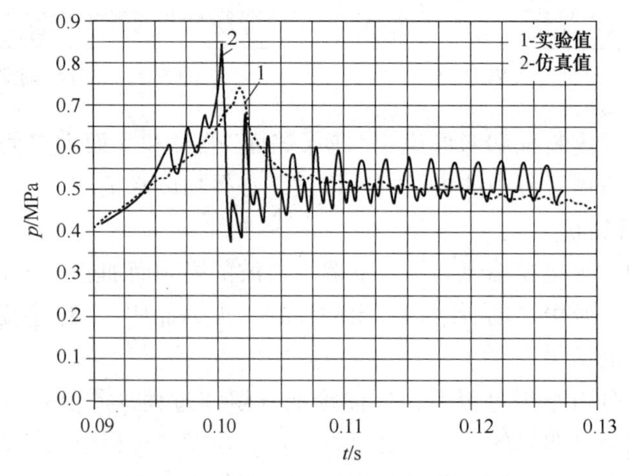

图5.28 2.5%油气浓度压力曲线对比

该爆炸工况的理论数值模拟分析计算值和实验值吻合很好，实验值的最大压力小于数值模拟分析值数值最大压力，各不同测试点的最大压力值趋于平均化对压力差值的捕捉显得迟钝。分析图5.28可发现：在压力达到最大压力值的时间上实验结果滞后于数值模拟分析结果；压力曲线也较数值模拟分析值要“光滑”得多，压力值的跳动量较小，而不像数值模拟分析曲线带有很多“毛刺”；在实验结果中，压力值的上升速度慢于数值模拟分析值，而下降速度快于数值模拟分析值。

分析实验结果与数值模拟分析结果存在上述差异的原因，本节认为有以下两点：

(1) 实验值本身的精度可能不够。由于实验条件有限，测试压力的压力传感器无论从精度还是从频率响应上都存在不足，对快速爆炸波的波峰压力捕捉存在着一定的误差，使得波峰值降低，因而对于最大爆炸超压而言，实验值会略小于数值模拟分析值。加之模拟油罐罐壁材质为钢材，由于钢材具有较大的弹性，起缓冲作用。在一定程度上起到吸收冲击波的作用，从而降低了爆炸最大超压，同时也使得爆炸压力上升滞后。实验中压力下降速度较快是由于实验条件下的模拟油罐无法做到完全封闭，或多或少存在着一点泄漏，加之数值模拟分析计算时假设的罐壁传热系数与实际值存在出入，造成数值模拟分析计算时罐内温度下降较慢，压力下降也较慢。

(2) 数值模拟毕竟不能代替真实的实验，这是因为模拟毕竟只是模拟，与真实的实验条件是不一样的，也无法做到完全一样。无论是物理模型本身还是初始值或边界条件与真实的实验必然存在差异，因而数值模拟分析计算结果也必然与实验结果有所差异。这也正是数值模拟离不开实验，必须有实验结果来验证其正确性或合理性的的原因。

图中绝大多数测试点压力的理论数值模拟分析计算值的精度已经达到了定量研究爆炸过程所需要的精度。因此，从整体来看理论模型对油气混合物的强爆燃过程的数值模拟分析精度是可以接受的，理论模型能准确完成油气混合物爆炸过程的数值模拟分析分析。

油气浓度 1.8%爆炸过程是强爆燃过程，爆燃过程中能量的释放相对缓慢，无论爆炸压力的上升速度还最大爆炸超压值都较浓度为 2.5%时的爆炸工况小，其爆炸发展过程与初始油气浓度为 2.5%时的情况基本一致，从实验结果与数值模拟分析结果的的比较来看，本节的理论数值模拟分析计算结果在整个计算区域的计算精度较好。

油气浓度为 3.6%的爆炸过程同样是爆燃过程，爆炸强度略小于油气浓度 1.8%爆炸过程，但爆炸过程类似于油气浓度 1.8%的情况。对爆炸过程的数值模拟分析计算具有定性、定量的精度，从整体来看理论模型对油气混合物的该种爆炸过程的数值模拟分析是准确的。

由以上对比分析可知：本节的数值模拟分析模型对爆炸过程的数值模拟分析是成功的。但从图中也可以看出无论从最大峰值还是压力波的细节波形来讲，数值模拟分析结果与实验结果仍存在一定的误差，该误差一方面来自于实验手段的限制，实验条件的差别；另一方面也是因为理论模型没有充分考虑壁面对化学反应完全程度的复杂影响所至，这是本节理论模型需要改进之处。

5.4.3 油罐油气爆炸影响因素的数值模拟分析研究

模拟油罐的爆炸、燃烧实验表明，初期的主要模式为爆燃，油罐爆炸与油气浓度、气温、点火能量强度等因素有关。下面分别讨论油罐油气爆炸数值模拟分析中这些因素的影响。

5.4.3.1 不同点火位置对油罐油气爆炸过程的影响

图 5.29 和图 5.30 分别为模拟油罐初始油气浓度均为 3%的情况下，不同点火位置爆炸压力随时间的变化曲线。但从图中看出，两者的压力差距不大，在罐顶处点火的油气爆炸最大压力稍微大于在罐底点火的压力数据。

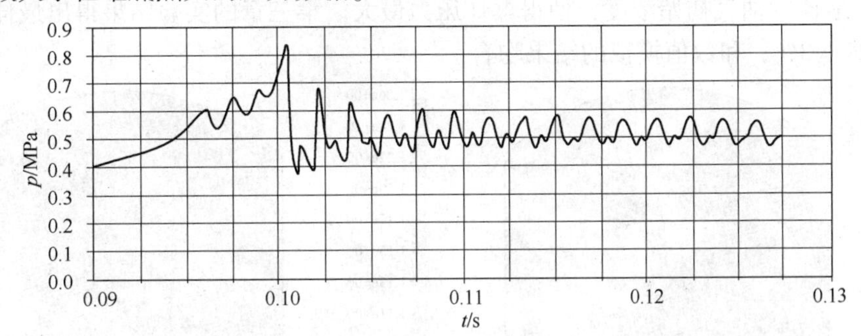

图 5.29 点火位置在罐底中心时油气爆炸的压力-时间曲线

5.4.3.2 不同点火能量对油罐油气爆炸过程的影响

图 5.31 中分别为模拟油罐初始油气浓度均为 3%的情况下，不同点火温度爆炸压力随时间的变化曲线。但图中看出，两者的是爆炸最大压力有点差距，点火能量大的油气爆炸最大压力(0.92MPa)大于左边点火能量小的(0.62MPa)。

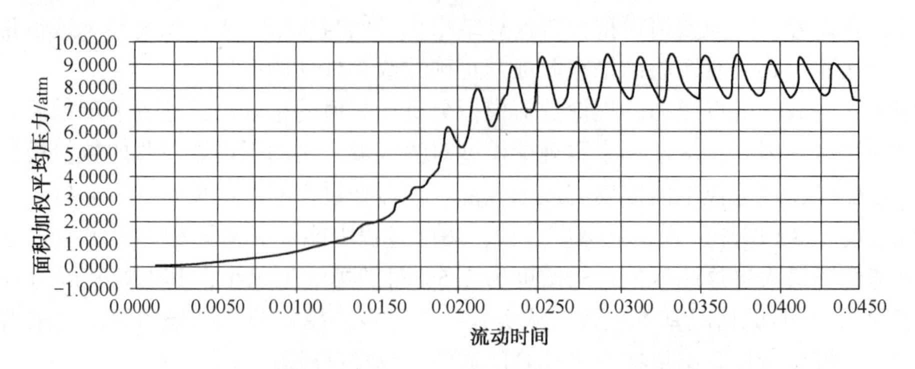

图 5.30　点火位置在罐顶人孔处时油气爆炸的压力-时间曲线

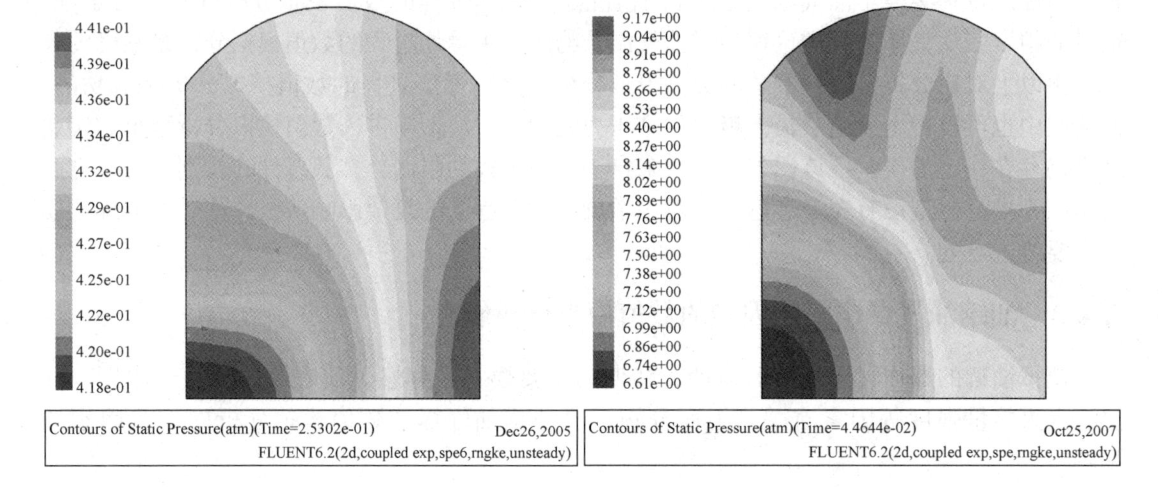

图 5.31 不同点火温度爆炸压力随时间的变化曲线

5.4.3.3　罐内不同油气初始浓度对油罐油气爆炸过程的影响

从图 5.32~图 5.34 中可以看出，油气初始浓度为 2%的爆炸压力比 1%和 6%的大，说明存在一个最佳的油气初始浓度，使得爆炸压力最大。第三章的实验结果得出最佳的油气初始浓度是 2%~3%，和数值模拟的结果吻合。

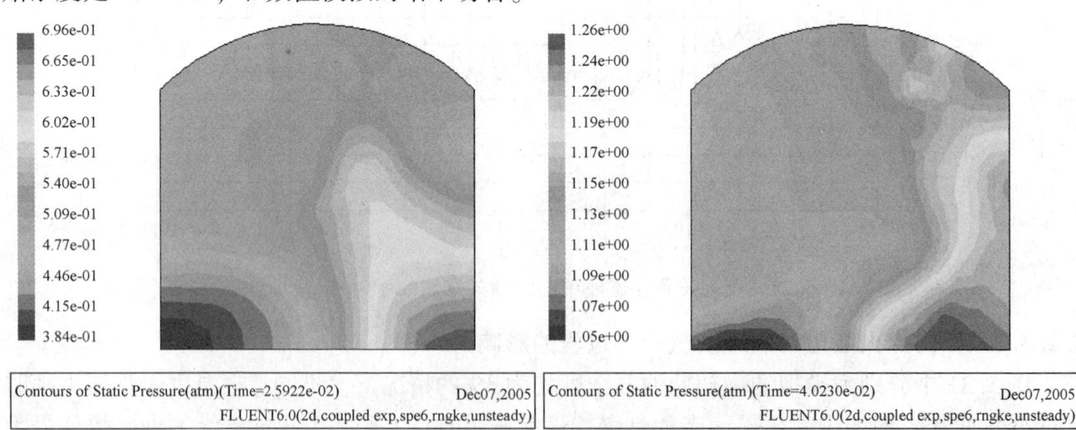

图 5.32　模拟油罐油气浓度为 2%时的压力分布云图

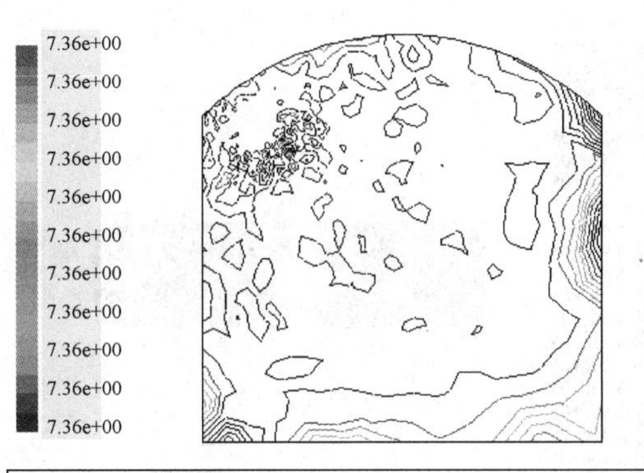

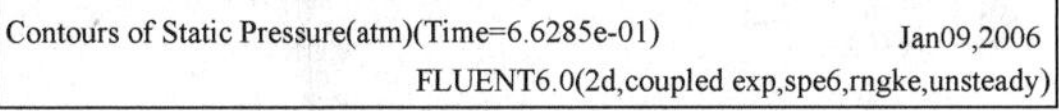

图 5.33 模拟油罐油气浓度为 1%时的压力分布等值图

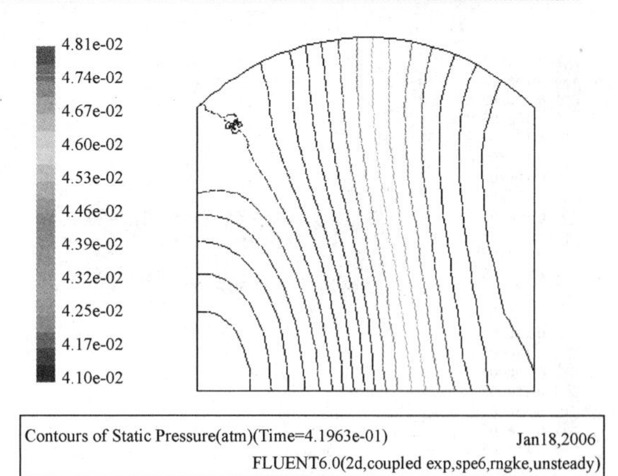

图 5.34 模拟油罐油气浓度为 6%时的压力分布等值图

5.4.3.4 罐内不同初始氧气浓度对油罐油气爆炸过程的影响

图 5.35 和图 5.36 分别为模拟油罐初始油气浓度均为 3%的情况下，初始氧气浓度分别为 15%和 22%的温度云图。但图中看出，初始氧气浓度低的火焰发展得慢，图 5.35 中的时间为 3.06s，可火焰的发展情况不如爆炸时间只有 1.11s 的图 5.36 的火焰发展得快。

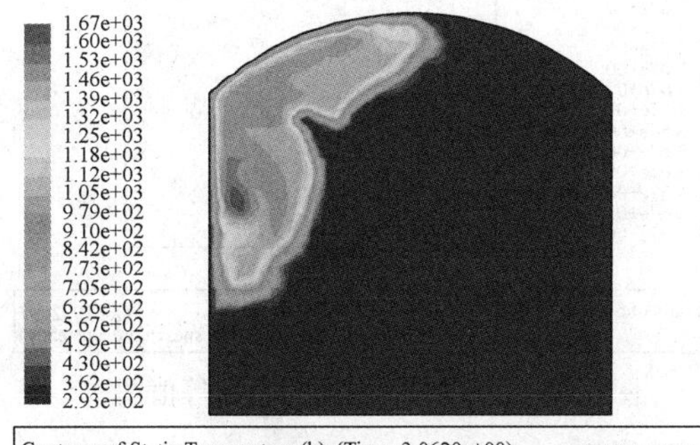

图 5.35 初始氧气浓度为 15%时的温度云图

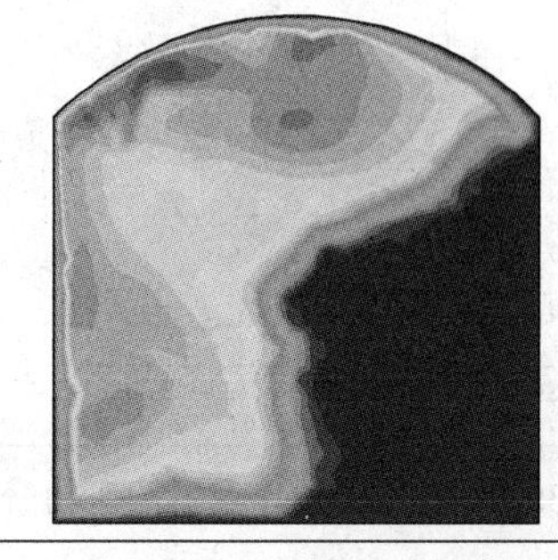

图 5.36 初始氧气浓度为 22%时的温度云图

5.4.3.5 罐内不同初始温度对油罐油气爆炸过程的影响

图 5.37 中分别为模拟坑道初始油气浓度均为 3%的情况下，坑道内不同初始温度的压力分布云图。数值模拟采用三维模型计算。从图中看出，初始温度高的压力达到 1.0MPa，火焰发展得快。初始温度低的最高压力只有 0.6MPa。

5.4.3.6 油罐结构条件影响油气爆炸过程的研究

图 5.38 和图 5.39 分别为 20L 标准爆炸容器和模拟油罐在初始油气浓度为 2%且火焰完全发展后的爆炸压力分布等值图。从图中看出，20L 标准爆炸容器的最大爆炸压力要小于模拟油罐。

5.4.4 油气爆炸压力波振荡现象的模拟数值模拟分析研究

爆炸超压是储罐油气爆炸事故的主要破坏力，研究爆炸发展过程中压力波发展过程的特征及重要的特殊现象对进一步的爆炸过程防治技术研究具有重要的意义。如图 5.40 所示为模

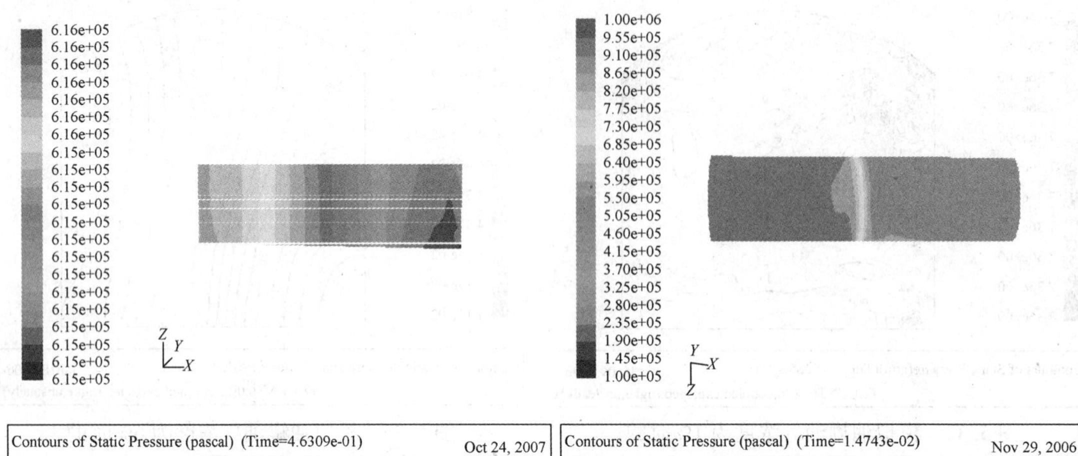

图 5.37　模拟坑道油气浓度为 2%时不同点火温度的压力分布云图

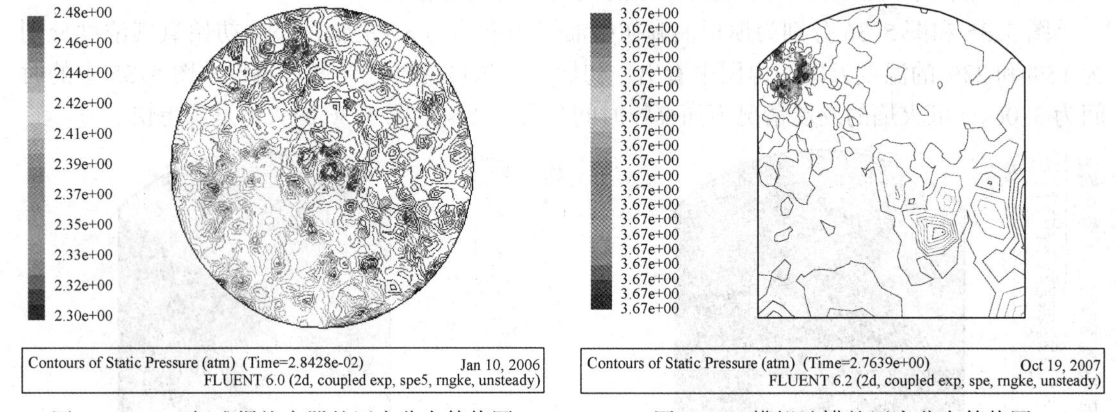

图 5.38　20L 标准爆炸容器的压力分布等值图　　　　图 5.39　模拟油罐的压力分布等值图

拟油罐油气爆炸时罐顶测试点 5 处压力-时间曲线的数值模拟分析结果，从图中可以清楚地看出：在罐内发生爆炸后，压力曲线无论是在上升还是下降过程中，波动十分明显。特别是当压力升高到最大值后，压力开始快速下降，但下降到一定值后又开始上升，而上升到略小于前一峰值后又开始下降，下降到一定值后又开始上升，如此周而复始。爆炸最高压力出现在爆炸后的瞬间，而并非出现在火焰充分发展后。在波动过程中，上升及下降的幅度不断减小，压力值的总趋势不断减小。这就如振幅不断减小、平衡位置不断下降的简谐振动。在压力上升过程中，这一现象同样存在，只是持续的时间较短，振荡的幅度较小。这种现象称为压力波的振荡。其他研究者如黎军、严长林等的研究证实了密闭容器内压力波的传播存在这一特性。图 5.40 为数值模拟分析计算的压力波振荡的截图。

无论是对爆炸振荡的主动控制还是被动抑制，都需要对爆炸振荡的特点有充分的了解。由于爆炸振荡的频率较高，而且实验条件极其苛刻，温度很高，压力也很高，因而对爆炸特性及模式等的诊断十分困难。近年来，随着快速响应的耐温耐压传感器的发展，以及计算机技术的发展，使得爆炸振荡的诊断成为可能，而且使得爆炸振荡的主动控制成为国际爆炸领域的一个重要方向。但目前国内在此领域的工作甚少。本节针对密闭容器这一特性进行研究，得出一些规律。

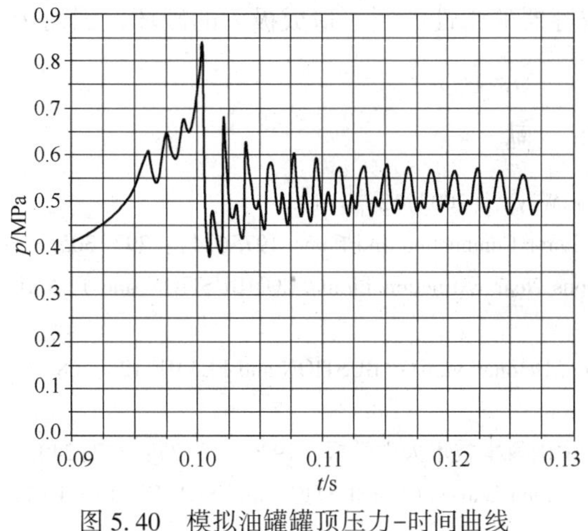

图 5.40 模拟油罐罐顶压力-时间曲线

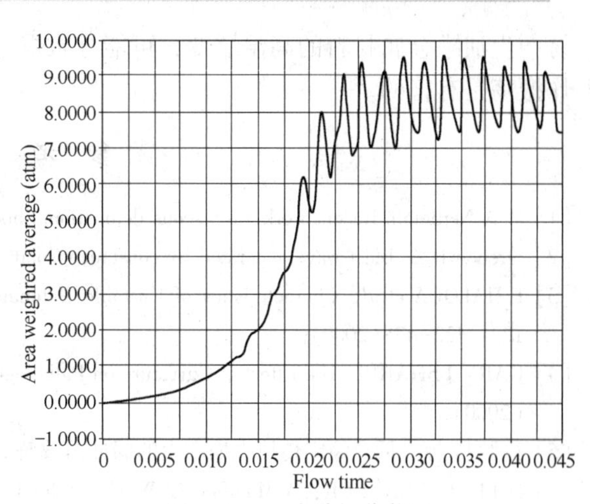

图 5.41 压力波振荡截图

压力波的振荡机理可以这样理解，初始状态为静止的可燃混合气，当点火源点火后，罐内温度和压力开始上升，火焰阵面开始由点火位置向四周传播，但由于燃烧速度慢，火焰阵面的传播速度小于压力波速，压力波阵面先于火焰阵面到达容器壁面，由于容器壁面为刚性材质，压力波在容器壁的反射作用下，沿反射方向继续传播，最终又会传播到容器壁面，值得注意的是此时点火源附近的燃烧反应仍在进行，也就有大于原先压力值的压力继续向容器壁面传播，该压力波正好与反射回来的压力相遇，由于数值上大于反射压力波，又把还没有来得及到达容器壁面的反射压力波推了回去，两个压力波叠加后到达容器壁面，再反射回来。因此在压力值下降过程有压力值的短暂上升，而后又继续下降。这样周而复始，产生压力振荡。随着爆炸的进行和时间的持续，罐内压力不断下降，因而压力波的振荡幅度越来越小，压力值也越来越小。压力波的振荡现象是压力波的传播过程机理的反映。图 5.40 所示对应的实验中，点火位置位于模拟油罐罐底的中心，因而压力波将在罐顶与罐低间做轴向振荡。随着爆炸的进行，时间的持续，罐内压力不断下降，因而压力波的振荡幅度越来越小，压力值也越来小。当点火爆炸后，压力波先于火焰阵面到达容器壁面，被容器壁面反射回来，值得注意的是此时点火源附近的燃烧反应仍在进行，也就有大于原先压力值的压力继续向容器壁面传播，该压力波正好与反射回来的压力相遇，由于数值上大于反射压力波，又把还没有来得及到达容器壁面的反射压力波推了回去，两个压力波叠加后到达容器壁面，再反射回来。因此在压力值下降过程有压力值的短暂上升，而后又继续下降。在压力达到最大值后，压力波的下降过程的机理是相同的。这一特性，可以将压力-时间曲线局部放大来进行分析。

对图 5.40 中的压力-时间曲线进行定量分析，不难计算出数值模拟分析条件下的爆炸振荡频率约为 533Hz。通过不同爆炸初始浓度的数值模拟分析计算发现，初始浓度对振荡频率的影响几乎没有，且振荡频率与爆炸压力无关。

爆炸振荡的发生对发生爆炸的容器的安全性产生较大的影响，虽然爆炸的振荡可能导致爆炸发展稳定性的下降，甚至可以某种程度上抑制爆炸的发展，但更多的是促进了可燃气体的混合。从而改善了爆炸状况，增加了爆炸的稳定性。更严重的是高温高频的振荡压力波会对油罐造成极大的破坏。油罐内发生爆炸压力波的振荡现象，由于高温高频的振荡压力波极易产生油罐金属材料的高温蠕变，可能导致爆炸容器的塑性断裂，造成极大的破坏，因而爆炸振荡是有害的。

参 考 文 献

[1] M A Nettleton. Recent work on gaseous detonation. Shock Wave, (2002)12：3-12.

[2] StreholwR A. Blast wave generated by constant velocity flame. Combustion and flame. 1975(24)：297-305.

[3] F HALOUA *et al*, Characteristics of Unstable Detonations Near Extinction Limits. COMBUSTION and FLAME 122：422-438(2000).

[4] GARY J SHARPE. The Effect of Curvature on Pathological Detonation. COMBUSTION and FLAME 123：68～81 (2000).

[5] 徐胜利 等．低速稳定传播火焰产生的弱冲击波解．中国科学技术大学学报，1996，16(2)：237-240.

[6] H LI，G. BEN-DOR，A Modified CCW Theory for Detonation Waves. COMBUSTION and FLAME 113：1～12 (1998).

[7] 刘晓利 等，铝粉-空气混合物燃烧转爆轰的实验研究，爆炸与冲击(1995)3：217-227.

[8] 张运权．油料洞库火灾实验研究和理论分析[D]//解放军后勤工程学院，1999. 1.

[9] 沈伟．油料洞库火灾、爆炸实验与数值模拟研究[D]//解放军后勤工程学院，2004. 5.

[10] 唐建曾．冲击波对工程结构及装备的动载试验研究．流体力学实验与测量，2000，20(3)：42-51.

[11] G O Thomas. ON THE CONDITIONS REQUIRED FOR EXPLOSION MITIGATION BY WATER SPRAYS. Trans I Chem E：Part B - Process Safety and Environmental Protection Vol. 78 pp. 339 - 354 (2000).

[12] P Vidal，B A Khasainov. Analysis of critical dynamics for shock-induced adiabatic explosions by means of the Cauchy problem for the shock transformation. Shock Waves (1999) 9：273-290.

[13] 张景林 等．气体爆炸抑制技术研究[J]．兵工学报，2000，20 (3)：261-263.

[14] 周凯元 等．丙烷-空气爆燃火焰通过平行板窄缝时的淬熄研究[J]．爆炸与冲击，2000，20(2)：111-118.

[15] 李慧．工业罐区池火灾灾害过程的数值模拟研究[D]//南京工业大学，2005.

[16] 张海波 等．三维有限体积 TVD 方法与冲击波的多级扩散研究[J]．爆炸与冲击，2000，20(1)：19-24.

[17] H. D. 格鲁什卡，F. 韦肯．爆轰的气体动力学理论[M]．北京：科学出版社，1986.

[18] M A Nettleton. Recent work on gaseous detonation. Shock Wave, (2002)12：3-12.

[19] StreholwR A. Blast wave generated by constant velocity flame. Combustion and flame. 1975(24)：297-305.

[20] F HALOUA *et al*, Characteristics of Unstable Detonations Near Extinction Limits. COMBUSTION and FLAME 122：422-438(2000) .

[21] GARY J SHARPE. The Effect of Curvature on Pathological Detonation. COMBUSTION and FLAME 123：68-81(2000).

[22] 徐胜利等．低速稳定传播火焰产生的弱冲击波解[J]．中国科学技术大学学报，1996，16(2)：237-240.

[23] H LI，G. BEN-DOR，A Modified CCW Theory for Detonation Waves. COMBUSTION and FLAME 113：1-12 (1998) .

[24] 孙锦山．临界爆轰的稳定条件和螺旋爆轰波[J]．爆炸与冲击，1982，2(1)：38-48.

[25] 孙承纬．爆轰传播理论的解析研究方法[J]．爆炸与冲击，1990，10(4)：356-373.

[26] 孙承纬．爆轰传播研究的近代进展[J]．爆轰波与冲击波，1997，17(3)：1-16.

[27] 恽寿榕．爆炸力学计算方法[M]．北京：北京理工大学出版社，1993.

第6章 受限空间油气爆炸被动安全控制数值模拟

6.1 引言

如前所述，气体爆炸研究的最终目的是控制爆炸的发生与发展，以求最大限度地减少爆炸事故带来的损失。受限空间油气爆炸控制的主要手段一是在爆炸条件已形成且爆炸还没有发生时进行有效干预，消除爆炸发生的必要条件，使爆炸发生得到有效控制，即“受限空间油气爆炸主动安全控制”。其二，是油气爆炸没能或无法或很困难甚至不需要在发生前得到有效控制，在油气爆炸发生后，应用高技术手段探测爆炸发生、发展的特征信息并迅速实施抑爆技术，使油气爆炸发展得到有效控制直至完全抑制爆炸发展，即“受限空间油气爆炸被动安全控制”。

本章主要介绍受限空间油气爆炸被动安全控制数值模拟的部分研究工作。实施受限空间油气爆炸被动安全控制的抑爆介质主要为固态、液态、气态三种抑爆介质。本章介绍的抑爆介质是固态抑爆介质。液态、气态抑爆数值模拟研究工作将在其他文献中介绍。

在受限空间爆炸被动安全技术实施过程中，油气与抑爆介质相互作用下火焰传播行为复杂，压力波的发展变化迅速。同时，模拟受限空间结构边界带来的扰动极大地影响油气爆炸抑制过程。目前，限于实验条件、实验技术以及实验测试仪器精度等因素的影响，油气爆炸抑制过程中影响爆炸发展变化的各种因素与火焰传播、压力波发展的内在、本质的关系往往不容易被直接观察到，受限空间油气爆炸抑制过程的抑制机理、特征参数演变规律等研究还不成熟。所以，受限空间油气爆炸被动安全控制数值模拟研究也必然处于探索阶段。但是，与实验研究方法相比，数值模拟也有自身的优势。数值模拟不仅具有快速、经济的优点，而且随着计算机技术和计算流体力学理论的发展，数值模拟的精度和经济性也得到了不断提高。它已经成为对爆炸、火灾等复杂过程进行研究的重要手段。在气体爆炸及抑爆过程的研究中，数值模拟不仅可以再现气体爆炸及抑爆的详细过程，更可以重现爆炸及抑爆过程中各种影响因素的作用机理，某些机理甚至是目前实验手段所不能观察到的。因此，在对油气爆炸及抑爆过程进行的研究中，数值模拟是极为有效的方法。

6.2 油气爆炸被动安全控制数值模拟分析模型与验证

6.2.1 油气爆炸抑制两相流基本模型

抑爆剂抑制油气爆炸过程实质上是一个典型的可压缩两相流过程。涉及两相流问题的研究已有一百多年历史，描述两相流动的数字模型也从简单到复杂逐渐发展起来。目前已有无量纲模型、漂移流模型、单颗粒模型、单流体模型、小滑移模型、多尺度作用模型、随机轨道模型、连续介质–轨道模型、双流体模型。近年来，随着计算机技术的飞速发展，两相流的数学模型和数值模拟工作逐步向基于拉氏坐标系的颗粒轨道模型和基于欧拉坐标系的拟流体模型集中。在本节中，基于固态抑爆剂针对受限空间油气爆炸抑制研究，将着重介绍颗粒轨道模型、单流体模型和双流体模型。

颗粒轨道模型是在拉氏坐标系中处理颗粒相问题，它完整地考虑颗粒与流体间的相互作用，而且考虑颗粒与流体间速度及温度的大滑移，认为这些滑移与扩散漂移无关。该模型将颗粒相看作若干颗粒群质点组成，这些颗粒群可以用离散的颗粒运动轨道来描述，沿颗粒群质点轨迹追踪颗粒的质量、速度以及温度的变化，此类模型能较好地描述颗粒在流场中的运动特征及颗粒的复杂经历。其优点是节省计算储存量及时间，能够或易于模拟有复杂经历的颗粒相，而且颗粒相用拉格朗日处理法可以免去伪扩散。

单流体模型假设各尺寸组颗粒时均速度等于当地流体速度；颗粒温度保持为常数，或等于(接近于)流体温度；颗粒像流体中的组分一样，其扩散与流体中的组分相同，颗粒按固定的尺寸或当地尺寸分组。它把颗粒看成流体的一种组分，整个流体具有统一的宏观速度和温度。该模型优点是简单，可以用较为成熟的处理单相流的数值解法来处理两相流，但其缺点是不考虑颗粒相对于流体的速度及温度滑移，与实际差别较大，因而较少用于解决实际工程问题，但是仍可用于定性地探讨某些规律。

双流体模型不仅承认有大滑移，而且认为颗粒的扩散不同于流体的扩散，该模型和轨道模型的不同之处在于，它不仅在欧拉坐标系中描述颗粒相，而且引入了颗粒相黏性、导热及扩散系数这些拟流体特性，因而易于完整地考虑颗粒相的各种湍流输运现象。其基本点在于把颗粒群作为与流体互相渗透的拟流体或拟连续介质，与流体相互渗透，颗粒相和流体在同一空间共存，颗粒相的求解和一般的计算流体力学所讨论的数值方法相同，两种流体可以具有不同的宏观速度和温度。因此，双流体模型能较好地描述气体和颗粒相间的动量和能量输运来反映两者之间的耦合作用，同时颗粒相的计算也可以采用一般计算流体力学的方法加以处理。近年来在两相流或多相流的数值模拟中，双流体模型得到越来越多的应用。该模型的优点是可以全面考虑颗粒的湍流输运，并用统一的方法处理颗粒及流体相，其数值模拟结果易于和实测结果对照比较。其缺点是用于处理有复杂变化经历的颗粒尚待进一步研究。当颗粒分组数较多时，所需计算存储量过大，此外用欧拉法处理颗粒相会产生伪扩散。双流体模型能较好地描述气体和颗粒相间的动量和能量输运来反映两者之间的耦合作用，同时颗粒相的计算也可以采用一般计算流体力学的方法加以处理。因此选用双流体模型为基本模型。

6.2.1.1 油气爆炸抑制过程气相和颗粒相基本方程

对可压缩两相反应流动问题，假定气体为完全气体，热传导系数和定压比热仅与温度有关，抑爆剂颗粒为球形粒子，忽略颗粒相所占的体积分数和对气体压力的贡献，不考虑粒子间的相互作用和两相之间的辐射，两相化学反应流模型基本方程如下：

$$\frac{\partial U}{\partial t}+\frac{\partial G}{\partial x}=S \tag{6.1}$$

$$\frac{\partial U_p}{\partial t}+\frac{\partial G_p}{\partial x}=S_p \tag{6.2}$$

其中：$U=\begin{pmatrix}\rho_1\\ \cdots\\ \rho_n\\ \rho u\\ E\end{pmatrix}$，$G=\begin{pmatrix}\rho_1 u\\ \cdots\\ \rho_n u\\ P+\rho u^2\\ u(E+P)\end{pmatrix}$，$S=\begin{pmatrix}\omega_1\\ \cdots\\ \omega_n\\ F\\ Q+u_p F\end{pmatrix}$，

$$U_p=\begin{pmatrix}\rho_p\\ u_p\rho_p\\ E_p\end{pmatrix},\ G_p=\begin{pmatrix}\rho_p u_p\\ \rho_p u_p^2\\ u_p E_p\end{pmatrix},\ S_p=\begin{pmatrix}0\\ -F\\ -Q-u_p F\end{pmatrix}。$$

上述方程中，无脚标表示气相，脚标 P 表示颗粒相，ω_X 为组分 S 的化学反应速率，$S=1$，……n；E 为气相体积总内能，它包括热能，化学能和动能；E_p 为颗粒相体积总内能；公式中其他符号具有流体力学通常赋有的含义。

$$E=\rho\int C_v(T)\,\mathrm{d}T+\sum\rho_S h_s^0+\frac{1}{2}\rho u^2 \tag{6.3}$$

式中，$C_v(T)$ 为混合物的定容热容；h_s^0 为 S 组分的生成焓；S 组分的定压比热容 C_{ps} 和焓 h_s 由下式计算：

$$\frac{C_{ps}}{\overline{R}}=A_1+A_2T+A_3T^2+A_4T^3+A_5T^4 \tag{6.4}$$

$$\frac{h_s}{\overline{R}}=A_1+\frac{A_2}{2}T+\frac{A_3}{3}T^2+\frac{A_4}{4}T^3+\frac{A_5}{5}T^4+\frac{h_s^0}{T} \tag{6.5}$$

式(6.3)和式(6.4)中，$\overline{R}=\frac{R}{M_s}$，其中，$R$，$\overline{R}$ 分别为普适气体常数和气体常数；M_s 为组分 S 的相对分子质量；相关常数 $A_i(i=1\cdots\cdots5)$ 可由热力学数据表查出。$\omega_s(S=1,\ \cdots\cdots N)$ 为 S 组分的净生成速率，在化学反应过程的计算中，组分 S 的净生成速率为：

$$\omega_s=\sum\left(Y''_{s,r}-Y'_{s,r}\right)\left(k_{f,r}\prod_{s=1}^{N_r}X_s^{Y''_{s,r}}-k_{b,r}\prod_{s=1}^{N_r}X_s^{Y'_{s,r}}\right) \tag{6.6}$$

式中，N_r 为反应 r 的化学物质数目；$Y''_{s,r}$、$Y'_{s,r}$ 分别表示第 r 个基元反应中第 s 种物质正、逆反应计量系数；X_s 为第 s 种物质的摩尔分数；$k_{f,r}$、$k_{b,r}$ 分别表示第 r 个基元反应的正、逆反应速率常数。

对颗粒相方程：

$$U_p=\begin{pmatrix}\rho_p\\ u_p\rho_p\\ E_p\end{pmatrix},\ G_p=\begin{pmatrix}\rho_p u_p\\ \rho_p u_p^2\\ u_p E_p\end{pmatrix},\ S_p=\begin{pmatrix}0\\ -F\\ -Q-u_p F\end{pmatrix} \tag{6.7}$$

式中，ρ_p 为颗粒相浓度(单位体积内的颗粒质量)；u_p、E_p 分别是颗粒相速度和单位体积总比能。

单位体积内颗粒相总能量 E_p 为：

$$E_p = \rho_p C_p T_p + \frac{1}{2}\rho_p u_p^2 \tag{6.8}$$

式中，C_p 为颗粒比热；F 为两相间的动量传递，由式(6.9)确定：

$$F = \frac{3}{4}\frac{\rho\rho_p}{d_p\overline{\rho_p}}C_D|u_p - u|(u_p - u) \tag{6.9}$$

式中，d_p 为颗粒直径；$\overline{\rho_p}$为颗粒材料密度；C_D 为阻力系数。

两相间的热传递 Q 由下式确定：

$$Q = 6\frac{\rho_p C\mu}{d_p^2\overline{\rho_p}}(\frac{N_m}{P_r})(T_p - T) \tag{6.10}$$

式中，N_m 是 Nusselt 数；P_r 是 Prandlt 数。

ω_s 为 S 组分的化学反应速率，对于复杂系统，它反映了所有可导致组分 S 变化的基元反应的综合效应。

$$\omega_s = P_s - L_s\rho_s \tag{6.11}$$

式中，P_s 为组分 S 的生成率；$L_s\rho_s$ 为组分 S 的消耗率。

二维带化学反应的多组分气相守恒和颗粒相方程分别为：

$$\frac{\partial U}{\partial t} + \frac{\partial F}{\partial x} + \frac{\partial G}{\partial y} = S \tag{6.12}$$

$$\frac{\partial U_p}{\partial t} + \frac{\partial F_p}{\partial x} + \frac{\partial G_p}{\partial y} = S_p \tag{6.13}$$

式(6.12)和式(6.13)中：

$$U = \begin{pmatrix} Y_1\rho \\ Y_2\rho \\ \cdots \\ Y_N\rho \\ \rho u \\ \rho v \\ E \end{pmatrix}, \quad F = \begin{pmatrix} Y_1\rho u \\ Y_2\rho u \\ \cdots \\ Y_N\rho u \\ P + \rho u^2 \\ \rho uv \\ u(P+E) \end{pmatrix}, \quad G = \begin{pmatrix} Y_1\rho v \\ Y_2\rho v \\ \cdots \\ Y_N\rho v \\ \rho uv \\ P + \rho v^2 \\ v(P+E) \end{pmatrix}, \quad S = \begin{pmatrix} \omega_1 \\ \omega_2 \\ \cdots \\ \omega_N \\ D_x \\ D_y \\ Q + u_p D_x + v_p D_y \end{pmatrix} \tag{6.14}$$

$$U_p = \begin{pmatrix} \rho_p \\ \rho_p u_p \\ \rho_p v_p \\ E_p \end{pmatrix}, \quad F_p = \begin{pmatrix} \rho_p u_p \\ \rho_p u_p u_p \\ \rho_p u_p v_p \\ u_p E_p \end{pmatrix}, \quad G_p = \begin{pmatrix} \rho_p v_p \\ \rho_p u_p v_p \\ \rho_p v_p v_p \\ v_p E_p \end{pmatrix}, \quad S_p = \begin{pmatrix} 0 \\ -D_x \\ -D_y \\ -Q - u_p D_x - v_p D_y \end{pmatrix} \tag{6.15}$$

其中，D_x，D_y 分别为 x，y 方向的气相和悬浮颗粒相的动量交换，Q 为气相和悬浮颗粒相的热量交换。

$$D_x = \frac{3}{4}\frac{\rho\rho_{\rm p}}{d_{\rm p}}C_D\left|u_{\rm p} - u\right|(u_{\rm p} - u) \tag{6.16}$$

$$D_y = \frac{3}{4}\frac{\rho\rho_{\rm p}}{d_{\rm p}}C_D\left|v_{\rm p} - v\right|(v_{\rm p} - v) \tag{6.17}$$

$$Q = 6\frac{\rho_{\rm p}C\mu}{d_{\rm p}^2\overline{\rho_p}}\left(\frac{N_m}{P_r}\right)(T_p - T) \tag{6.18}$$

6.2.1.2 抑爆流场特征时间

抑爆流场由于其特殊性具有三类特征时间，即流动特征时间、两相弛豫特征时间和化学反应特征时间。流动特征时间 $\tau_A = \dfrac{L}{a}$，其中 L 为特征长度，a 为声速。两相弛豫特征时间包括动量弛豫特征时间$\left(\tau_{pu} = \dfrac{\overline{\rho_p}d_p^2}{18\mu}\right)$和能量弛豫特征时间$\left(\tau_{pe} = \dfrac{\overline{\rho_p}Cd_p^2}{12K}\right)$。其中，$K$ 为热传导系数，C 为颗粒比热容，两个时间通常为同一数量级。化学反应时间$\left[\tau_{chs} = \min\left(\dfrac{P_s}{\rho_s},\ L_s\right)\right]$与基元反应速率有关，不同组分可以具有不同的反应时间。

6.2.1.3 颗粒相方程的求解

对颗粒相方程$\dfrac{\partial U_p}{\partial t} + \dfrac{\partial G_p}{\partial x} = S_{\rm p}$ 采用 Lax_ Wendroff_ Rubin 格式求解（具体内容可以相关参考文献，此处不再赘述）：

$$U_{p,\ j+1/2}^{m+1} = \frac{U_{p,\ j+1}^{m+1} + U_{p,\ j}^{m+1}}{2} - \frac{\Delta t}{\Delta x}(G_{p,\ j+1}^{m} - G_{p,\ j}^{m}) + \frac{\Delta t}{2}(S_{p,\ j}^{m} + S_{p,\ j+1}^{m}) \tag{6.19}$$

$$U_{p,\ j}^{m+1} = U_{p,\ j}^{m} - \frac{\Delta t}{2\Delta x}\left(\frac{G_{p,\ j+1}^{m} - G_{p,\ j-1}^{m}}{2} + G_{p,\ j+1/2}^{m+1} - G_{p,\ j-1/2}^{m+1}\right) + \Delta tS \tag{6.20}$$

式中，m 为时间网格；j 为空间网格。

6.2.2 模型的验证

为了保证所提计算方法的正确性，对所用算法进行了验证。通过对受限空间油气爆炸及其抑爆过程验证了算法在解决压力波与火焰的耦合问题上的正确性。

模拟坑道由 4 段内径为 267mm 的水平坑道组成，长度分别为 3m、1m、2m、3m，总长为 9m，抑爆段长度为 1m，位置可灵活放置以满足实际需要，起爆端用法兰密封，另一端可封闭也可根据实际需要做开口试验，如图 6.1 所示。两端封闭的模拟坑道中充满预先混合好的均匀油气混合物，在点火后，油气着火爆炸，在压力波与火焰的相互反馈作用下不断加速传播，管中形成逐渐由弱爆燃形成强爆炸。

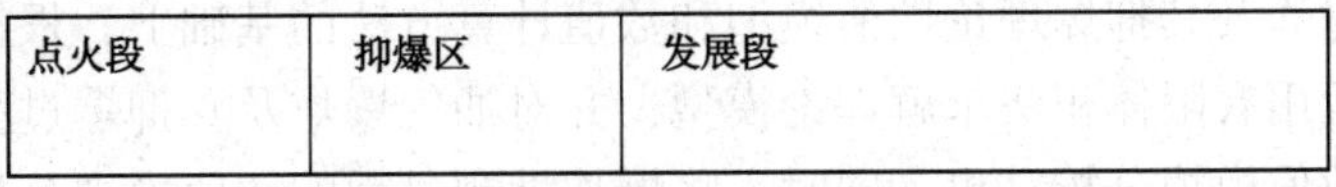

点火段	抑爆区	发展段

图 6.1 数值模拟计算几何区域

图 6.2 给出了模拟实验所得的压力分布与计算值的对比图。可以看出所采用的计算方法所得到的压力结果无明显的数值震荡，能正确地反应了流场参数分布，对爆炸及其抑爆过程的仿真是比较成功的。

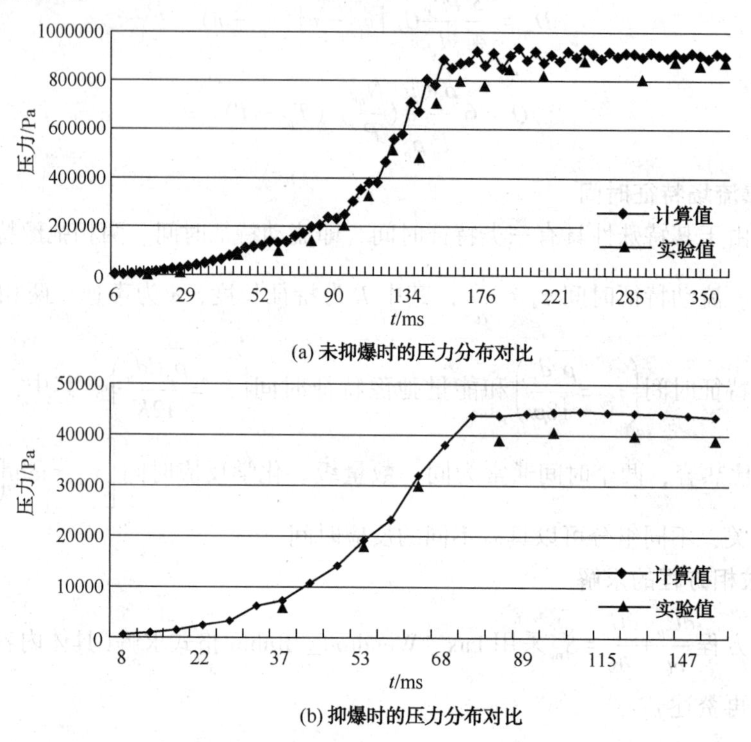

(a) 未抑爆时的压力分布对比

(b) 抑爆时的压力分布对比

图 6.2　模拟实验与数值模拟分析计算结果的压力分布对比

6.3　狭长受限空间油气爆炸抑制数值模拟结果与分析

6.3.1　引言

在上节中根据油气爆炸及抑爆过程的特点建立了两相化学反应流模型中受限空间油气爆炸燃烧模型和抑爆剂颗粒相的基本方程、相间动量和能量输运模型以及化学反应模型，研究了计算方法和求解格式。根据爆炸及抑爆过程的发展规律和机理以及爆炸燃烧、抑爆衰减的特点，建立了基于多种控制机理的分步反应化学燃烧模型，并验证了模型的有效性。

本节将对其爆炸及抑爆过程进行数值模拟和理论分析。抑爆是爆炸防治的重要手段，其过程是非常复杂的，涉及到抑爆剂与爆炸燃烧和化学反应的相互作用。研究工作对高温火球诱导油气混和物爆炸的情况进行了数值模拟，也研究了油气爆炸和抑制过程中主要参数的变化规律和影响因素，揭示了油气爆炸和火焰传播的全过程及其抑爆机理等。

在前述油气爆炸及其抑爆理论数值模型和数值计算方法的基础上，根据油气爆炸及其抑爆过程的特点，运用有限体积法求解理论模型，并对油气爆炸及其抑爆过程进行了数值模拟分析，得到了其数值模拟分析结果。同时，将爆炸抑制过程的数值模拟分析结果和实验结果进行了对比，验证了分析模型、分析了数值模拟分析模型的精度。

6.3.2 油气爆炸及其抑爆模拟过程

6.3.2.1 基本简化条件

受限空间油气爆炸及其抑爆过程是一个包含复杂化学反应的流动过程，该过程较为复杂，为了进行数值模拟研究，须进行一些合理的简化假设：

(1) 点火前受限空间内可燃气体为分布均匀的油气混合物，处于常温常压且是静止状态；

(2) 油气混合物的比热只考虑随温度变化，满足混合规则，各组分的比热定义为温度的函数；

(3) 不考虑壁面与气体流动的流固耦合作用，周围壁面是刚性的，不可渗透；

(4) 爆炸燃烧过程涉及的反应设为两步不可逆反应；

(5) 爆炸抑制过程中考虑颗粒相和气相之间的动量和能量交换等物理过程。

6.3.2.2 几何建模和网格划分

1) 几何模型的建立

由于模拟实验坑道在很大程度上体现出二维特性，故参照模拟实验，建立二维爆炸及其抑爆数值模拟分析模型。

模拟坑道是典型的轴对称结构，由4段内径为267mm的水平模拟坑道组成，长度分别为3m、1m、2m、3m，总长为9m，抑爆段长度为1m，位置可灵活放置以满足实际需要，起爆端用法兰密封，另一端可封闭也可根据实际需要做开口试验。数值求解区域如图6.3所示。

起爆段	发展段	抑爆段	尾段

图6.3 计算几何区域

2) 求解区域网格划分

对于二维问题的求解区域，可以使用四边形、六边形网格或三角形网格，对三维问题，通常采用六面体、四面体或金字塔形以及楔形单元，网格形式如图6.4所示。

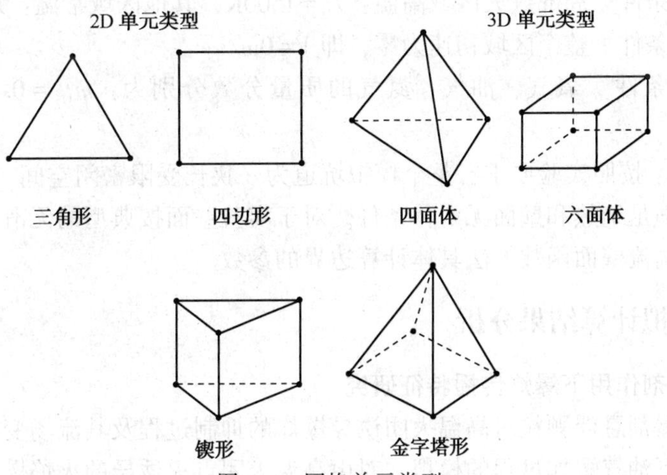

图6.4 网格单元类型

四边形和六边形单元的一个特点就是它们在某些情况下可以允许比三角形/四面体单元

更大的比率。三角形/四面体单元的大比率总会影响单元的歪斜。所建的模型有相对规则的几何外形，而且流动和几何外形相一致，适合使用大比率的四边形和六边形单元。这种网格会比三角形/四面体网格少很多单元。

采用的有限体积数值计算方法是基于四边形网格结构的。该几何模型结构轴向对称，而采用轴向模型可以减少一半的计算量。网格划分如图 6.5 所示。

图 6.5　网格划分图

3）初始和边界条件设置

初始时有一点火源诱导油气着火爆炸，而后爆炸发展并在坑道中加速传播，在抑爆区抑爆剂发挥抑制作用，对爆炸传播进行抑制。点火源相当于实际中的弱点火，如静电放电、电火花等，主要是指无约束的冷的可燃介质中存在的局部温度高的区域。点火源在数值模拟模型中被模拟成一局部高温区域来实现，模拟点火源如图 6.6 所示。

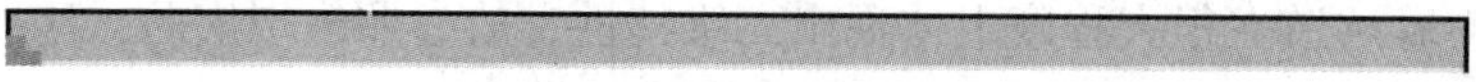

图 6.6　模拟点火源

初始化时，设初始油气混合物质量分数分别为 C_7H_{16} ：O_2 = 0.06 ：0.21，受限空间封闭端附近有一以($x=0$，$y=0$)为中心，半径为 0.05m 的高温点火源区，采用在坑道封闭端的点火区域置高温的方法进行数值点火，一旦形成稳定的火焰面后数值模拟坑道中即会出现明显的湍流。点火形成的爆炸压力波在受限空间中不断加速并在模拟坑道内高速传播。油气爆炸反应在常温常压或低温低压下引爆，爆炸压力不会太高，因此油气混合物在爆炸初期可近似地作为理想气体处理。

数值模拟分析研究中设置如下初始条件：

① 初始压力条件　点火零时刻整个计算区域压力为大气压力，因此整个区域超压：$P_0=0$Pa。

② 初始温度条件　局部点火区域高温：$T_0=1500$K，其他区域常温：$T_0=300$K。

③ 初始速度条件　整个区域初速为零，即 $V=0$m/s。

④ 初始组分条件　氧气、油气、氮气的质量分数分别为：$m_{O_2}=0.21$，$m_{C_7H_{16}}=0.06$，$m_{N_2}=0.73$。

⑤ 边界条件　按照实验要求，整个模拟坑道为一狭长受限密闭空间，管壁为绝热空间，气相和颗粒相均满足绝热和壁面无滑移条件。对于实验壁面按典型的无滑移、无渗透边界设定，并结合标准湍流壁面函数方法具体计算边界的参数。

6.3.3　数值模拟计算结果分析

6.3.3.1　无抑爆剂作用下爆炸传播特征研究

为了研究抑爆剂悬浮颗粒对高温火团诱导爆炸的抑制过程及其流场变化特征，首先考虑了无抑爆剂作用下油气爆炸过程的模拟，对由高温火团点火诱导的火焰燃烧加速和爆炸形成过程进行了数值模拟分析。

油气爆炸燃烧后火焰形状及传播速度变化情况如图 6.7 所示。

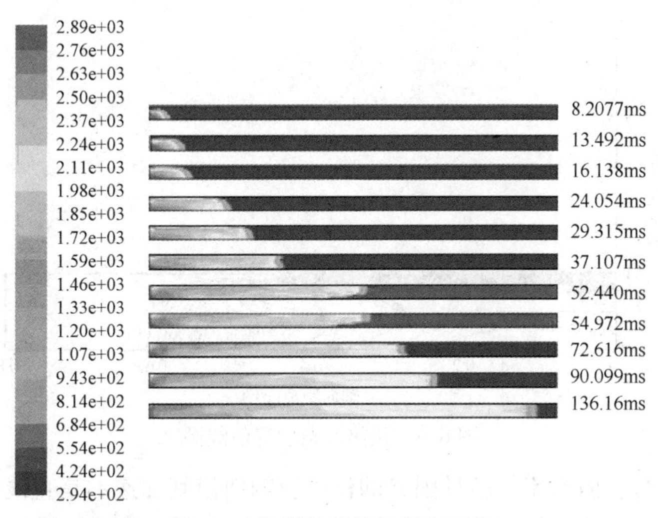

图 6.7　温度随时间的变化云图

从图 6.7 的温度变化可以看出火焰形状的变化。首先，油气在点火源作用下起燃，形成球面火焰，呈半球形向外传播，由于受到管道壁面的约束和反射作用，火焰传播的轴向速度大于径向速度，火焰由半球形逐渐变为椭球形，直到火焰接触壁面（0~16.138ms）；接着在 24.054~54.972ms，火焰由于受到壁面湍流的加速作用，壁面附近的火焰速度传播加快，逐渐赶上并超越轴向速度，从而呈现向里凹的火焰形状；随后在 72.616~136.16ms，由于受到气体反向流动的影响，壁面附近的火焰受阻减缓，轴向火焰加速追上并超越壁面速度；此后，保持在一定范围内波动前进，直到爆炸结束。

由于湍流的能量使火焰产生褶皱，从而增大燃烧表面。随着湍流度的增加和漩涡尺度的减小，火焰阵面的褶皱程度也随之增大。湍流强度的进一步增加，会使未燃混合物中的漩涡被火焰阵面所卷吸与吞食，从而与已燃气体形成相互黏附的流块。此时，大部分能量被火焰中的漩涡所吸收，小部分能量使火焰褶皱，相互黏附的流块在湍流燃烧中起着重要的作用，火焰在其中的传播使流块受到拉伸或挤压。由 52.440ms、54.972ms 的图形可以清晰地看出火焰的褶皱面，如图 6.7 所示。

图 6.8 和图 6.9 为燃烧火焰预热区。从图中可以清晰地看出，在火焰附近，等值线比较稠密，说明燃烧火焰在预热区内进行大量的能量交换，从而使热量传给未燃气体，使其温度逐渐得到升高而燃烧产生爆炸。

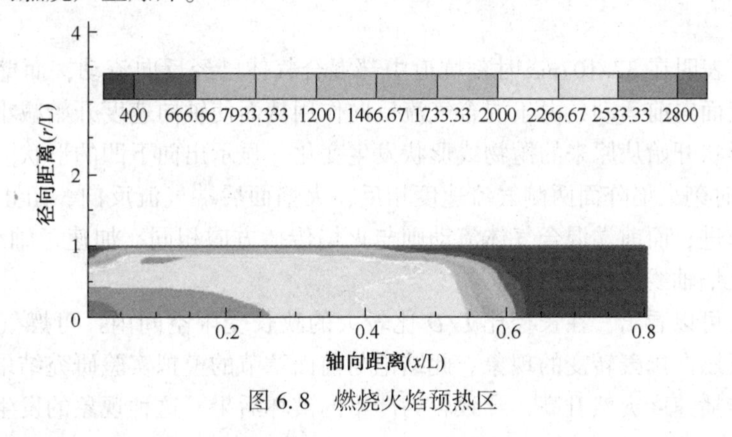

图 6.8　燃烧火焰预热区

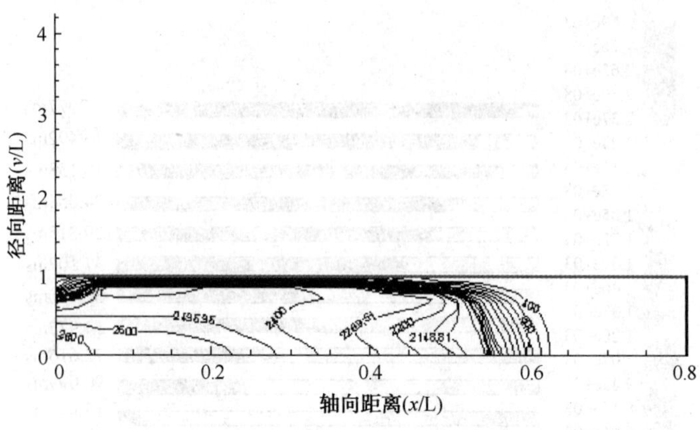

图 6.9　预热区温度等值线图

火焰传播速度受管内湍流等多种因素的作用影响而使其加速不是直线型加速，而是呈现出一定的非线性波动加速，如图 6.10 所示。由图可知油气在受限空间点火爆炸后，爆炸压力波和火焰的传播速度均迅速增加，达到一定值后，由于可燃气体反流的作用，略有下降。一旦得到后续能量的补充将迅速加速，继续快速传播，并保持一定的波动范围，接着比较稳定地传播下去。

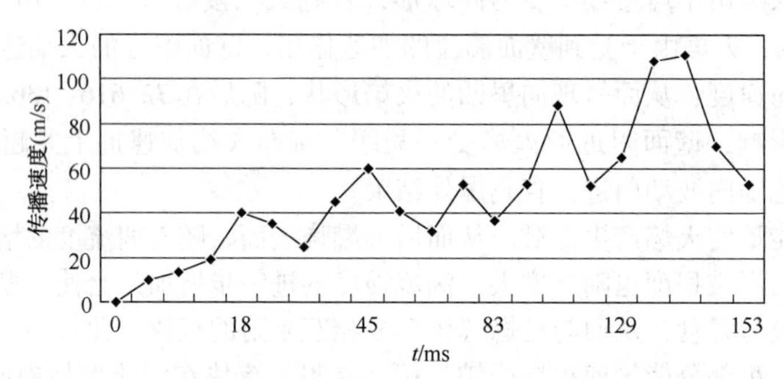

图 6.10　火焰传播速度随时间变化曲线图

由此可见，由于受到黏性及反向流动的影响，火焰传播速度呈现出非线性的变化。爆炸燃烧具有状态变量变化剧烈和较强的耗散性，系统内部各构成要素之间及与环境之间相互作用关系复杂且具有强烈的非线性等特点。其中非线性是爆炸燃烧系统最根本特性，所完成的数值模拟计算结果也验证了这一结论。爆炸燃烧火焰面附近速度矢量分布规律如图 6.11 所示。

图 6.11(a)表明在 37.107ms 时刻坑道中部混合气体已经反向流动，而壁面附近的混合气体仍然沿着壁面向前运动，由于混合气流反向作用从而使轴向速度开始减小落后壁面附近的速度，火焰形状开始从原来的抛物线形状发生变化，显示出向下凹的形状。图 6.11(b)表明在 67.589ms 时刻火焰阵面两侧气流速度相反，火焰面后端气流反向，阻止了壁面附近混合气体速度的前进，而前端混合气体流动则与火焰传播方向相同，加速了轴线速度的渐进，此消彼长变成火焰轴线拉长的形状。

由以上分析可以看出，在长径比 L/D 比较大的狭长受限空间内，可燃气体极易出现由弱点火形成的爆燃向爆轰转变的现象。此结论与前面章节的模拟实验研究结果一致。油气爆炸压力与火焰传播速度突然升高，导致较为严重的破坏后果。这种现象的发生表明在油气爆

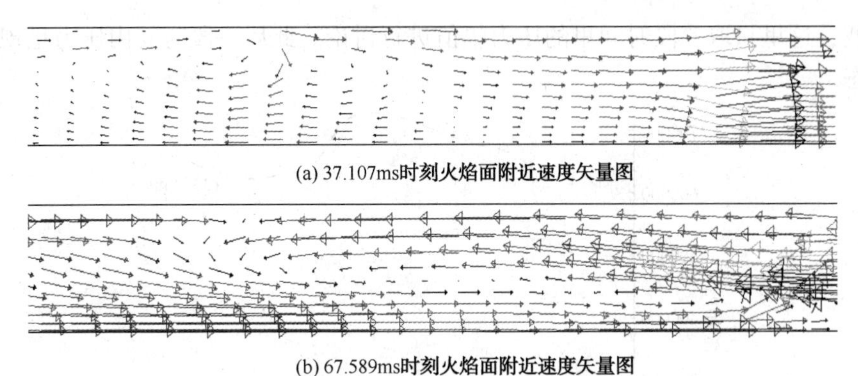

(a) 37.107ms时刻火焰面附近速度矢量图

(b) 67.589ms时刻火焰面附近速度矢量图

图 6.11 火焰面附近速度矢量图

炸发生、发展过程中，火焰传播速度得到极大提高，火焰加速是 DDT 发生的很重要的因素之一。

在实际工程情况下，有许多因素可以使火焰层流燃烧速度加速到爆轰状态。例如：连续布置在火焰行进通道上的障碍物，能使火焰连续加速，而在足够长(长径比比较大)的狭长受限空间中极易形成爆燃转变成爆轰，尤其在密闭空间，有可能在大面积区域内，使爆燃转变成爆轰。因此，阻止火焰加速便成为主动抑制爆炸的重要方向。

6.3.3.2 油气爆炸传播过程中压力的变化规律

图 6.12 为 26.688ms 轴线上各点速度和压力曲线，图 6.12(a)为速度曲线，图 6.12(b)为压力曲线。由图可以清晰地看出，火焰在短时间内发生突变，已经开始加速，压力也形成了比较陡峭的波阵面。

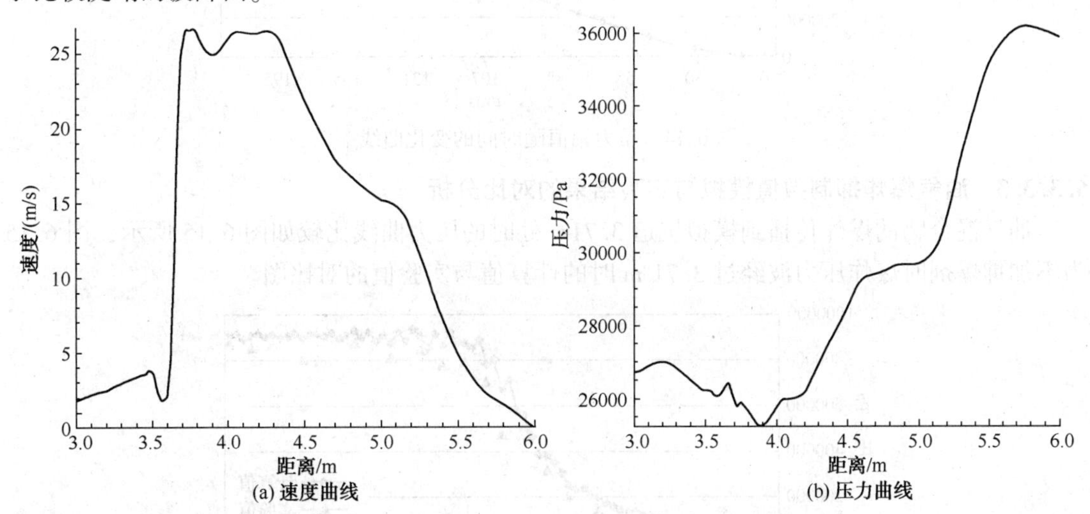

(a) 速度曲线

(b) 压力曲线

图 6.12 26.688ms 时刻轴线各点速度和压力曲线图

轴线压力曲线图如图 6.13 所示。由图可知，随着时间的增加，压力上升很快且很高，爆炸进行地比较充分。

压力幅值随时间的变化曲线如图 6.14 所示。由图中曲线可以看出随着时间的增加，整个密闭空间的压力逐渐增加，爆炸结束时达到最大值，计算出的最大值为 964677Pa。由于基本假设设定了此爆炸空间为绝热密闭空间，因此，其压力衰减很慢，还会出现来回震荡的压力震荡波，这里只取一段时间里的压力幅值进行讨论。此后一段时间内压力呈现一个比较平稳的状态。

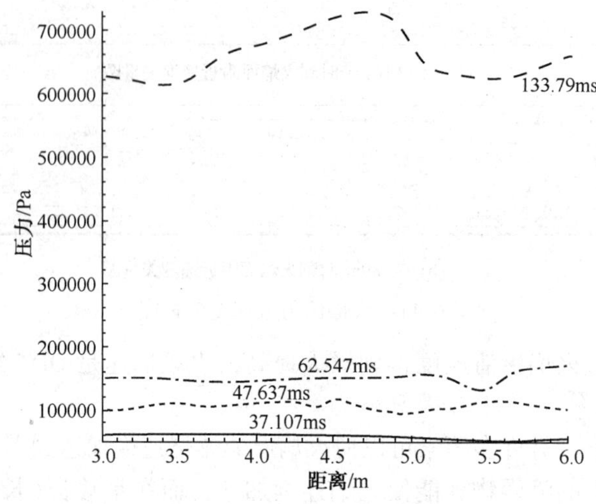

图 6.13　轴线压力曲线图

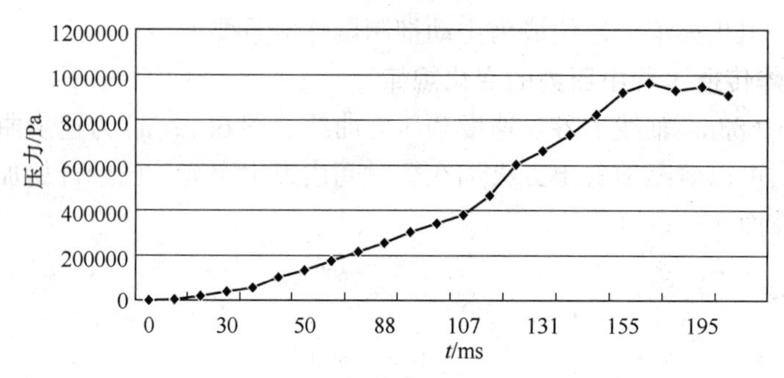

图 6.14　压力幅值随时间的变化曲线

6.3.3.3　油气爆炸抑制数值模拟与实验结果的对比分析

油气混合物的爆炸传播到模拟坑道 3.71m 处时的压力曲线比较如图 6.15 所示，图 6.15 为不加抑爆剂时爆炸压力波经过 3.71 m 时的计算值与实验值的对比图。

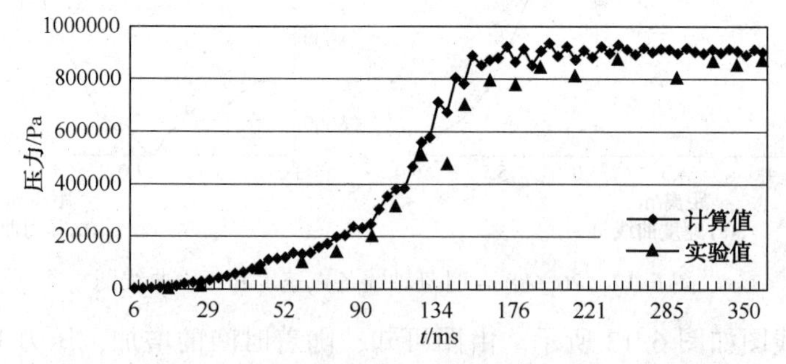

图 6.15　爆炸过程中 3.71m 处数值模拟与实验值的压力对比

图 6.16 给出了不加抑爆剂时压力波经过 4.38m 时的数值模拟计算值与实验值的对比曲线。

抑爆时的在相应测点上的压力值比较如图 6.17 所示。图 6.17(a)为 3.71m 处的压力值比较，图 6.17(b)为 4.38m 处的压力曲线比较。

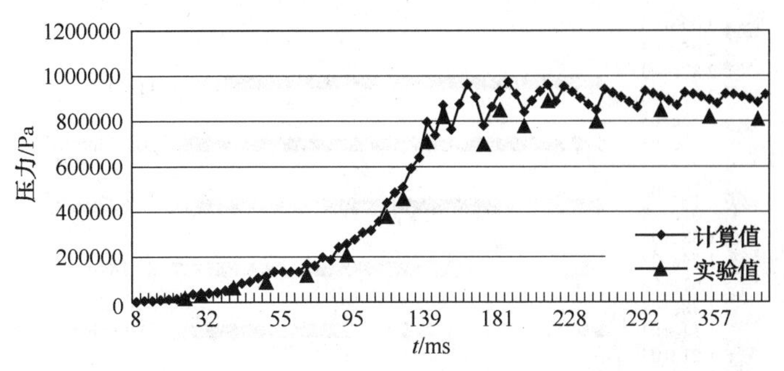

图 6.16 爆炸过程中 4.38m 压力曲线比较

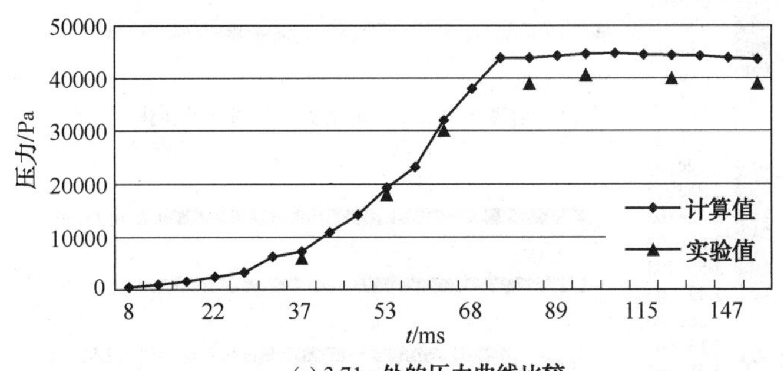

(a) 3.71m处的压力曲线比较

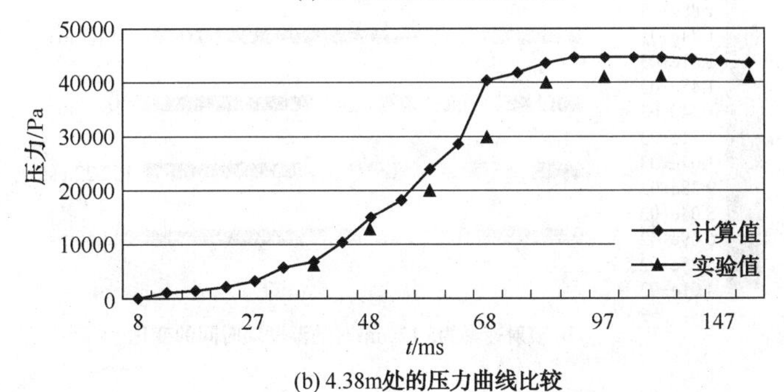

(b) 4.38m处的压力曲线比较

图 6.17 抑爆时压力曲线比较图

由前面章节的模拟实验研究可知，在狭长受限空间模拟实验坑道中，未抑爆时最大爆炸超压约为 0.8～0.9MPa，由图 6.15 和 6.16 可以看出所得到的数值模拟计算值最大也在 0.9MPa 左右，与模拟实验基本一致。图 6.17 给出了抑爆时数值模拟计算结果与实验压力比较曲线图。根据前面章节的模拟实验所测得的最大火焰传播速度为 105m/s，与所完成的数值模拟得到的最大火焰传播速度 111m/s 甚为接近。由以上分析可知，所建立的数值模拟模型能满足实际研究的需要，所得到的结果具有很强的说服力，并已证明具有较高的计算精度。

6.3.4 油气爆炸抑制主要影响因素分析

6.3.4.1 喷射速率对抑爆效果的影响

不同喷射速率下温度随时间的变化如图 6.18 所示。由图可清晰地看出不同喷射速率条件下的火焰传播过程，由于喷射速率的不同导致图 6.18(a)～(c)中的火焰呈现出不同的形状，从模拟计算的结果对比可以清晰地看出，在抑爆剂喷射速率为 4.2g/ms 时能把火焰在较短的时间内成功

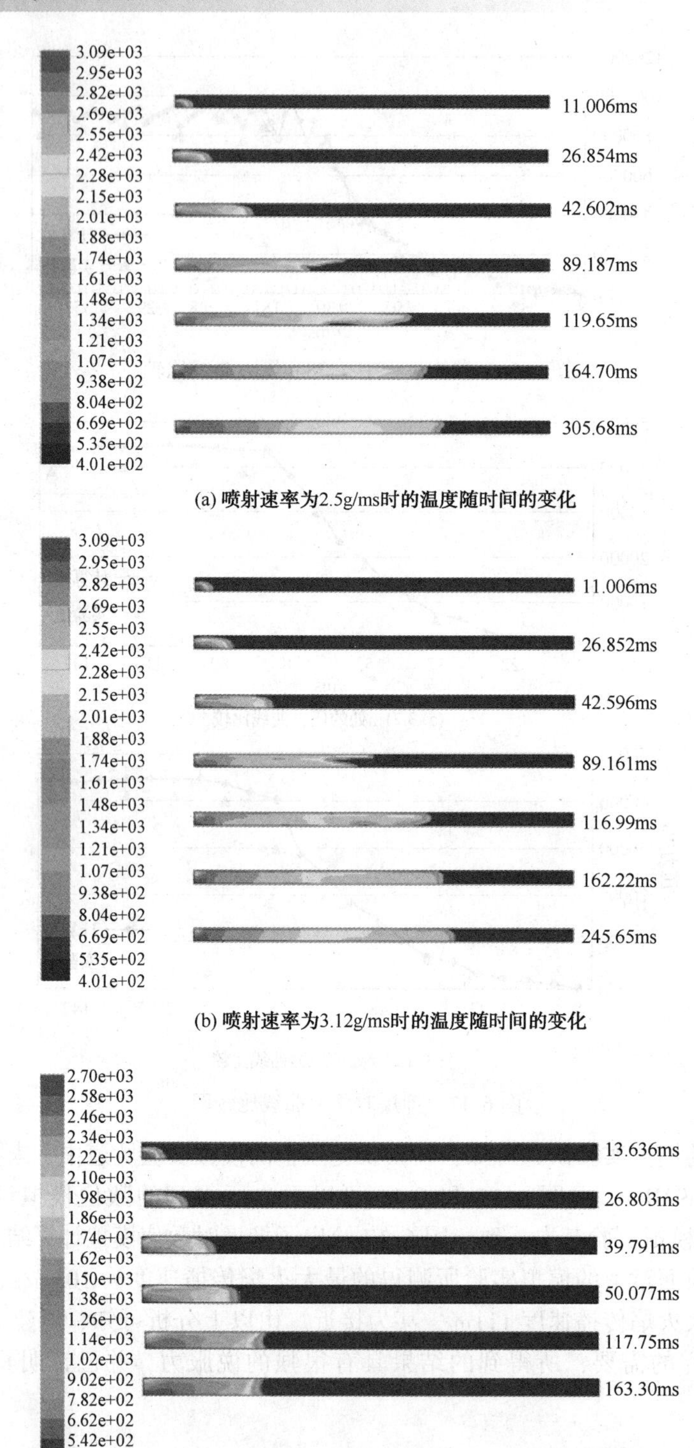

(a) 喷射速率为2.5g/ms时的温度随时间的变化

(b) 喷射速率为3.12g/ms时的温度随时间的变化

(c) 喷射速率为4.2g/ms时的温度随时间的变化

图 6.18　不同喷射速率下温度随时间的变化

抑制在较短的距离内，这对在爆炸发展初期实行抑制是非常有效的。如果没能在爆炸初期较短时间内抑制住其发展势头，后续成功抑制爆炸的难度将大大增加，喷射速率越大，在相同时间内其能参与爆炸抑制作用的量越充足，动量与能量的交换越充分，越容易成功实现油气抑爆。

不同喷射速率下的抑爆过程如图 6.19 所示。从图中的数值模拟计算结果可以清楚地看到喷洒的抑爆剂与爆炸火焰的作用过程。不同喷射速率条件下的抑爆剂被爆炸波和燃烧火焰推着前行不同的距离，在抑爆剂充分作用的过程当中同时完成相与相之间能量和动量的交换，加速爆炸压力波和火焰传播的衰减，从而使油气爆炸得到完全抑制。

由此可以看出，抑爆剂的喷射速率越大，在相同时间内其能参与爆炸抑制作用的量越充足，交换的能量和动量也越多，从而越容易成功实现其抑爆。

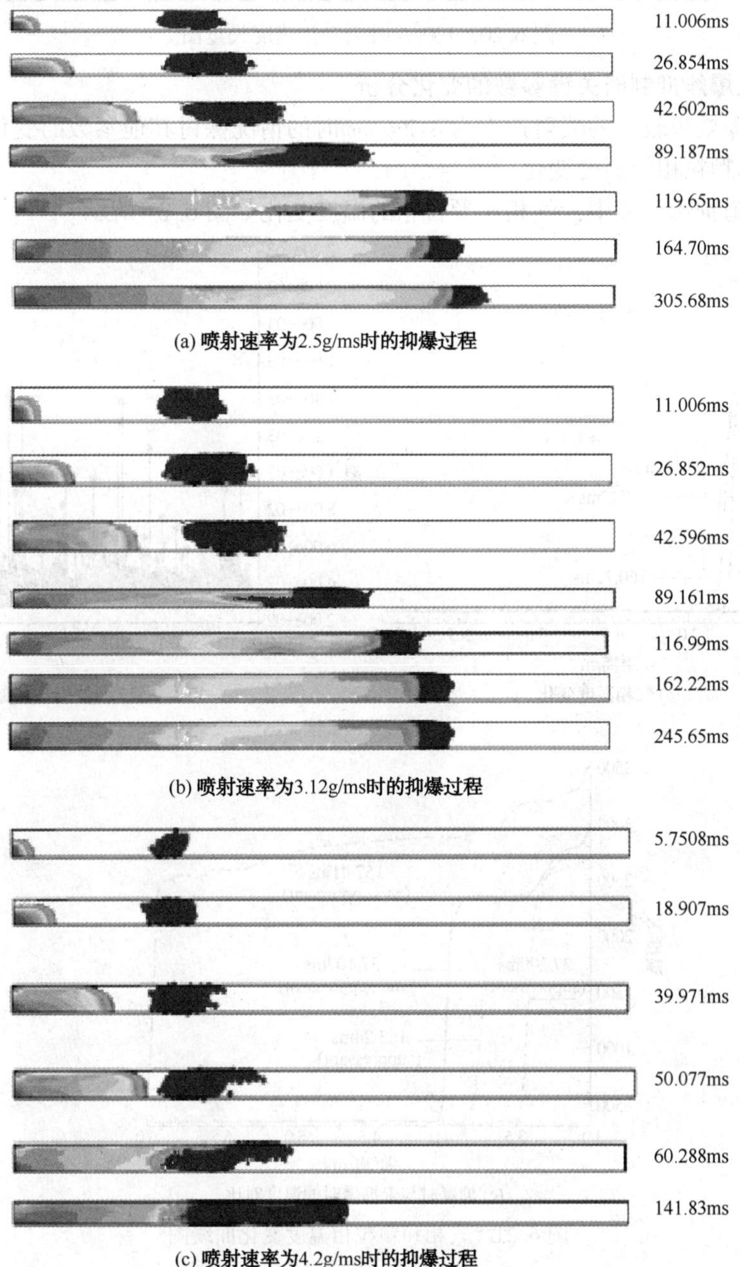

图 6.19　不同喷射速率下的抑爆过程

图 6. 20 是喷射速率为 4. 2 g/ms 时，100ms 时刻的气相速度矢量图。由图 6. 20 可知，气相速度已经反向运行，表明油气爆炸传播没能穿过抑爆区，遇到了抑爆带的阻隔，爆炸压力波和火焰不能穿过抑爆区继续前行并点燃未燃油气混合物，爆炸从而得以成功被抑制。

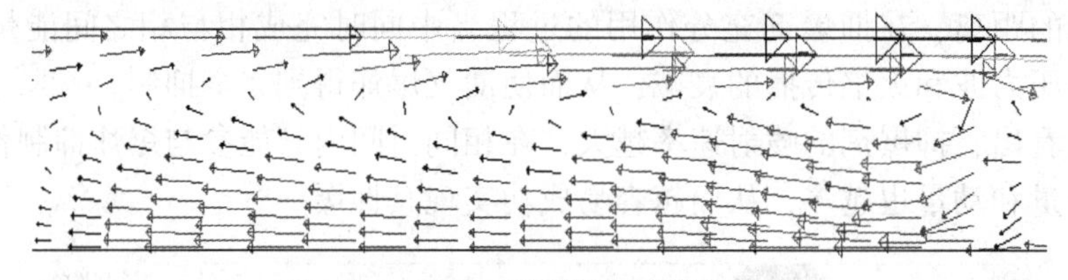

图 6. 20　100ms 时刻气相速度矢量图

6. 3. 4. 2　油气爆炸抑制时关键参数的变化分析

下面以抑爆效果较好的喷射速率为 4. 2g/ms 时的情况探讨其他参数的变化情况。

1）气相和颗粒相的温度变化

在模拟坑道抑爆过程中，气相和颗粒相的温度变化如图 6. 21 所示。

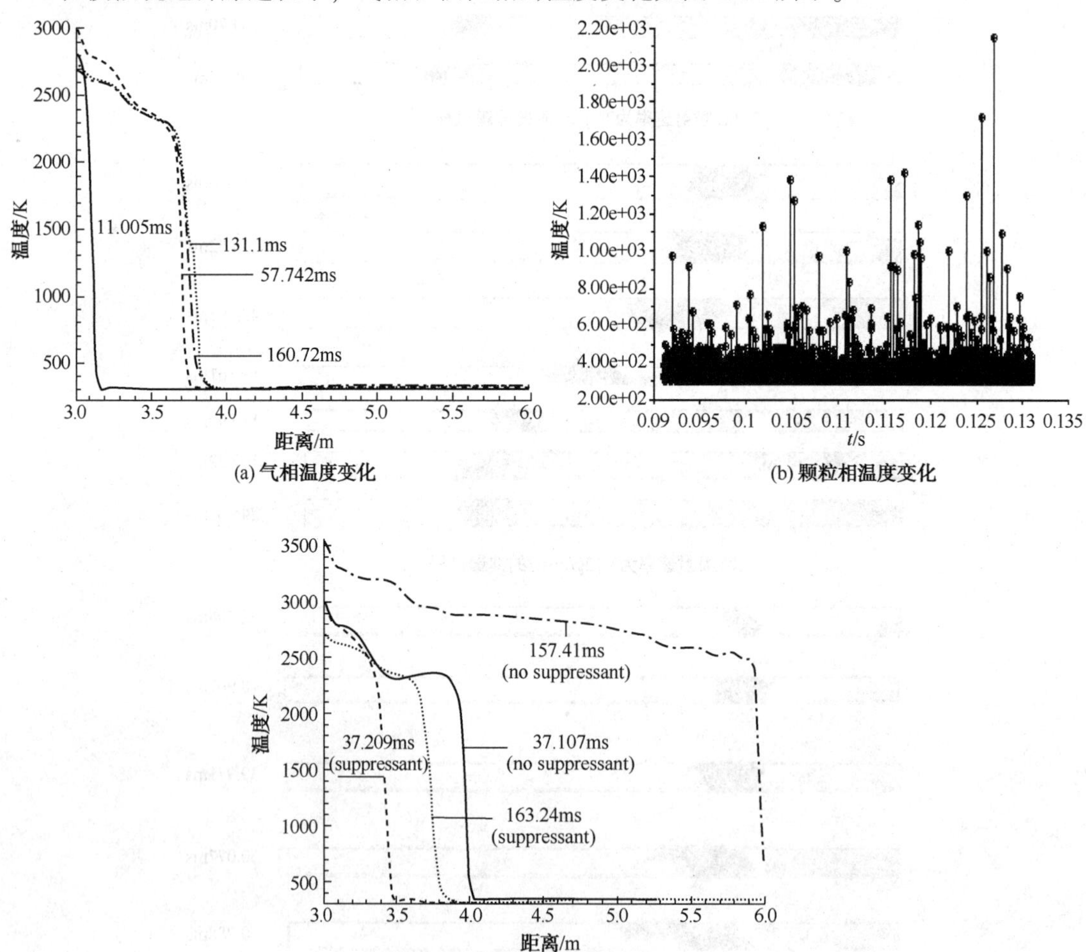

图 6. 21　气相和颗粒相温度变化曲线图

由图 6. 21 可以清晰地看出，随着时间的增加直到爆炸结束，气相温度[图 6. 21 (a)]已不再上升，反而下降，这是因为抑爆区阻断了火焰的传播，从而抑制了爆炸，得不到能量的有效补充。随着抑爆剂与已燃区的能量交换，抑爆剂颗粒相[图 6.21（b）]温度普遍升高，吸收了大量的热量，导致气相温度降低。如果颗粒直径足够小，则气相和颗粒之间的能量交换，进行化学抑制作用，在很短的距离内可以达到平衡。图 6.21(c)则清晰地看出有抑爆剂抑制时，抑爆区后气相温度较没有抑爆剂时相差很大，说明抑爆效果比较明显。

2）压力随时间的变化情况

在模拟坑道轴线上各点压力随时间的变化情况如图 6.22 所示。

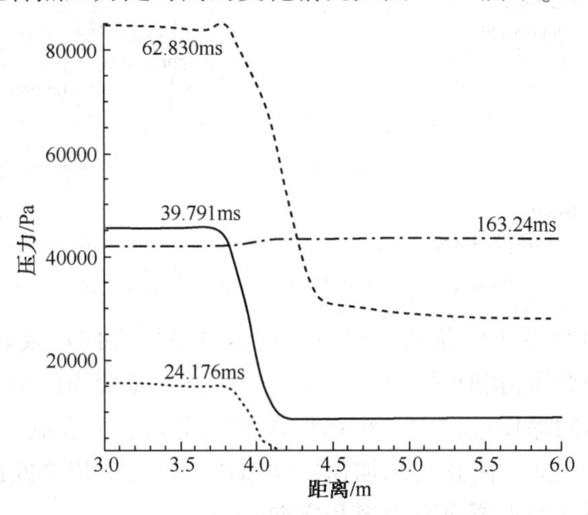

图 6.22 轴线各点压力随时间的变化

由图 6.22 可以看出，对比无抑爆剂抑爆时，随着时间的增加，只有抑爆区前的压力由于燃烧爆炸反应在迅速增加，抑爆区后(即 3m 后的距离)的压力一直比较平稳，随着时间的增加没有较大的变化，一直到 163.24ms 时，其抑爆区前后两段压力基本达到一致。整个过程压力绝对值都较无抑爆时小得多，无抑爆时最大值在 0.9MPa 左右，而抑爆时最大值不超过 0.1MPa，抑爆效果明显。

3）组分浓度变化分析

模拟坑道轴线上 C_7H_{16}与 CO_2浓度的变化情况如图 6.23 所示，图 6.23(a)和(b)分别对比了抑爆前后反应物 C_7H_{16}和产物 CO_2浓度变化情况。

从图 6.23 中可以清晰地看出抑爆前后反应物和产物浓度的变化，无抑爆剂时，随着时间的增加和反应的进行，反应物浓度降低，已燃气体中 C_7H_{16}降为零，未燃区浓度保持不变，各点的 CO_2浓度增大，反应持续进行；有抑爆剂抑爆时，抑爆区(3 m)后，反应物和产物浓度随着反应的进行不再有明显的变化，反应停止，油气混合物的爆炸燃烧和传播得到了抑制。

由上述分析可以知道，爆炸已被成功抑制。

通过数值模拟计算结果与模拟实验结果的对比分析和讨论，得到了以下主要结论：

(1) 火焰在传播过程中，由于受到湍流和气体流动影响，形状不断发生变化，不是一直加速传播的，而是呈一定波动范围加速传播的。

(2) 初始火团内部经一定时间的化学反应后，会在其周围形成具有一定温度梯度的预热区域，对其后面未燃混合物进行预热，从而加快火焰传播速度。

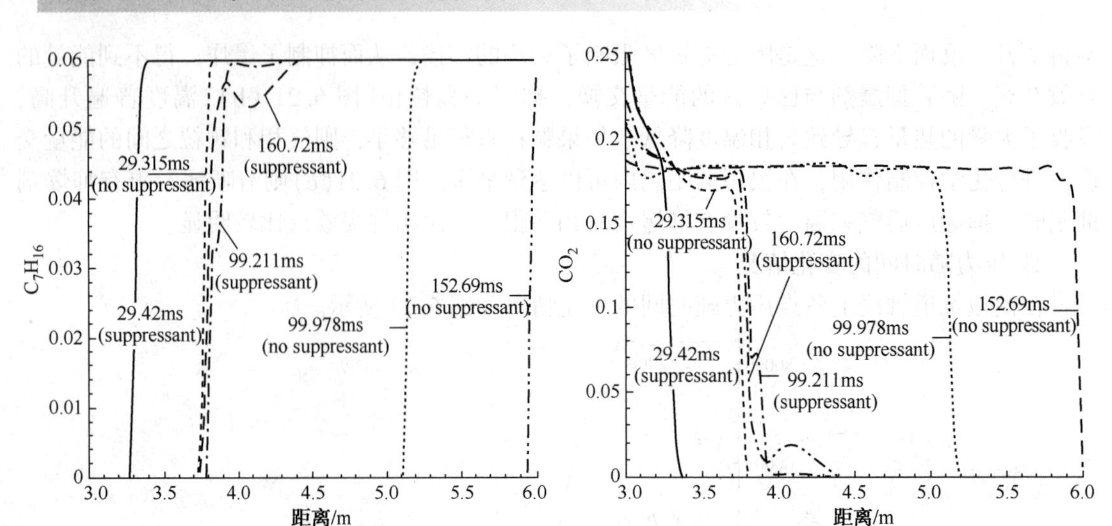

图 6.23 轴线上 C_7H_{16} 与 CO_2 浓度的变化

(3) 在长径比 L/D 比较大的狭长受限空间内，具备爆燃向爆轰转变的条件，在适当条件下，油气混合物的爆炸压力和火焰速度会大幅升高，导致较为严重的破坏后果。这种现象的发生表明在可燃气体的爆炸过程中，火焰传播速度得到极大提高，火焰加速是 DDT 发生的很重要的因素之一。因此，阻止火焰加速，切断压力波和火焰之间的反馈耦合作用，便成为军用油库主动抑爆技术的重要研究内容和方向。

(4) 在充满抑爆剂抑爆区，由于抑爆剂强烈的物理、化学抑制作用以及两相间进行的大量能量和动量交换，弥漫的抑爆剂云雾很好地阻断了火焰和爆炸压力的持续传播，从而使得压力波失去油气继续燃烧所提供能量的补充而迅速衰减。由于压力波与火焰之间的耦合作用，这种衰减也使火焰失去了压力波所提供的压缩效应，火焰传播速度减缓，由于他们的互相反馈作用使爆炸传播迅速得到抑制。研究结果表明，抑爆剂喷射速率越大，越容易实现抑爆。

(5) 爆炸初始阶段爆炸压力约为 0.1 个大气压，压力波和火焰之间距离远，耦合弱，是易于被扑灭和抑制的最佳阶段和时期。

参 考 文 献

[1] 王树立，张雅琴，张敏卿．湍流两相流动模式理论综述及展望[J]．抚顺石油学院学报，1997，17(2).

[2] E. L. Rubin. and S. Y. Burstein，Difference Methods for the Inviscid and Viscous Equations of a Compressible Gas，J. Comput. Phys，1967，2(2)：178-196.

[3] 谢之康，李雯，范维澄，等．燃烧、爆炸过程复杂性行为的非线性动力学(Ⅰ)[J]．火灾科学，1999，8(3)：6-13.

第 7 章　油气爆炸主动安全控制模拟研究

7.1　引言

能源、环境和安全已成为当今社会所共同关注的三大重要领域。自从人类认识和使用石油以来，石油作为一种重要的能源，一直在国民经济和社会发展中占据着十分重要的地位。特别是在全球科技经济飞速发展的 21 世纪，石油作为重要的不可再生能源，关系着一个国家社会的稳定和国民经济发展的大局。

众所周知，石油属于典型的易燃易爆品，极易发生燃烧爆炸从而造成重大的人员伤亡和巨额的财产损失，同时还会对环境造成严重的污染。例如，1989 年秦皇岛油库大爆炸，19 人死亡，78 人受伤，5 座油罐被毁，直接损失大于 8500 万，损失极为惨重；2005 年 12 月 11 日，在伦敦西北 40 公里的英国第五大油库—邦斯菲尔德油库发生爆炸，该油库当时储存有 270Mt 的汽油、柴油、煤油和航空燃油，大火引发的黑色烟柱高达 80 ~100m，爆炸事件不但给英国带来巨大影响，还给整个欧洲带来了一场生态危机；另据统计，仅在广东省 2009 年 8 月份到国庆期间，就发生了 5 起油罐爆炸事故，导致 8 人死亡，20 人受伤，经济损失惨重。又如，2010 年 1 月 7 日，兰州石化公司 303 厂油罐发生重大爆炸，事故造成 6 人死亡，15 人不同程度受伤。该事故调用了消防坦克，在事故过程中共发生 4 次爆炸，还引燃了周围 5 个轻烃储罐，人员伤亡和财产损失惨重；2010 年 7 月 16 日，大连市大孤山新港码头输油管道因爆裂引发爆炸起火，并引发其中的 103 号储油罐起火，该事故致 1500t 油入海，清理达 10 余天。

类似这样的因油气爆炸而引发的重大安全事故不胜枚举，不仅带来重大的人员伤亡、直接与间接的经济损失，还带来一次次严重的生态和战备危机。近年来，我国加大了公共安全建设的力度，如何控制生产、生活及军事等领域中油气重大爆炸事故的发生，减少其随时存在的油气爆炸威胁，成为急需研究的重大课题之一。

7.2　可燃气体惰化防爆研究概述

各种惰性气体对气体燃烧爆炸具有显著的抑制作用，无论是国内外还是军内外，各行各业均对其开展了一定的研究工作，并取得了许多研究成果。如前所述，油料储罐的安全性问题关系着我国油料战略储备和商业储备的成败，一直是相关行业和安全工作者关注的焦点。然而，在利用燃惰气对油罐，特别是大型油料储罐油气的惰化防爆方面进行的研究较少。由于军事保密的原因，军用油罐油气惰化处理方面的国外文献几乎没有，国内直接针对该课题进行的研究也相当少。而出于工业民用以及学术研究的目的，在相关场合或环境中进行的油气惰化处理的研究较多。这些研究的方法、结论反映了该方向上的研究概况和现状，同时也有一定的借鉴价值。

对易燃易爆气体的惰化防爆的机理研究是研发燃惰气油罐油气惰化置换通风装备与技术的理论基础和支撑。解放军后勤工程学院以杜扬教授为带头人的科研团队，研究了管道中惰性气体对可燃气体(甲烷)爆炸的抑制情况，指出当惰性气体与甲烷体积比大于6:1时，火焰在22ms时开始减速传播，30ms时火焰熄灭，爆炸波很快将被抑制。中国科学院力学研究所的王春等人对爆轰波平掠惰性气体界面及其解耦现象进行了数值研究，数值结果显示，在高N_2比例稀释的可燃混合气体情况下，当爆轰波平掠特定惰性气体界面时，它与惰性气体界面相互作用产生的稀疏波可导致爆轰波的解耦。中国工程物理研究所冲击波物理与爆轰物理实验室的王建等人的氢氧混合气体爆炸临界条件的实验研究，指出爆炸压力随氢气初始浓度呈n形变化，50%氢气体积分数为爆炸最佳浓度值，在常温常压下，氢氧混合物爆炸的临界氢气体积分数是15%和90%，化学计量比的氢氧混合气体发生爆炸的临界初始压力为0.01MPa，氮-氢-氧三元混合气体爆炸的临界氮气体积分数为60%。另外，他们还对不同浓度、不同种类的惰性气体充入氢氧混合气体中对爆轰性能的影响进行了研究，比较了各惰性气体对氢氧混合物爆轰性能的影响，结果表明CO_2、水蒸气、N_2的惰化性能依次降低。西安科技大学王华等人对惰性气体抑制矿井瓦斯爆炸进行了实验研究，对比了惰性气体CO_2和N_2对瓦斯浓度爆炸极限和临界氧浓度的影响，指出惰性气体CO_2和N_2对瓦斯爆炸具有一定的抑制作用，且CO_2比N_2有更好的抑制效果。王永国等人对氮气对$CH_3NO_2+O_2$快速反应抑制机理进行了研究，结果表明N_2对$CH_3NO_2+O_2$爆轰反应有明显的抑制作用，但对燃烧过程影响较小，N_2主要是通过抑制反应$O+N_2 \longrightarrow N_2O$实现对爆轰的反应的抑制。对惰性气体防爆机理研究的还有邱燕等人。他们对充注惰气抑制矿井火区瓦斯爆炸机理的研究，分析了惰性气体抑制矿井火区瓦斯爆炸的机理，通过小型模拟实验研究了充注惰性气体对抑制火区瓦斯爆炸的作用规律。邬凤英等人对氮气压力和稀释剂对燃烧合成β-sialon的影响进行了研究，详细地讨论了氮气和稀释剂量对燃烧产物组成和显微结构的影响，等等。

在国外，Ay Su和Liu Ying Chieh等人研究了惰性气体对扩散火焰的影响。实验分析表明，在甲烷火焰扩散过程中惰性气体的加入将导致火焰前锋面的弱化，火焰的长度也会随之变小，颜色变得更蓝，惰性气体将会最终瓦解火焰结构，火焰的继续传播中断。Domnina Razus等人对不同惰化条件下油气爆炸氧浓度的上下限进行了实验研究，给出了不同惰化条件下氧气上限与最大氧浓度关系的经验公式。Gang Dong等人在长25m、直径400mm的管道内实验研究了陶瓷惰性颗粒对$CH_4/O_2/N_2$混合气体爆炸抑制情况。Maria Molnarne等人对惰性气体抑爆的机理进行了分析，提出了评估抑制爆炸效果的方法。Domnina Razus等人对燃烧产物对油气空气混合物爆燃的惰化抑制作用进行了实验研究，指出在长管道内爆炸波会出现自抑制现象，并得到了初步的实验结果。Pawel Kosinski对惰性颗粒对直管道内的燃烧爆炸的抑制影响进行了数值模拟研究，并取得了与实验吻合的结果，等等。

彭世尼等对燃气储罐置换过程的数学分析，利用三角线形图介绍了气体置换原理，提出了等压置换过程中储罐内气体浓度的数学表达式及任一储气容积储气罐安全置换所需惰性气体用量和置换时间的计算方法。董文庚的三元组分图在储罐退役惰化设计过程中的应用，从理论上研究了惰化设计时，如何用三元组分图表示爆炸极限、最小含氧浓度以及在此过程中气体组分的变化轨迹。郑素君对比了采用惰性气体对容器、管道置换的三种的方法，介绍了用氨气时容器、管道置换的三种方法(大气压力稀释置换法、压力循环置换法、抽真空置换法)并指出纯N_2在大气压力稀释置换法中的用量可按式$N=\log e^{(c_0/c_t)}$计算。文献根据气体均匀假设导出了抽真空惰化次数计算方法：$n=\left[\lg\left(\frac{c_n-c_i}{c_0-c_i}\right)\Big/\lg\left(\frac{p_1}{p_2}\right)\right]$，并给出了通流惰化情况下惰化时间的计算公式。也给出了易燃性物料储罐压力惰化 O_2 目标的确定方法，压力惰化循环次数的计算式：$m=\log\frac{y_m}{y_0}\Big/\log\frac{p_L}{p_H}$，惰性气体用量的计算式：$\Delta n_{N_2}=m(p_H-P_L)\frac{V}{RT}$；文献通过对燃气储罐置换过程的数学分析，提出了等压置换过程中储罐内气体浓度的数学表达式：$C_{O_2}=0.21[1-\ln(1+\alpha t)]$(式中 α 为进气速度与储罐体积的比值)，等等。

7.3　燃惰气油罐油气惰化置换数值分析模型概述

为了深入研究燃惰气油罐油气惰化置换通风过程，探讨惰化规律与机理，推动技术研究，完成有关分析计算等，数值仿真一直是极为有效和方便的研究手段之一。在这方面有许多采用计算机数值模拟通风过程的成功例子，如中国矿业大学闫小康等的 FLUENT 软件在通风工程中的应用，分析了解决通风领域工程问题的基本算法模型，并以巷道为例模拟了障碍物下的巷道流场；北京建筑工程学院环境与能源工程学院牟国栋等的置换通风与 CFD 数值模拟，通过分析置换通风的运行原理，利用 CFD(FLUENT)软件，采用了低 R_e 数湍流模型，模拟了夏季工况下的室内温度场和速度场。在利用计算机手段在相关类似方面应用的例子还有中国石油大学的杨毅峰等人的基于 Fluent 的气罐泄露仿真在油气安全中的应用，通过经验公式验证了计算模型的正确性。南京工业大学城市建设与安全环境学院的黄琴等的液化天然气泄露扩散实验的 CFD 模拟验证，在实验结果的基础上计算了统计误差，并将其与各种模型误差进行对比，结果表明 FLUENT 的误差要低于其他模型。再如有文献表明数值模拟在研究气体置换通风，模拟气体多组分浓度场方面的优势。这样成功对通风过程数值模拟的例子还很多，其研究结论对本课题的研究有一定的指导作用，其研究方法也为油罐油气惰化通风过程的数值模拟研究提供了一定的借鉴。

7.3.1　常温燃惰气油罐油气惰化置换过程数学模型

7.3.1.1　基本控制方程组

在常温条件下，燃惰气温度和罐内各气体组分温度相同，在整个置换过程中对温度的输运为零。此时，对这一置换过程的基本控制方程包括连续性方程、动量方程(N-S 方程)、组分质量守恒方程。

$$\frac{\partial\rho}{\partial t}+\frac{\partial(\rho u)}{\partial x}+\frac{\partial(\rho v)}{\partial y}+\frac{\partial(\rho w)}{\partial z}=0 \tag{7.1}$$

$$\frac{\partial(\rho u)}{\partial t}+\frac{\partial(\rho uu)}{\partial x}+\frac{\partial(\rho uv)}{\partial y}+\frac{\partial(\rho uw)}{\partial z}=\frac{\partial}{\partial x}\left(\mu\frac{\partial u}{\partial x}\right)+\frac{\partial}{\partial y}\left(\mu\frac{\partial u}{\partial y}\right)+\frac{\partial}{\partial z}\left(\mu\frac{\partial u}{\partial z}\right)-\frac{\partial p}{\partial x}+S_u \tag{7.2a}$$

$$\frac{\partial(\rho v)}{\partial t}+\frac{\partial(\rho vu)}{\partial x}+\frac{\partial(\rho vv)}{\partial y}+\frac{\partial(\rho vw)}{\partial z}=\frac{\partial}{\partial x}\left(\mu\frac{\partial v}{\partial x}\right)+\frac{\partial}{\partial y}\left(\mu\frac{\partial v}{\partial y}\right)+\frac{\partial}{\partial z}\left(\mu\frac{\partial v}{\partial z}\right)-\frac{\partial p}{\partial x}+S_v \tag{7.2b}$$

$$\frac{\partial(\rho w)}{\partial t}+\frac{\partial(\rho wu)}{\partial x}+\frac{\partial(\rho wv)}{\partial y}+\frac{\partial(\rho ww)}{\partial z}=\frac{\partial}{\partial x}\left(\mu\frac{\partial w}{\partial x}\right)+\frac{\partial}{\partial y}\left(\mu\frac{\partial w}{\partial y}\right)+\frac{\partial}{\partial z}\left(\mu\frac{\partial w}{\partial z}\right)-\frac{\partial p}{\partial x}+S_w \tag{7.2c}$$

$$\frac{\partial(\rho c_s)}{\partial t}+\frac{\partial(\rho uc_s)}{\partial x}+\frac{\partial(\rho vc_s)}{\partial y}+\frac{\partial(\rho wc_s)}{\partial z}=\frac{\partial}{\partial x}\left(D_s\frac{\partial(\rho c_s)}{\partial x}\right)+\frac{\partial}{\partial y}\left(D_s\frac{\partial(\rho c_s)}{\partial y}\right)+\frac{\partial}{\partial z}\left(D_s\frac{\partial(\rho c_s)}{\partial z}\right)+S_s \tag{7.3}$$

式(7.1)为连续性方程；式(7.2a)、(7.2b)、(7.2c)为动量方程(N-S方程)；式(7.3)是组分质量守恒方程。式中S_u、S_v和S_w是广义源项，$S_u=F_x+s_x$，$S_v=F_y+s_y$，$S_w=F_z+s_z$，而其中的F_x、F_y和F_z是微元体上的体力；s_x、s_y和s_z的表达式如下：

$$s_x=\frac{\partial}{\partial x}\left(\mu\frac{\partial u}{\partial x}\right)+\frac{\partial}{\partial y}\left(\mu\frac{\partial v}{\partial x}\right)+\frac{\partial}{\partial z}\left(\mu\frac{\partial w}{\partial x}\right)+\frac{\partial}{\partial x}(\lambda\operatorname{div}\vec{u}) \tag{7.4a}$$

$$s_y=\frac{\partial}{\partial x}\left(\mu\frac{\partial u}{\partial y}\right)+\frac{\partial}{\partial y}\left(\mu\frac{\partial v}{\partial y}\right)+\frac{\partial}{\partial z}\left(\mu\frac{\partial w}{\partial y}\right)+\frac{\partial}{\partial y}(\lambda\operatorname{div}\vec{u}) \tag{7.4b}$$

$$s_z=\frac{\partial}{\partial x}\left(\mu\frac{\partial u}{\partial z}\right)+\frac{\partial}{\partial y}\left(\mu\frac{\partial v}{\partial z}\right)+\frac{\partial}{\partial z}\left(\mu\frac{\partial w}{\partial z}\right)+\frac{\partial}{\partial z}(\lambda\operatorname{div}\vec{u}) \tag{7.4c}$$

其中，λ是第二黏度(second viscosity)一般可取$-2/3$。式(7.3)中的S_s为系统内部单位时间单位体积通过化学反应产生的该组分的质量，D_s为气体组分的扩散系数。

7.3.1.2 紊流模型方程

采用应用较广泛标准的k-ε方程作为描述油气置换通风过程的紊流模型，其输运形式的方程为：

$$\begin{cases}\dfrac{\partial(\rho k)}{\partial t}+\dfrac{\partial(\rho ku_i)}{\partial x_i}=\dfrac{\partial}{\partial x_j}\left[\left(\mu+\dfrac{\mu_t}{\sigma_k}\right)\dfrac{\partial k}{\partial x_j}\right]+G_k+G_b-\rho\varepsilon-Y_M+S_k\\ \dfrac{\partial(\rho\varepsilon)}{\partial t}+\dfrac{\partial(\rho\varepsilon u_i)}{\partial x_i}=\dfrac{\partial}{\partial x_j}\left[\left(\mu+\dfrac{\mu_t}{\sigma_\varepsilon}\right)\dfrac{\partial\varepsilon}{\partial x_j}\right]+C_{1\varepsilon}\dfrac{\varepsilon}{k}(G_k+C_{3\varepsilon}G_b)-C_{2\varepsilon}\rho\dfrac{\varepsilon^2}{k}+S_\varepsilon\end{cases} \tag{7.5}$$

其中，G_k是由于平均速度梯度引起的紊动能k的产生项，G_b是由于浮力引起的紊动能K的产生项，Y_M代表可压紊流中脉动扩张的贡献，$C_{1\varepsilon}$、$C_{2\varepsilon}$和$C_{3\varepsilon}$为经验常数，σ_k和σ_ε分别是与紊动能k和耗散率ε对应的Prandtl数，S_k和S_ε是定义的源项。

根据Launder等的推荐值及实验验证，式中其他常数项的取值为：

$$C_{1\varepsilon}=1.44,\ C_{2\varepsilon}=1.92,\ C_\mu=0.09,\ \sigma_k=1.0,\ \sigma_\varepsilon=1.3 \tag{7.6}$$

对于可压流体的流体计算中与浮力有关的系数$C_{3\varepsilon}$，当主流方向与重力方向平行时，有$C_{3\varepsilon}=1$，当主流方向与重力垂直时$C_{3\varepsilon}=0$。

至此，基本控制方程和紊流模型方程构成了常温条件下燃惰气油罐油气惰化置换通风过程的总控制方程(简称控制方程)。其中的未知量有ρ，u，v，w，c_s，p，k，ε共7个，控制方程个数为7个，方程组封闭。

7.3.2 高温燃惰气油罐油气惰化置换过程数学模型

在高温条件下，燃惰气温度与罐内各个气体组分温度不同，置换过程中存在传热过程，温度的输运不可忽略。因此，高温燃惰气油罐油气的惰化置换过程的基本控制方程除了包括连续性方程、动量方程(N-S方程)、组分质量守恒方程，紊流方程外，还应包括能量方程，其微分形式的输运方程为：

$$\frac{\partial(\rho T)}{\partial t}+\frac{\partial(\rho uT)}{\partial x}+\frac{\partial(\rho vT)}{\partial y}+\frac{\partial(\rho wT)}{\partial z}=\frac{\partial}{\partial x}\left(\frac{k}{c_p}\frac{\partial T}{\partial x}\right)+\frac{\partial}{\partial y}\left(\frac{k}{c_p}\frac{\partial T}{\partial y}\right)+\frac{\partial}{\partial z}\left(\frac{k}{c_p}\frac{\partial T}{\partial z}\right)+S_T \tag{7.7}$$

式(7.8)中的 S_T为黏性耗散项，其表达式为：

$$S_T=\frac{\mu}{c_p}\left[2\left(\frac{\partial u}{\partial x}\right)^2+2\left(\frac{\partial v}{\partial y}\right)^2+2\left(\frac{\partial w}{\partial z}\right)^2+\left(\frac{\partial u}{\partial y}+\frac{\partial v}{\partial x}\right)^2+\left(\frac{\partial u}{\partial z}+\frac{\partial w}{\partial x}\right)^2+\left(\frac{\partial v}{\partial z}+\frac{\partial w}{\partial y}\right)^2\right]$$
$$-\frac{p}{c_p}\left(\frac{\partial u}{\partial x}+\frac{\partial v}{\partial y}+\frac{\partial w}{\partial z}\right)+\frac{\lambda}{c_p}\left(\frac{\partial u}{\partial x}+\frac{\partial v}{\partial y}+\frac{\partial w}{\partial z}\right)^2+\frac{\rho}{c_p}q \tag{7.8}$$

式中，q 为单位质量的体积加热率。

至此，式(7.1)、式(7.2a)、式(7.2b)、式(7.2c)、式(7.3)、式(7.5)、式(7.7)构成了高温燃惰气油罐油气惰化置换过程的数学模型，其中控制方程中未知量为 ρ，u，v，w，c_s，p，T，k，ε，共8个，总控制方程数为8个，方程组封闭。

7.3.3 组分质量守恒方程

基本控制方程中的组分输运方程，又叫组分输运方程(Species Transport Equation)。一种组分的质量守恒方程往往对应一种组分的输运方程。也就是说有多少种组分就有多少个组分输运方程，例如有污染物的水和空气在流动问题，污染物也作为一种组分，除了有分子扩散外还会有随流运输，也就是说污染物浓度在时间和空间上都会发生变化。这也是组分方程在有时又被称为浓度传输方程的原因。

燃惰气油罐油气惰化置换通风的数值模拟的目的之一就是要考察在置换过程中油罐内部各气体组分的浓度场，浓度方程的求解结果将会通过计算机输出。因此，有必要在这里将浓度输运方程及其在 CFD 中的求解过程做进一步的讨论。

在 CFD 软件中，通过求解对第 i 组分的对流-扩散方程来计算每个组元的当地质量分数 Y_i，对流-扩散方程使用下面一般形式的守恒方程：

$$\frac{\partial}{\partial t}(\rho Y_i)+\nabla\cdot(\rho\vec{v}Y_i)=-\nabla\cdot\vec{J}_i+R_i+S_i \tag{7.9}$$

其中，R_i 是第 i 组分在化学反应中的净生成速率，S_i 是扩散相加上定义的源项得到的净生成率。对于在求解过程中定义的模型，如果系统中存在 N 个流体化学组分，需要求解 $N-1$ 个这样的方程，然后根据质量守恒原理，所有组分的质量分数之和等于1，通过1减去所得到的 $N-1$ 个质量分数就得到第 N 组分的质量分数。因此为使数值误差最小化，应当将所有组分中质量分数最大的组分作为第 N 组分。因此，在本课题中，无论是燃惰气还是罐内的空气-油气混合气体，都应选用 N_2 作为第 N 组分。

在方程式(7.9)中，$\vec{J}_i$ 是存在浓度梯度情况下第组分所产生的扩散流量。对于层流流动，在 CFD 软件 Fluent 默认设置设置中，使用了稀释近似来计算层流中的质量扩散，其中，扩散流量可写成：

$$\vec{J}=-\rho D_{i,m}\nabla Y_i \tag{7.10}$$

其中，$D_{i,m}$为混合物中第 i 组分的扩散系数。

对于某些层流流动，稀释近似得不到可接受的结果，需要使用完全多组元扩散方法。这种情况下求解的是 Maxwell-Stefan 方程。

在紊流流动中，采用下列方式来计算紊流中的质量扩散：

$$\vec{J} = -\left(\rho D_{i,\ m} + \frac{\mu_t}{Sc_t}\right)\nabla Y_i \tag{7.11}$$

其中，Sc_t 是紊流施密特数（$Sc_t = \frac{\mu_t}{\rho D_t}$，其中 μ_t 是紊流黏度，D_t 是紊流扩散率）。在 Fluent 中 Sc_t 的默认值是 0.7。

对于很多组分的多组元混合流动，由于组分扩散所产生的焓的输运为 $\nabla\cdot\left[\sum_{i=1}^{n} h_i \vec{J}_i\right]$，可能对焓量场产生很大的影响，而不应忽略。特别是在刘易斯数 $Le_i = \frac{k}{\rho c_p D_{i,m}}$（其中 k 是导热系数），远大于 1 时，忽略扩散焓可能产生显著的误差。在 CFD 软件 Fluent 中默认包含了该项 $\vec{J}$。

7.3.4 通用方程式下的离散方程

为了便于进行编程计算，现将控制方程组再写成通用形式如下：

$$\frac{\partial(\rho\varphi)}{\partial t} + \frac{\partial(\rho u\varphi)}{\partial x} + \frac{\partial(\rho v\varphi)}{\partial y} + \frac{\partial(\rho w\varphi)}{\partial z} = \frac{\partial}{\partial x}\left(\Gamma\frac{\partial\varphi}{\partial x}\right) + \frac{\partial}{\partial y}\left(\Gamma\frac{\partial\varphi}{\partial y}\right) + \frac{\partial}{\partial z}\left(\Gamma\frac{\partial\varphi}{\partial z}\right) + S \tag{7.12}$$

式中，φ 是广义变量，Γ 是相应于 φ 的广义扩散系数，S 是与 φ 对应的广义源项。在三维直角坐标系下与式(7.12)中，φ、Γ、S 对应的表达式见表 7.1。

表 7.1　式(7.12)对应的各符号的具体形式

方程	φ	Γ	S
连续	1	0	0
x-动量	u	$\mu_{eff}=\mu+\mu_t$	$\frac{\partial}{\partial x}\left(\mu_{eff}\frac{\partial u}{\partial x}\right)+\frac{\partial}{\partial y}\left(\mu_{eff}\frac{\partial v}{\partial x}\right)+\frac{\partial}{\partial z}\left(\mu_{eff}\frac{\partial w}{\partial x}\right)-\frac{\partial p}{\partial x}+S_u$
y-动量	v	$\mu_{eff}=\mu+\mu_t$	$\frac{\partial}{\partial x}\left(\mu_{eff}\frac{\partial u}{\partial y}\right)+\frac{\partial}{\partial y}\left(\mu_{eff}\frac{\partial v}{\partial y}\right)+\frac{\partial}{\partial z}\left(\mu_{eff}\frac{\partial w}{\partial y}\right)-\frac{\partial p}{\partial y}+S_v$
z-动量	w	$\mu_{eff}=\mu+\mu_t$	$\frac{\partial}{\partial x}\left(\mu_{eff}\frac{\partial u}{\partial z}\right)+\frac{\partial}{\partial y}\left(\mu_{eff}\frac{\partial v}{\partial z}\right)+\frac{\partial}{\partial z}\left(\mu_{eff}\frac{\partial w}{\partial z}\right)-\frac{\partial p}{\partial y}+S_w$
k 方程	k	$\mu+\frac{\mu_t}{\sigma_k}$	$G_k+\rho\varepsilon$
ε 方程	ε	$\mu+\frac{\mu_t}{\sigma_\varepsilon}$	$\frac{\varepsilon}{k}(C_{1\varepsilon}G_k+C_{2\varepsilon}\rho\varepsilon)$
组分	c_s	$D_s\rho$	S_s视实际问题而定
能量	T	$\frac{\mu}{\Pr}+\frac{\mu_t}{\sigma_T}$	S_T视实际问题而定

基于以上通式，再结合有限体积法的离散方法和计算网格，CFD 对三维问题控制方程中的瞬态项、源项、对流项和扩散项分别在控制体积及时间段上积分后，根据不同的离散格式(如一阶迎风格式)和时间积分方案(如全隐式时间积分方案)就可得到通用方程的离散方程。限于篇幅要求，这里只给出全隐式时间积分方案下的三维瞬态对流-扩散问题的最终的离散方程，具体的离散过程见相关文献。

最终的离散方程如下：

$$\left.\begin{aligned}
a_W &= D_w + \max(0,\ F_w)\\
a_E &= D_e + \max(0,\ -F_e)\\
a_S &= D_s + \max(0,\ F_s)\\
a_N &= D_n + \max(0,\ -F_n)\\
a_B &= D_b + \max(0,\ F_b)\\
a_T &= D_t + \max(0,\ -F_t)\\
a_P &= a_w + a_e + a_s + a_n + (F_e - F_w) + (F_n - F_s) + a_p^0 + S_p\Delta V\\
b &= S_C\Delta V + a_P^0\varphi_P^0\\
a_P^0 &= \frac{\rho_P^0\Delta V}{\Delta t}
\end{aligned}\right\}\tag{7.13}$$

式中，F 表示通过界面上单位面积的对流质量通量，D 表示界面的扩散传导性；上标 0 表示物理量在时刻 t 的值；下标 P 表示物理量在控制体积 P 处取值；w、e、s、n、b、t 分别表示与 p 点空间相邻的六个节点。

7.3.5　离散方程的算法研究

前面建立了控制方程组的离散方程及代数方程组。通过观察就可以发现 u_x、u_y、u_z既出现在动量方程中，又出现在连续性方程中，也就是说这时的速度场错综复杂地耦合在动量方程和连续性方程中，很难被求解出。同时，更为复杂的是压力项，它出现在每个动量方程中，但却没有可直接求解压力的方程。因此除了如已知速度场求温度场这样简单的问题外，一般其他问题对应的离散方程还是难以求解。为了解决这种问题，人们对离散方程进行了某种干涉(一般是改变各未知量的求解顺序及求解方式)，就可成功地解决这一问题。本文采用工程上应用最为广泛的流场计算方法——SIMPLE 算法对所建立的离散方程进行求解。

SIMPLE 是英文 Semi-Implicit Method for Pressure-Linked Equation 的缩写，意为“求解压力耦合方程组的半隐式方法”，该方法是由 Patankar 和 Spalding 在 1972 年提出的，它的核心是采用“猜测-修正”的过程在交错网格基础上来计算压力场，从而达到求解动量方程的目的。其基本步骤是：第一步猜测一个压力场的压力值(一般是通过假定得到，或是通过上一次迭代计算所得到)，然后将这个压力场带入动量方程，求得速度场；第二步，由于第一步中开始计算的压力场是猜测得到的或是上一次迭代后的不精确值，这样导致计算出的速度场一般不满足连续方程，我们通过给猜测的压力场进行修正来解决这一问题。这时的修正原则就是要求修正后的压力场它计算出的速度场要满足连续方程；第三步，通过修正后的压力修正值，计算动量方程得到新的速度场；第四步检查速度场是否满足收敛要求，如果收敛了就将结果输出，如果不收敛就用修正后的压力值开始下一循环的计算。就这样循环反复计算，直到计算结果满足收敛要求输出。SIMPLE 算法的计算流程框图如图 7.1 所示。

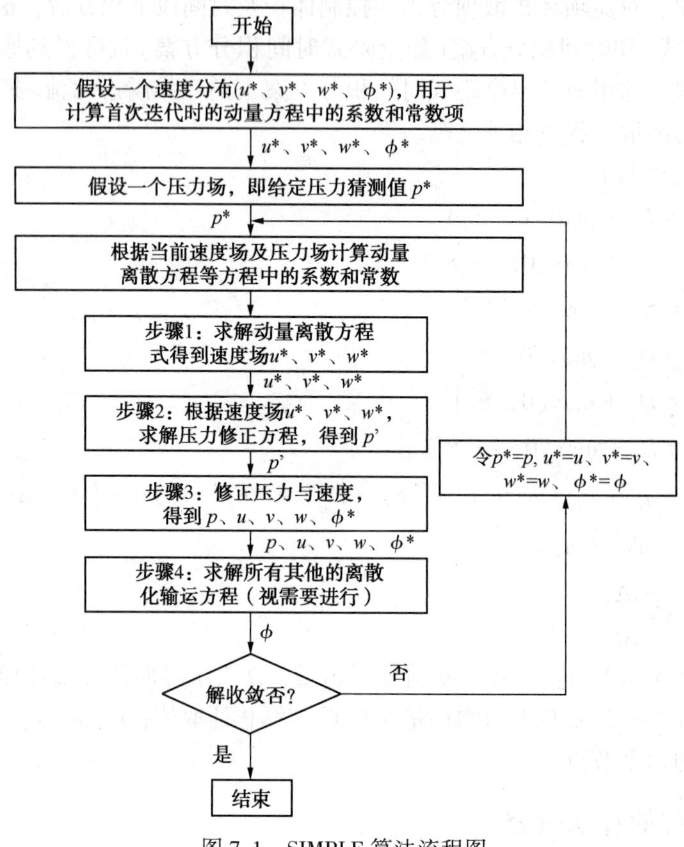

图 7.1　SIMPLE 算法流程图

7.3.6　小结

本节针对燃惰气油罐油气惰化置换通风过程数值模拟，对流体分析 CFD 软件的求解流程、传热与传质控制方程组、三维紊流模型、离散方法、离散格式及四项基本原则等基础理论做了简要介绍与对比。建立了油罐油气惰化置换过程的数学模型方程，即基本控制方程和紊流模型方程，并且分析了通式形式下的 CFD 数值模拟离散后的计算方程，给出了全隐式时间积分方案下的三维瞬态对流—扩散问题最终的数值计算方程。最后选用 SIMPLE 作为求解三维流场的算法，并对这一工程中广泛应用的算法的基本思想和求解流程作了介绍。经过讨论与分析，燃惰气油罐油气惰化置换通风过程数值模拟在理论上已基本研究完毕。

7.4　燃惰气油罐油气惰化置换通风数值模拟结果与分析

在前述燃惰气油罐油气惰化置换通风理论数学模型和数值计算方法的基础上，本节针对燃惰气的不同流量、不同气方式、不同温度条件下的惰化置换通风过程，运用有限体积法求解理论模型，对该过程过程进行了数值仿真，得到了其数值仿真结果。为保证数值仿真研究结果的可靠性，将燃惰气油罐油气惰化置换通风过程的数值仿真结果和实验结果进行了对比研究，分析了仿真模型的精度。

无论是上进口还是下进口实验工况，无论是常温还是高温实验工况，其物理模型及其遵循的流体流动、传热传质规律是相同的，数值模拟采用的数值计算方法和求解格式也是相同的，不同的只是初始条件和边界条件有所差异。另一方面，燃惰气油罐油气惰化置换通风也是一个复杂的过程，为了保证数值模拟的可行性和计算结果的正确性，必须对该过程进行一些合理的假设和简化。

7.4.1 假设和简化

考虑数值模拟的可行性和计算结果的正确性，对燃惰气油罐油气惰化置换通风过程数值模拟所作的假设和简化如下：

(1)在惰化置换通风前，罐内油气浓度各处均匀且无流动，处于常压静止状态；

(2)整个通风过程均处于常压状态，各气体组分为理性气体，满足理想气体状态方程；

(3)不考虑壁面与气体流动的流固耦合作用，周围壁面是刚性的，绝热的，不可渗透；

(4)油罐内无油泥，无液态汽油，不考虑汽油的挥发过程；

(5)主要考虑 C_8H_{18}、O_2、CO_2、N_2、H_2O 五种气体组分的对流与扩散，忽略其他气体组分；

(6)惰化置换过程无气体泄漏。

7.4.2 物理模型的三维几何建模和网格划分

1)建立几何模型

根据实际情况，实验平台为一模拟油罐，如图 7.2 所示，参照其实际结构和尺寸，建立三维仿真模型。其尺寸为：高 1.75m，直径 1.2m，两端的椭圆封头为 $DN=1200$mm 的标准件。顶部法兰高 0.28m，直径：0.7m，进出通风口直径 25mm，长 80mm，总体积为 $1.5m^3$。

具体计算几何区域如图 7.3 所示。

图 7.2 装上绝热材料后的模拟油罐实验台架

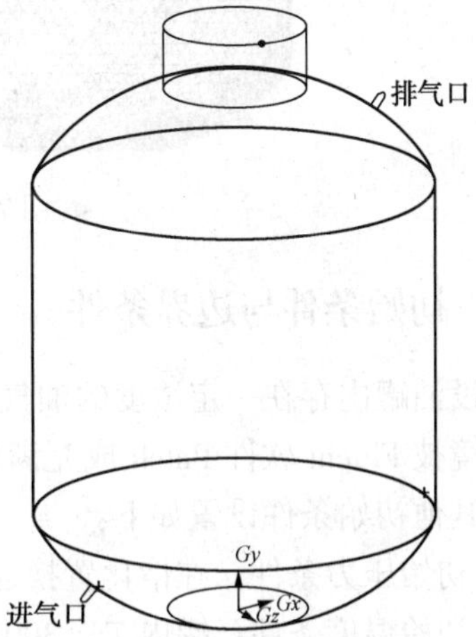

排气口
进气口
Gy
Gx
Gz

图 7.3 计算几何区域

2)求解区域网格划分

对于二维问题的求解区域，可以使用四边形、六边形网格或三角形网格，对三维问题，通常采用六面体、四面体或金字塔形以及楔形单元，网格形式如图 7.4 所示。

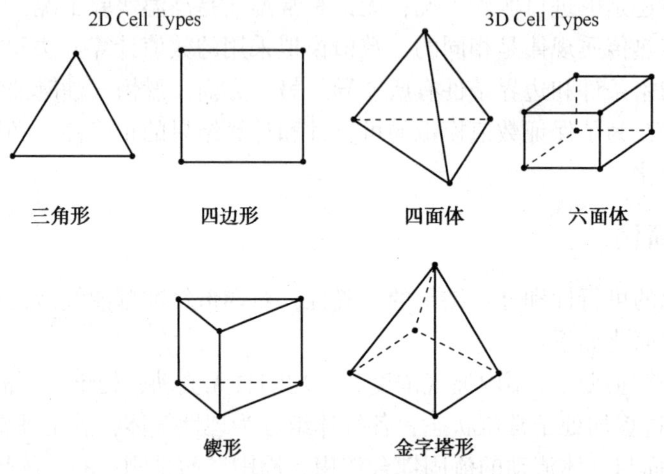

图 7.4　网格单元类型

每一种网格类型在网格的计算耗费，网格尺寸，质量、结算模型、时间和能力都有一种权衡方法，对于三维问题，结合上文建立的物理模型，本文选取了四面体网格作为计算时基本控制体单元。求解区域网格的划分如图 7.5 所示。

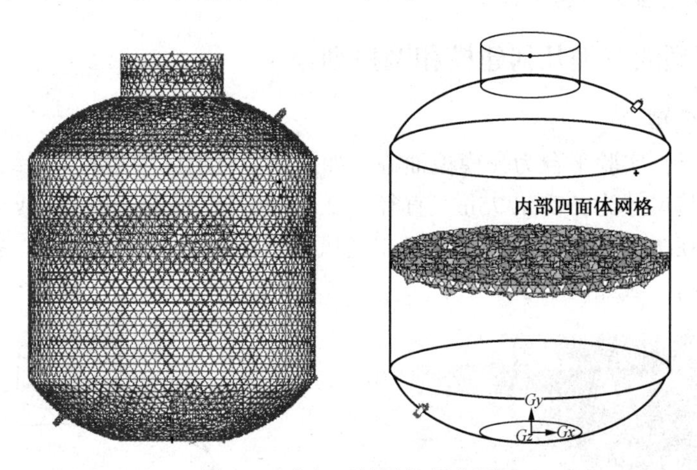

图 7.5　求解区域网格划分图

7.4.3　初始条件与边界条件

假设油罐内存在一定浓度的油气，然后将燃惰气从进气口通入罐内。初始化时，罐内的油气环境被 Fluent 软件 Patch 成充满整个油罐的，浓度均匀的，静止无流动的 Patch 区域来实现。其他初始条件设置如下：

① 初始压力条件：在惰化置换通风过程中油罐与大气相同，故 $P_0 = 0\text{Pa}$(表压)。

② 初始温度条件：罐内 $T_0 = 300\text{K}$。常温实验工况下进口处 $T_0 = 300\text{K}$，高温实验工况下进口处 $T_0 = 373.5\text{K}$。

③ 初始速度条件：罐内：各气体组分速度为 0，即 $V_0 = 0\text{m/s}$。气体进口处：根据实验工况的流量计算得大小分别为 $V_0 = 0.55\text{m/s}$，$V_0 = 1.1\text{m/s}$，$V_0 = 1.65\text{m/s}$，方向与进气口径向平面正交，向内。

④ 初始组分质量浓度条件：罐内：以下进口实验工况流量 1000L/h 时为例，$m(O_2)=0.1755$，$m(CO_2)=0$，$m(C_8H_{18})=0.1903$，$m(N_2)=0.6342$。进气口处：$m(O_2)=0.0234$，$m(CO_2)=0.1814$，$m(N_2)=0.7852$，$m(C_8H_{18})=0$。

其他实施工况时根据实验初始数据而定。需要注意的是在数值计算中浓度以质量浓度给定，实验测到的数据是体积浓度，要换算为质量浓度。

边界条件：按实际实验情况，进气口设为速度进口，排气口设为回流出口。对于实验壁面按典型的绝热、无滑移、无渗透边界设定，并结合标准湍流壁面函数方法具体计算边界的参数，在此不作详细的说明。

7.4.4 数值模拟计算结果分析

本节中涉及的各种实验工况，体现在数值模拟中仅仅只有初始条件和边界条件的差异。因此只要数值仿真模型调试完成，只需要更改初始条件和边界条件即可。由于相同的实验工况，其中罐内的流场变化、浓度场分布具有相似性，本文只选取了 7 组实验中的 5 组作为代表进行数值仿真。选取的这 5 组分别是下进口、流量 500L/h 实验工况；下进口、流量 1000L/h 实验工况；下进口、流量 1500L/h 实验工况；上进口、流量 1000L/h 实验工况；下进口、高温(100℃)流量 1000L/h 实验工况。

7.4.4.1 下进口流量 500L/h 时的数值仿真结果

1) 各个测量点的油气(HC)、O_2浓度-时间曲线

在数值模拟过程中对 6 个测量点的油气(HC)、O_2浓度进行了监测，以出口处的 HC 浓度曲线为例，见图 7.6。

将各个测量点的 HC 和 O_2浓度数值模拟曲线进行后处理并绘在一张图中，图 7.7 和图 7.8 分别是各个测量点处理后的 HC 浓度与 O_2浓度-时间数值模拟曲线。

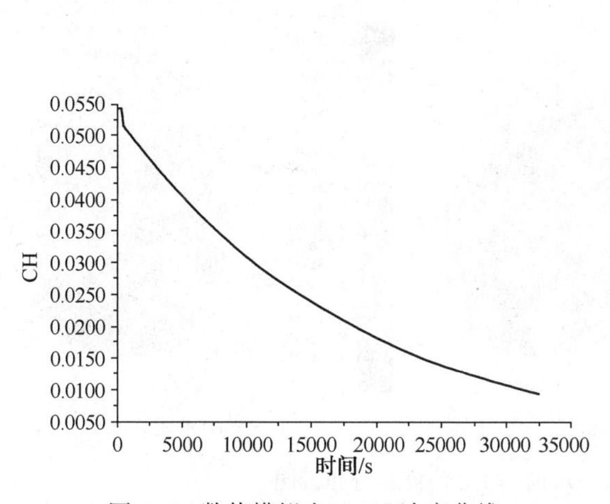

图 7.6 数值模拟出口 HC 浓度曲线

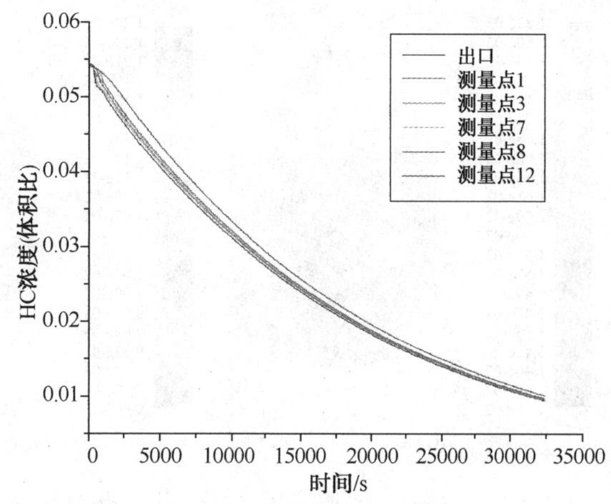

图 7.7 下进口 500L/h 数值模拟各测量点 HC 浓度曲线

2) HC 与 O_2浓度场分布云图

为了研究罐内气体的流动特性，查找置换过程中的死角，需要对罐内气体浓度场分布做一研究。图 7.9 和图 7.10 分别是 $t=0$、2h、4h、6h、8h、9h 时刻罐内 HC 与 O_2浓度场的分布云图。

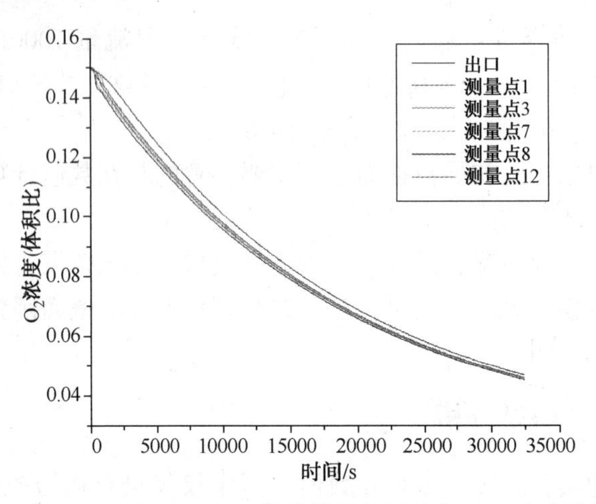

图 7.8　下进口 500L/h 数值模拟各测量点 O_2 浓度曲线

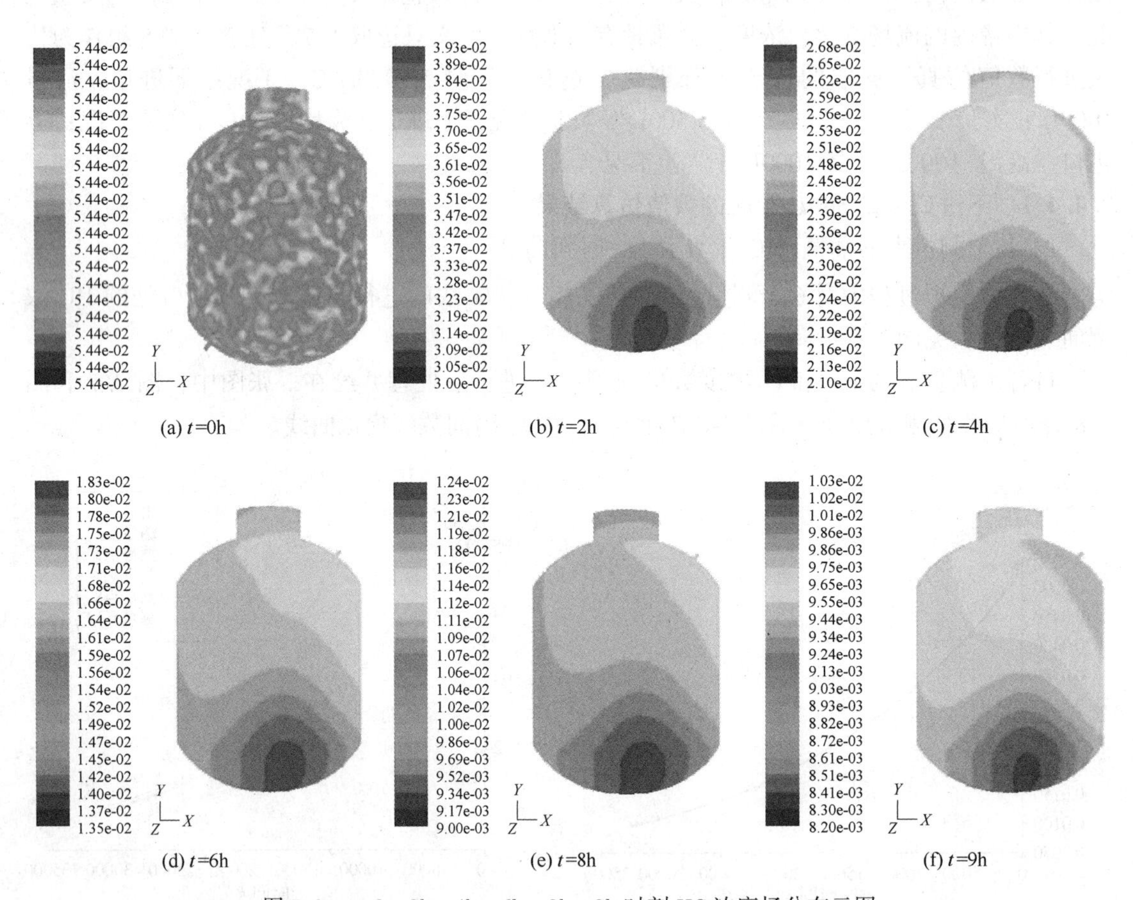

图 7.9　$t=0$、2h、4h、6h、8h、9h 时刻 HC 浓度场分布云图

3）$Z=0$、$X=0$ 剖面处浓度等直线图

从数值模拟各测量点的 HC、O_2浓度曲线图可以看出，整个惰化置换过程 HC 从初始浓度下降到爆炸下限 1.3%约耗时 27600s(460min)。然而，测量点设置在离罐壁 5cm 处，罐内的流场、浓度场又是如何分布的还需要考察剖面图。图 7.11、图 7.12 分别是 27600s 时剖面 $Z=0$、$X=0$ 处的 HC、O_2浓度分布云图。

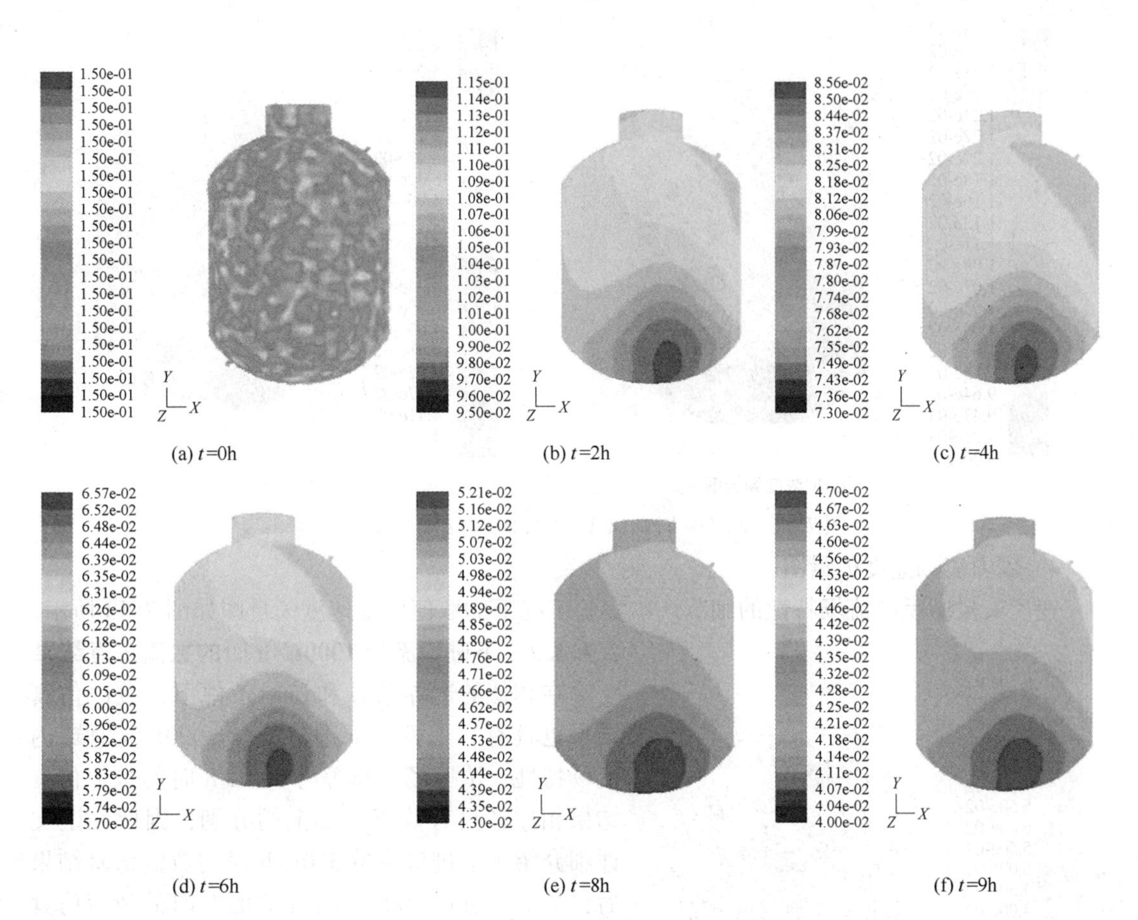

(a) t=0h　(b) t=2h　(c) t=4h

(d) t=6h　(e) t=8h　(f) t=9h

图 7.10　$t=0$、2h、4h、6h、8h、9h 时刻 O_2 浓度场分布云图

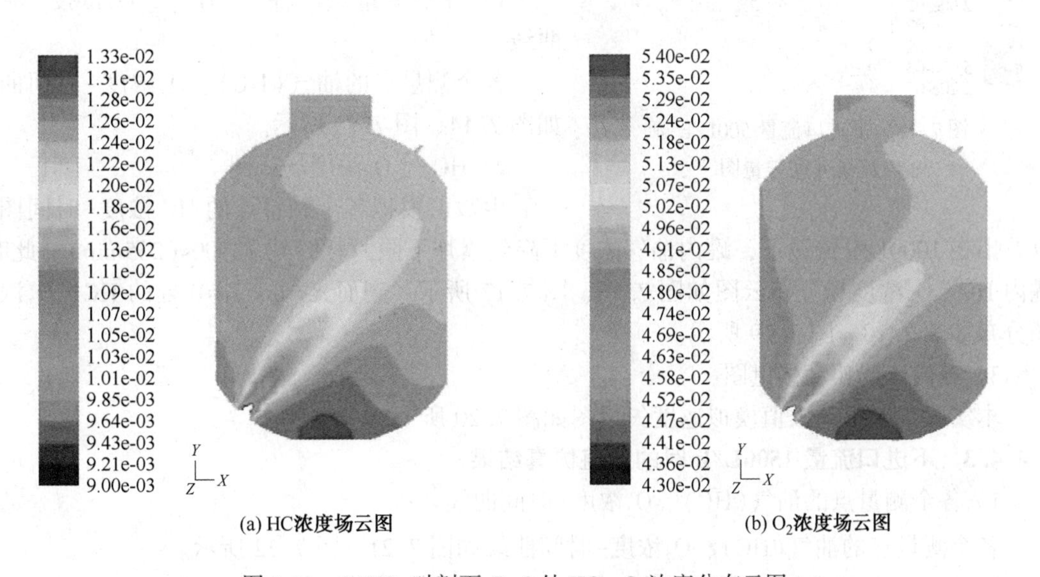

(a) HC**浓度场云图**　(b) O_2**浓度场云图**

图 7.11　27600s 时剖面 $Z=0$ 处 HC、O_2 浓度分布云图

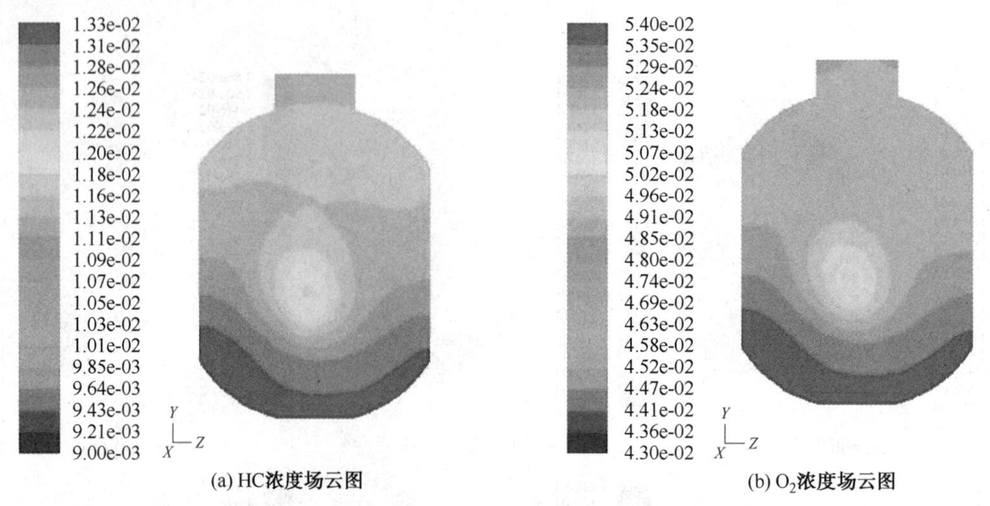

图 7.12　27600s 时剖面 $X=0$ 处 HC、O_2浓度分布云图

4）罐内流场速度矢量图

速度矢量图反映流场特性的细节。本实验工况下的数值模拟速度矢量图如图 7.13 所示。

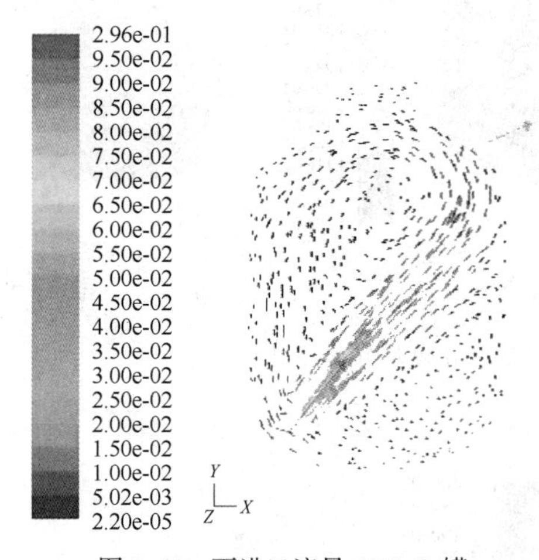

图 7.13　下进口流量 500L/h 罐内流场速度矢量图

7.4.4.2　下进口流量 1000L/h 时的数值仿真结果

在相似的边界条件和初始条件下，数值仿真结果也具有相似性。下进口流量 1000L/h 时罐内流场特性、浓度场分布等与 500L/h 时的数值仿真结果相比，只有数值大小上的分别，因此在上文详细介绍了下进口流量 500L/h 时的数值仿真结果后，只对下进口 1000L/h、1500L/h 时的数值仿真结果做一简要介绍。

1）各个测量点的油气（HC）、O_2浓度-时间曲线

各个测量点的油气（HC）、O_2浓度-时间曲线如图 7.14、图 7.15 所示。

2）HC 与 O_2浓度场云图

由数值模拟各个测量点的 HC 浓度-时间图可以看出在 1000L/h 流量下，罐内油气浓度下降到爆炸下限时耗时约 14100s（235min）。此时，罐内 HC、O_2浓度场分布云图如图 7.16、图 7.17 所示。剖面 $X=0$、$Z=0$ 处的 HC、O_2浓度场分布如图 7.18、图 7.19 所示。

3）罐内流场速度矢量图

本实验工况下的数值模拟速度矢量图如图 7.20 所示。

7.4.4.3　下进口流量 1500L/h 时的数值仿真结果

1）各个测量点的油气（HC）、O_2浓度-时间曲线

各个测量点的油气（HC）、O_2浓度-时间曲线如图 7.21、图 7.22 所示。

2）HC 与 O_2浓度场云图

由数值模拟各个测量点的 HC 浓度-时间曲线可以看出在 1000L/h 流量下，罐内油气浓

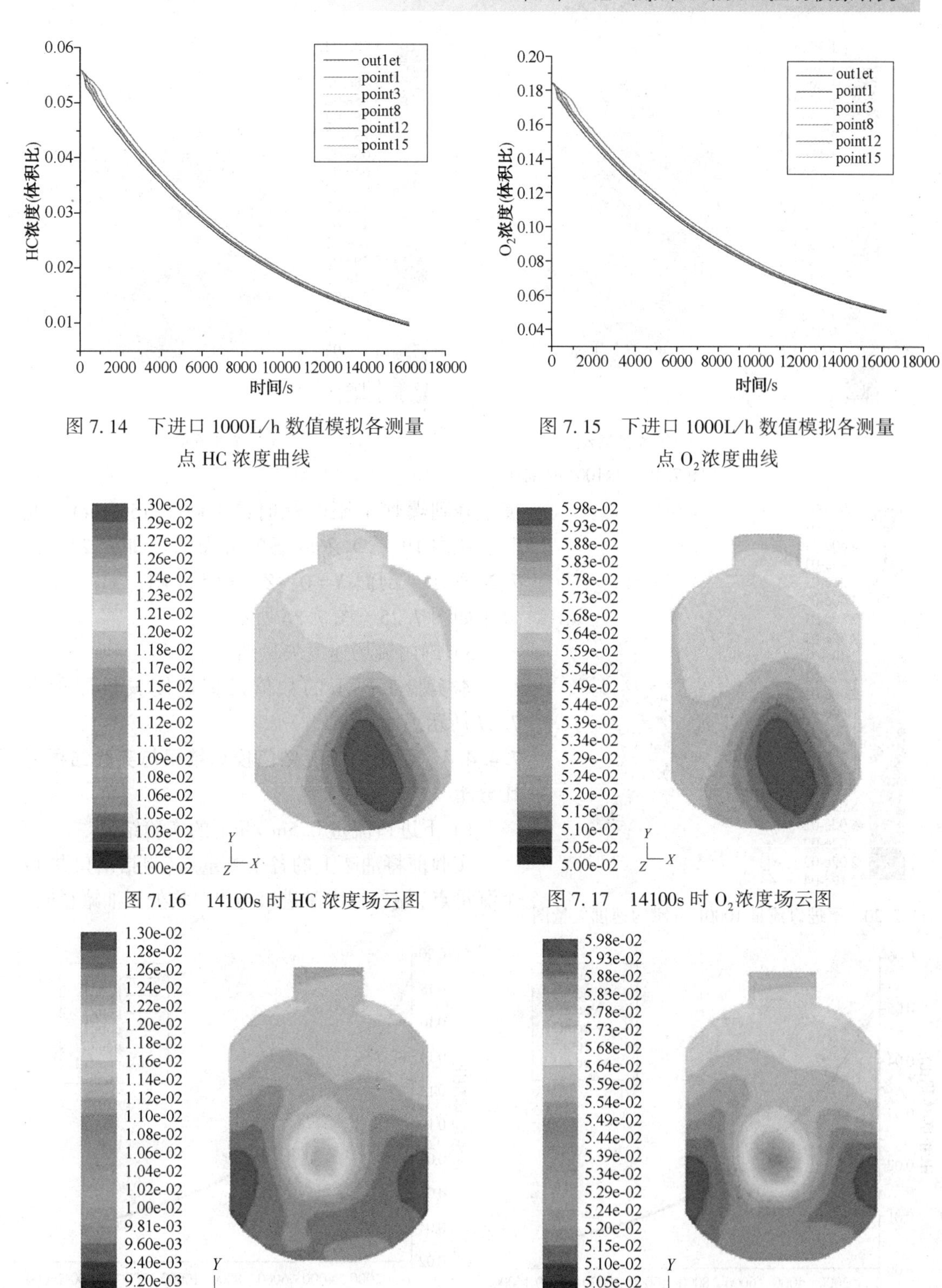

图 7.14　下进口 1000L/h 数值模拟各测量点 HC 浓度曲线

图 7.15　下进口 1000L/h 数值模拟各测量点 O_2浓度曲线

图 7.16　14100s 时 HC 浓度场云图

图 7.17　14100s 时 O_2浓度场云图

(a) HC浓度场云图

(b) O_2浓度场云图

图 7.18　14100s 时剖面 $X=0$ 处 HC 与 O_2浓度场云图

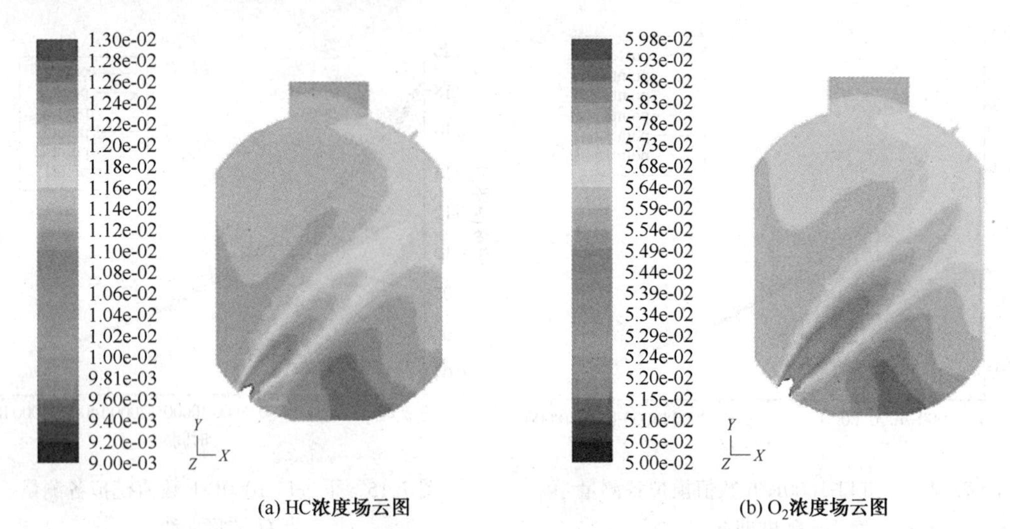

(a) HC浓度场云图　　(b) O_2浓度场云图

图 7.19　14100s 时剖面 $Z=0$ 处 HC 与 O_2浓度场云图

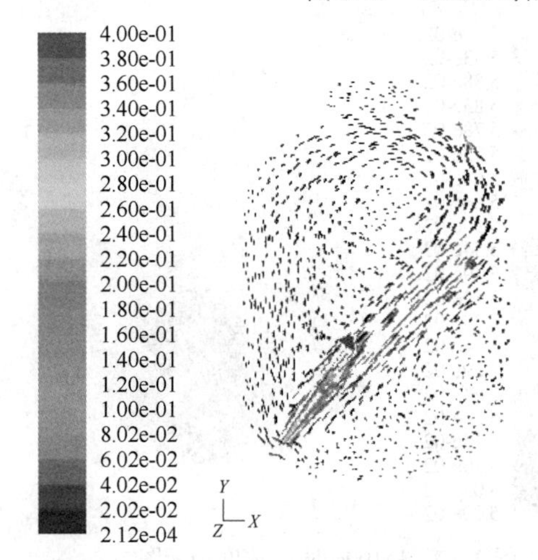

图 7.20　下进口流量 1000L/h 罐内速度矢量图

度下降到爆炸下限时耗时约 9000s(150min)。此时，罐内 HC、O_2浓度场的分布云图如 7.23、图 7.24 所示。剖面 $X=0$、$Z=0$ 处的 HC、O_2浓度场分布如图 7.25、图 7.26 所示。

3）罐内流场速度矢量图

本实验工况下的数值模拟速度矢量图如图 7.27 所示。

7.4.4.4　下进口工况数值模拟结果与实验结果对比分析

1）下进口流量 0.5m³/h 下的实验结果

实验前将油罐上的各个测量点(包括出口共 17 个测量点)编号，由于进口与出口均处于油罐径向，

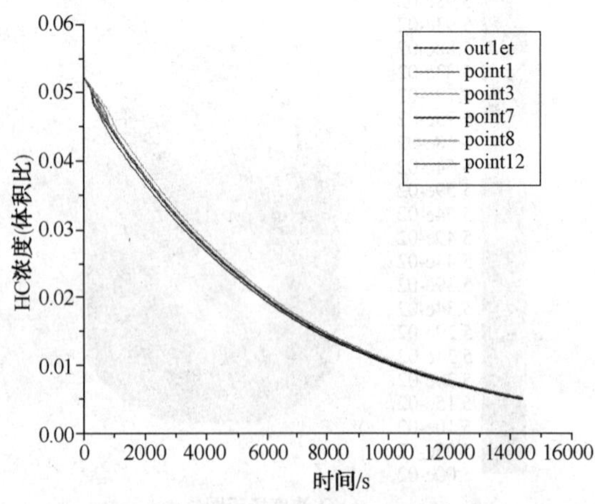

图 7.21　下进口 1500L/h 数值模拟各测量点 HC 浓度曲线

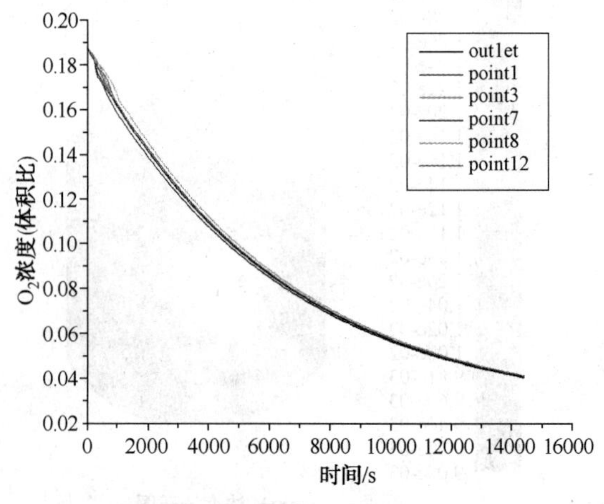

图 7.22 下进口 1500L/h 数值模拟各测量点 O_2浓度曲线

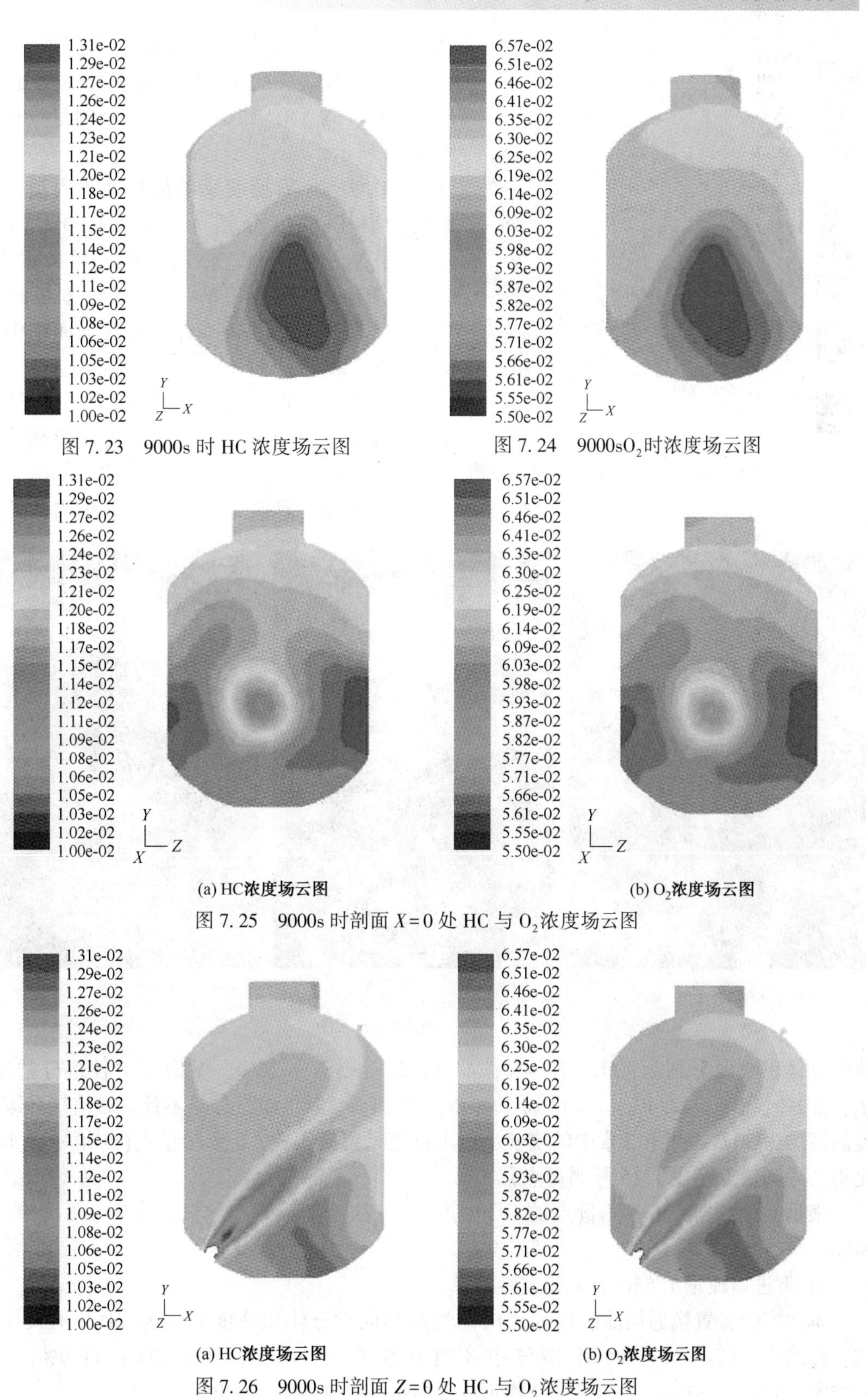

图 7.23　9000s 时 HC 浓度场云图

图 7.24　9000sO_2时浓度场云图

(a) HC浓度场云图　(b) O_2浓度场云图

图 7.25　9000s 时剖面 $X=0$ 处 HC 与 O_2浓度场云图

(a) HC浓度场云图　(b) O_2浓度场云图

图 7.26　9000s 时剖面 $Z=0$ 处 HC 与 O_2浓度场云图

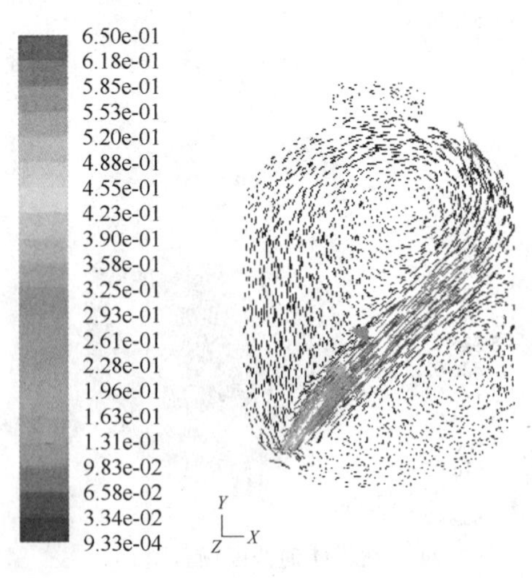

图 7.27　下进口流量 1500L/h 罐内速度矢量图

且近似在一个平面上，考虑油罐的对称性，选择了 6 个具有代表性的测量点。它们的编号分别是：出口、1#、3#、8#、7#、12#。6 个测量点位置如图 7.28 所示。

本次实验，置换通风前模拟油罐内油气及其他组分体积浓度分别为：O_2：15.0%；油气：5.45%，N_2：79.55%。燃惰气中各组分浓度为：O_2：2.3%；CO_2：12.3%；H_2O：6.3%；N_2：79.1%。其他组分忽略不计。燃惰气和罐内环境温度均为 29℃。

根据实验数据，将各测量点的 HC 浓度与 O_2 浓度实验数据绘图，如图 7.29、图 7.30 所示。

2）下进口流量 1m^3/h 下的实验结果

本次实验，置换通风前模拟油罐内油气及其他组分体积浓度分别为：O_2：18.4%；油气：5.6%，N_2：76%。燃惰气中各组分浓度为：O_2：2.2%；CO_2：12.4%；H_2O：6.3%；N_2：79.1%。其他组分忽略不计。燃惰气和罐内环境温度均为 30℃。按第 2 章中的实验步骤进行通风置换实验，6 个测量点(与第一次实验相比将 7 号测量点换成了 15 号测量点)。

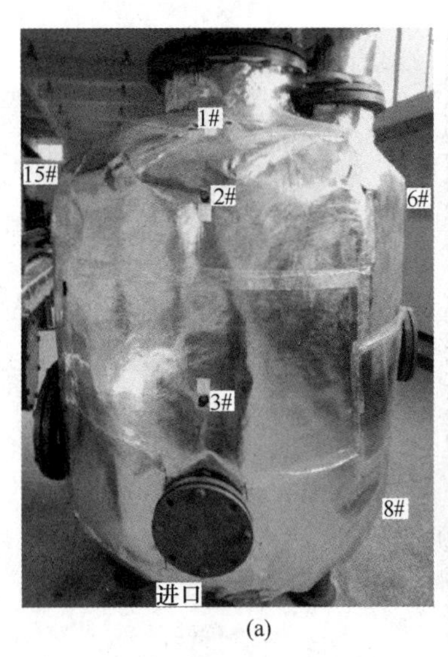

(a)

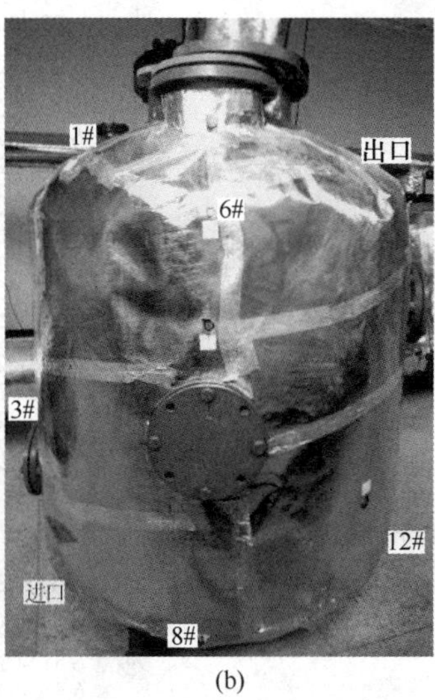

(b)

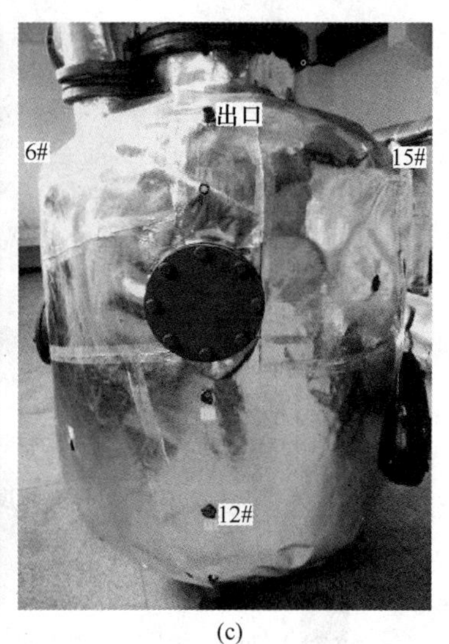

(c)

图 7.28　测量点分布图

根据实验数据，将各测量点的 HC 浓度与 O_2 浓度实验数据绘图，如图 7.31、图 7.32 所示。

3）下进口流量 1.5m^3/h 下的实验结果

本次实验，置换通风前模拟油罐内油气及其他组分体积浓度分别为：O_2：18.8%；油气：5.25%，N_2：75.95%。燃惰气中各组分浓度为：O_2：2.5%；CO_2：11.9%；H_2O：6.25%；N_2：79.35%。其他组分忽略不计。燃惰气和罐内环境温度均为 31℃。

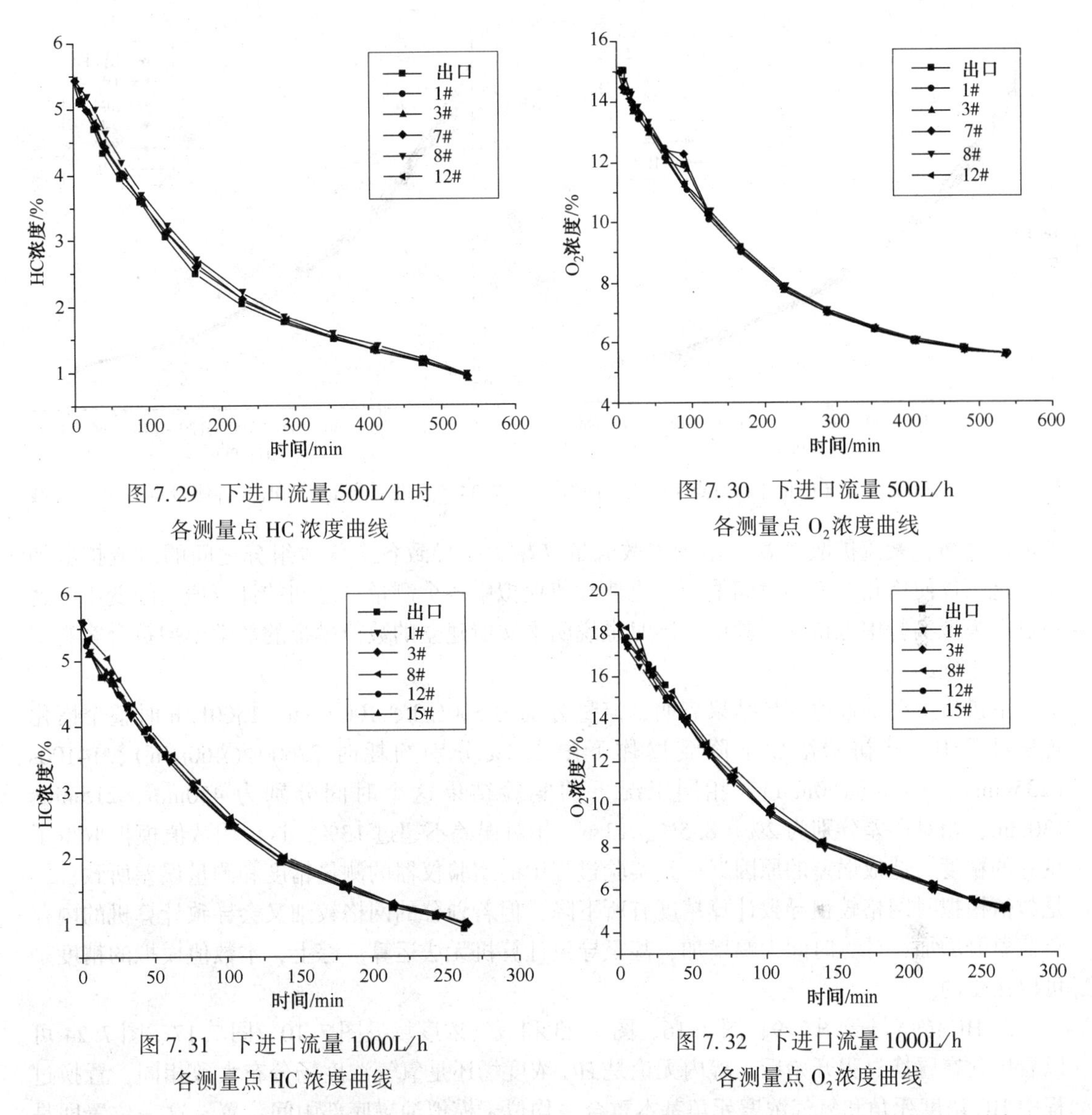

图7.29　下进口流量500L/h时各测量点HC浓度曲线

图7.30　下进口流量500L/h各测量点O_2浓度曲线

图7.31　下进口流量1000L/h各测量点HC浓度曲线

图7.32　下进口流量1000L/h各测量点O_2浓度曲线

根据实验数据，将各测量点的HC浓度与O_2浓度实验数据绘图，如图7.33、图7.34所示。

4）模拟数据与实验结果对比分析

由图7.7、图7.8、图7.14、图7.15、图7.21和图7.22可以看出，下进口，流量500L/h、1000L/h、1500L/h时的HC浓度与氧气浓度均与时间呈非线性规律变化，相同的流量下油气和氧气浓度与时间的变化趋势大致相同，各个测量点之间的变化曲线略微有所差别，各测量点浓度随时间变化快慢次序依次是上出口、7(15)#测量点、1#测量点、3#测量点、12#测量点、8#测量点。这一结果与相同工况下的实验结果一致。对比HC浓度-时间曲线图7.7、图7.14、图7.21和氧气浓度-时间曲线图7.8、图7.15、图7.22可以看出，随着流量的增大，数值模拟各个测量点浓度曲线之间的差别变小，在1500L/h时各个测量点的HC浓度-时间曲线和氧气浓度-时间曲线几乎重合。这是由于随着流量的增大，罐内流场的

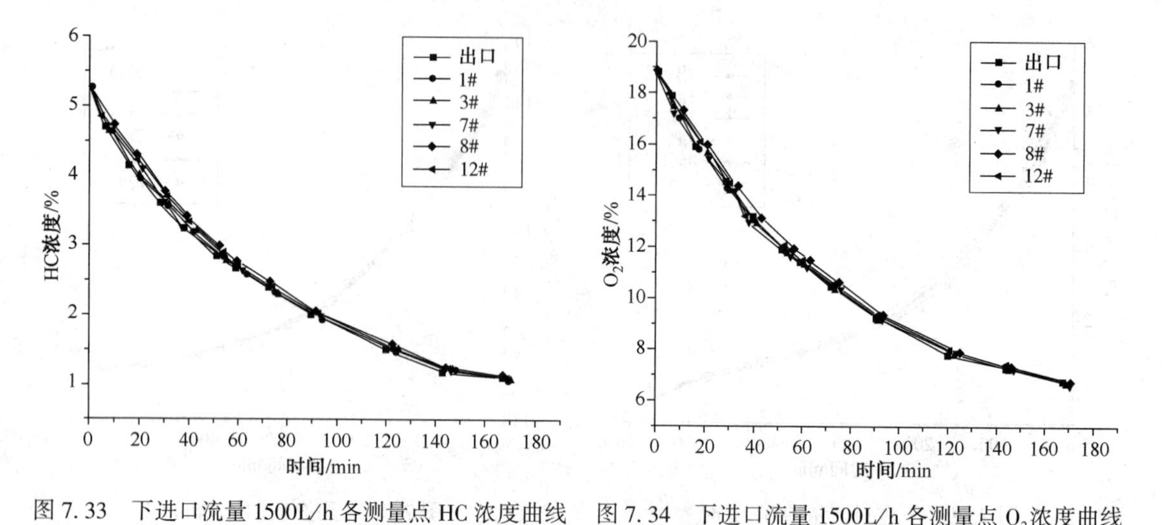

图 7.33　下进口流量 1500L/h 各测量点 HC 浓度曲线　图 7.34　下进口流量 1500L/h 各测量点 O_2浓度曲线

紊流度增强，紊流扩散率 D_t、紊流扩散流量 $\vec{J}$ 增大，导致各个气体组分之间的对流扩散加剧，这不仅使惰化置换的时间缩短，也使数值模拟中各个测量点之间的计算值差距变小。这一点在模拟实验中也得到了验证。同时也说明本文所建立的数值模拟的数学模型符合客观实际，是正确的。

下进口工况的数值模拟结果表明，流量分别为 500L/h、1000L/h、1500L/h 时整个惰化置换过程 HC 从初始浓度下降到爆炸下限 1.3% 分别约耗时 27600s（460min）、14100s（235min）、9000s（150min），相同工况下的实验结果这个时间分别为 450min，215min、130min，相对误差分别为 2%、8.5%、13%，相对误差不超过 13%，这说明数值模拟取得了良好的精度。造成误差的原因，一是实验过程中的实验仪器的测量精度和测量误差所致；二是数值模拟时网格较粗导致计算精度有所下降，但若划分的网格较细又会导致计算机的内存负荷急剧增加，计算时间大幅增加，甚至导致计算机无法运算。综上，本数值模拟的精度是可以接受的。

由 HC 浓度场云图 7.9、图 7.16、图 7.23 和氧气浓度场云图 7.10、图 7.17、图 7.24 可以看出，在置换过程开始后，罐内无论是 HC 浓度场还是氧气浓度场分布大致相同，置换过程中 HC 浓度死角和氧气浓度死角基本重合，均位于模拟油罐底部中间位置。这一位置即是模拟实验中的 8#测量点位置附近。从 $Z=0$、$X=0$ 处的剖面图可以看出，下进口条件下的惰化置换过程中的置换死角，以 $Z=0$ 平面为中心呈对称分布。在 500L/h 流量较小的工况下，置换死角沿罐底呈“凹”形状连续分布，如图 7.11、图 7.12 所示。而在 1000L/h、1500L/h 流量较大的工况下，由于大流量下罐内气体对流运动剧烈，从而在进口与出口之间形成了较强的卷吸，导致罐底部的置换死角范围变小，甚至消失，此时置换死角的位置只在靠近罐底部罐壁附近出现，因此流量 1000L/h、1500L/h 时的置换死角沿 $Z=0$ 平面对称分布在底部罐壁附近，如图 7.18、图 7.19 和图 7.25、图 7.26 所示。

下进口工况的数值模拟结果表明，小流量下的置换死角沿罐底呈“凹”形状连续分布，较大流量下置换死角沿 $Z=0$ 平面对称分布在底部罐壁附近。在实际工程中，惰化置换过程中出口处的油气和氧气浓度不能作为油罐惰化程度的判据，应该以置换死角处的油气和氧气浓度作为判据。一般来说，置换死角处的油气浓度和氧气浓度变化均要滞后于出口处油气浓

度和氧气浓度的变化速度。这些结论不仅与实验结论吻合，而且在实际工程中也有着十分重要的意义。

7.4.4.5　上进口流量1000L/h时的数值仿真结果

1）各个测量点的油气（HC）、O_2浓度-时间曲线

各个测量点的油气（HC）、O_2浓度-时间曲线如图7.35、图7.36所示。

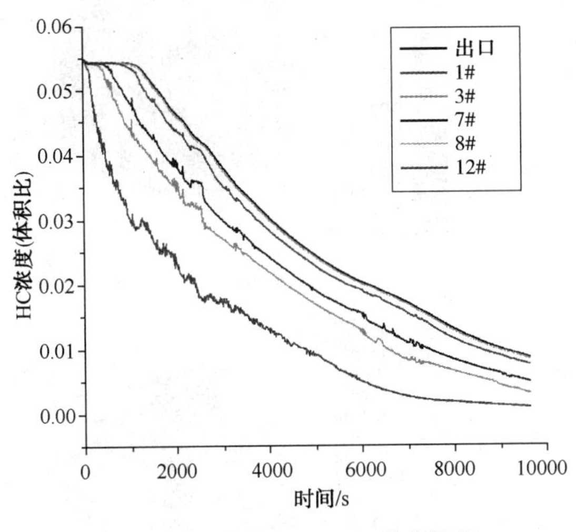

图7.35　上进口1000L/h数值模拟各测量点HC浓度曲线

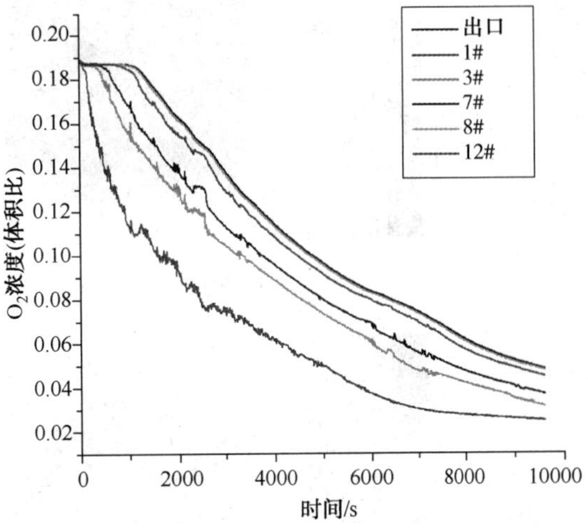

图7.36　上进口1000L/h数值模拟各测量点O_2浓度曲线

2）HC与O_2浓度场云图

图7.37(a)～(d)分别是300s(5min)、900s(15min)、3600s(60min)、7200s(120min)时刻罐内HC浓度场云图。可以明显看出上进口模拟工况下，密度较小的燃惰气从罐顶向罐底一层一层将油气置换出油罐，同时把油罐从罐顶向罐底惰化。

由数值模拟各个测量点的HC浓度-时间图可以看出在1000L/h流量下，罐内油气浓度下降到爆炸下限时耗时约8100s(135min)。此时，罐内HC、O_2浓度场分布云图如图7.38、图7.39所示。剖面$X=0$、$Z=0$处的HC、O_2浓度场分布如图7.40、图7.41所示。

3）罐内流场速度矢量图

本实验工况下的数值模拟速度矢量图如图7.42所示。

7.4.4.6　上进口工况数值模拟结果与实验结果对比分析

1）上进口流量$1m^3/h$下的实验结果

本次实验，置换通风前模拟油罐内油气及其他组分体积浓度分别为：O_2：18.7%；油气：5.45%，N_2：75.85%。燃惰气中各组分浓度为：O_2：2.0%；CO_2：12.69%；H_2O：6.15%；N_2：79.16%。其他组分忽略不计。燃惰气和罐内环境温度均为34℃。

根据实验数据，将各测量点的HC浓度与O_2浓度实验数据绘图，如图7.43、图7.44所示。

2）数值模拟与实验结果的对比分析

首先，由图7.35和图7.36看出，在上进口工况下，油气浓度—时间曲线和氧气浓度—时间曲线仍呈非线性关系变化，但是，各个测量点之间的浓度—时间曲线变化趋势具有较大

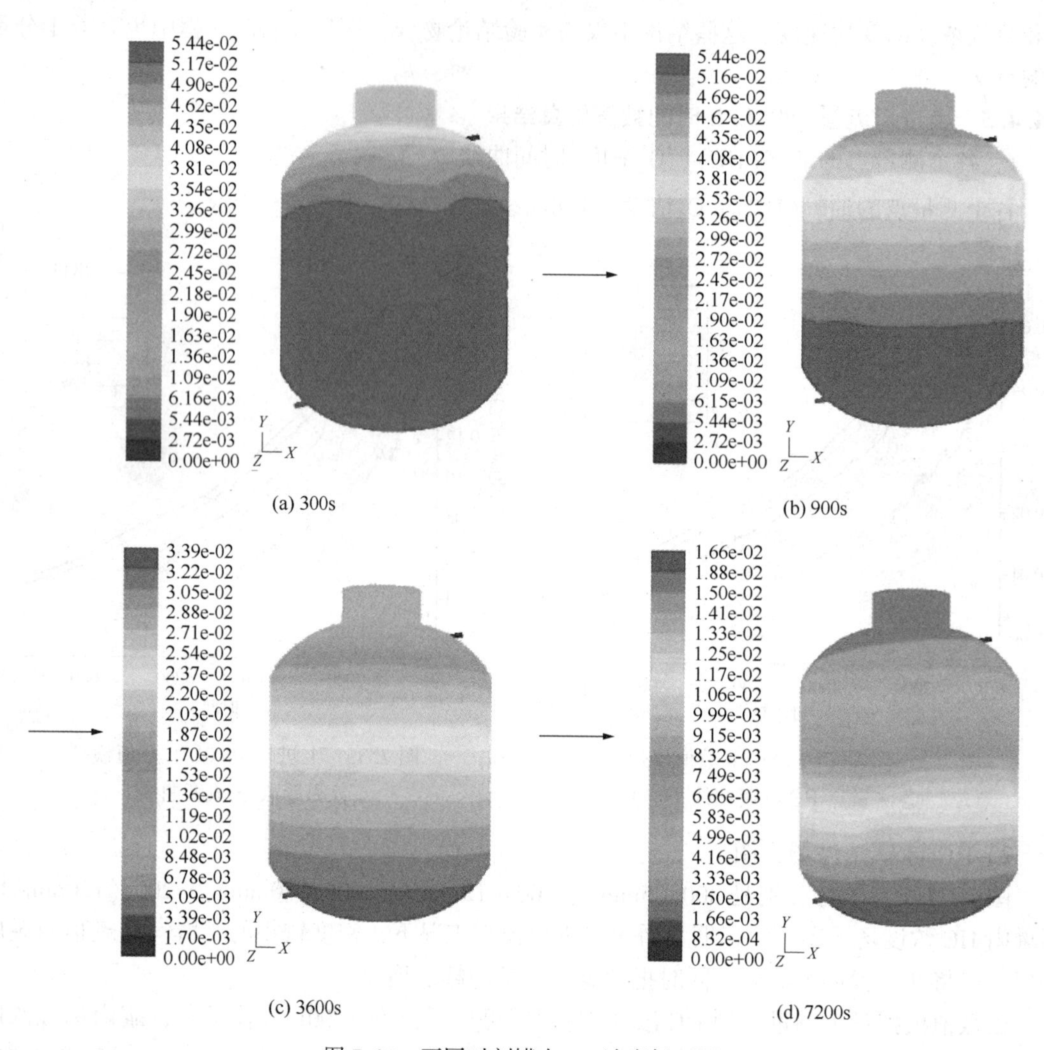

(a) 300s　　(b) 900s

(c) 3600s　　(d) 7200s

图 7.37　不同时刻罐内 HC 浓度场云图

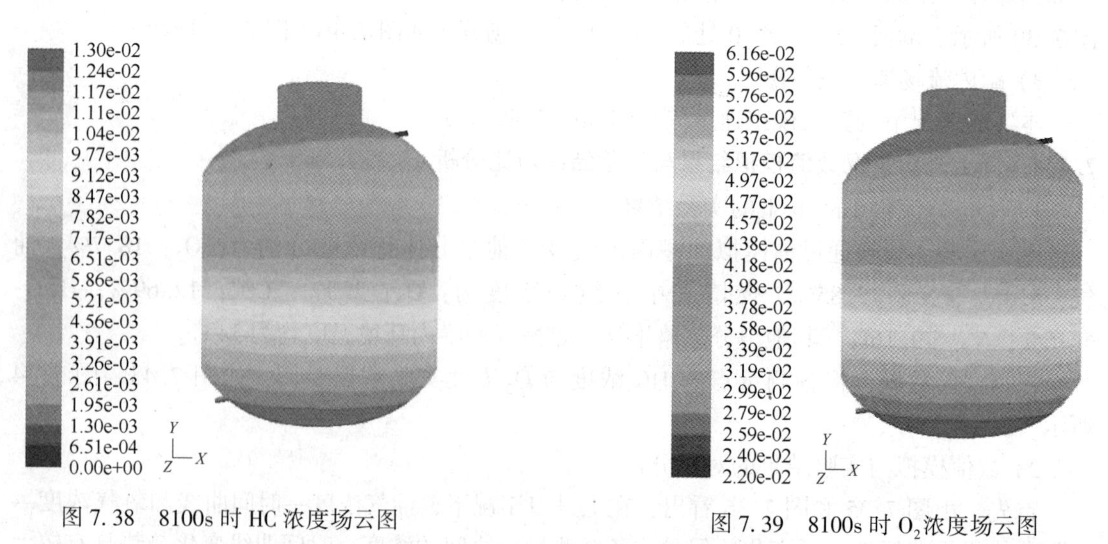

图 7.38　8100s 时 HC 浓度场云图

图 7.39　8100s 时 O_2浓度场云图

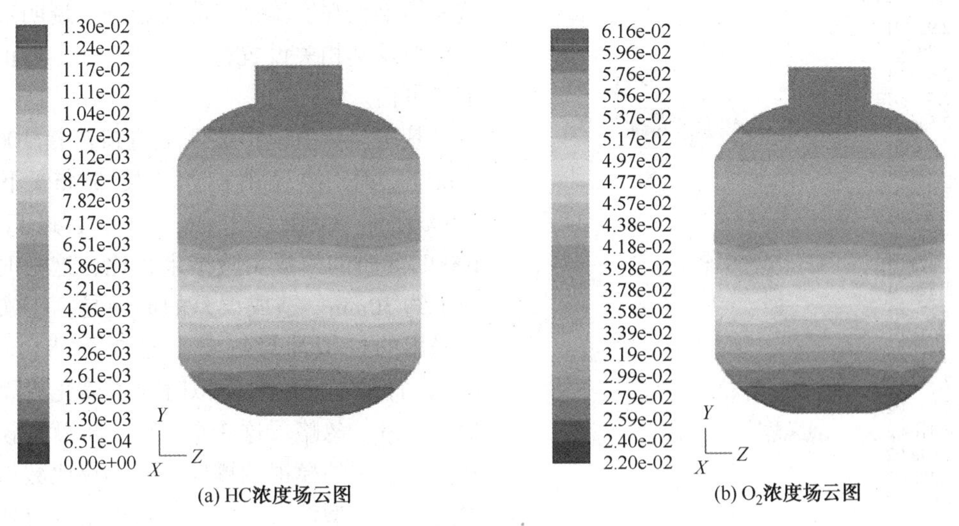

(a) HC浓度场云图　　(b) O_2浓度场云图

图 7.40　8100s 时剖面 $X=0$ 处 HC 与 O_2浓度场云图

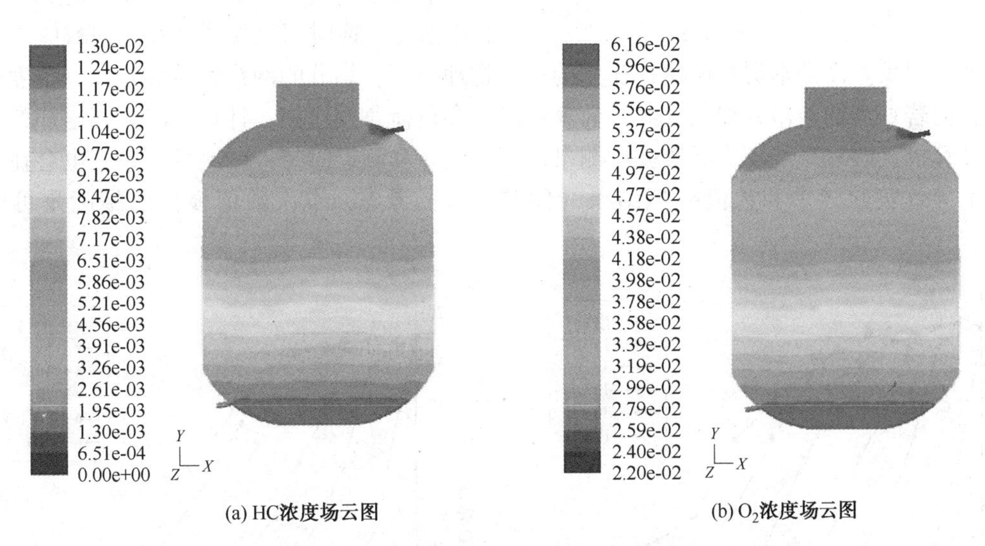

(a) HC浓度场云图　　(b) O_2浓度场云图

图 7.41　8100s 时剖面 $Z=0$ 处 HC 与 O_2浓度场云图

差异。以 1 号测量点下降趋势最大，出口测量点下降趋势最小，其他测量点介于这两者之间。各个测量点油气和氧气浓度随时间下降过程中，有不同程度的波动。以 1 号测量点波动最为强烈，出口处波动最小，其他测量点介于这两者之间。

详细考察各个测量点油气浓度变化的快慢，可以看出变化最快的是 1 号测量点，然后依次是 7 号测量点、3 号测量点、12 测量点、8 号测量点，下降变化最慢的是出口测量点。这个次序与各测量点所处的位置高度有关，1 号测量点最高，然后依次是 7 号测量点、3 号测量点、12 号测量点、8 号测量点和出口。造成这种现象的原因是由于，①燃惰气密度较小，油气密度较大，采用上进口、下出口惰化方式有利于油气的惰化置换；②在数值模拟过程中对控制方程压力项使用了 Body Force Weighted 格式的离散形式，并考虑了重力的影响，使得密度较轻的燃惰气从油罐上部，一层一层地将密度较重的油气从罐底部的出口排出，同时也将油罐从上到下一层一层地惰化。图 7.37 详细展示了不同时刻油罐惰化排出油气的过程。

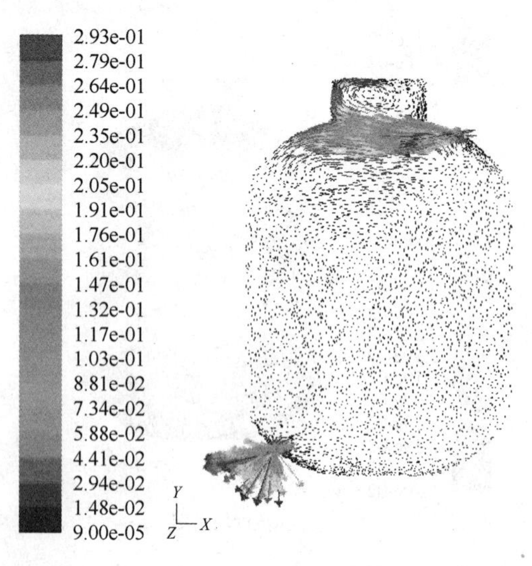

图 7.42　上进口流量 1000L/h 罐内速度矢量图

这一结果也与实验结果吻合较好，说明数值模拟模型及其相关设置符合客观实际，数值模拟结果可信。

其次，数值模拟表明上进口流量 1000L/h 工况下，HC 浓度由初始浓度 5.45% 下降到 1.3% 耗时 8100s（135min）。与上进口流量 1000L/h 时的模拟实验结果相比，这一时间提前了约 30min。造成误差的原因是：①实际实验采用的模拟油罐罐身上有 3 个凸台（观察窗），而在进行数值模拟时为了简化模型，减少计算量，忽略了这 3 个凸台。也就是说，实际实验采用的模拟油罐体积上不仅比数值模拟中的物理模型偏大，而且自身的结构也比数值模拟中的物理模型复杂。这无疑会造成实际实验中惰化置换时间比相同条件下的数值模拟惰化置换时间长。②是本文数值模拟建立的三维物理模型，划分的网格较粗导致计算精度有所下降，但若划分的网格较细又会导致计算机的内存负荷急剧增加，计算时间大幅增加，甚至导致计算机无法运算。③实际实验中测量仪器的误差和测量时带入的测量误差，也会在一定程度上导致实验结果和数值模拟结果的偏差。综上考虑，本次数值模拟的精度是可以接受的。

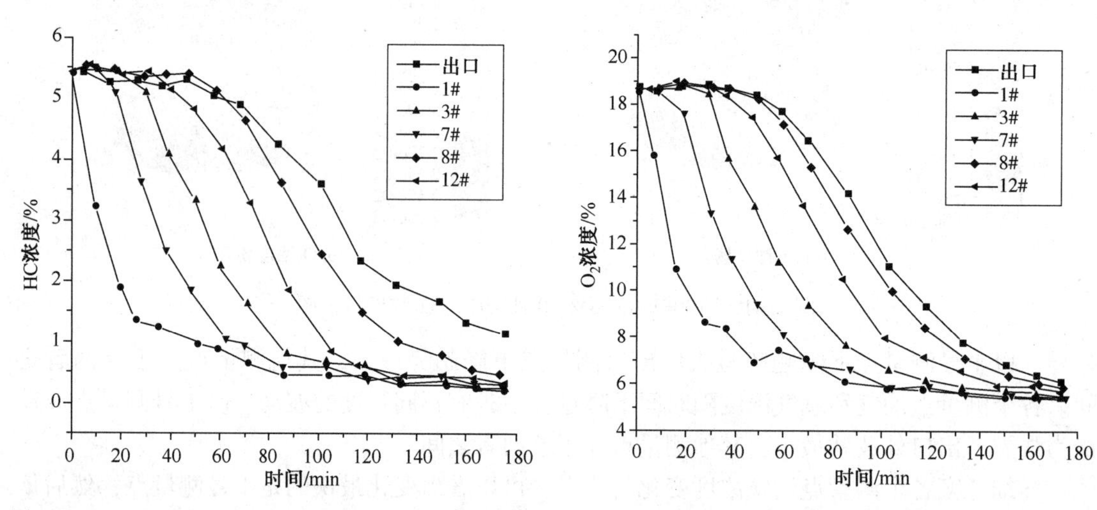

图 7.43　上进口流量 1000L/h 各测量点 HC 浓度曲线　图 7.44　上进口流量 1000L/h 各测量点 O_2浓度曲线

再次，数值模拟的结果同时也在理论上表明：流量 1000L/h 时惰化置换油罐，采用上进口的进气方式较采用下进口的进气方式惰化置换效率高。单从数值模拟的结果看，下进口流量 1000L/h 时惰化置换用时为 14100s（235min），而下进口流量 1000L/h 时惰化置换用时 8100s（135min），效率提高了 42.6%。从实际模拟实验看，下进口流量 1000L/h 时惰化置换用时为 12960s（216min），而下进口流量 1000L/h 时惰化置换用时 9900s（165min），效率提高了 24.6%。这不仅说明本文数值模拟和实际模拟实验较吻合外，也从理论上说明了采用上进口进气方式惰化置换油罐的高效性。

最后，三维数值模拟的 $X=0$ 剖面图 7.40 和 $Z=0$ 剖面图 7.41 表明，采用上进口进气方式惰化油罐，罐内气体从罐顶到罐底具有明显的浓度梯度，同一高度处罐内各气体组分浓度基本相同。即采用上进口进气方式惰化油罐时，沿油罐轴向从罐底到罐顶各气体组分浓度逐渐变小，沿油罐径向各气体组分浓度基本相同。

7.4.4.7 高温(100℃)流量 1000L/h 时的数值仿真结果

1）出口和 8 号测量点的油气(HC)、O_2浓度-时间曲线

出口和 8 号测量点的油气(HC)、O_2浓度-时间曲线如图 7.45、图 7.46 所示。

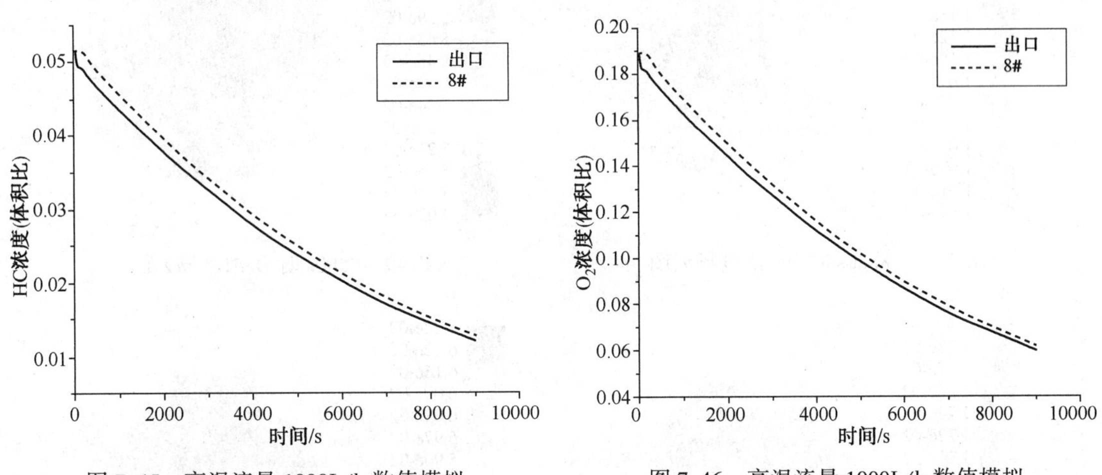

图 7.45 高温流量 1000L/h 数值模拟出口和 8 号测量点 HC 浓度曲线

图 7.46 高温流量 1000L/h 数值模拟出口和 8 号测量点 O_2浓度曲线

2）出口和 8 号测量点温度-时间曲线

数值模拟时设罐壁为绝热、静态、无滑移边界条件。出口和 8 号测量点温度—时间曲线如图 7.47 所示。

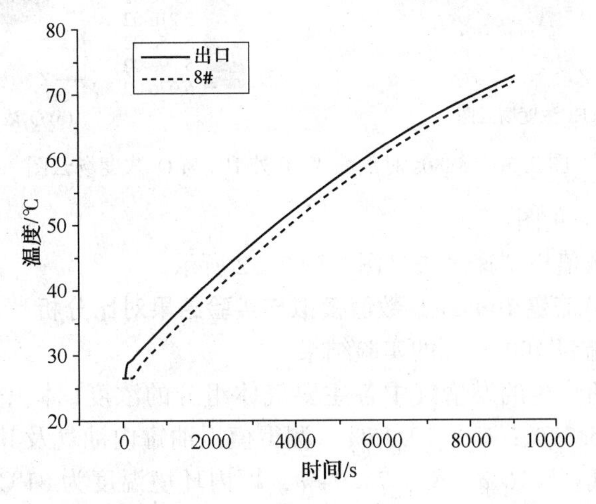

图 7.47 高温流量 1000L/h 数值模拟出口和 8 号测量点温度曲线

3）HC 与 O_2浓度场云图

由数值模拟出口和 8 号测量点的 HC 浓度-时间图可以看出在 1000L/h 流量下，罐内油

气浓度下降到爆炸下限时耗时约 8880s(148min)。此时，罐内 HC、O_2浓度场分布云图如图 7.48、图 7.49 所示。剖面 X=0、Z=0 处的 HC、O_2浓度场分布如图 7.50、图 7.51 所示。

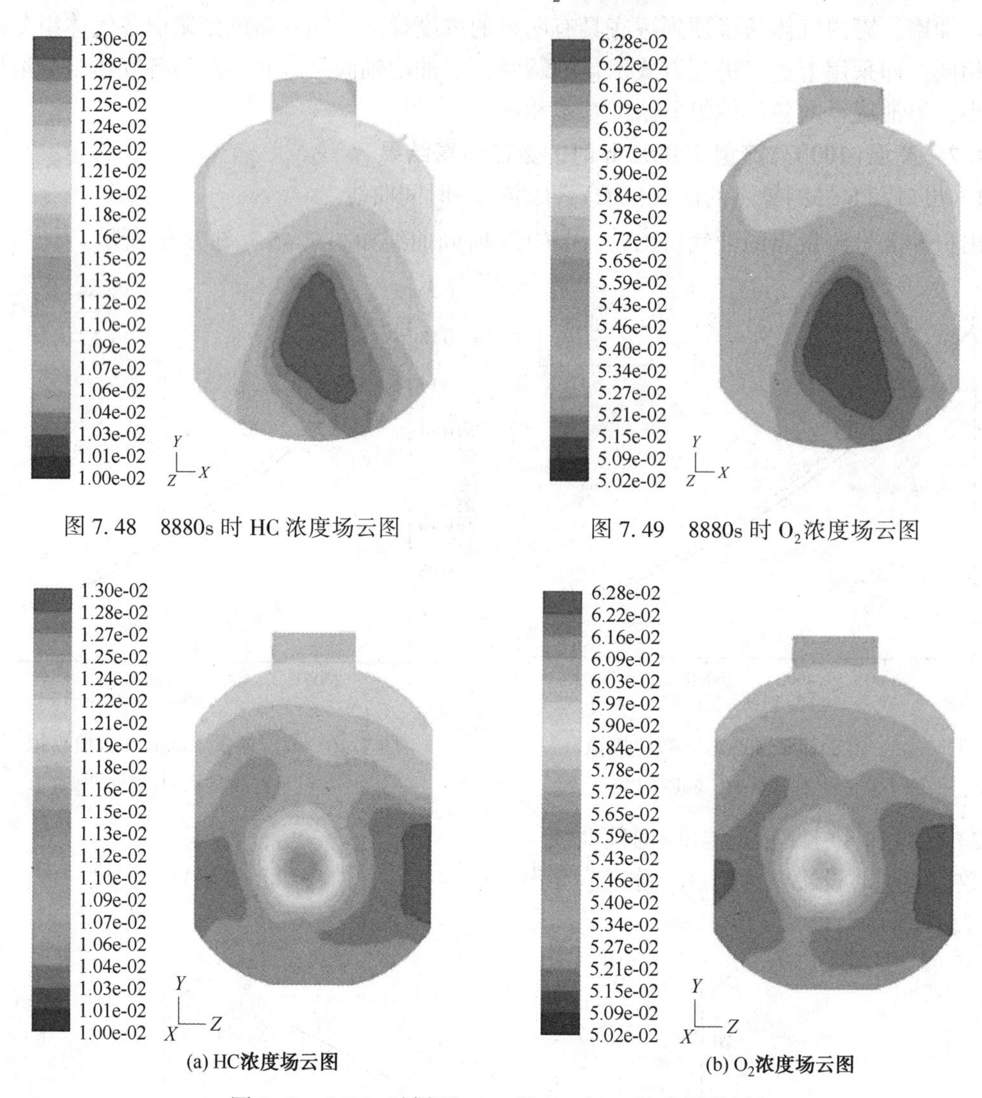

图 7.48　8880s 时 HC 浓度场云图

图 7.49　8880s 时 O_2浓度场云图

图 7.50　8880s 时剖面 $X=0$ 处 HC 与 O_2浓度场云图

4）罐内流场速度矢量图

本实验工况下的数值模拟速度矢量图如图 7.52 所示。

7.4.4.8　高温(100℃)流量 1000L/h 数值模拟与实验结果对比分析

1）高温(100℃)流量 1000L/h 的实验结果

实验前测得燃惰机产生的燃惰气中各主要气体组分的浓度(体积分数)为：O_2：2.0%；CO_2：12.5%；H_2O：6.32%；N_2：79.15%。测得模拟油罐内油气及其他组分体积浓度分别为：O_2：18.9%；油气：5.16%，N_2：75.94%，罐内环境温度为 31℃。本次实验将高温燃惰气直接通入模拟油罐内的油气环境中存在一定危险，发现无论是油气浓度还是氧气浓度，随时间变化最快的是上出口，随时间变化最慢的是 8 号测量点，故本次实验只重点监测测量了 8 号测量点和出口处的油气、氧气浓度以及温度值。根据实验数据，将各测量点的 HC 浓

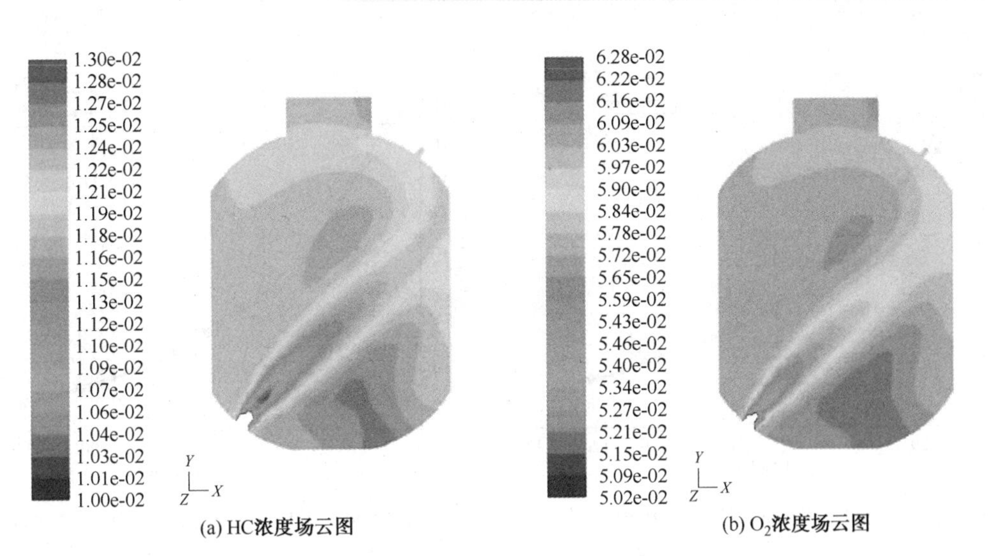

图 7.51　8880s 时剖面 $Z=0$ 处 HC 与 O_2 浓度场云图

度、O_2浓度和温度实验数据绘图，如图 7.53、图 7.54 和图 7.55 所示。

2）数值模拟结果与实验结果对比分析

从图 7.45、图 7.46 可以看出，流量 1000L/h 时，高温条件下整个油罐惰化置换过程，罐内油气从初始浓度下降到爆炸下限 1.3%时约耗时 8880s(148min)，相同工况下的模拟实验耗时 130min，数值模拟与实际实验相对误差为 13.8%，造成误差的原因为：①在对应的模拟实验中，以热线风速仪来测量高温燃惰气流量时，读出的数据为探头置入燃惰气出口管道内测量的数据，由于流体在管道内流速呈抛物线分布，测得的流速可能小于平均流速，由此计算出的流量可能较 1000L/h 要大，故造成了实际模拟实验惰化置换耗时小于数值模拟计算结果。②是本文数值模拟建立的三维物理模型，划分的网格较粗导致计算精度有所下降，但若划分的网格较细又会导致计算机的内存负荷急剧增加，计算时间大幅增加，甚至导致计算机无法运算。综上考虑，本次数值模拟的精度是可以接受的。

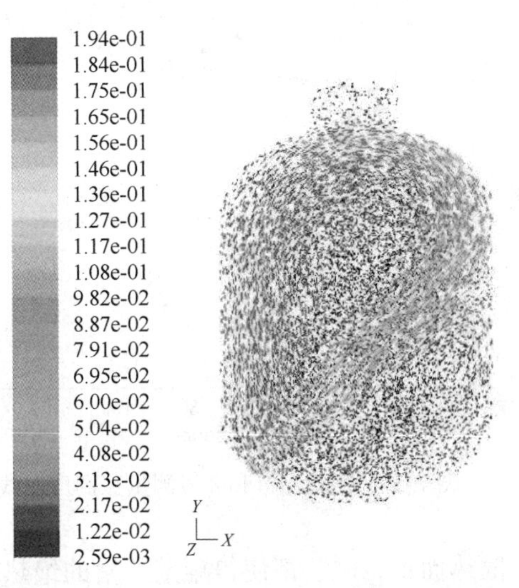

图 7.52　100℃、流量 1000L/h 罐内速度矢量图

数值模拟和实际实验的结果表明，流量 1000L/h 时，高温条件下惰化置换比室温条件下的惰化置换效率高(常温惰化耗时 235min，高温惰化耗时 148min)，原因很明显，在相同的流量下，惰化置换温度越高，气体分子具有的焓越高，而在计算对流扩散方程时，焓的输运 $\nabla\cdot\left[\sum_{i=1}^{n} h_i \vec{J}_i\right]$ 会对对流扩散通量 $\vec{J}_i$ 产生显著影响，此时 $\vec{J}_i$ 值增大，罐内各气体组分之间的对流扩散越剧烈，因此高温条件下惰化置换耗时要小于常温条件下，惰化置换效率也高于常温条件下。

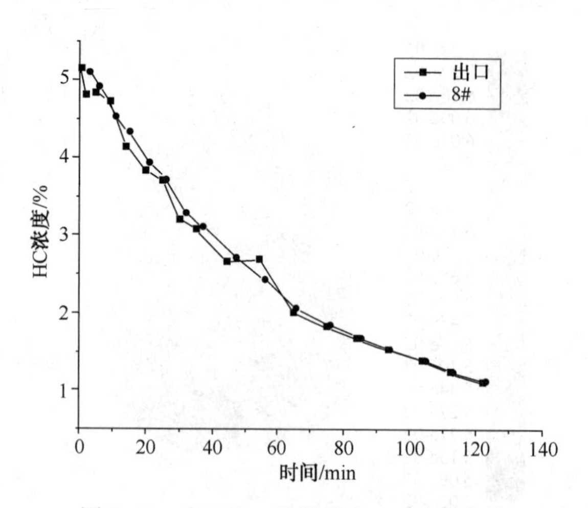

图 7.53　出口和 8 号测量点 HC 浓度曲线

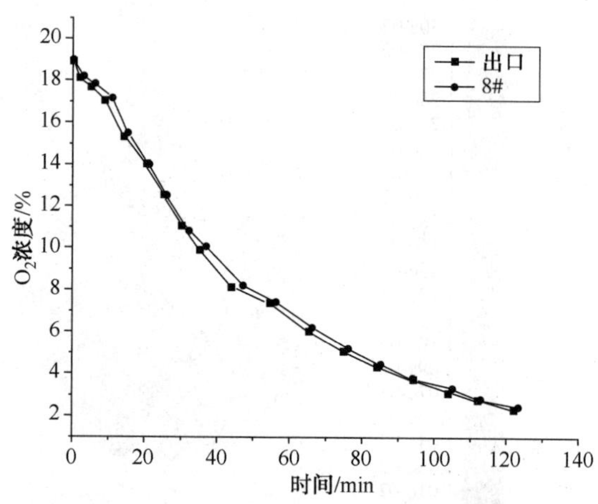

图 7.54　出口和 8 号测量点 O_2浓度曲线

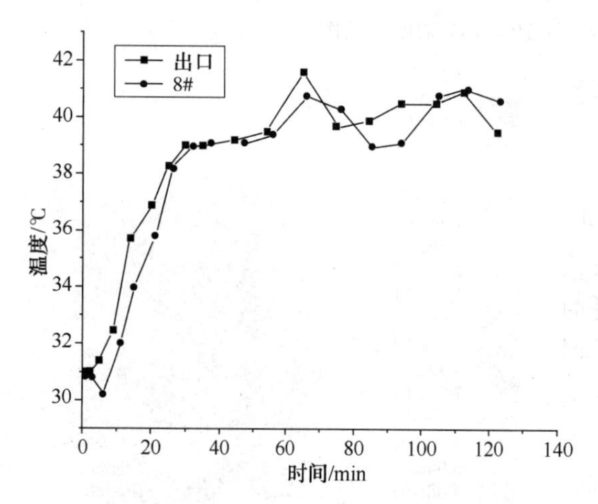

图 7.55　实验出口和 8 号测量点温度曲线

图 7.47 表明，在惰化置换开始后，出口和 8 号测量点温度一直上升，在惰化置换结束时，出口和 8 号测量点温度为分别为 73℃和 72℃，8 号测量点温度的上升一致滞后于出口。在实际实验中，出口和 8#测量点最终温度维持在 39~42℃，这与模拟实验差别较大。主要原因为：数值模拟时设置壁面边界条件为绝热、静态、无滑移，而实际模拟实验时无法达到严格的绝热条件。实际实验中虽然模拟油罐装上了保温层，但实际上不可能达到真正的绝热，特别是模拟油罐罐壁为 7mm 钢制材料，导热系数较大，再加上实际模拟油罐还有 3 个观察窗，这又增加了散热面积。这些都使得罐壁严格的绝热条件无法达到。但是，从图 7.47 可以看出，8#测量点温度上升一直滞后于出口，这一点与模拟实验中得出的结论相吻合。这说明高温条件下的惰化置换数值模拟建立的模型是合理的，反映了一定的客观实际。

图 7.48~图 7.51 表明高温条件下的惰化置换死角位置相比常温条件下稍微有所向 Y 轴正向偏移。这主要是由于，此时罐内气体运动造成的卷吸在 Y 轴正向一侧比负向一侧剧烈。但是与常温条件下相比，置换死角的位置基本上没有发生变化。

7.4.5　小结

本节对各种工况下的燃惰气油罐油气惰化置换通风过程进行了数值模拟，深入讨论了燃惰气油罐油气惰化置换通风的机理与规律。与实验结果的对比分析与验证表明，本节数值模拟所建立的数学模型是正确的，符合客观实际，数值模拟的结果也是合理正确的。同时，本节数值模拟研究得出的重要结论对燃惰气油罐油气惰化置换通风技术的工程应用具有重要的指导参考价值。

参 考 文 献

[1] 庞晓华 . 伊拉克油气工业现状概述[R]. 中国石油和化工经济分析 . 2005(14). 60-64.
[2] 舒先林 . 科索沃和阿富汗：美国争夺石油利益的战略通道[R]. 石油化工技术经济 . 2005，21(2). 15-21.
[3] 刘爱国 . 大型原油库区消防建设的探讨[J]. 油气储运，1997，16(4)：33-36.
[4] 王梦蓉 . 美国特拉华市炼油厂火灾爆炸事故[J]. 安防科技与安全经理人，2004. 9：25-27.
[5] 国内事故案例[R]. 安全健康环境，2004，4(10)：42.
[6]《北京晚报》[N]，2005 年 3 月 24 日报道 .
[7]《大公报》[N]，2005 年 12 月 12 日报道 .
[8]《北京青年报》[N]，2005 年 12 月 12 日报道 .
[9] 中国新闻网、华声国际传媒[N]，2009 年 2 月 2 日报道 .
[10] 大公网[N]，2009 年 9 月 30 日讯 .
[11] 新华社、《兰州晨报》[N]，2010 年 1 月 9 日报道 .
[12] 中新网[N]，2010 年 07 月 04 日讯 .
[13] 新华网[N]，大连 7 月 20 日电(记者蔡拥军、傅兴宇).
[14] 陈思维，杜扬 . 惰性气体抑制管道中可燃气体爆炸的数值模拟[J]. 天然气工业，2006，26(10)：137-139.
[15] 王春，张德良，姜宗林 . 爆轰波平面掠惰性气体界面及其解耦现象的数值模拟[J]. 爆炸与冲击，2006，26(6)：556-561.
[16] 王建，段吉员，谭多望，文尚刚 . 氢氧混合气体爆炸临界条件实验研究[J]. 矿业安全与环保 . 2008，34(10)：26-28.
[17] Domnina Razus，Maria Molnarne，Codina Movileanu，Adriana Irimia. Estimation of LOC (limiting oxygen concentration) of fuel-air-inert mixtures at elevated temperatures by means of adiabatic flame temperatures[J]. Chemical Engineering and Processing，2006，(45)：193-197.
[18] 王华，葛玲梅，邓军 . 惰性气体抑制矿井瓦斯爆炸的实验研究[J]. 矿业安全与环保，2008，35(1)：4-7.
[19] 王永国，吴国栋，卢洪斌，孙珠妹 . 氮气对 $CH_3NO_2+O_2$ 快速反应抑制机理的研究[J]. 原子与分子物理学报，1996，13(3)：343-347.
[20] 邱燕，高广伟，罗海珠 . 充注惰气抑制矿井火灾区瓦斯爆炸机理[J]. 煤矿安全，2003，34(2)：8-11.
[21] 邬凤英，庄汉锐，邬渊文，张宝林 . 氮气压力和稀释剂对燃烧合成β-sialon 的影响[J]. 无机材料学报，1997，12(2)：187-190.
[22] 冯长根，2003 年我国事故与灾害状况综述[J]. 环境与安全学报，2005，5(1)：1-8.
[23] Gang Dong，Baochun Fan，Bo Xie，Jingfang Ye. Experimental investi-gation and numerical validationof explosion suppression by inertparticles in large-scale duct[J]. Proceedings of the Combustion Ins-titute，2005，(30)：2361-2368.
[24] Maria Molnarne，Peter Mizsey，Volkmar Schroder. Flammability of gas mixt-ures. Part 2：Influence of inert gases[J]. Journal of Hazardous Materials，2005，(A121)：45-49.
[25] Domnina Razus，Venera Brinzea，Maria Mitu，Codina Movileanu，Dumitru Oance. Inerting effect of the combustion products on the confined deflagration of liquefied petroleum gas-air mixtures[J]. Journal of Loss Prevention in the Process Industries，2009，(22)：463-468.
[26] Pawel Kosinski. Numerical investigation of explosion suppression by inertparticles in straight ducts[J]. Journal

of Hazardous Materials，2008，（154）：981-991.
[27] 彭世尼，孙知音．燃气储罐置换过程的数学分析[J]．煤气与热力，2000，20(5)：338-344.
[28] 董文庚，苏昭桂．三元组分图在储罐退役惰化设计过程中的应用[J]．中国安全生产科学技术，2007，3(4)：37-39.
[29] 郑素君．采用惰性气体对容器管道置换的三种方法[J]．深冷技术，2001，（5）：21-24.
[30] 钟圣俊，S. Radandt，李刚，史建业．惰化设计方法及其在煤粉干燥工艺中的应用[J]．东北大学学报(自然科学版)，2007，28(1)：119-121.
[31] 侯翠萍，马承伟．Fluent 在研究温室通风中的应用[J]．农机化学研究，2007，（7）：5-9.
[32] 闫小康，王利军．Fluent 软件在通风工程中的应用[J]．煤矿机械，2005，（11）：153-155.
[33] 牟国栋，詹淑慧，赵懋林．置换通风与 CFD 数值模拟[J]．建筑节能，2009，37(215)：36-39.
[34] 杨毅峰，樊建春，张来斌．基于 fluent 的气罐泄漏仿真在油气安全中的应用[J]．江汉大学学报，2006，34(4)：66-68.
[35] 黄琴，蒋军成．液化天然气泄漏扩散实验的 CFD 模拟验证[J]．工业安全与环保，2008，43(1)：21-24.
[36] H. Schlichting，Boundary Layer Theory，8th ed[M]. McGrawHill，New York，1979.
[37] 温正，石良辰，任毅如．FLUENT 流体计算应用教程[M]．北京：清华大学出版社，2009.
[38] 王福军．计算流体动力学分析—CFD 软件原理与应用[M]．北京：清华大学出版社，2004.
[39] S. V. Patankar，D. B. Spalding，A calculation process for heat，mass and mome-ntum transfer in three dimensional parabolic flows[J]. Int J Heat Mass Transf-er，15：1787-1806，1972.

附录I　组分热力学属性系数

热力学属性系数	a_{1k}	a_{2k}	a_{3k}	a_{4k}	a_{5k}	a_{6k}	a_{7k}
C							
1000~5000K	2.6021E+00	-1.7871E-04	9.0870E-08	-1.1499E-11	3.3108E-16	8.5422E+04	4.1952E+00
300~1000K	2.4986E+00	8.0858E-05	-2.6977E-07	3.0407E-10	-1.1067E-13	8.5459E+04	4.7535E+00
C_2							
1000~5000K	4.1360E+00	6.5316E-05	1.8371E-07	-5.2951E-11	4.7121E-15	9.9673E+04	7.4729E-01
300~1000K	6.9960E+00	-7.4006E-03	3.2347E-06	4.8025E-09	-3.2959E-12	9.8975E+04	-1.3862E+01
C_2H							
1000~4000K	3.9864E+00	3.1431E-03	-1.2672E-06	2.9244E-10	-2.7163E-14	6.6559E+04	1.1911E+00
300~1000K	2.7377E+00	8.0484E-03	-9.2443E-06	6.5253E-09	-1.9396E-12	6.6838E+04	7.3002E+00
CH							
1000~5000K	2.1962E+00	2.3404E-03	-7.0582E-07	9.0076E-11	-3.8550E-15	7.0867E+04	9.1784E+00
300~1000K	3.2002E+00	2.0729E-03	-5.1344E-06	5.7339E-09	-1.9555E-12	7.0453E+04	3.3316E+00
C_2H_2							
1000~5000K	4.4368E+00	5.3760E-03	-1.9128E-06	3.2864E-10	-2.1567E-14	2.5668E+04	-2.8003E+00
300~1000K	2.0136E+00	1.5190E-02	-1.6163E-05	9.0790E-09	-1.9127E-12	2.6124E+04	8.8054E+00
C_2H_3							
1671~5000K	3.9605E+00	7.9943E-03	-2.8561E-06	4.5835E-10	-2.7257E-14	3.3515E+04	2.2566E+00
300~1671K	2.7393E+00	7.0301E-03	2.3665E-06	-3.5957E-09	8.9176E-13	3.4287E+04	1.0153E+01
C_2H_4							
1000~5000K	3.5284E+00	1.1485E-02	-4.4184E-06	7.8446E-10	-5.2668E-14	4.4283E+03	2.2304E+00
300~1000K	-8.6149E-01	2.7962E-02	-3.3887E-05	2.7852E-08	-9.7379E-12	5.5730E+03	2.4211E+01
C_2H_5							
1375~5000K	5.6012E+00	1.0698E-02	-3.6350E-06	5.6182E-10	-3.2491E-14	1.1454E+04	-7.0225E+00
300~1375K	1.4737E+00	1.6361E-02	-4.3290E-06	-1.1727E-09	5.7233E-13	1.3333E+04	1.6635E+01
C_2O							
1000~5000K	4.8498E+00	2.9476E-03	-1.0907E-06	1.7926E-10	-1.1158E-14	3.2821E+04	-6.4532E-01
300~1000K	3.3689E+00	8.2418E-03	-8.7651E-06	5.5693E-09	-1.5400E-12	3.3171E+04	6.7133E+00
C_3H_2							
1000~45000K	7.6710E+00	2.7487E-03	-4.3709E-07	-6.4556E-11	1.6639E-14	6.2597E+04	-1.2369E+01
150~1000K	3.1667E+00	2.4826E-02	-4.5916E-05	4.2680E-08	-1.4822E-11	6.3504E+04	8.8694E+00
PC_3H_4							
1400~4000K	9.7681E+00	5.2192E-03	-3.7531E-07	-2.9922E-10	5.1079E-14	1.8603E+04	-3.0207E+01

续表

热力学属性系数	a_{1k}	a_{2k}	a_{3k}	a_{4k}	a_{5k}	a_{6k}	a_{7k}
300~1400K	3. 0297E+00	1. 4990E-02	-1. 3985E-06	-3. 9696E-09	1. 3882E-12	2. 1484E+04	8. 0046E+00
C_3H_6							
1000~5000K	6. 7323E+00	1. 4908E-02	-4. 9499E-06	7. 2120E-10	-3. 7662E-14	-9. 2357E+02	-1. 3313E+01
300~1000K	1. 4933E+00	2. 0925E-02	4. 4868E-06	-1. 6689E-08	7. 1581E-12	1. 0748E+03	1. 6145E+01
C_4H_{10}							
1500~4000K	1. 9988E+01	1. 0373E-02	-9. 6108E-07	-4. 6230E-10	8. 2028E-14	-2. 6256E+04	-8. 8379E+01
300~1500K	-2. 2566E+00	5. 8817E-02	-4. 5258E-05	2. 0371E-08	-4. 0795E-12	-1. 7602E+04	3. 3296E+01
C_4H_8							
1000~5000K	2. 0536E+00	3. 4351E-02	-1. 5883E-05	3. 3090E-09	-2. 5361E-13	-2. 1397E+03	1. 5543E+01
300~1000K	1. 1811E+00	3. 0853E-02	5. 0865E-06	-2. 4655E-08	1. 1110E-11	-1. 7904E+03	2. 1062E+01
CH_2CHCCH							
1000~4000K	1. 0698E+01	6. 9820E-03	-6. 5677E-07	-3. 8845E-10	7. 2009E-14	3. 0348E+04	-3. 1284E+01
300~1000K	3. 2339E+00	1. 8656E-02	1. 2703E-06	-9. 4101E-09	2. 9561E-12	3. 3011E+04	9. 9227E+00
C_3H_5							
1378~5000K	9. 7576E+00	1. 0062E-02	-3. 4061E-06	5. 2570E-10	-3. 0392E-14	1. 5285E+04	2. 8624E+01
300~1378K	9. 7301E-01	2. 8182E-02	-1. 6294E-05	3. 9619E-09	-2. 2570E-13	1. 8523E+04	1. 9320E+01
$CH_2CHCHCH$							
1000~4000K	1. 2866E+01	7. 9434E-03	-8. 6265E-07	-4. 6556E-10	8. 9511E-14	3. 7836E+04	-4. 1825E+01
300~1000K	2. 9952E+00	2. 2885E-02	1. 9755E-06	-1. 1482E-08	3. 1978E-12	4. 1422E+04	1. 2895E+01
$CH_2CHCHCH_2$							
1000~4000K	1. 2544E+01	9. 5965E-03	-9. 1870E-07	-5. 4296E-10	1. 0054E-13	8. 5973E+03	-4. 2175E+01
300~1000K	1. 9316E+00	2. 4790E-02	3. 0181E-06	-1. 1547E-08	2. 5866E-12	1. 2555E+04	1. 7020E+01
CH_2CO							
1000~5000K	6. 0388E+00	5. 8048E-03	-1. 9210E-06	2. 7945E-10	-1. 4589E-14	-8. 5834E+03	-7. 6576E+00
300~1000K	2. 9750E+00	1. 2119E-02	-2. 3450E-06	-6. 4667E-09	3. 9056E-12	-7. 6326E+03	8. 6736E+00
CH_2HCO							
1000~5000K	5. 9757E+00	8. 1306E-03	-2. 7436E-06	4. 0703E-10	-2. 1760E-14	4. 9032E+02	-5. 0453E+00
300~1000K	3. 4091E+00	1. 0739E-02	1. 8915E-06	-7. 1586E-09	2. 8674E-12	1. 5215E+03	9. 5583E+00
CH_2OH							
1410~5000K	6. 0013E+00	4. 9872E-03	-1. 6095E-06	2. 4023E-10	-1. 3558E-14	-3. 5016E+03	-6. 9284E+00
300~1410K	2. 6007E+00	1. 2845E-02	-8. 3380E-06	2. 7573E-09	-3. 5704E-13	-2. 3348E+03	1. 1327E+01
CH_3							
1000~5000K	2. 8441E+00	6. 1380E-03	-2. 2303E-06	3. 7852E-10	-2. 4522E-14	1. 6438E+04	5. 4527E+00
300~1000K	2. 4304E+00	1. 1124E-02	-1. 6802E-05	1. 6218E-08	-5. 8650E-12	1. 6424E+04	6. 7898E+00
CH_3CO							
1000~5000K	5. 6123E+00	8. 4499E-03	-2. 8541E-06	4. 2384E-10	-2. 2684E-14	-5. 1879E+03	-3. 2749E+00

续表

热力学属性系数	a_{1k}	a_{2k}	a_{3k}	a_{4k}	a_{5k}	a_{6k}	a_{7k}
300~1000K	3.1253E+00	9.7782E-03	4.5214E-06	-9.0095E-09	3.1937E-12	-4.1085E+03	1.1229E+01
CH_3HCO							
1000~5000K	5.8687E+00	1.0794E-02	-3.6455E-06	5.4129E-10	-2.8968E-14	-2.2646E+04	-6.0129E+00
300~1000K	2.5057E+00	1.3370E-02	4.6720E-06	-1.1281E-08	4.2636E-12	-2.1246E+04	1.3351E+01
CH_3O							
1000~3000K	3.7708E+00	7.8715E-03	-2.6564E-06	3.9444E-10	-2.1126E-14	1.2783E+02	2.9296E+00
300~1000K	2.1062E+00	7.2166E-03	5.3385E-06	-7.3776E-09	2.0756E-12	9.7860E+02	1.3152E+01
CH_3OH							
1000~5000K	4.0291E+00	9.3766E-03	-3.0503E-06	4.3588E-10	-2.2247E-14	-2.6158E+04	2.3782E+00
300~1000K	2.6601E+00	7.3415E-03	7.1701E-06	-8.7932E-09	2.3906E-12	-2.5353E+04	1.1233E+01
CH_4							
1000~5000K	1.6835E+00	1.0237E-02	-3.8751E-06	6.7856E-10	-4.5034E-14	-1.0081E+04	9.6234E+00
300~1000K	7.7874E-01	1.7477E-02	-2.7834E-05	3.0497E-08	-1.2239E-11	-9.8252E+03	1.3722E+01
CO							
1000~5000K	3.0251E+00	1.4427E-03	-5.6308E-07	1.0186E-10	-6.9110E-15	-1.4268E+04	6.1082E+00
300~1000K	3.2625E+00	1.5119E-03	-3.8818E-06	5.5819E-09	-2.4750E-12	-1.4311E+04	4.8489E+00
CO_2							
1000~5000K	4.4536E+00	3.1402E-03	-1.2784E-06	2.3940E-10	-1.6690E-14	-4.8967E+04	-9.5540E-01
300~1000K	2.2757E+00	9.9221E-03	-1.0409E-05	6.8667E-09	-2.1173E-12	-4.8373E+04	1.0188E+01
H							
1000~5000K	2.5000E+00	0.0000E+00	0.0000E+00	0.0000E+00	0.0000E+00	2.5472E+04	-4.6012E-01
300~1000K	2.5000E+00	0.0000E+00	0.0000E+00	0.0000E+00	0.0000E+00	2.5472E+04	-4.6012E-01
H_2							
1000~5000K	2.9914E+00	7.0006E-04	-5.6338E-08	-9.2316E-12	1.5828E-15	-8.3503E+02	-1.3551E+00
300~1000K	3.2981E+00	8.2494E-04	-8.1430E-07	-9.4754E-11	4.1349E-13	-1.0125E+03	-3.2941E+00
H_2CCCH							
1000~4000K	8.8310E+00	4.3572E-03	-4.1091E-07	-2.3687E-10	4.3765E-14	3.8474E+04	-2.1779E+01
300~1000K	4.7542E+00	1.1080E-02	2.7933E-07	-5.4792E-09	1.9496E-12	3.9889E+04	5.8545E-01
H_2O							
1000~5000K	2.6721E+00	3.0563E-03	-8.7303E-07	1.2010E-10	-6.3916E-15	-2.9899E+04	6.8628E+00
300~1000K	3.3868E+00	3.4750E-03	-6.3547E-06	6.9686E-09	-2.5066E-12	-3.0208E+04	2.5902E+00
H_2O_2							
1000~5000K	4.5732E+00	4.3361E-03	-1.4747E-06	2.3489E-10	-1.4317E-14	-1.8007E+04	5.0114E-01
300~1000K	3.3888E+00	6.5692E-03	-1.4850E-07	-4.6258E-09	2.4715E-12	-1.7663E+04	6.7854E+00
HCCHCCH							
1000~4000K	1.0753E+01	5.3812E-03	-5.5496E-07	-3.0523E-10	5.7617E-14	6.1214E+04	-2.9730E+01

续表

热力学属性系数	a_{1k}	a_{2k}	a_{3k}	a_{4k}	a_{5k}	a_{6k}	a_{7k}
300~1000K	4.1539E+00	1.7263E-02	-2.3894E-07	-1.0187E-08	4.3405E-12	6.3381E+04	6.0365E+00
HCCO							
1000~4000K	6.7581E+00	2.0004E-03	-2.0276E-07	-1.0411E-10	1.9652E-14	1.9015E+04	-9.0713E+00
300~1000K	5.0480E+00	4.4535E-03	2.2683E-07	-1.4821E-09	2.2507E-13	1.9659E+04	4.8184E-01
HCCOH							
1000~4000K	7.3283E+00	3.3364E-03	-3.0247E-07	-1.7811E-10	3.2452E-14	7.5983E+03	-1.4012E+01
300~1000K	3.8995E+00	9.7011E-03	-3.1193E-07	-5.5377E-09	2.4657E-12	8.7012E+03	4.4919E+00
HCO							
1000~5000K	3.5573E+00	3.3456E-03	-1.3350E-06	2.4706E-10	-1.7139E-14	3.9163E+03	5.5523E+00
300~1000K	2.8983E+00	6.1991E-03	-9.6231E-06	1.0898E-08	-4.5749E-12	4.1599E+03	8.9836E+00
HO_2							
1451~5000K	4.5831E+00	1.7273E-03	-6.1918E-07	9.9194E-11	-5.8822E-15	3.1337E+01	3.4620E-01
300~1451K	3.4763E+00	2.2047E-03	1.5684E-06	-2.1276E-09	5.8314E-13	6.1707E+02	7.02308516e
O							
1000~5000K	2.5421E+00	-2.7551E-05	-3.1028E-09	4.5511E-12	-4.3681E-16	2.9231E+04	4.9203E+00
300~1000K	2.9464E+00	-1.6382E-03	2.4210E-06	-1.6028E-09	3.8907E-13	2.9148E+04	2.9640E+00
O_2							
1000~5000K	3.6976E+00	6.1352E-04	-1.2588E-07	1.7753E-11	-1.1364E-15	-1.2339E+03	3.1892E+00
300~1000K	3.2129E+00	1.1275E-03	-5.7562E-07	1.3139E-09	-8.7686E-13	-1.0052E+03	6.0347E+00
OH							
1000~5000K	2.8827E+00	1.0140E-03	-2.2769E-07	2.1747E-11	-5.1263E-16	3.8869E+03	5.5957E+00
300~1000K	3.6373E+00	1.8509E-04	-1.6762E-06	2.3872E-09	-8.4314E-13	3.6068E+03	1.3589E+00
CHOCHO							
1396~5000K	9.7544E+00	4.9765E-03	-1.7441E-06	2.7559E-10	-1.6197E-14	-2.9583E+04	-2.4804E+01
300~1396K	1.8811E+00	2.3639E-02	-1.8344E-05	6.8484E-09	-9.9273E-13	-2.6928E+04	1.7299E+01
CH_3CHCO							
1392~5000K	9.4039E+00	9.9099E-03	-3.3413E-06	5.1379E-10	-2.9610E-14	-1.4277E+04	-2.4290E+01
300~1392K	2.6919E+00	2.4976E-02	-1.6171E-05	5.4639E-09	-7.6250E-13	-1.1876E+04	1.1990E+01
CH_2CHCO							
1391~5000K	9.4811E+00	7.7771E-03	-2.7116E-06	4.2650E-10	-2.4972E-14	3.2086E+03	-2.4292E+01
300~1391K	7.8337E-01	2.9035E-02	-2.2885E-05	9.2565E-09	-1.5221E-12	6.1341E+03	2.2086E+01
CH_2							
1350~5000K	3.4431E+00	2.3264E-03	-5.3315E-07	5.7404E-11	-2.4269E-15	4.5938E+04	3.2348E+00
300~1350K	3.4962E+00	2.2026E-03	-4.2383E-07	1.3648E-11	4.3194E-15	4.5919E+04	2.9496E+00
CH_3CCCH_2							
1000~4000K	1.1565E+01	8.0303E-03	-7.6495E-07	-4.4765E-10	8.3133E-14	3.2568E+04	-3.0141E+01

续表

热力学属性系数	a_{1k}	a_{2k}	a_{3k}	a_{4k}	a_{5k}	a_{6k}	a_{7k}
300~1000K	5.0685E+00	1.5717E-02	2.9690E-06	-4.9906E-09	-2.9842E-13	3.5189E+04	6.7919E+00
CH_2CHCCH_2							
1000~4000K	1.1998E+01	7.9906E-03	-8.0982E-07	-4.5687E-10	8.6369E-14	3.2285E+04	-3.5285E+01
300~1000K	3.8794E+00	1.9977E-02	1.8728E-06	-9.3070E-09	2.3861E-12	3.5269E+04	9.8422E+00
H_2CCCCH							
1380~5000K	1.0622E+01	6.9608E-03	-2.3711E-06	3.6729E-10	-2.1282E-14	5.4531E+04	-2.7089E+01
300~1380K	6.2901E+00	1.7306E-02	-1.2583E-05	5.2981E-09	-9.7406E-13	5.6088E+04	-3.7753E+01
PC_4H_9							
1391~5000K	1.2585E+01	1.9211E-02	-6.5733E-06	1.0206E-09	-5.9213E-14	1.5340E+03	-4.2565E+01
300~1391K	-5.6378E-02	4.7467E-02	-3.0948E-05	1.0773E-08	-1.5944E-12	6.1217E+03	2.5897E+01
N_2							
1000~5000K	2.9266E+00	1.4880E-03	-5.6848E-07	1.0097E-10	-6.7534E-15	-9.2280E+02	5.9805E+00
300~1000K	3.2987E+00	1.4082E-03	-3.9632E-06	5.6415E-09	-2.4449E-12	-1.0209E+03	3.9504E+00
CH_2O							
1000~5000K	2.9956E+00	6.6813E-03	-2.6290E-06	4.7372E-10	-3.2125E-14	-1.5320E+04	6.9126E+00
300~1000K	1.6527E+00	1.2631E-02	-1.8882E-05	2.0500E-08	-8.4132E-12	-1.4865E+04	1.3785E+01
C_2H_6							
1000~4000K	4.8259E+00	1.3840E-02	-4.5573E-06	6.7250E-10	-3.5982E-14	-1.2718E+04	-5.2395E+00
300~1000K	1.4625E+00	1.5495E-02	5.7805E-06	-1.2578E-08	4.5863E-12	-1.1239E+04	1.4432E+01
C_4H_2							
1000~5000K	9.0314E+00	6.0473E-03	-1.9488E-06	2.7549E-10	-1.3856E-14	5.2947E+04	-2.3851E+01
300~1000K	4.0052E+00	1.9810E-02	-9.8659E-06	-6.6352E-09	6.0774E-12	5.4241E+04	1.8457E+00
CH_2CHCCH_2							
1000~4000K	1.1998E+01	7.9906E-03	-8.0982E-07	-4.5687E-10	8.6369E-14	3.2285E+04	-3.5285E+01
300~1000K	3.8794E+00	1.9977E-02	1.8728E-06	-9.3070E-09	2.3861E-12	3.5269E+04	9.8422E+00
PC_4H_9							
1391~5000K	1.2585E+01	1.9211E-02	-6.5733E-06	1.0206E-09	-5.9213E-14	1.5340E+03	-4.2565E+01
300~1391K	-5.6378E-02	4.7467E-02	-3.0948E-05	1.0773E-08	-1.5944E-12	6.1217E+03	2.5897E+01
C_4H_7							
1000~5000K	5.5214E+00	2.6837E-02	-1.2864E-05	3.0886E-09	-3.0309E-13	1.1980E+04	-4.4824E+00
300~1000K	-1.0805E+00	4.6387E-02	-3.4647E-05	1.4014E-08	-2.3950E-12	1.3755E+04	2.9345E+01
CH_3CH_2CCH							
1000~4000K	1.2007E+01	9.5761E-03	-8.9950E-07	-5.3698E-10	9.9342E-14	1.7294E+04	-3.8027E+01
300~1000K	3.7260E+00	2.0535E-02	3.0214E-06	-8.1318E-09	1.0953E-12	2.0488E+04	8.5388E+00
C_3H_8							
1000~5000K	7.5252E+00	1.8890E-02	-6.2839E-06	9.1794E-10	-4.8124E-14	-1.6465E+04	-1.7844E+01

续表

热力学属性系数	a_{1k}	a_{2k}	a_{3k}	a_{4k}	a_{5k}	a_{6k}	a_{7k}
300~1000K	8.9692E-01	2.6690E-02	5.4314E-06	2.1260E-08	9.2433E-12	-1.3955E+04	1.9355E+01
C_3H_7							
1373~5000K	9.7356E+00	1.4330E-02	-4.8811E-06	7.5630E-10	-4.3838E-14	5.6700E+03	-2.7841E+01
300~1373K	5.8636E-01	3.2102E-02	-1.6952E-05	3.9899E-09	-2.8751E-13	9.2600E+03	2.2663E+01
CH_3CHCCH_2							
1390~5000K	1.0504E+01	1.4124E-02	-4.8064E-06	7.4363E-10	-4.3040E-14	1.3770E+04	-3.1992E+01
300~1390K	1.1314E+00	3.4494E-02	-2.1442E-05	6.8420E-09	-8.9424E-13	1.7204E+04	1.8930E+01
HCOH							
1398~5000K	9.1875E+00	1.5201E-03	-6.2760E-07	1.0973E-10	-6.8966E-15	7.8136E+03	-2.7343E+01
300~1398K	-2.8216E+00	3.5733E-02	-3.8086E-05	1.8621E-08	-3.4596E-12	1.1296E+04	3.4849E+01

附录Ⅱ 化学方程和 Arrhenius 系数

（k=AT＊＊Bexp（-E/RT））

序列	化学方程式	A	B	E	数据来源	时间/年
1	$OH+H_2=H+H_2O$	2.14E+08	1.5	3449	Marinov	1995
2	$O+OH=O_2+H$	2.02E+14	-0.4	0	Marinov	1995
3	$O+H_2=OH+H$	5.06E+04	2.7	6290	Marinov	1995
4	$H+O_2(+m)=HO_2(+m)$	4.52E+13	0	0	Marinov	1995
	Low pressure limit	1.05E+19	-1.26E+00	0.00E+00	Marinov	1995
	H_2O	Enhanced by	0.00E+00			
	H_2	Enhanced by	0.00E+00			
	N_2	Enhanced by	0.00E+00			
	CH_4	Enhanced by	1.00E+01			
	CO_2	Enhanced by	3.80E+00			
	CO	Enhanced by	1.90E+00			
5	$H+O_2(+N_2)=HO_2(+N_2)$	4.52E+13	0	0	Marinov	1995
	Low pressure limit	2.03E+20	-1.59E+00	0.00E+00	Marinov	1995
6	$H+O_2(+H_2)=HO_2(+H_2)$	4.52E+13	0	0	Marinov	1995
	low pressure limit	1.52E+19	-1.13E+00	0.00E+00	Marinov	1995
7	$H+O_2(+H_2O)=HO_2(+H_2O)$	4.52E+13	0	0	Marinov	1995
	low pressure limit	2.10E+23	-2.44E+00	0.00E+00	Marinov	1995
8	$OH+HO_2=H_2O+O_2$	2.13E+28	-4.8	3500	Hippler	1995
9	$H+HO_2=OH+OH$	1.50E+14	0	1000	Marinov	1995
10	$H+HO_2=H_2+O_2$	8.45E+11	0.7	1241	Marinov	1995
11	$H+HO_2=O+H_2O$	3.01E+13	0	1721	Marinov	1995
12	$O+HO_2=O_2+OH$	3.25E+13	0	0	Marinov	1995
13	$OH+OH=O+H_2O$	3.57E+04	2.4	-2112	Marinov	1995
14	$H+H+m=H_2+m$	1.00E+18	-1	0	Marinov	1995
	H_2O	Enhanced by	0.00E+00			
	H_2	Enhanced by	0.00E+00			
15	$H+H+H_2=H_2+H_2$	9.20E+16	-0.6	0	Marinov	1995
16	$H+H+H_2O=H_2+H_2O$	6.00E+19	-1.2	0	Marinov	1995
17	$H+OH+m=H_2O+m$	2.21E+22	-2	0	Marinov	1995
	H_2O	Enhanced by	6.40E+00			
18	$H+O+m=OH+m$	4.71E+18	-1	0	Marinov	1995

续表

序列	化学方程式	A	B	E		数据来源	时间/年
	H_2O	Enhanced by	6.40E+00				
19	$O+O+m=O_2+m$	1.89E+13	0	−1788		Marinov	1995
20	$HO_2+HO_2=H_2O_2+O_2$	1.30E+11	0	−1629		Marinov	
21	$OH+OH(+m)=H_2O_2(+m)$	1.24E+14	−0.4	0		Marinov	1995
	low pressure limit	3.04E+30	−4.63E+00	2.05E+03			
	TROE Centering:	4.70E−01	1.00E+02	2.00E+03	1.00E+15		
22	$H_2O_2+H=HO_2+H_2$	1.98E+06	2	2435		Marinov	1995
23	$H_2O_2+H=OH+H_2O$	3.07E+13	0	4217		Marinov	1995
24	$H_2O_2+O=OH+HO_2$	9.55E+06	2	3970		Marinov	1995
25	$H_2O_2+OH=H_2O+HO_2$	2.40E+00	4	−2162		Marinov	1995
26	$CH_3+H(+m)=CH_4(+m)$	2.14E+15	−0.4	0		Tsang	1986
	low pressure limit	3.31E+30	−4.00E+00	2.11E+03			
	TROE Centering:	0.00E+00	1.00E−15	1.00E−15	4.00E+01		
	H_2O	Enhanced by	5.00E+00				
	H_2	Enhanced by	2.00E+00				
	CO_2	Enhanced by	3.00E+00				
	CO	Enhanced by	2.00E+00				
27	$CH_4+H=CH_3+H_2$	2.20E+04	3	8750		Miller	1992
28	$CH_4+OH=CH_3+H_2O$	4.19E+06	2	2547		Marinov	1995
29	$CH_4+O=CH_3+OH$	6.92E+08	1.6	8485		Marinov	1995
30	$CH_4+HO_2=CH_3+H_2O_2$	1.12E+13	0	24640		Marinov	1995
31	$CH_3+HO_2=CH_3O+OH$	7.00E+12	0	0		Troe	1993
32	$CH_3+HO_2=CH_4+O_2$	3.00E+12	0	0		Marinov	1995
33	$CH_3+O=CH_2O+H$	8.00E+13	0	0		Marinov	1995
34	$CH_3+O_2=CH_3O+O$	1.45E+13	0	29209		Klatt	1991
35	$CH_3+O_2=CH_2O+OH$	2.51E+11	0	14640		Marinov	1995
36	$CH_3O+H=CH_3+OH$	1.00E+14	0	0		Miller	1992
37	$CH_3+OH=CH_2+H_2O$	3.00E+06	2	2500		Marinov	1996
38	$CH_3+OH=CH_2O+H_2$	2.25E+13	0	4300		(b)	
39	$CH_3+H=CH_2+H_2$	9.00E+13	0	15100		Miller	1992
40	$CH_3+m=CH+H_2+m$	6.90E+14	0	82469		Markus	1992
41	$CH_3+m=CH_2+H+m$	1.90E+16	0	91411		Markus	1992
42	$CH_3O+m=CH_2O+H+m$	5.45E+13	0	13497		Choudhury	1990
43	$CH_3O+H=CH_2O+H_2$	2.00E+13	0	0		Miller	1992
44	$CH_3O+OH=CH_2O+H_2O$	1.00E+13	0	0		Miller	1992
45	$CH_3O+O=CH_2O+OH$	1.00E+13	0	0		Miller	1992

续表

序列	化学方程式	A	B	E	数据来源	时间/年
46	$CH_3O+O_2=CH_2O+HO_2$	6. 30E+10	0	2600	Miller	1992
47	$CH_2+H=CH+H_2$	1. 00E+18	−1. 6	0	Miller	1992
48	$CH_2+OH=CH+H_2O$	1. 13E+07	2	3000	Miller	1992
49	$CH_2+OH=CH_2O+H$	2. 50E+13	0	0	Miller	1992
50	$CH_2+CO_2=CH_2O+CO$	1. 10E+11	0	1000	Miller	1992
51	$CH_2+O=CO+H+H$	5. 00E+13	0	0	Miller	1992
52	$CH_2+O=CO+H_2$	3. 00E+13	0	0	Miller	1992
53	$CH_2+O_2=CH_2O+O$	3. 29E+21	−3. 3	2868	(f)	
54	$CH_2+O_2=CO_2+H+H$	3. 29E+21	−3. 3	2868	(f)	
55	$CH_2+O_2=CO_2+H_2$	1. 01E+21	−3. 3	1508	(f)	
56	$CH_2+O_2=CO+H_2O$	7. 28E+19	−2. 5	1809	(f)	
57	$CH_2+O_2=HCO+OH$	1. 29E+20	−3. 3	284	(f)	
58	$CH_2+CH_3=C_2H_4+H$	4. 00E+13	0	0	Miller	1992
59	$CH_2+CH_2=C_2H_2+H+H$	4. 00E+13	0	0	Miller	1992
60	$CH_2+HCCO=C_2H_3+CO$	3. 00E+13	0	0	Miller	1992
61	$CH_2+C_2H_2=H_2CCCH+H$	1. 20E+13	0	6600	Miller	1992
62	$CH+O_2=HCO+O$	3. 30E+13	0	0	Miller	1992
63	$CH+O=CO+H$	5. 70E+13	0	0	Miller	1992
64	$CH+OH=HCO+H$	3. 00E+13	0	0	Miller	1992
65	$CH+OH=C+H_2O$	4. 00E+07	2	3000	Miller	1992
66	$CH+CO_2=HCO+CO$	3. 40E+12	0	690	Miller	1992
67	$CH+H=C+H_2$	1. 50E+14	0	0	Miller	1992
68	$CH+H_2O=CH_2O+H$	1. 17E+15	−0. 8	0	Miller	1992
69	$CH+CH_2O=CH_2CO+H$	9. 46E+13	0	−515	Miller	1992
70	$CH+C_2H_2=C_3H_2+H$	1. 00E+14	0	0	Miller	1992
71	$CH+CH_2=C_2H_2+H$	4. 00E+13	0	0	Miller	1992
72	$CH+CH_3=C_2H_3+H$	3. 00E+13	0	0	Miller	1992
73	$CH+CH_4=C_2H_4+H$	6. 00E+13	0	0	Miller	1992
74	$C+O_2=CO+O$	2. 00E+13	0	0	Miller	1992
75	$C+OH=CO+H$	5. 00E+13	0	0	Miller	1992
76	$C+CH_3=C_2H_2+H$	5. 00E+13	0	0	Miller	1992
77	$C+CH_2=C_2H+H$	5. 00E+13	0	0	Miller	1992
78	$CH_2O+OH=HCO+H_2O$	3. 43E+09	1. 2	−447	Miller	1992
79	$CH_2O+H=HCO+H_2$	2. 19E+08	1. 8	3000	Miller	1992
80	$CH_2O+m=HCO+H+m$	3. 31E+16	0	81000	Miller	1992
81	$CH_2O+O=HCO+OH$	1. 80E+13	0	3080	Miller	1992

续表

序列	化学方程式	A	B	E		数据来源	时间/年
82	$HCO+O_2=HO_2+CO$	7.58E+12	0	410		Timonen	1988
83	$HCO+m=H+CO+m$	1.86E+17	-1	17000		Timonen	1987
	H_2O	Enhanced by	5.00E+00				
	H_2	Enhanced by	1.87E+00				
	CO_2	Enhanced by	3.00E+00				
	CO	Enhanced by	1.87E+00				
	CH_4	Enhanced by	2.81E+00				
84	$HCO+OH=H_2O+CO$	1.00E+14	0	0		Miller	1992
85	$HCO+H=CO+H_2$	1.19E+13	0.2	0		Miller	1992
86	$HCO+O=CO+OH$	3.00E+13	0	0		Miller	1992
87	$HCO+O=CO_2+H$	3.00E+13	0	0		Miller	1992
88	$CO+OH=CO_2+H$	9.42E+03	2.2	-2351		(g)	
89	$CO+O+m=CO_2+m$	6.17E+14	0	3000		Miller	1992
90	$CO+O_2=CO_2+O$	2.53E+12	0	47688		Miller	1992
91	$CO+HO_2=CO_2+OH$	5.80E+13	0	22934		Miller	1992
92	$C_2H_5+H=C_2H_4+H_2$	1.25E+14	0	8000		Marinov	1995
93	$C_2H_5+H=CH_3+CH_3$	3.00E+13	0	0		Warnatz	1984
94	$C_2H_5+OH=C_2H_4+H_2O$	4.00E+13	0	0		Marinov	1995
95	$C_2H_5+O=CH_3+CH_2O$	1.00E+14	0	0		Herron	1988
96	$C_2H_5+HO_2=CH_3+CH_2O+OH$	3.00E+13	0	0		Marinov	1995
97	$C_2H_5+O_2=C_2H_4+HO_2$	3.00E+20	-2.9	6760		Marinov	1995
98	$C_2H_4+H=C_2H_3+H_2$	3.36E-07	6	1692		Dagaut	1990
99	$C_2H_4+OH=C_2H_3+H_2O$	2.02E+13	0	5936		Miller	1992
100	$C_2H_4+O=CH_3+HCO$	1.02E+07	1.9	179		Baulch	1994
101	$C_2H_4+O=CH_2HCO+H$	3.39E+06	1.9	179		Baulch	1994
102	$C_2H_4+CH_3=C_2H_3+CH_4$	6.62E+00	3.7	9500		Marinov	1995
103	$C_2H_4+H(+m)=C_2H_5(+m)$	1.08E+12	0.5	1822		Feng	1993
	low pressure limit	1.11E+34	-5.00E+00	4.45E+03		(H)	
	TROE Centering:	1.00E+00	1.00E-15	9.50E+01	2.00E+02		
	H_2O	Enhanced by	5.00E+00				
	H_2	Enhanced by	2.00E+00				
	CO_2	Enhanced by	3.00E+00				
	CO	Enhanced by	2.00E+00				
104	$C_2H_4(+m)=C_2H_2+H_2(+m)$	1.80E+13	0	76000		Towell	1961
	low pressure limit	1.50E+15	0.00E+00	5.54E+04		Kiefer	1983
105	$C_2H_4(+m)=C_2H_3+H(+m)$	2.00E+16	0	110000		Dean	1985

续表

序列	化学方程式	A	B	E		数据来源	时间/年
	low pressure limit	1.40E+15	0.00E+00	8.18E+04	/	Kiefer	1983
106	$C_2H_3+H=C_2H_2+H_2$	4.00E+13	0	0		Miller	1992
107	$C_2H_3+O=CH_2CO+H$	3.00E+13	0	0		Miller	1992
108	$C_2H_3+O_2=CH_2O+HCO$	1.70E+29	-5.3	6500		Marinov	1998
109	$C_2H_3+O_2=CH_2HCO+O$	3.50E+14	-0.6	5260		Marinov	1998
110	$C_2H_3+O_2=C_2H_2+HO_2$	2.12E-06	6	9484		Cfm/nmm	1996
111	$C_2H_3+OH=C_2H_2+H_2O$	2.00E+13	0	0		Miller	1992
112	$C_2H_3+C_2H=C_2H_2+C_2H_2$	3.00E+13	0	0		Miller	1992
113	$C_2H_3+CH=CH_2+C_2H_2$	5.00E+13	0	0		Miller	1992
114	$C_2H_3+CH_3=C_3H_6$	4.46E+56	-13	13865		(i)	
115	$C_2H_3+CH_3=C_2H_2+CH_4$	2.00E+13	0	0		Fahr	1991
116	$C_2H_3+C_2H_2=CH_2CHCCH+H$	2.00E+12	0	5000		Miller	1992
117	$C_2H_3+C_2H_4=CH_2CHCHCH_2+H$	5.00E+11	0	7304		Tsang	1986
118	$C_2H_3+C_2H_3=C_2H_4+C_2H_2$	1.45E+13	0	0		Fahr	1991
119	$C_2H_2+OH=C_2H+H_2O$	3.37E+07	2	14000		Miller	1992
120	$C_2H_2+OH=CH_2CO+H$	2.18E-04	4.5	-1000		Miller	1992
121	$C_2H_2+OH=CH_3+CO$	4.83E-04	4	-2000		Miller	1992
122	$C_2H_2+O=CH_2+CO$	6.12E+06	2	1900		(j)	
123	$C_2H_2+O=HCCO+H$	1.43E+07	2	1900		(j)	
124	$C_2H_2+O=C_2H+OH$	3.16E+15	-0.6	15000		Miller	1992
125	$C_2H_2+CH_3=C_2H+CH_4$	1.81E+11	0	17289		Tsang	1986
126	$C_2H_2+O_2=HCCO+OH$	4.00E+07	1.5	30100		Marinov	1998
127	$C_2H_2+m=C_2H+H+m$	4.20E+16	0	107000		Miller	1992
128	$C_2H_2+H(+m)=C_2H_3(+m)$	3.11E+11	0.6	2589		Knyazev	1995
	low pressure limit	2.25E+40	-7.27E+00	6.58E+03		(k)	
	TROE Centering:	1.00E+00	1.00E-15	6.75E+02	1.00E+15		
	H_2O	Enhanced by	5.00E+00				
	H_2	Enhanced by	2.00E+00				
	CO_2	Enhanced by	3.00E+00				
	CO	Enhanced by	2.00E+00				
129	$CH_2HCO+H=CH_2CO+H_2$	4.00E+13	0	0		Marinov	1996
130	$CH_2HCO+O=CH_2O+HCO$	1.00E+14	0	0		Marinov	1996
131	$CH_2HCO+OH=CH_2CO+H_2O$	3.00E+13	0	0		Marinov	1996
132	$CH_2HCO+O_2=CH_2O+CO+OH$	3.00E+10	0	0		Baulch	1992
133	$CH_2HCO+CH_3=>C_2H_5+CO+H$	4.90E+14	-0.5	0		(l)	
134	$CH_2HCO=CH_2CO+H$	3.95E+38	-7.6	45115		Marinov	1995

续表

序列	化学方程式	A	B	E		数据来源	时间/年
135	$CH_2CO+O=CO_2+CH_2$	1.75E+12	0	1350		Marinov	1995
136	$CH_2CO+H=CH_3+CO$	7.00E+12	0	3011		Warnatz	1984
137	$CH_2CO+H=HCCO+H_2$	2.00E+14	0	8000		(n)	
138	$CH_2CO+O=HCCO+OH$	1.00E+13	0	8000		Miller	1992
139	$CH_2CO+OH=HCCO+H_2O$	1.00E+13	0	2000		Miller	1992
140	$CH_2CO(+m)=CH_2+CO(+m)$	3.00E+14	0	70980		Miller	1992
	low pressure limit	3.60E+15	0.00E+00	5.93E+04	59270	Miller	1992
141	$C_2H+H_2=C_2H_2+H$	4.09E+05	2.4	864.3		Miller	1992
142	$C_2H+O=CH+CO$	5.00E+13	0	0		Miller	1992
143	$C_2H+OH=HCCO+H$	2.00E+13	0	0		Miller	1992
144	$C_2H+OH=C_2+H_2O$	4.00E+07	2	8000		Miller	1992
145	$C_2H+O_2=CO+CO+H$	9.04E+12	0	-457		Opansky	1993
146	$C_2H+C_2H_4=CH_2CHCCH+H$	1.20E+13	0	0		Tsang	1986
147	$HCCO+C_2H_2=H_2CCCH+CO$	1.00E+11	0	3000		Miller	1992
148	$HCCO+O=H+CO+CO$	8.00E+13	0	0		Peeters	1995
149	$HCCO+O=CH+CO_2$	2.95E+13	0	1113		Peeters	1995
150	$HCCO+O_2=HCO+CO+O$	2.50E+08	1	0		Marinov	1998
151	$HCCO+O_2=CO_2+HCO$	2.40E+11	0	-854		Marinov	1998
152	$HCCO+CH=C_2H_2+CO$	5.00E+13	0	0		Miller	1992
153	$HCCO+HCCO=C_2H_2+CO+CO$	1.00E+13	0	0		Miller	1992
154	$HCCO+OH=C_2O+H_2O$	3.00E+13	0	0		Miller	1992
155	$C_2O+H=CH+CO$	1.00E+13	0	0		Miller	1992
156	$C_2O+O=CO+CO$	5.00E+13	0	0		Miller	1992
157	$C_2O+OH=CO+CO+H$	2.00E+13	0	0		Miller	1992
158	$C_2O+O_2=CO+CO+O$	2.00E+13	0	0		Miller	1992
159	$C_2+H_2=C_2H+H$	4.00E+05	2.4	1000		Miller	1992
160	$C_2+O_2=CO+CO$	5.00E+13	0	0		Miller	1992
161	$C_2+OH=C_2O+H$	5.00E+13	0	0		Miller	1992
162	$C_3H_6=pC_3H_5+H$	7.58E+14	0	101300		Dagaut	1992
163	$C_3H_6=C_2H_2+CH_4$	2.50E+12	0	70000		Hidaka	1992
164	$C_3H_6+OH+O_2=CH_3HCO+CH_2O+OH$	3.00E+10	0	-8280		Dagaut	1992
165	$C_3H_6+OH=pC_3H_5+H_2O$	2.11E+06	2	2778		Tsang	1991
166	$C_3H_6+O=CH_3CHCO+H+H$	5.01E+07	1.8	76		Tsang	1991
167	$C_3H_6+O=C_2H_5+HCO$	1.58E+07	1.8	-1216		Tsang	1991
168	$C_3H_6+O=pC_3H_5+OH$	1.20E+11	0.7	8959		Tsang	1991
169	$C_3H_6+H=C_2H_4+CH_3$	7.23E+12	0	1302		Tsang	1991

续表

序列	化学方程式	A	B	E	数据来源	时间/年
170	$C_3H_6+H=pC_3H_5+H_2$	8.04E+05	2.5	12284	Tsang	1991
171	$C_3H_6+O_2=pC_3H_5+HO_2$	2.00E+13	0	47600	Dagaut	1992
172	$C_3H_6+CH_3=pC_3H_5+CH_4$	1.35E+00	3.5	12848	Tsang	1991
173	$CH_3CHCO+H=C_2H_5+CO$	2.00E+13	0	2000	(r)	
174	$CH_3CHCO+O=CH_3+HCO+CO$	3.00E+07	2	0	(s)	
175	$pC_3H_5+O_2=CH_3HCO+HCO$	1.09E+23	-3.3	3892	(z)	
176	$pC_3H_5+O_2=CH_3CHCO+H+O$	1.60E+15	-0.8	3135	(z)	
177	$pC_3H_5+O=CH_3CHCO+H$	1.00E+14	0	0	(aa)	
178	$pC_3H_5+H=pC_3H_4+H_2$	2.00E+13	0	0	(aa)	
179	$pC_3H_5+OH=pC_3H_4+H_2O$	1.00E+13	0	0	(aa)	
180	$pC_3H_4+H=H_2CCCH+H_2$	2.00E+07	2	5000	Marinov	1998
181	$pC_3H_4+O=C_2H_4+CO$	1.50E+13	0	2102	Warnatz	1984(cc)
182	$pC_3H_4+OH=H_2CCCH+H_2O$	1.00E+07	2	1000	Marinov	1998
183	$pC_3H_4+CH_3=H_2CCCH+CH_4$	1.50E+00	3.5	5600	Marinov	1998
184	$pC_3H_4+H=CH_3+C_2H_2$	5.12E+10	1	2060	Marinov	1998
185	$H_2CCCH+O_2=CH_2CO+HCO$	3.00E+10	0	2868	Miller	1992
186	$H_2CCCH+O=CH_2O+C_2H$	2.00E+13	0	0	Miller	1992
187	$H_2CCCH+H=C_3H_2+H_2$	5.00E+13	0	3000	Miller	1992
188	$H_2CCCH+OH=C_3H_2+H_2O$	2.00E+13	0	0	Miller	1992
189	$H_2CCCH+CH=H_2CCCCH+H$	7.00E+13	0	0	Miller	1992
190	$H_2CCCH+H(+m)=pC_3H_4(+m)$	1.66E+15	-0.4	0	(ff)	
	low pressure limit	8.78E+45	-8.90E+00	7.97E+03	Kiefer	1995(gg)
	H_2O	Enhanced by	5.00E+00			
	H_2	Enhanced by	2.00E+00			
	CO_2	Enhanced by	3.00E+00			
	CO	Enhanced by	2.00E+00			
	O_2	Enhanced by	2.00E+00			
	C_2H_2	Enhanced by	2.00E+00			
191	$C_3H_2+O_2=HCCO+CO+H$	5.00E+13	0	0	Miller	1992
192	$C_3H_2+OH=C_2H_2+HCO$	5.00E+13	0	0	Miller	1992
193	$C_4H_{10}=C_2H_5+C_2H_5$	2.00E+16	0	81300	Pitz	1991
194	$C_4H_{10}=pC_4H_9+H$	1.00E+14	0	100000	Pitz	1991
195	$C_4H_{10}+O_2=pC_4H_9+HO_2$	2.50E+13	0	49000	Pitz	1991
196	$C_4H_{10}+CH_3=pC_4H_9+CH_4$	5.00E+11	0	13600	Marinov	1998
197	$C_4H_{10}+H=pC_4H_9+H_2$	2.84E+05	2.5	6050	Marinov	1998
198	$C_4H_{10}+OH=pC_4H_9+H_2O$	4.13E+07	1.7	753	Pitz	1991

续表

序列	化学方程式	A	B	E	数据来源	时间/年
199	$C_4H_{10}+O=pC_4H_9+OH$	1.13E+14	0	7850	Pitz	1991
200	$C_4H_{10}+HO_2=pC_4H_9+H_2O_2$	1.70E+13	0	20460	Pitz	1991
201	$pC_4H_9(+m)=C_2H_5+C_2H_4(+m)$	1.06E+13	0	27828	Knyazev	1996
	low pressure limit	1.90E+55	-1.19E+01	3.23E+04		
	H_2O	Enhanced by	5.00E+00			
	H_2	Enhanced by	2.00E+00			
	CO_2	Enhanced by	3.00E+00			
	CO	Enhanced by	2.00E+00			
202	$C_4H_8-2=H+C_4H_7$	4.11E+18	-1	97350	Pitz	1991
203	$C_4H_8-2+CH_3=C_4H_7+CH_4$	1.00E+11	0	8200	Pitz	1991
204	$C_4H_8-2+H=C_4H_7+H_2$	5.00E+13	0	3800	Pitz	1991
205	$C_4H_8-2+OH=C_4H_7+H_2O$	3.90E+13	0	2217	Pitz	1991
206	$C_4H_8-2+O=CH_3+CH_3CHCO+H$	8.22E+06	1.9	-1476	Adusei	1994
207	$C_4H_8-2+O_2=C_4H_7+HO_2$	8.00E+13	0	37400	Pitz	1991
208	$C_4H_7=CH_2CHCHCH_2+H$	1.00E+14	0	55000	Pitz	1991
209	$C_4H_7+OH=CH_2CHCHCH_2+H_2O$	1.00E+13	0	0	Pitz	1991
210	$C_4H_7+CH_3=CH_2CHCHCH_2+CH_4$	8.00E+12	0	0	Pitz	1991
211	$C_4H_7+O_2=CH_2CHCHCH_2+HO_2$	1.00E+09	0	0	Pitz	1991
212	$C_4H_7+H=CH_2CHCHCH_2+H_2$	3.16E+13	0	0	Pitz	1991
213	$CH_2CHCHCH_2+OH=CH_2CHCHCH+H_2O$	2.00E+07	2	5000	Miller	1992
214	$CH_2CHCHCH_2+O=CH_2HCO+C_2H_3$	1.00E+12	0	0	Pitz	1991
215	$CH_2CHCHCH_2+H=CH_2CHCHCH+H_2$	3.00E+07	2	13000	Miller	1992
216	$CH_2CHCHCH+OH=CH_2CHCCH+H_2O$	2.00E+07	2	1000	Miller	1992
217	$CH_2CHCHCH(+m)=CH_2CHCCH+H(+m)$	1.00E+14	0	37000	Miller	1992
	low pressure limit	1.00E+14	0.00E+00	3.00E+04	Miller	1992
218	$CH_2CHCHCH+O_2=CH_2CHCCH+HO_2$	1.00E+07	2	10000	(rr)	
219	$CH_2CHCCH+OH=H_2CCCCH+H_2O$	1.00E+07	2	2000	Miller	1992
220	$CH_2CHCCH+H=H_2CCCCH+H_2$	3.00E+07	2	5000	Miller	1992
221	$H_2CCCCH+O_2=CH_2CO+HCCO$	1.00E+12	0	0	Miller	1992
222	$H_2CCCCH+O=CH_2CO+C_2H$	2.00E+13	0	0	Miller	1992
	units	mole-cm-sec-K, E units		cal/mole